개정판

생활 속의 소음진동

사종성 · 강태원 지음

청문각

개정판 머리말

어린 시절 형제끼리 방안을 뛰어다니며 장난칠 때마다 부모님으로부터 '그러다가 구들장 꺼진다.'는 꾸중을 들었을 뿐이던 우리들은 아파트와 같은 공동주택으로 생활환경이 바뀐 이후로는 아이들에게 집안에서 뛰지 말라고 소리치는 것이 일상화되지 않았나 생각한다. 그리고 과거 기찻길 옆 오막살이에서도 잠만 잘 자던 아이가 어느새 성장하여 윗집에서 발생하는 층간소음에 거칠게 항의하는 '이웃사촌'이 되었다.

집 밖에서는 낮밤을 가리지 않고 들려오는 자동차 주행소음과 경적소리를 비롯하여 주변 공사현장의 소음진동현상에 끊임없이 시달리고, 집 안에서는 세탁기의 탈수기 소리와 진공청소기의 소음으로 전화벨 소리를 인식하지 못하는 경우가 종종 발생하곤 한다.

이러한 불편함이 현대 사회를 살아가는 데 있어서 피할 수 없는 운명이라 치부하지 않았나 생각한다. 일반인뿐만 아니라 소음과 진동공학을 공부하는 학생조차도 실생활과는 유리된 수식적인 공부에만 집착하고 있다고 판단하였다. 따라서 우리들의 생활 속에서 겪게 되는 다양한 소음진동현상을 이해하고 유효적절한 해결방안을 찾기 위해서는 최소한의 기본적인 원리와 지식을 쉽게 습득할 수 있는 교재가 필요하다고 생각하여 집필을 결심하게 되었다.

기계진동이나 건축소음 등과 같이 전문화된 서적에서 쉽게 접하게 되는 이론적인 수식을 과감하게 생략하고, 실제 생활에서 수시로 접하게 되는 소음진동현상의 발생원인과 대책안을 그림과 사진, 도표 등을 활용해서 설명하고자 시도하였다. 이를 통해서 전반적인 소음진동현상을 개략적으로 이해한 후에 전문적인 수식공부로 이어지는 가교역할이 된다면 큰 보람과 기쁨이 있으리라 기대했던 것이다.

10년 전에 출간한 《알기 쉬운 생활 속의 소음진동》이 문화체육관광부의 우수학술도서에 선정되는 과분한 영광도 경험했지만, 부족한 내용의 보완과 함께 세부적인 그림 수정과 더불어 다양한 사진과 도표를 추가하고자 노력하였다. 개정원고를 완성하기까지 많은 고민과 갈등도 있었지만, 그래도 생활 속에서 수시로 경험하는 소음진동현상을 쉽게 설명하는 최소한의 입문서가 필요하지 않겠는가 하는 스스로의 위안으로 또다시 용기를 내게 되었다.

개정원고 작성에 큰 도움을 주신 공저자께 감사드리며, 소중한 자료와 격려를 주신 김 형균 박사님, 오 정배 박사님, 조 창근 교수님과 박 준규 교수님께 심심($\bar{\pm}$深)한 감사를 드린다.

책의 출간을 위해서 애써주신 청문각 류원식 사장님과 관계자 여러분께도 감사의 말씀을 전한다.

무한한 사랑과 은혜를 주시는 하나님께 영광을 돌리며, 부족하고 못난 자식에게 기도로써 큰 힘을 주셨던 선친을 기리면서 사랑하는 가족(黃智暎, 재은, 진우)에게 이 책을 바친다.

2017년 1월
대표저자 史 宗 誠

머리말

  '조용한 아침의 나라'라는 소리를 들었던 우리나라는 지난 40여 년간의 급속한 경제성장으로 인하여 많은 발전과 함께 생활수준이 향상되면서 조금씩 소음과 진동에 대한 경험을 알게 모르게 쌓아가고 있다고 생각한다.

  특히, 자동차 등록대수가 1,500만 대를 넘어서고, 아파트와 같은 공동주택이 보편화되면서 과거 농경시대에는 감히 상상도 할 수 없었던 소음에 시달리게 되었고, 진공청소기나 세탁기를 포함한 가전제품부터 집 주변의 건설공사에 이르기까지 우리들 주변에서 수시로 발생하는 소음진동현상에 대한 불쾌감과 막연한 불안감을 가지면서 생활하는 것이 어느새 일상화되었다.

  우리들의 생활 속에서 흔히 겪게 되는 소음과 진동현상에 대해서 일일이 신경을 쓰게 된다면 도저히 피곤해서 살아가기가 힘들 지경이기 때문에, 어느 정도의 소음이나 진동현상은 그저 참을 만하다거나, 의례 생활 속에서 당연히 존재하는 것이려니 하면서 지나쳐온 것이 사실이다.

  또한 소음이나 진동과 관련된 학문을 공부하는 학생들에게 있어서도, 소음진동에 대한 정확한 현상이나 발생원리를 파악하는 기회보다는 기존 이론서적에 의한 수식적인 접근부터 우선되는 경향을 갖는다고 생각된다. 특히, 대학에서 배우는 진동공학이나 소음공학의 학문적인 내용들이 우리들의 실생활에서 어떻게 응용될 수 있으며, 집이나 생활 주변에서 흔하게 접할 수 있는 여러 종류의 기계나 건축 구조물에서 소음과 진동현상이 어느 정도로, 또는 어떠한 단계를 거쳐서 발생하는가를 제대로 이해하기가 쉽지 않았을 것으로 예상된다.

  그리하여 일반 사람들뿐만 아니라 학생들까지도 소음이나 진동현상이라고 하면 복잡한 수식을 반드시 이해해야만 하며, 적절한 해결책을 찾는 것은 난해한 미분방정식과 같은 해석절차를 필수적으로 거쳐야만 되는 것으로 미리 짐작하여 쉽게 포기하는 경우가 종종 발생한다고 느껴졌다.

  따라서 기계공학이나 환경공학을 전공하는 학생뿐만 아니라, 일반 사회인들을 대상으로 우리들의 생활 주변에서 쉽게 접할 수 있는 제품(자동차나 가전제품 등)들과 건축 구조물 등에서 발생하는 소음과 진동현상에 대한 구체적인 내용을 쉽게 이해할 수 있는 소개서가 필요하다고 생각되어 집필을 결심하게 되었다. 큰 부담 없이 소음과 진동분야(응용분야 포함)

를 이해할 수 있도록 수식을 최대한 생략하고, 가능한 범위에서 그림이나 도표, 사진 등을 중심으로 내용을 전개하고자 시도하였던 것이다.

하지만 원래의 의도와는 달리 다양한 분야에 걸친 소음진동현상을 이해하기 쉽게 설명할 수 있는 적절한 원고를 완성하기란 결코 쉬운 일이 아님을 절실하게 깨닫게 되었다. 그것은 본인의 부족한 능력과 일천한 지식으로 인하여 애당초 이러한 시도가 많은 무리를 수반한다는 것을 수시로 확인하였기 때문이다. 원고작성 과정에서도 포기와 재시도를 반복하면서 많은 갈등을 겪었지만, 우리들의 생활 속에서 수시로 경험하는 소음진동현상을 설명하는 최소한의 입문서가 그래도 필요하지 않겠는가 하는 스스로의 위안으로 마지막 용기를 내게 되었다.

오늘이 있기까지 많은 지도와 사랑을 주신 金光植 교수님과 金贊默 교수님, 崔東勳 교수님, 故 金康年 박사님, 金炯均 박사님께 깊은 감사를 드린다. 더불어, 짧지 않은 학교생활과 회사생활과정에서 많은 도움을 주셨던 일일이 열거할 수 없는 많은 분들께 감사드리고 싶다. 또한 부족한 책의 출간을 결정해 주신 청문각의 金洪錫 회장님과 임직원께도 깊은 감사를 드린다.

위중(危重)한 순간에도 이 못난 자식을 위해서 하나님께 간절히 기도하시던 선친을 기리면서, 부끄럽고 부족한 이 책을 나의 사랑하는 가족(黃智暎, 재은, 진우)과 부모님 영전에 바친다.

2007년 1월
대표 저자 史 宗 誠

이 책을 읽는 분들께

이 책을 집필하게 된 의도는 책머리에서 이미 밝혔듯이, 우리들의 일상생활 속에서 쉽게 접할 수 있는 소음과 진동현상에 대한 기초적인 원리를 이해하고, 그 해결방안을 쉽게 파악할 수 있는 최소한의 입문서를 목적으로 완성되었다.

따라서 소음이나 진동공학의 기존 서적에서 쉽게 발견할 수 있는 수식적인 표현은 가능한 범위에서 과감하게 생략하고, 최대한 그림, 도표, 사진 등을 이용해서 내용을 쉽게 설명하고자 노력하였다. 이러한 시도는 소음이나 진동분야를 전공하는 학생뿐만 아니라, 일반 사회인도 우리들의 생활 속에서 흔히 접하게 되는 소음과 진동현상에 대한 의문이나 상식적인 내용을 쉽게 이해하고, 더 많은 흥미를 유도하기 위함이었다. 왜냐하면 소음이나 진동분야의 이론서적을 통한 수식적인 접근방법만으로는 우리들의 생활 주변에서 수시로 발생하는 소음진동현상을 이해하기란 쉬운 일이 아니라고 판단되었으며, 수식적인 표현으로 말미암아 진동이나 소음이라는 분야는 근접하기 힘들다면서 쉽게 포기해버리는 사람들이 많이 있을 것으로 예상되었기 때문이다.

이 책을 읽는 독자의 수준은 기계공학이나 환경공학을 전공하고자 하는 학생과, 소음진동현상에 관심이 많은 사람을 대상으로 하였다. 비록 공학에 대한 이론적인 기초가 없다고 하더라도 큰 어려움 없이 생활 속에서 발생하는 다양한 소음진동현상을 쉽게 이해할 수 있도록 내용구성에 노력을 기울였다.

이 책은 제 I 편부터 제 VII편까지 기초 개념, 생활 속의 소음진동, 수송기계, 가전제품 및 정보저장기기, 건축 구조물, 소음진동의 응용사례 및 방지사례 등으로 크게 분류하여 구성하였다.

I 편은 소음진동의 기초 개념에 대한 내용으로, 소음진동현상을 이해하기 위해서 최소한으로 필요하다고 생각되는 항목을 간략하게 기술하였다. 대학에서 소음이나 진동공학을 배운 사람이나, 기초적인 내용을 숙지하고 있는 분들은 바로 다음 항목으로 넘어가도 된다. 또한 I 편에서 소개되는 수식적인 표현은 중요 항목만을 소개하는 수준이므로, 좀 더 세부적인 내용을 이해하고자 하는 경우에는 대학교재로 출간된 기계진동 및 소음공학 관련서적을 참고하기 바란다.

II편은 우리들이 생활 속에서 경험하는 소음진동현상에 의한 인체의 영향을 구체적으로 설명하였다. 청력손실이나 이명과 같이 소음진동현상에 지속적으로 노출될 경우의 악영향과 함께, 태교를 비롯한 소리의 영향을 언급하였다.

III편은 수송기계에 대한 소음진동현상을 설명하였다. 자동차를 비롯하여, 철도차량, 항공기, 선박에서 발생할 수 있는 소음 및 진동현상을 다루었다. 특히, 우리들이 매일처럼 접하게 되는 자동차에서 발생하는 소음진동현상과 고속전철을 비롯한 철도차량을 집중적으로 설명하였다. 소음진동의 기초이론과 생활 속의 소음진동 및 자동차 분야는 본인의 졸저(拙著)인 《자동차 진동소음의 이해》의 내용을 축약한 것임을 밝히며, 좀 더 세부적인 내용은 전문서적을 참고하기 바란다.

IV편은 가전제품 및 정보저장기기에 대한 소음진동현상을 다루었다. 냉장고, 에어컨, 세탁기를 비롯한 가전제품과 정보저장기기에서 발생되는 여러 현상과 그 대책방안을 설명하였다. 최근에는 일반 소비자들도 훨씬 조용하고 편안한 가전제품을 선별하여 구매하는 성향을 가지기 때문에, 국내외 가전회사에서도 소음과 진동저감에 많은 노력을 경주하고 있다.

V편은 건축 구조물의 소음진동현상을 다루었다. 지진, 건축 구조물의 소음과 진동, 건설현장, 교량, 발파, 풍력발전기 등에서 발생되는 제반 소음진동현상을 간단히 소개하는 방식으로 설명하였다. 우리의 일상생활 속에서는 의외로 건축 구조물에서 많은 소음과 진동현상이 끊임없이 발생하고 있음을 파악하기 바란다.

VI편과 VII편은 소음진동의 응용사례와 방지사례를 언급하였다. 우리가 익히 알고 있는 초음파의 내용을 구체적으로 언급하였으며, 수중음향, 소음저감을 위한 방음벽, 도로소음저감을 위한 저소음도로 등에 대한 내용을 수록하였다.

10년 전에 출간한 《알기 쉬운 생활 속의 소음진동》을 토대로 내용의 보완뿐만 아니라 그림과 사진추가에도 많은 노력을 기울였지만, 아직까지도 부족한 내용과 엔지니어 특유의 거친 문장 표현으로 인하여 책을 출간하는 데 있어서 부끄러움과 불안감이 엄습해온다. 아무쪼록 이 책을 통해서 우리들의 생활 속에서 수시로 발생하는 소음진동현상을 쉽게 이해하고, 흥미를 가져서 더욱 발전할 수 있는 가교역할이 될 수만 있다면 다시 없는 기쁨으로 여길 것이다.

2017년 1월

史宗誠, 姜泰元

차 례

개정판 머리말 ·· 3

머리말 ··· 5

이 책을 읽는 분들께 ·· 7

PART I _ 소음진동의 기초 개념

CHAPTER 01 진동의 기초 이론 ··· 17

1.1 진동의 정의 ·· 17

1.2 고유 진동수 ·· 23

1.3 자유진동과 강제진동 ··· 28

1.4 감쇠에 의한 영향 ·· 32

1.5 진동전달력과 진동절연 ·· 35

1.6 선형 진동과 비선형 진동 ·· 37

1.7 진동의 자유도 ·· 41

1.8 진동의 단위 ·· 45

CHAPTER 02 소음의 기초 이론 ··· 49

2.1 소리와 소음 ·· 49

2.2 음파의 종류 ·· 51

2.3 소리의 단위 ·· 52

2.4 소리와 주파수의 관계 ··· 61

2.5 인체의 청각기관 ·· 70

2.6 청감보정 ·· 73

2.7 무향실과 잔향실 ·· 77

PART Ⅱ _ 생활 속의 소음진동

CHAPTER 03 생활 속의 소음진동 ·· 83
3.1 진동현상이 인체에 미치는 영향 ·· 83
3.2 소음현상이 인체에 미치는 영향 ·· 89
3.3 소음진동에 의한 가축피해 ·· 96
3.4 소음진동 규제 ·· 97

PART Ⅲ _ 수송기계의 소음진동

CHAPTER 04 자동차 ·· 103
4.1 자동차의 기본구조 ·· 103
4.2 자동차 NVH ·· 112
4.3 자동차 진동소음의 발생 및 전달경로 ·· 116
4.4 엔진 회전수와 진동수의 관계 ·· 118
4.5 자동차 진동의 종류 ·· 123
4.6 자동차 소음의 종류 ·· 129
4.7 자동차 진동소음의 개선대책 ·· 144

CHAPTER 05 철도차량 ·· 151
5.1 철도차량의 소음과 진동 ·· 152
5.2 철도차량의 소음 ·· 153
5.3 철도차량의 진동 ·· 161
5.4 고속철도 ·· 166
5.5 대차 ·· 174

CHAPTER 06 항공기 소음 ·· 177

6.1 항공기 소음의 특성 ·· 178

6.2 항공기 소음의 측정 및 평가 ·· 184

6.3 항공기 소음의 대책 ·· 186

CHAPTER 07 선박의 소음진동 ·· 189

7.1 선박의 소음진동 특성 ·· 190

7.2 선박의 진동 ··· 191

7.3 선박의 소음 ··· 193

7.4 선박엔진의 소음진동 ·· 194

7.5 선박엔진의 방음대책 ·· 197

7.6 프로펠러의 소음진동 ·· 200

7.7 컨테이너 운반선 ··· 201

7.8 초대형 유조선 ·· 204

7.9 대형 여객선 ··· 207

7.10 LNG 운반선 ·· 208

PART IV_ 가전제품 및 정보저장기기의 소음진동

CHAPTER 08 냉장고 ··· 213

8.1 냉장고의 소음진동 특성 ·· 214

8.2 냉장고의 소음진동 저감대책 ·· 216

CHAPTER 09 에어컨 ··· 219

9.1 에어컨의 소음진동 특성 ·· 219

9.2 에어컨의 소음진동 저감대책 ·· 221

CHAPTER 10 세탁기 ··· 229

10.1 세탁기의 소음진동 특성 ·· 229

10.2 세탁기의 소음진동 저감대책 ·· 233

CHAPTER 11 기타 가전제품 ··· 237

11.1 진공청소기 ··· 237

11.2 전자레인지 ··· 240

11.3 그 밖의 가전제품 ·· 241

CHAPTER 12 정보저장기기의 소음진동 ······························· 243

12.1 하드디스크 드라이브 ·· 243

12.2 광디스크 드라이브 ··· 248

PART Ⅴ_ 건축 구조물의 소음진동

CHAPTER 13 지진 ··· 257

13.1 지진의 기본 성질 ·· 259

13.2 지진의 규모와 진도 ·· 263

13.3 건축 구조물의 지진대책 ·· 266

13.4 비구조요소의 지진대책 ··· 269

CHAPTER 14 건축 구조물의 소음 ·· 271

14.1 공기전달소음 ·· 273

14.2 구조전달소음 ·· 277

CHAPTER 15 건축 구조물의 진동 ·· 291

15.1 건축 구조물에 작용하는 동하중 ···································· 292

15.2 건축 구조물의 진동 저감대책 ·· 296

15.3 공장 건축물의 진동 및 저감대책 ···················· 301

15.4 엘리베이터 ··· 303

15.5 에스컬레이터 ··· 308

15.6 방진설계 시의 유의사항 ··· 311

15.7 방진시공 시의 유의사항 ··· 312

CHAPTER 16 건설소음 및 진동 ······························· 315

16.1 건설소음 ·· 316

16.2 건설진동 ·· 318

16.3 건설소음 및 진동의 측정과 평가 ·························· 321

16.4 건설소음 및 진동의 영향 ······································· 322

16.5 건설소음 및 진동의 저감대책 ······························ 324

CHAPTER 17 교량의 진동 ··· 331

17.1 교량의 작용하중 ··· 331

17.2 교량의 작용하중별 진동 저감대책 ························ 332

17.3 교량의 진동제어기술 ·· 343

CHAPTER 18 발파에 의한 소음진동 ························ 347

18.1 발파소음 ·· 348

18.2 발파진동 ·· 350

18.3 발파소음 및 진동의 저감 ······································· 353

CHAPTER 19 풍력발전기 ·· 355

19.1 풍력발전기의 소음진동 ··· 356

19.2 풍력발전기의 소음진동 저감대책 ·························· 358

PART VI _ 소음진동의 응용사례

CHAPTER 20 초음파 ·· 361

20.1 초음파의 기초적인 작동원리 ······························ 361

20.2 의료용 초음파 ··· 362

20.3 초음파를 이용한 측정장치 ·································· 367

20.4 초음파를 이용한 동력장치 ·································· 370

CHAPTER 21 수중음향 ·· 373

21.1 수중음향의 구성 ··· 374

21.2 선박의 수중방사소음 ·· 376

PART VII _ 소음진동의 방지사례

CHAPTER 22 방음벽 ··· 383

22.1 방음벽의 효과 산정 ··· 385

22.2 방음벽 설치 시 고려사항 ···································· 388

22.3 방음둑과 방음림 ··· 392

22.4 방진구 ·· 393

CHAPTER 23 저소음도로 ·· 395

23.1 저소음도로의 특성 ·· 396

23.2 저소음도로의 문제점 ·· 398

참고문헌 ··· 399

찾아보기 ··· 402

PART 1

소음진동의 기초 개념

1장 진동의 기초 이론
2장 소음의 기초 이론

Living in the Noise and Vibration

단원설명

우리의 생활 속에서 경험하게 되는 여러 가지 소음진동현상을 이해하기 위해서는 기초적인 적용 이론 및 개념 파악이 우선적으로 필요하다. Part I에서는 진동 및 소음현상에 대한 최소한의 기초 이론만을 소개한다. 수식적인 표현보다는 설명과 그림 위주로 내용을 구성하였고, 중요 항목만을 소개하는 수준이기 때문에 좀 더 세부적인 사항을 이해하고자 하는 경우에는 기계진동 및 소음(음향)공학 전문서적을 참고하기 바란다.

01 진동의 기초 이론

1.1 진동의 정의

우리들의 생활 속에서 느낄 수 있는 진동현상은 휴대전화의 진동신호부터 세탁기의 떨림이나 버스 유리창이 떠는 현상까지 매우 다양하게 존재한다. 이렇게 일반 가전제품이나 자동차와 같은 기계장치들이 흔들리는 현상을 '진동(振動)한다'라고 표현하면서도, 흔히 '냄새가 진동한다'거나 땅이 흔들리는 지진현상을 표현할 경우에도 '진동'이라는 단어를 수시로 사용한다.

사전적인 의미의 진동(振動)은 '흔들려서 움직임', 지진현상을 표현하는 진동(震動)은 '물체가 몹시 울리어 흔들림'을 뜻한다. 즉 동(振動)은 기계적인 흔들림을 의미하며, 기계공학이나 환경공학에서 언급하는 제반 진동현상을 뜻한다. 반면에 진동(震動)은 땅이나 지각의 자연적인 흔들림을 의미하므로, 자동차를 비롯한 기계장치나 가전제품, 건물이나 교량의 흔들림을 나타내는 진동현상과 다르다는 것을 파악해야 한다.

학문적인 의미의 진동(振動, vibration)이란 평형위치에 대한 물체의 반복적인 흔들림을 뜻한다. 물체가 진동하는 형태는 시계추와 같은 주기적인 운동이거나, 바람에 흔들리는 깃발이나 지진과 같은 불규칙한 운동(비주기운동)으로도 나타나게 된다. 이러한 물체의 다양한 진동현상 중에서 일정한 시간 간격마다 물체의 흔들림이 똑같이 반복되는 경우를 주기운동(periodic motion)이라 한다. 여기서 말하는 일정한 시간 간격을 진동의 '주기(period)'라고 하며, 초(sec) 단위로 표현된다. 가장 간단한 주기운동은 그림 1.1과 같이 하나의 질량과 스프링으로 구성된 진동계(vibration system)로 설명할 수 있다.

진동계의 질량을 잡고서 정지위치(이를 평형위치라 한다)에서 아래 방향으로 조금 이동시킨 후, 자유롭게 놓는다면 늘어난 스프링의 복원력으로 인하여 질량은 상하방향으로 움직임을 반복하는 진동현상이 발생하게 된다. 질량의 상하방향 운동과정 중에서 최하단 위치에서는

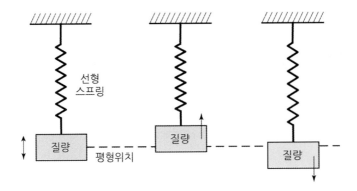

그림 1.1 질량–스프링 진동계

순간적으로 속도가 영(zero)이 되었다가 운동의 방향(위로 향하는 방향)이 바뀌면서 속도가 증대되면서 평형위치를 통과하는 순간에는 최대속도를 가진다. 그 후 점차 속도가 줄어들어 다시 순간적으로 영이 되는 지점이 최상단 위치이다.

이와 같이 진동현상이 발생하는 경우에는 질량의 변위(여기서는 상하방향의 변위)뿐만 아니라 급격한 속도의 변화가 함께 발생하는데, 이를 가속도라 말한다. 따라서 상하방향으로 진동하는 질량과 가속도의 존재는 뉴턴의 제2법칙($F = ma$, 여기서 F는 힘, m은 질량, a는 가속도를 나타낸다)에 따라 힘(진동력)이 발생한다는 것을 의미한다. 결국 물체의 반복적인 흔들림(진동현상)이 발생한다면, 이에 따른 진동력(振動力, vibration force)이 주변 물체나 지지 부위로 전달되면서 원하지 않는 나쁜 영향을 줄 수 있다.

자동차를 비롯한 수송기계에 장착되는 엔진의 작동과정에서도 그림 1.2처럼 엔진 내부에서 피스톤이 상하방향으로 빠르게 왕복운동을 하게 된다. 그림 1.1과 같이 상하방향으로 진동하는 질량과 마찬가지로, 피스톤의 운동과정에서도 최상단 위치[이를 상사점(top dead center)이라 한다]와 최하단 위치[이를 하사점(bottom dead center)이라 한다]에서 순간적으로 속도가

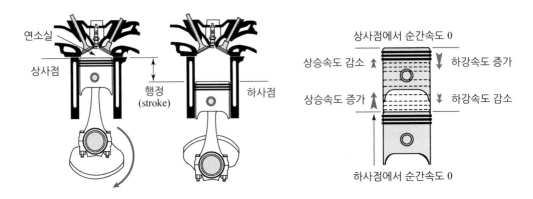

그림 1.2 엔진 내부의 피스톤 상하운동

영이 된다. 이러한 속도의 극심한 변화는 피스톤의 운동과정에서 대단히 큰 가속도를 가지고 있음을 내포하며, 피스톤 상하방향의 왕복운동 자체만으로도 상당한 진동력이 발생함을 알 수 있다. 이렇게 피스톤 상하방향의 빠른 왕복운동에 의한 진동력[이를 관성력(inertia force)이라고도 한다]은 엔진 몸체를 흔들리게 하는 주요 원인 중의 하나로써, 자동차의 진동소음현상에 큰 영향을 줄 수 있다는 점을 시사한다.

더불어 그림 1.1과 같이 상하방향으로 진동하는 질량의 움직임은 운동에너지와 위치에너지의 반복적인 에너지 교환으로 인하여 진동현상이 발생한다고도 설명할 수 있으며, 진동의 주기는 에너지 변환주기의 2배에 해당한다. 질량과 스프링으로 구성된 진동계에서 질량이 최상단이나 최하단 위치에서는 순간적으로 운동에너지가 영이 되고 위치에너지(여기서는 스프링에 내재된 탄성에너지)가 최대로 된다. 질량이 중간 위치를 통과하는 순간에는 운동에너지가 최대, 위치에너지가 최소임을 알 수 있다.

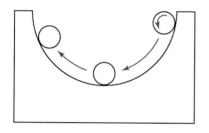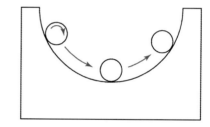

그림 1.3 진동현상의 에너지 교환

이러한 진동현상의 반복적인 에너지 교환개념은 그림 1.3과 같은 경사면에서 회전 운동하는 구의 움직임을 통해서 더욱 쉽게 이해할 수 있다. 구의 이동(좌우방향의 진동)은 운동에너지와 위치에너지의 반복적인 교환으로 말미암아 주기적으로 이루어지며, 공기저항과 마찰로 인한 열손실 등에 의해서 주기적으로 이동(진동)하던 구의 운동은 점차 이동거리(진폭)가 줄어들면서 결국은 멈추게 된다.

다시 한번 질량과 스프링으로 구성된 진동계를 그림 1.4와 같이 상하방향으로 진동하는 질량에 펜을 부착한 후 두루마리 종이를 일정한 속도로 이동시킨다면, 질량의 상하방향 진동현상은 두루마리 종이에 마치 파도가 물결치는 것과 유사한 모양의 파형(wave form)으로 그려질 것이다. 두루마리 종이에 그려진 파형은 다음 식 (1.1)로 표현할 수 있다.

$$x = A \sin 2\pi \frac{t}{\tau} \qquad (1.1)$$

여기서 x는 질량이 상하방향으로 이동한 변위를, A와 τ는 각각 진동하는 질량의 진폭과

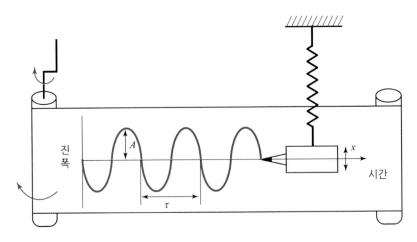

그림 1.4 진동현상의 조화운동

주기를, t 는 시간을 나타낸다. 주기는 진동하는 질량의 운동이 1회 반복될 때까지 소요되는 시간(초)을 의미하며, τ(그리스 문자로 tau로 읽는다)로 표현된다.

　주기는 뒤에서 설명할 진동수(frequency)와 역수관계를 가진다. 주기가 길다는 것은 진동현상이 1회 반복할 때까지 시간이 많이 소요된다는 사실을 내포한다. 주기가 길어질수록 진동수는 작아지고, 주기가 짧아질수록 진동수는 커지게 된다. 그림 1.4에서 두루마리 종이를 일정한 속도로 회전시켜서 이동시키는 개념은 진동현상에 시간개념을 포함하여 설명하기 위함이다.

　질량과 스프링으로 이루어진 진동계의 상하운동도 위와 같이 시간이 고려될 경우, sine 함수나 cosine 함수와 같은 삼각함수로 표현할 수 있다. 이렇게 진동현상을 삼각함수로 표현할 수 있는 운동현상을 조화운동(harmonic motion)이라 한다.

　가장 간단한 형태의 주기운동은 원(회전)운동이며, 원운동의 운동현상도 sine이나 cosine 함수로 표현할 수 있으므로 조화운동에 속한다. 일반적인 진동현상의 수식적인 표현과 해석과정은 바로 조화운동이라는 가정이 근간이 되었다는 것을 파악하고 있어야 하며, 진동 및 소음현상의 측정이나 해석과정에서도 이러한 삼각함수로 표현되는 급수(級數, series)의 분해 및 합성 특성을 이용하게 된다.

　조화운동은 그림 1.5(a)와 같이 회전운동하는 점 P의 투영(그림자)이라고 볼 수 있는데, 점 P의 회전에 따라 P_1, P_2 및 P_3에 해당하는 각각의 그림자는 벽면에서 상하방향으로 오르내리게 된다.

　선분 OP의 각속도를 ω(그리스 문자로 omega로 읽는다)라 하면, ω 값이 커질수록 점 P의 그림자는 빠르게 상하방향으로 움직이며, ω 값이 작아질수록 천천히 위아래로 움직이게 된다. 그림 1.4와 같이 점 P의 투영(그림자)에 해당하는 운동을 시간함수 t를 적용하여 표현하면 그림 1.5(b)와 같이 나타나며, 식 (1.1)은 다음과 같이 수정된다.

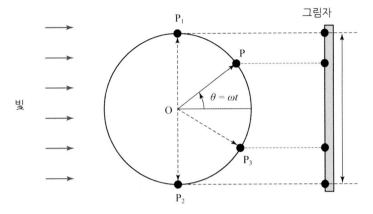

(a) 회전하는 점 P의 투영(그림자)

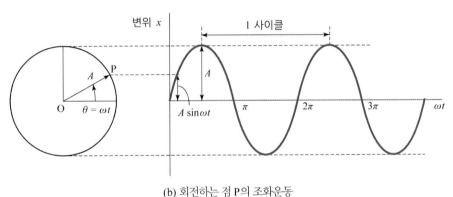

(b) 회전하는 점 P의 조화운동

그림 1.5 조화운동

$$x = A \sin \omega t \qquad (1.2)$$

식 (1.2)의 ω는 파형이 반복되는 특성(빈도)을 나타내며, 점 P의 회전속도(각속도)에 따라 파형의 움직임을 결정하게 된다. 따라서 ω는 원 진동수(circular frequency 또는 angular frequency)라고 하며, 단위는 rad/sec를 사용한다. 질량과 스프링으로 이루어진 진동계의 진동수 f [단위는 Hz(= cycle/sec)]와 조화운동에서 표현되는 원 진동수 ω는 다음과 같은 관계를 갖는다.

$$\omega = \frac{2\pi}{\tau} = 2\pi f \qquad (1.3)$$

식 (1.2)를 기초로 조화운동의 속도와 가속도는 각각 변위와 속도를 미분하면 다음과 같이 구해진다.

$$\dot{x} = \omega A \cos \omega t = \omega A \sin\left(\omega t + \frac{\pi}{2}\right) \tag{1.4}$$

$$\ddot{x} = -\omega^2 A \sin \omega t = \omega^2 A \sin(\omega t + \pi) \tag{1.5}$$

식 (1.4), (1.5)로부터 진동하는 질량의 속도 및 가속도는 그림 1.6과 같이 변위에 비해서 각각 $\pi/2$와 π[rad]만큼 위상이 앞선다는 것을 알 수 있으며,

$$\ddot{x} = -\omega^2 x \tag{1.6}$$

인 관계가 성립된다. 즉, 조화운동에서 가속도는 변위에 비례하고 중심을 향한다는 것을 알 수 있다.

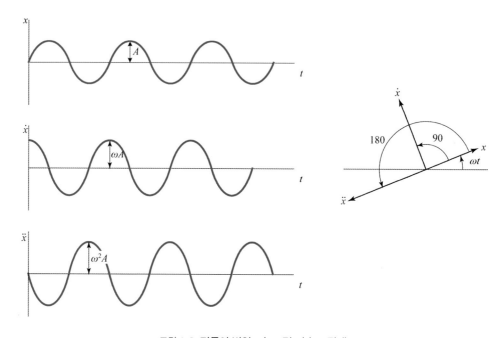

그림 1.6 진동의 변위, 속도 및 가속도 관계

앞에서 설명한 그림 1.5의 조화운동은 그림 1.7과 같이 Scotch Yoke 기구의 경우를 고려하면 더욱 쉽게 이해할 수 있다. 점 P의 회전운동으로 인하여 슬롯(slot)이 상하방향으로 오르내리면서 왕복운동을 하게 되며, 시간개념을 고려한다면 점 Q의 궤적이 물결모양의 파형을 그리는 조화운동을 하게 됨을 알 수 있다. 여기서도 점 P의 회전속도(각속도) ω가 커진다면 파형의 오르내림(진동) 현상 또한 빈번해지는 것을 쉽게 예측할 수 있다. 따라서 점 P의 회전속도 ω는 원 진동수임을 다시 한번 확인할 수 있다.

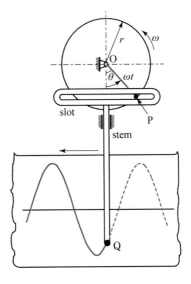

그림 1.7 Scotch Yoke 사례

1.2 고유 진동수

조화운동을 하는 진동계는 고유한 진동수(natural frequency)로 질량이 진동하게 된다. 다시 한번 질량과 스프링으로 구성된 진동계의 상하방향 움직임과 힘(작용력)을 고려하면 그림 1.8과 같다.

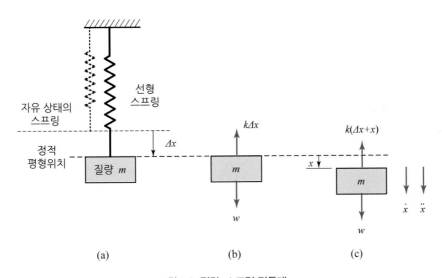

그림 1.8 질량-스프링 진동계

자유상태로 천장에 걸려 있는 스프링에 그림 1.8(a)처럼 질량을 추가하여 안정된 상태에서 살펴보면, 질량의 작용으로 인하여 스프링은 원래의 자체 길이에서 Δx만큼 늘어나게 된다. 이때 그림 1.8(b)에서 스프링 상수인 k와 Δx의 관계는 식 (1.7)과 같다.

$$k\,\Delta x = W \text{에서}$$
$$W = m\,g \text{이므로}$$
$$k\,\Delta x = m\,g \tag{1.7}$$

동일한 질량을 스프링에 적용하는 과정에서 스프링이 매우 딱딱할 경우(k값이 크다)에는 스프링이 늘어나는 Δx값이 작을 것이며, 만약 스프링이 매우 부드러울 경우(k값이 작다)에는 Δx값이 커질 것이다. 또한 동일한 스프링(k값이 일정)에 대해서도 질량이 큰 경우(m값이 크다)에는 Δx값이 커지고, 질량이 작은 경우(m값이 작다)에는 Δx값이 작아지게 된다. 이와 같이 스프링의 딱딱하거나 부드러운 특성뿐만 아니라, 스프링에 적용되는 질량의 크고 작음에 따라서 진동 특성이 변화될 수 있음을 짐작할 수 있다.

이제 인위적으로 질량을 아래 방향으로 이동시켰다가 자연스럽게 놓을 경우, 질량은 상하방향으로 반복적인 움직임(진동)을 하게 된다. 이때 질량에 작용하는 힘을 표현하는 자유물체도 (free body diagram)는 그림 1.8(c)와 같고, 뉴턴의 제2법칙을 적용시키면 식 (1.8)이 성립된다.

$$\sum F = m\,\ddot{x}$$
$$-k(x + \Delta x) + mg = m\,\ddot{x}$$
$$-kx - k\Delta x + mg = m\,\ddot{x}$$
$$k\,\Delta x = m\,g \text{이므로}$$
$$-kx = m\,\ddot{x}$$
$$m\,\ddot{x} + kx = 0$$
$$\ddot{x} + \frac{k}{m}x = 0 \tag{1.8}$$

식 (1.8)은 질량과 스프링으로 구성된 진동계의 운동방정식(equation of motion)이라 한다. 여기서 고유 원 진동수(natural circular frequency) ω_n은 다음과 같이 정의된다.

$$\omega_n^2 = \frac{k}{m} \tag{1.9}$$

식 (1.9)를 식 (1.8)에 대입하면,

$$\ddot{x} + \omega_n^2 x = 0 \tag{1.10}$$

으로 정리된다.

질량과 스프링으로 이루어진 진동계의 고유 원 진동수는 바로 ω_n이며, 단위는 rad/sec이다. 여기서 rad은 각도를 나타내는 radian이므로, 고유 원 진동수는 그림 1.5에서 설명한 바와 같이 회전개념이 내포되어 있다. 앞에서 잠깐 언급한 바와 같이 질량(m)과 스프링의 특성(k)에 따라 고유 원 진동수 값이 변화됨을 알 수 있다. 이 진동계의 고유 진동수(natural frequency, f_n)는 식 (1.11)과 같이 정리된다.

$$\omega_n = \sqrt{\frac{k}{m}} \ [\text{rad/sec}]$$

$$f_n = \frac{\omega_n}{2\pi} = \frac{1}{2\pi}\sqrt{\frac{k}{m}} \ [\text{Hz}(= \text{cycle/sec})] \tag{1.11}$$

우리들이 평소 언급하는 진동수(주파수)는 식 (1.11)의 Hz(Hertz, cycle/sec) 단위를 가지며, 1초 동안에 반복된 진동횟수를 의미한다. 예를 들어서 고유 진동수 f_n의 값이 2인 경우에는 그림 1.9의 질량이 1초에 2번씩 오르내린다는 것을 의미한다. 식 (1.11)을 살펴보면, 동일한 스프링(k값이 일정하다)에서 진동계의 질량이 늘어나면(m 값이 커지면) 고유 진동수는 작아지고, 반면에 질량이 줄어들면(m 값이 작아지면) 고유 진동수가 커지게 됨을 알 수 있다. 마찬가지로 동일한 크기의 질량에서 스프링의 특성에 따라서 진동계의 고유 진동수도 변화된다. 스프링이 딱딱해지면(k 값이 커지면) 고유 진동수는 커지고, 부드러워지면(k 값이 작아진다) 고유 진동수는 작아지게 된다.

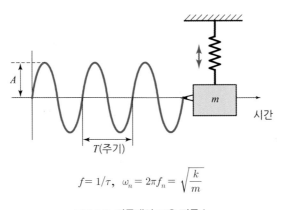

$$f = 1/\tau, \quad \omega_n = 2\pi f_n = \sqrt{\frac{k}{m}}$$

그림 1.9 진동계의 고유 진동수

옛 속담에서 "빈 수레가 요란하다."라는 것도 동일한 조건(동일한 스프링으로 k값이 일정하다)에서 수레의 짐(질량)만 줄어들 경우, 고유 진동수가 높아져서 요란하게 떤다는 사실을 옛 선조들은 경험적으로 간파하고 있었던 것이다. 또한 스프링이 부드럽거나 딱딱한 정도에 따른 고유 진동수의 변화현상도 가전제품의 고무받침 적용사례와 자전거나 자동차에서 타이어 내부의 압력 변화(바람이 가득 차거나, 펑크가 나는 등의)에 따른 승차감의 차이에서도 쉽게 이해할 수 있다.

이러한 개념은 기계나 구조물에서 진동현상이 심각할 경우, 질량이나 스프링 특성을 변화시켜서 고유 진동수를 문제되는 범위로부터 벗어나게 할 수 있음을 시사한다. 그림 1.10은 질량 증가에 따른 진동계의 고유 진동수의 변화개념을 표현한 것이다.

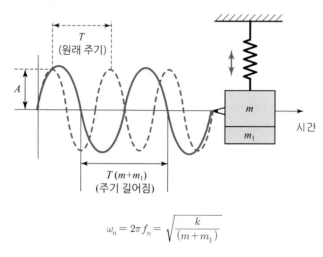

$$\omega_n = 2\pi f_n = \sqrt{\frac{k}{(m+m_1)}}$$

그림 1.10 질량 증가 시의 고유 진동수 변화

그림 1.9의 질량 m에 m_1의 질량이 추가된다면 그림 1.10의 실선과 같이 주기가 길어지면서 진동계의 고유 진동수가 동일 시간의 기간 동안 이전보다 줄어들게 된다. 즉, 물체가 상하방향으로 흔들리는 횟수가 적어지게 된다.

국내에서도 인기가 높은 승합차량이나 대형 SUV(sports utility vehicle)와 같은 자동차는 대략 7 ~ 12명의 승차인원이 탑승할 수 있다. 이러한 차량에 운전자 한 사람만 탑승한 경우 느껴지는 승차감에 비해서, 많은 적재물과 다수의 탑승인원이 승차한 경우 느껴지는 승차감(우리는 이를 흔히 '쿠션'이라고도 말한다)이 그림 1.11과 같이 확연하게 바뀌는 것을 경험할

그림 1.11 승차인원에 따른 승차감(고유 진동수) 변화사례

수 있다. 그 이유는 현가장치(suspension system)의 동일한 스프링 특성에서 탑승인원과 적재물이 증가함으로 인하여(질량의 증가를 의미) 자동차의 고유 진동수가 낮아지게 되므로, 운전자 혼자 운전하면서 경험하는 튀는 듯한 느낌을 덜 받게 되어서 승차감이 좋아졌다고 느끼게 되는 셈이다. 이때의 질량 추가요인은 탑승인원 및 적재물이며, 스프링 요소들은 현가장치의 스프링과 댐퍼(damper, 흔히 '쇼바'라고 하는 shock absorber) 등으로 생각할 수 있다.

이 세상에 존재하는 대부분의 물체들은 각자 고유한 진동수(고유 진동수)를 가지고 있다. 외부에서 순간적인 힘이나 충격이 물체에 가해질 경우, 물체는 고유한 진동수로 진동하게 된다. 이러한 물체의 고유 진동수를 경험할 수 있는 대표적인 사례가 종을 비롯하여 북이나 트라이앵글, 실로폰(xylophone) 등과 같은 타악기이다. 외부에서 타격을 가하면 타악기는 자신의 고유 진동수로 진동하면서 소리를 내는 것이다. 악기 중에서 줄(string)이 있는 피아노, 기타, 바이올린 등과 같은 현악기에서도 줄에 가해지는 힘(인장력)을 조절해서 소리의 높낮이를 조절할 수 있으며, 그림 1.12와 같이 손가락으로 진동하는 줄의 길이를 조절(코드를 조절)해서 소리의 높낮이를 별도로 조절할 수도 있다. 그림 1.13과 같이 현악기에서 줄의 길이가 짧아질수록 음은 높아지게 된다. 실로폰에서도 동일한 개념을 쉽게 이해할 수 있을 것이다. 이러한 현상이 바로 물체가 가지고 있는 고유 진동수와 연관된 대표적인 사례들이다.

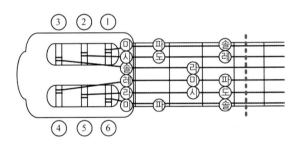

그림 1.12 기타의 음계코드 사례

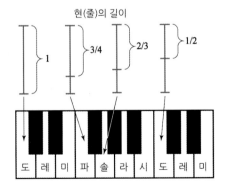

그림 1.13 현악기의 줄 길이에 따른 음의 변화

1.3 자유진동과 강제진동

진동하고 있는 물체(진동계)에 영향을 미치는 외력(外力)의 존재 유무로 인하여 진동형태는
자유진동과 강제진동현상으로 구분할 수 있다. 이러한 진동현상은 진동계(vibration system)
자체의 고유 진동수뿐만 아니라 외력의 진동수(가진(加振) 진동수를 의미)와 서로 연관되어
악기의 소리 발생이나 기계부품의 공진(resonance)현상과 같은 심각한 결과를 유발할 수 있다.

자유진동(free vibration)은 외부에서 진동계에 작용하는 힘(또는 회전력)이 순간적으로 가해
지거나 또는 제거될 때 진동계에 발생하는 진동현상이다. 즉, 초기변위나 순간적인 충격 등에
의해서 발생되는 진동현상을 말하며, 진동하는 동안에는 추가적인 외부 힘의 작용이 없는
경우를 뜻한다.

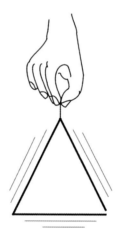

그림 1.14 트라이앵글의 자유진동

이러한 자유진동은 진동계 자체에 내재하는 힘(탄성력)으로 말미암아 진동현상이 발생하게
되며, 하나 또는 그 이상의 고유 진동수로 진동하게 된다. 이러한 고유 진동수는 질량과 스프링
특성(이를 강성(剛性), stiffness라고도 한다)에 의해 결정되는 진동계의 고유 특성이라고 할
수 있다. 예를 들어 사찰의 종소리, 피아노 건반들의 타격에 따른 현(絃, string)의 진동에
따른 피아노 소리, 실로폰이나 북소리 및 트라이앵글의 일정한 소리 등이 각각의 물체들이
가지고 있는 고유 진동수에 해당하는 진동현상으로 나타나는 사례들이다.

강제진동(forced vibration)은 그림 1.15(b)와 같이 진동수를 갖고 있는 외력(외부 가진력,
$f(t)$)이나 외부 토크가 진동계에 연속적으로 작용하여 발생하는 진동현상이다. 때로는 진동
하는 물체뿐만 아니라, 진동계를 지지하는 기초(base)나 지반에 외력이나 외부 토크가 작용하

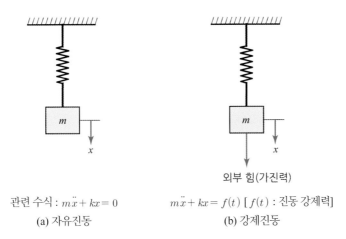

관련 수식 : $m\ddot{x} + kx = 0$ 　　　$m\ddot{x} + kx = f(t)$ [$f(t)$: 진동 강제력]

(a) 자유진동 　　　(b) 강제진동

그림 1.15 자유진동과 강제진동의 비교

여 발생할 수도 있다. 즉, 질량과 스프링으로 이루어진 진동계에서 질량 부위에 외부 가진력이 직접 작용할 수도 있으며, 외부 가진력에 의해서 스프링이 매달린 천장이 움직이거나 물체를 지지하고 있는 기초 면이 연속적으로 흔들려서 강제진동이 발생할 수도 있다.

　이러한 강제진동에서 물체는 외력의 진동수와 같은 응답(진동현상)을 나타내지만, 외력 자체가 가지고 있는 진동수(가진(加振) 진동수, exciting frequency)가 진동계 자체의 여러 고유 진동수 중 하나와 일치하는 경우에는 진폭이 갑자기 증폭되는 공진현상이 발생하게 된다.

　진동계에서 공진현상이 발생하게 된다면 이론적으로는 진폭의 크기가 무한대로 되면서 기계부품의 파손과 같은 심각한 손상을 가져오게 된다. 하지만 실제 기계부품이나 구조물의 경우에는 감쇠(damping)의 영향과 각종 에너지의 손실 등으로 인하여 무한대의 진폭 크기가 아닌 매우 심각한 수준의 진폭 증대현상이 나타난다. 각종 기계장치나 자동차를 비롯하여 세탁기와 같은 가전제품에 이르기까지 심각한 진동현상이나 소음문제들은 주로 공진현상이거나 또는 외력의 가진 진동수가 기계장치나 내부 부품들의 고유 진동수에 접근하는 경우에 주로 발생하게 된다.

　자유진동과 강제진동의 기본적인 개념은 그림 1.16과 같이 스프링에 질량을 매달아서 손으로 잡고서 상하방향으로 흔들어 보면 쉽게 이해할 수 있다. 스프링 한쪽을 손으로 잡고 나머지 한쪽에 질량을 매단 다음, 스프링을 잡은 손은 고정한 상태에서 다른 손으로 질량을 일정한 거리만큼 내렸다가 놓으면 스프링에 내재된 탄성력에 의해서 질량은 상하방향의 진동을 하게 된다. 이때의 진동형태를 자유진동이라 한다. 즉, 질량이 상하방향으로 진동하는 도중에는 스프링을 잡은 손이 움직이지 않으므로, 외부로부터 어떠한 힘(외력)도 작용하지 않았기 때문에 스프링 특성(스프링 강성)과 질량으로 이루어진 고유 진동수로 질량은 상하방향의 진동을

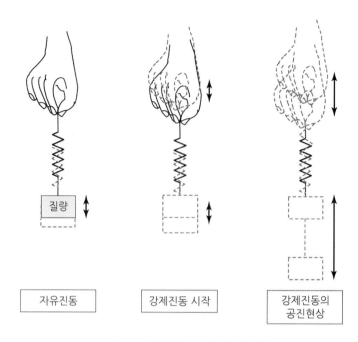

| 자유진동 | 강제진동 시작 | 강제진동의 공진현상 |

그림 1.16 자유진동과 강제진동의 사례

계속하다가 진동에너지의 소멸(감쇠)로 인하여 결국은 멈추게 된다.

　반면에 스프링을 잡은 손을 천천히 상하방향으로 움직여보면, 질량의 진동하는 진폭이 점점 커지거나 줄어드는 현상이 발생하게 된다. 이러한 진동형태를 강제진동이라 한다. 즉, 스프링 잡은 손을 상하방향으로 움직여서 전달되는 힘(외력)과 진동횟수가 스프링과 질량으로 이루어진 진동계에 작용하기 때문이다. 우리들은 손의 상하방향 움직임(외부 가진력의 진동수를 의미한다)을 적절하게 조절하여 진동하는 질량의 진폭을 매우 크게 만들 수 있을 것이다. 이때가 바로 공진현상이 발생하는 시점으로, 스프링 특성과 질량으로 이루어진 진동계의 고유 진동수와 손에서 상하방향으로 움직이는 진동수(외부 가진 진동수)가 서로 접근하면서 거의 같아지게 될 경우에는 진폭이 무한대로 커지는 현상이 바로 공진현상이다.

　이번에는 스프링 잡은 손을 공진현상이 발생하는 경우보다도 더욱 빠르게 상하방향으로 움직여 본다면, 의외로 질량의 진동현상에 별로 영향을 주지 않는다는 새로운 사실을 확인할 수 있을 것이다. 이것은 외부에서 가해지는 진동수와, 스프링과 질량으로 결정되는 진동계의 고유 진동수가 서로 멀리 떨어져 있기 때문이다. 즉, 외부 가진 진동수가 공진현상이 발생하는 영역(물체의 고유 진동수)을 이미 크게 넘어섰기 때문에 진동계의 진동현상은 외력이 가지고 있는 진동수의 영향을 거의 받지 않는 구간임을 쉽게 이해할 수 있다. 이렇게 외부에서 가해지는 가진 진동수와 진동계 자체의 고유 진동수를 멀리 격리시키는 개념(진동절연, vibration isolation)은 자동차뿐만 아니라 모든 기계부품들을 포함하여 건축 구조물과 교량, 지진에 의한 진동소음현

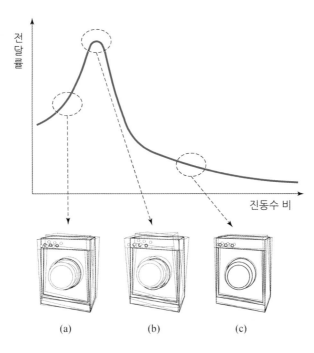

그림 1.17 세탁기의 탈수통 진동현상

상을 저감시키는 데 있어서 매우 중요한 사항이다.

세탁기의 탈수과정에서도 그림 1.17과 같이 탈수통(세탁조)의 회전이 점점 빨라지면서 세탁기 전체의 진동현상이 점진적으로 커지다가[그림 1.17(b)] 어느 순간을 지나면서 조금씩 줄어드는 것[그림 1.17(c)]을 확인할 수 있다. 이는 세탁조의 회전수(외부 가진 진동수)와 세탁기 자체[세탁기 외관 보디(body)를 의미]의 고유 진동수가 서로 접근할 경우에는 진동현상이 커지고, 탈수통의 회전이 점점 빨라져서(외부 가진 진동수가 세탁기의 고유 진동수보다 훨씬 커져서), 세탁기 자체의 고유 진동수들과 서로 멀리 떨어지게 되면서 세탁기의 진동현상이 줄어들기 때문이다.

우리가 흔히 느낄 수 있는 자동차의 진동소음현상도 거의 대부분은 강제진동현상으로 유발되며, 특별하게 문제될 때는 공진현상에 접근하는 경우라고 말할 수 있다. 자동차 강제진동의 원인이 되는 외력이나 외부 토크는 그림 1.18과 같이 동력기관(powertrain)인 엔진의 흔들림이나 크랭크샤프트로부터 발생하는 회전력의 변화, 또는 차량주행 시 도로로부터 타이어를 통해서 차체로 유입되는 가진력 등이라 볼 수 있다. 이러한 가진력의 진동수는 자동차 현가장치의 스프링과 감쇠 특성, 차체(body)의 고유 진동 특성들과의 연관되면서 제반 진동소음현상이 유발되기 마련이다.

특히 자동차는 일반 생산기계와는 달리 다양한 운전조건에 따라서 엔진의 회전수가 빈번하

외부 강제력
(엔진의 진동력이 차체에 작용)

그림 1.18 자동차의 강제진동 사례

게 변화되는 특성을 갖는다. 이는 엔진으로부터 발생되는 가진 진동수가 수시로 변화됨을 의미하며, 자동차를 구성하고 있는 차체 및 주요 부품들의 고유 진동수에, 엔진에 의한 가진 진동수가 서로 접근하거나 일치될 경우에는 진동현상이 증대되면서 공진이 발생하여 탑승객이 불쾌한 진동과 소음현상을 인식할 수 있다.

1.4 감쇠에 의한 영향

대부분의 자유진동현상은 시간의 경과에 따라서 진폭이나 진동형태의 크기가 점차적으로 줄어들기 마련이다. 이러한 현상은 진동계에 작용하는 마찰현상과 저항력에 의한 것으로, 이를 감쇠(damping)효과라고 한다. 즉, 감쇠는 진동하는 물체의 운동방향과는 반대로 저항력을 발생시켜서 진동계의 에너지(운동 또는 위치에너지를 포함)를 점차적으로 소멸시키는 역할을 한다.

실제적으로 감쇠는 진동계의 고유 진동수에도 영향을 미친다. 하지만 질량과 스프링만으로 이루어진 진동계의 경우에는 감쇠효과에 의한 고유 진동수의 변화가 매우 적기 때문에, 감쇠가 없다는 가정하에 고유 진동수를 계산해도 무방하다. 하지만 진동계에 별도의 장치를 적용해서 감쇠 특성이 커진다면 진동 특성에 변화를 유발하기 때문에 고유 진동수에 영향을 끼치게 된다.

반면에, 진폭이 무한대로 커지는 공진현상에서는 진폭을 최소한의 크기로 제어하기 위해서 적극적으로 감쇠현상을 이용하기도 한다. 이러한 감쇠는 점성감쇠(viscous damping), 건성감쇠(dry friction damping), 고체감쇠(solid damping) 및 히스테릭 감쇠(hysteretic damping) 등으로 구분할 수 있으며, 실제 기계부품의 진동현상에서는 점성감쇠 특성이 가장 뚜렷한 효과를 발휘한다.

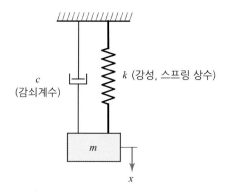

그림 1.19 점성감쇠가 고려된 진동계

점성감쇠가 고려된 진동계는 그림 1.19와 같이 표현되며, 유체의 점성(粘性)을 이용하는 점성감쇠는 진동하는 물체(질량)의 변위보다는 속도에 지배적인 영향을 받기 마련이다. 질량과 스프링으로 이루어진 진동계의 운동방정식인 식 (1.8)에서 속도($\dot{x}$)에 의한 감쇠력이 추가되면서 다음과 같이 표현된다.

$$m\ddot{x} + c\dot{x} + kx = 0 \tag{1.12}$$

식 (1.12)에서 c는 점성감쇠에 관련된 비례상수(감쇠계수)를 뜻하며, 감쇠비(damping ratio) ζ(그리스 문자로 zeta로 읽는다)는 식 (1.13)과 같이 정의된다.

$$\zeta = \frac{\text{일반 감쇠계수, } C}{\text{임계 감쇠계수, } C_{Cr}} \tag{1.13}$$

여기서, 임계(critical) 감쇠계수는 진동계의 진동현상이 발생하거나 발생하지 않는 경계에 해당하는 감쇠계수를 뜻하며, $C_{Cr} = 2m\sqrt{\dfrac{k}{m}} = 2m\omega_n = 2\sqrt{km}$ 으로 정의된다.

감쇠의 작용으로 인하여 진동계의 고유 진동수(ω_n)는 약간 줄어들게 된다. 즉, 감쇠비 ζ 값이 커질수록 고유 진동수(감쇠 고유 진동수)는 질량과 스프링만으로 이루어진 진동계의 고유 진동수(비감쇠 고유 진동수, undamped natural frequency)보다 작아지기 마련이다. 이때의 고유 진동수를 감쇠 고유 진동수(damped natural frequency)라고 하며, ω_d로 표현한다. 감쇠가 없는 비감쇠 고유 진동수(ω_n)와 감쇠가 고려된 고유 진동수(ω_d)는 식 (1.14)와 같은 관계를 갖는다.

$$\omega_d = \sqrt{1 - \zeta^2}\,\omega_n \tag{1.14}$$

감쇠비 ζ 값이 1을 기준으로 하여 어떠한 값을 갖느냐에 따라서 진동형태가 다양하게 변화

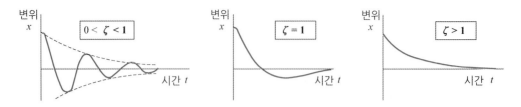

그림 1.20 감쇠비에 따른 진동변위의 비교

된다. 즉, 감쇠비가 0 < ζ < 1인 경우에는 정상감쇠 또는 부족감쇠(under damping)가 발생하게 되며, ζ = 1인 경우를 임계감쇠(critical damping), ζ > 1인 경우를 과감쇠(over damping)라 한다. 그림 1.20은 감쇠비 ζ값에 따른 부족감쇠, 임계감쇠 및 과감쇠에 대한 진동변위를 나타낸 것이다. 여기서 임계감쇠는 진동계가 진동하면서 감쇠되는 정상감쇠와 진동하지 않으면서 감쇠되는 과감쇠의 경계에 해당되는 감쇠 특성을 의미한다.

자동차와 같은 수송기계나 각종 기계부품들의 원치 않는 진동현상을 완화시키기 위해 사용되는 감쇠장치들의 감쇠비 ζ값은 주로 0 < ζ < 1인 정상감쇠나 부족감쇠영역이라 할 수 있다. 자동차의 주행과정에서 도로의 요철부위 통과 시 타이어를 통해 차체로 입력되는 충격적인 외력의 전달을 억제시키고 동시에 차체로 전달될 수 있는 진동에너지의 빠른 소멸을 위해서 현가장치에 장착되는 충격흡수기(shock absorber) 등이 대표적인 감쇠역할을 하는 부품이라 할 수 있다. 그림 1.21과 같은 모양의 자동차용 충격흡수기의 감쇠비 ζ는 대략 0.3 ~ 0.5의 값을 갖는다.

한편, 임계감쇠나 과감쇠의 특성은 진동변위의 급격한 변화로 말미암아 기계부품에 과도한 응력집중이나 충격 등과 같은 악영향을 미치게 된다. 반면에 저울이나 도어로커 등과 같은 부품에서는 외부 가진에 의한 즉각적인 변위(움직임)의 소멸을 위해서 인위적인 임계감쇠나 과감쇠의 특성을 사용하는 경우도 있다.

그림 1.21 자동차의 주요 감쇠장치인 충격흡수기

1.5 진동전달력과 진동절연

회전운동이나 왕복운동을 하는 기계에서는 여러 가지의 원인(편심에 의한 회전 불평형, 관성력이나 토크변동 등)들로 인하여 다양한 진동현상이 발생할 수 있기 때문에, 이러한 기계들을 직접 건물의 기초나 차체구조물에 설치하게 되면 진동력(에너지)이 그대로 주변 물체나 부품들로 전달되기 마련이다. 이렇게 주변 물체들로 전달된 진동에너지는 예기치 않은 공진현상이나 과도한 흔들림을 발생시켜서 기계의 운전효율이나 상품성(제품 생산성)을 크게 저하시킬 수 있다. 도로의 노면조건에 따라 타이어의 흔들림(진동)이 발생하기 쉬운 자동차뿐만 아니라, 가전제품이나 건물 내부에 설치되는 펌프, 보일러 등에서 발생하는 진동현상으로 인한 악영향을 개선시키기 위해서는 예상치 않은 진동력이 주변 부품들로 전달되는 현상을 최소화시키는 방법이 강구되어야만 한다.

따라서 진동문제를 발생시킬 수 있는 기계가 장착되는 기초나 지지구조물 사이에는 반드시 진동절연(vibration isolation) 장치를 고려하게 된다. 자동차나 철도차량과 같은 수송기계들의 경우에는 엔진과 차체를 연결시켜주는 엔진 마운트(engine mount, 자동차 정비현장에서는 흔히 '미미'라고 부르기도 한다), 현가장치의 스프링이나 그림 1.22와 같이 방진고무(bush류 포함) 및 배기계 지지고무(hanger rubber) 등이 대표적인 진동절연 장치들이다. 그림 1.23은 진동계의 질량에 외력(진동수를 가진 외부 가진력)이 작용할 때, 천장에 전달되는 힘(전달력)을 나타내고 있다.

그림 1.23과 같이 질량, 스프링과 감쇠장치로 구성된 진동계에 있어서 외부 가진력 F

(a) 엔진 마운트

(b) 배기계 지지고무

그림 1.22 자동차의 대표적인 진동절연 장치

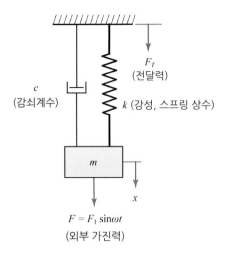

$F = F_1 \sin\omega t$
(외부 가진력)

그림 1.23 진동계의 진동전달력

$(= F_1 \sin \omega t)$가 질량에 작용할 경우, 기초(여기서는 천장이라 할 수 있다)로 전달되는 진동전달력을 F_T라 가정한다. 외부에서 가해지는 힘(F_1)과 전달력(F_T) 간의 비를 전달률 (transmissibility) T_R로 표현하면 식 (1.15)와 같이 정리된다.

$$전달률, \quad T_R = \frac{전달되는 \ 힘, \ F_T}{가해지는 \ 힘, \ F_1} \qquad (1.15)$$

이 책에서는 식 (1.15)의 세부적인 내용은 생략하지만, 외부에서 가해지는 가진 진동수 ω와 진동계 자체의 고유 진동수 ω_n 간의 비율(ω/ω_n, 이를 진동수비라 한다)을 기준으로 하여 전달률 T_R을 표현하면 그림 1.24와 같다.

그림 1.24에서 감쇠비 ζ값에 상관없이 $\omega/\omega_n < \sqrt{2}$ 인 경우에는 전달률이 1보다 크고, $\omega/\omega_n \geq \sqrt{2}$ 이상인 경우에는 전달률이 1보다 작아진다. 여기서 공진현상이 발생하는 지점인 $\omega/\omega_n = 1$이 될 때의 전달률을 살펴보면, 감쇠비 ζ값이 커질수록 전달률이 급격히 줄어들고 있음을 확인하게 된다. 이처럼 공진현상에 의한 과도한 힘이 진동계의 기초(또는 천장)로 전달되지 않게끔 억제하기 위해서는 높은 감쇠비를 갖는 감쇠장치를 채택하는 것이 유리하다. 하지만 공진이 발생하는 구간을 넘어서는 영역에서는 오히려 감쇠비가 높아질수록 전달률이 커진다는 점을 유의해야 한다.

자동차뿐만 아니라 일반 가전제품에 있어서도 점차 구동부품의 소형화와 더불어서 고출력 특성이 요구되고 있으므로 대부분의 운전조건은 $\omega/\omega_n > \sqrt{2}$ 인 영역이라 할 수 있다. 다시 말해서, 어떠한 감쇠비 ζ에 대해서도 $\omega/\omega_n = \sqrt{2}$ 인 지점에서 전달률은 모두 1이 되며, 이

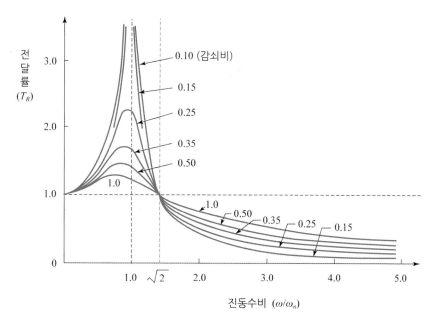

그림 1.24 진동전달률

지점을 기준으로 왼쪽 영역($\omega/\omega_n < \sqrt{2}$)에서는 감쇠비가 커질수록 전달률을 저하시키는 역할을 하지만, 오른쪽 영역($\omega/\omega_n \geq \sqrt{2}$)에서는 감쇠비가 커지게 되면 오히려 전달률을 증대시키게 된다.

일상생활 속에서 접하게 되는 여러 종류의 가전제품이나 자동차, 철도차량과 같은 수송기계들에서 발생하는 진동소음현상도 대부분 진동수비가 $\omega/\omega_n \geq \sqrt{2}$ 인 조건에서 이루어지도록 설계되고 있으나, 다양한 부품 및 복잡한 결합형태 등으로 인하여 여러 개의 고유 진동수들이 존재하기 때문에 예상치 못한 공진현상이 자주 발생할 수 있다. 따라서 자동차를 비롯한 다양한 기계장치의 설계과정에서는 장시간의 사용에 따른 여러 환경변화(고무부품의 경화, 체결 부위의 특성 변화 등)에 대한 유효적절한 감쇠 특성의 고려가 필수적이라 할 수 있다.

1.6 선형 진동과 비선형 진동

진동현상은 또한 선형 진동과 비선형 진동으로 구분할 수 있다. 선형 진동(線形 振動, linear vibration)은 스프링과 같은 탄성체의 복원력(탄성력)이 훅의 법칙을 만족하거나($F = kx$), 감쇠되는 힘(감쇠력)이 속도에 비례하고($F = c\dot{x} = cv$), 관성력이 가속도에 비례($F = m\ddot{x} = ma$)

하는 경우를 모두 만족시키는 조건에서 발생되는 진동현상을 뜻한다.

이러한 선형 진동은 수학적으로도 선형 미분방정식으로 정확하게 표현되고, 중첩 (superposition)의 원리를 적용할 수 있으므로, 다양한 해석기법을 통해서 해(解, solution)를 얻을 수 있다. 진동공학의 교과서에서 흔히 접하게 되는 수식들은 거의 대부분 선형 진동이라 할 수 있다.

비선형 진동(nonlinear vibration)은 위에서 언급한 복원력, 감쇠력 및 관성력의 세 가지 항목들 중에서 단 하나의 항목이라도 선형 특성들을 만족시키지 못하는 경우의 진동현상을 뜻한다. 비선형 진동현상은 주기의 불규칙성, 진폭의 비약(jump)현상 및 중첩 원리의 적용불가 등과 같은 복잡한 문제들로 인하여 정확한 현상파악조차 여의치 않은 경우가 많다.

그림 1.25는 선형과 비선형 진동의 진폭 변화를 진동수비로 나타낸 것이다. 선형 진동[그림 1.25(a)의 좌측]에서는 진동수비(ω/ω_n)가 증가하거나 감소하는 경우, 진폭의 변화가 곡선에 따라서 점차적으로 증감하게 된다. 하지만 비선형 진동에서는 진동수비가 증가할 경우, 그림 1.25(b)의 ① 구간과 같이 증대되던 진폭이 갑자기 줄어드는 현상이 나타난다. 반면에, 진동수

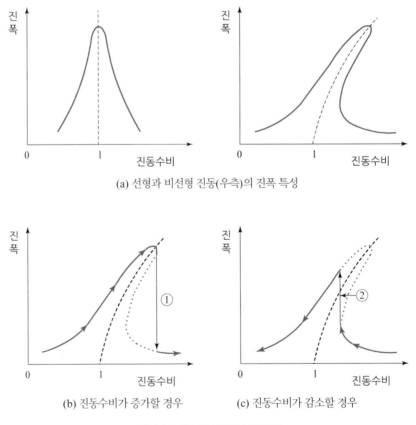

(a) 선형과 비선형 진동(우측)의 진폭 특성

(b) 진동수비가 증가할 경우   (c) 진동수비가 감소할 경우

그림 1.25 비선형 진동의 비약현상

비가 높은 영역에서 낮은 쪽으로 줄어들 경우에는 그림 1.25(c)의 ② 구간에서 진폭이 급격하게 증대된다. 이러한 현상을 비선형 진동의 진폭 비약현상이라 한다.

일반적으로 진동계는 진폭이 증가됨에 따라 비선형화되는 경향을 갖는다. 일례로 가장 간단한 진자(pendulum)운동에서도 움직이는 각도(회전각)가 조금만 커져도 선형으로 해석되지 않는 진동현상을 유발할 수 있다. 실제로 자동차를 비롯한 일반 기계부품들에서 발생하는 진동현상 중에는 비선형 진동 특성을 갖는 경우가 많다. 주로 스프링, 고무 등과 같은 감쇠부품에서 비선형 특성이 나타나는 경우가 대부분이라 할 수 있다.

최근의 기계부품들에서는 고속, 고정밀, 경량화 설계 등으로 인하여 많은 공학문제들이 선형이론으로는 설명할 수 없는 비선형 특성을 갖게 되었다. 비선형 진동의 응답은 외부 가진력의 크기에 비례하지 않으며, 응답 진동수도 가진 진동수와 일치하지 않는다. 더불어 규칙적인 가진임에도 불구하고, 불규칙적인 응답인 혼돈진동(chaotic vibration)이 발생하는 경우도 있다. 세부적인 항목은 본 교재의 수준을 넘어가는 내용이므로 진동공학의 전문서적을 참고하기 바란다.

자동차의 경우에서도 현가장치의 스프링 특성과 함께 진동절연에 많이 사용되는 고무부품들에도 이러한 비선형 특성들이 많이 내포되어 있다. 그림 1.26은 스프링의 선형 및 비선형 특성을 나타낸다.

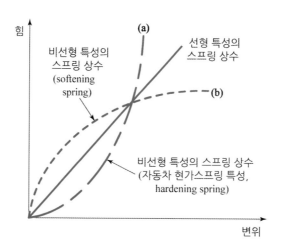

그림 1.26 선형 및 비선형 스프링 특성

그림 1.26과 같이 힘과 변위의 비례관계에서 직선성분은 스프링의 선형 특성을 뜻하며, 일정한 기울기(이를 스프링 상수 k로 표현한다)를 가지고 있다. 반면에, 스프링에 가해지는 힘이 증가될수록 변위가 점점 줄어드는 곡선[그림 1.26(a)]을 하드닝 스프링(hardening

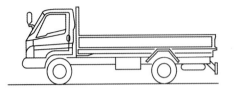
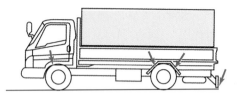

적재물이 없는 경우   적재물이 있는 경우

현가장치의 스프링 특성이 선형 특성을 가질 경우, 적재물이 과도하게 적용될 경우에는 스프링의 변위 증대
로 말미암아 타이어가 차체와 간섭하는 비현실적인 경우도 발생할 수 있다.

그림 1.27 현가장치의 선형 스프링 적용사례

spring) 특성이라 한다. 스프링에 가해지는 힘이 증가할수록 변위가 더욱 커지는 곡선[그림 1.26(b)]을 소프트닝 스프링(softening spring) 특성이라 한다. 이러한 스프링들은 비선형 특성을 가지고 있는 대표적인 사례라 할 수 있다.

무거운 짐을 싣고 내리는 트럭과 같은 상용차량뿐만 아니라, 일반 승용자동차에서도 탑승인원이나 적재물 증가에 따라 차체를 지지하고 있는 현가장치의 스프링이 선형적으로 작용하게 된다면, 그림 1.27과 같이 자동차의 최저 지상고는 적재물의 증가에 따라 계속 낮아져서 차체와 타이어가 서로 접촉하는 것과 같은 비현실적인 결과를 초래할 것이다. 따라서 자동차와 철도차량을 비롯한 수송기계와 건설장비 등에 적용되는 현가장치의 스프링은 적정 수준 이상의 중량 증대에 대해서는 스프링 변위의 증가현상이 최소한으로 줄어드는 하드닝 스프링 특성을 채택할 수밖에 없다.

트럭과 같은 대형 상용차량에서는 적재물 증대로 인해 스프링의 변위가 커져서 차체가 계속해서 낮아질 경우, 별도의 스프링이 작용되면서 현가장치 스프링의 강성을 증대시킨다. 그림 1.28은 트럭에 적용되는 엽판 스프링(leaf spring)의 적용사례를 보여준다. 그림 1.28(a)

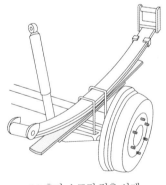
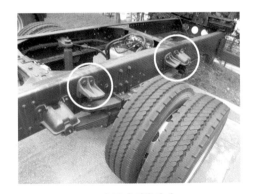

(a) 추가 스프링 접촉 사례   (b) 스토퍼 적용사례

그림 1.28 엽판 스프링의 비선형 응용사례

는 과도한 적재물 탑재로 인하여 차체가 낮아질 경우, 추가의 스프링(진하게 그려진 부위)이 기존 스프링과 접촉하면서 하드닝 스프링 특성을 갖게 된다. 또한 그림 1.28(b)의 경우는 적재물 증가로 차체가 낮아지면서 스프링이 스토퍼(stopper, 원형 부분)에 접촉하면서 하드닝 스프링 특성으로 변화되는 사례를 나타낸다.

1.7 진동의 자유도

진동하는 물체는 상하나 좌우, 또는 회전과 같은 공간적인 방향성을 갖기 마련이다. 이러한 진동계의 운동현상을 수식으로 표현하려면, 각각의 방향에 따른 기준좌표가 필요하게 된다. 이와 같이 진동계의 운동을 표현하는 최소한의 독립좌표수를 그 진동계의 자유도(degree of freedom)라 하고, 진동하는 물체의 이동변위, 속도 및 가속도 등을 표현하는 변수(x, y 등과 같은)를 독립좌표라 한다. 여기서 독립좌표는 직선 방향과 회전 방향이 모두 포함될 수 있다.

예를 들어 그림 1.29(a)와 같이 하나의 질량과 스프링으로 이루어진 진동계에서 질량 m이 수직 상하방향으로만 운동한다면, 상하방향의 운동 특성을 표현하는 한 개의 좌표 x만으로 운동형태(변위, 속도 및 가속도)를 완전하게 표시할 수 있다. 또한 그림 1.29(b)와 같이 늘어나지 않는 실이나 줄에 질량이 매달려서 시계추처럼 좌우방향으로 진자운동을 한다면, 수직방향에 대한 회전각 θ의 좌표를 이용해서 운동형태(각변위, 각속도 및 각가속도)를 완전하게 표시할 수 있다. 따라서 그림 1.29와 같은 진동계들의 운동형태는 단 한 개의 좌표만으로 운동현상을 표현할 수 있으므로 자유도는 1이며, 이러한 진동계를 1자유도계(system with one degree of freedom)라고 한다.

만약 그림 1.30과 같이 시계추처럼 진자운동을 하면서 질량 m이 스프링의 상하방향으로도 동시에 진동한다면, 좌표 x뿐만 아니라 회전각 θ를 모두 포함시켜서 운동형태를 표현해야

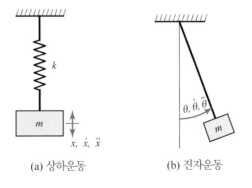

(a) 상하운동   (b) 진자운동

그림 1.29 진동계의 자유도 (1자유도)

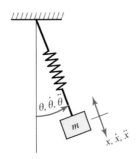

그림 1.30 진동계의 자유도(2자유도)

하므로, 이 진동계는 더 이상 1자유도가 아니며 x와 θ의 좌표로 표현되는 2자유도 운동을 하게 된다. 그림 1.30과 같은 진동계의 운동방정식에는 상하방향의 좌표 x와 회전방향의 좌표 θ가 모두 필요하기 때문이다.

진동모드(vibration mode)는 진동계가 고유 진동수에서 진동하는 형태(모양)를 뜻하는 것으로, 1자유도 운동에서는 1개의 진동형태만 존재한다. 그러나 그림 1.31과 같이 두 개의 질량과 스프링이 적용되는 2자유도계에서는 2개의 고유 진동수와 진동형태를 각각 가지게 된다. 여기서, 첫 번째 고유 진동수에서 나타나는 진동모드(이를 편의상 '1차'로 표현한다)는 두 개의 질량이 각각 진폭의 크기는 다르겠지만 서로 같은 방향으로 이동하는 진동형태를 뜻한다. 두 번째 고유 진동수에서 나타나는 진동모드(2차)는 서로 다른 방향으로 이동하는 진동형태를 보여준다. 따라서 2차 진동모드에서는 질량 m_1, m_2가 서로 가까워졌다가 멀어지는 진동현상을 반복하게 된다. 만약 그림 1.31의 천장에 외부 가진력이 작용한다면, 외부 가진력의 진동수가 높아지면서 1차 고유 진동수와 일치하게 되면 1차 고유 진동모드형태로 공진하게

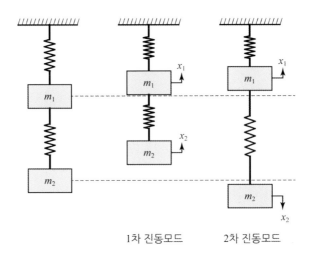

1차 진동모드   2차 진동모드

그림 1.31 2자유도 진동계의 진동모드

된다. 외부 가진력의 진동수를 더 높여서 2차 고유 진동수와 일치하게 되면 2차 고유 진동 모드형태로 공진하게 된다.

다양한 질량이나 스프링으로 구성된 진동계의 자유도와 진동모드를 표현하기 위해서 n개 의 독립좌표가 필요한 경우, 그 진동계는 n개의 자유도 및 진동모드를 갖는다고 말할 수 있다. 예를 들어 공간에 자유롭게 위치한 강체(rigid body)는 3개의 좌표축에 대한 직선운동 (병진운동)과 각 좌표축 주위의 회전운동이 모두 가능하기 때문에 그림 1.32와 같이 자유도는 6이 된다. 즉 x, y, z축 각 방향의 직선운동 3자유도와 x, y, z축을 중심으로 각각 회전하는 회전운동의 3자유도가 합쳐져서 6자유도 운동을 하게 된다.

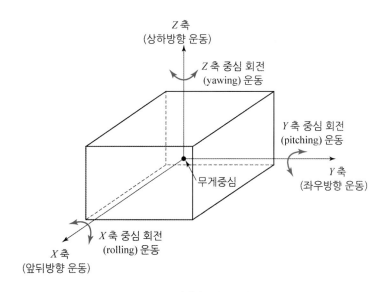

그림 1.32 강체의 6자유도 운동

자동차에 있어서도 낮은 진동수 영역에서는 차체나 엔진이 마치 하나의 강체(剛體, rigid body)처럼 움직이기 때문에, 그림 1.33과 같이 6자유도 운동이 승차감을 악화시키는 주요 원인 이 될 수 있다. 여기서 x축을 중심으로 차체가 좌우방향으로 흔들리는 현상을 롤링(rolling) 운동이라 하며, y축을 중심으로 차체가 상하방향으로 흔들림을 반복하는 현상을 피칭(pitching) 운동이라 한다. 또한 z축을 중심으로 차체가 회전하는 듯한 움직임을 반복하는 현상을 요잉 (yawing) 운동이라 한다. 이러한 운동현상은 철도차량에서도 동일하게 발생할 수 있다.

여기서 롤링 운동은 차량의 주행과정에서 연이은 커브길과 같은 회전구간에서 발생하며, 피칭 운동은 과속방지턱을 넘어갈 때 주로 느끼게 되고, 요잉 운동은 차체 뒤쪽이 좌우로 회전하는 듯한 느낌을 갖는다. 자동차 사고로 인해 아스팔트 도로 위에 시꺼멓게 휘어진 타이어 자국을 일명 요마크(yaw mark) 또는 스키드마크(skid mark)라고 하는데, 충돌사고로

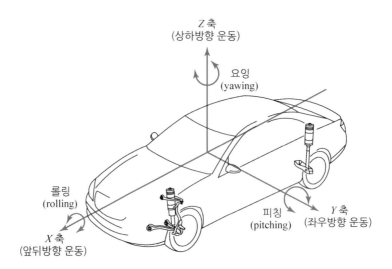

그림 1.33 차체의 6자유도 운동

그림 1.34 횡방향 움직임(요잉) 측정 센서

인해 차량 뒷부분이 좌우방향으로 미끄러지는 경우에 주로 발생한다. 또한 그림 1.34와 같이 차량의 횡방향 움직임(yawing)을 측정하는 센서(yaw rate sensor)는 최근 ESP(electronic stability program) 또는 VDC(vehicle dynamic control)와 같은 차량 자세제어장치의 기초정 보로 활용되고 있다.

한편, 막대나 자동차의 차체 등과 같은 탄성체(flexible body)는 무한한 수의 미소 질량과 스프링들이 서로 탄성결합에 의해서 이루어진 것으로 생각할 수 있으므로, 무한개의 자유도와 진동모드를 갖는다고 말한다. 따라서 무한한 수의 고유 진동수와 진동형태를 갖게 되겠으나, 다행스럽게도 일반적인 탄성체는 한정된 개수의 고유 진동수들에서만 특징적인(대표적인) 진폭과 진동모드로 진동하기 때문에 문제되는 고유 진동수와 진동모드에 대한 대책만을 강구 해도 충분하다고 할 수 있다. 그림 1.35는 한쪽이 고정된(clamped) 가늘고 긴 막대모양을

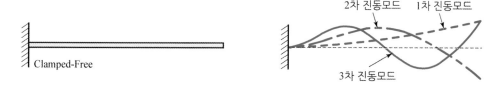

그림 1.35 가늘고 긴 막대의 진동모드 사례

가진 철판의 진동모드를 보여준다. 이 경우에도 1 ~ 3차의 진동모드가 가장 대표적인 영향을 주게 되며, 그 이상의 고유 진동수에서는 미소변위로 인하여 진동현상에 의한 영향은 미미한 수준으로 취급될 수 있다.

1.8 진동의 단위

진동현상을 나타내는 단위로는 진동수와 진폭, 진동레벨 등이 있다. 먼저 진동수(frequency, 주로 f로 표현한다)의 단위로는 Hz(Hertz, cycle/sec)가 사용되며, 이는 단위시간당 진동현상이 반복되는 사이클의 수로 정의된다. 회전운동의 개념이 내포된 조화운동의 진동모델에서는 진동수를 나타낼 때 고유 원(회전) 진동수(natural circular frequency)인 ω가 사용되며, 단위는 rad/sec이다. 일반적으로 진동수나 주파수 단위로 표현되는 f[Hz]와 회전 진동수 ω[rad/sec] 의 관계는 2π radian(1회전을 의미)이 고려된 식 (1.16)과 같이 정리된다.

$$f\,[\text{Hz}] = \frac{\omega}{2\pi}, \ \omega\,[\text{rad/sec}] = 2\pi f \tag{1.16}$$

우리가 시간단위로 사용하는 1초(second)는 세슘원자가 91억9236만1770번 진동하는 데 걸리는 시간을 기준으로 정의되었다. 시간단위도 결국은 진동개념에서 출발하고 있음을 알 수 있다.

진동현상의 진폭을 나타내는 경우에는 변위, 속도 및 가속도로 표현되며, 조화함수인 경우에는 다음과 같이 표현할 수 있다.

변위: $x = A \sin \omega t$

속도: $v = \dot{x} = A\omega \cos \omega t$

가속도: $a = \ddot{x} = -A\omega^2 \sin \omega t = -\omega^2 x$

이러한 진동현상에 있어서 가속도는 변위에 비해서 고유 원 진동수(ω)의 제곱값에 비례함을 알 수 있다. 일반 기계나 자동차의 진동현상을 측정할 때, 가속도를 기준으로 측정한 결과는 높은 진동수 성분을 강조하는 경향이 많다고 볼 수 있다. 반면에 변위를 기준으로 진동현상을 측정하는 경우에는 낮은 진동수 성분이 강조된다고 볼 수 있다. 실제로 대부분의 기계부품들은 주파수 분석에서 에너지 분포 개념이라 할 수 있는 스펙트럼이 비교적 균일한 특성을 갖기 때문에, 기계진동의 분석에서는 속도나 가속도를 기준으로 진동현상을 측정한다. 반면에 건축물이나 교량과 같이 낮은 진동수 특성을 갖는 경우에는 변위를 기준으로 측정하기도 한다.

자동차를 비롯한 일반 기계부품들에서 발생되는 진동현상을 측정하는 경우에는 일반적으로 가속도계(accelerometer)라는 센서를 이용해서 가속도 및 가속도에 의한 진동레벨(dB, vibration level)을 측정하여 분석하는 방식이 주로 사용된다. 그림 1.36은 가속도계의 외관 및 압축형(compression type)과 전단형(shear type) 가속도계의 내부구조를 각각 나타낸다. 여기서, 압전재료(piezo electric material)는 외부 힘(진동력)의 작용으로 인하여 미세한 전기[주로 전하(charge)량을 의미]를 발생하는 재료를 의미한다.

가속도계에 적용되는 압전재료는 엔진의 노크(knock)현상을 감지하는 노크센서에도 사용되며, 차량의 현가장치[전자제어 현가장치인 ECS(electronic controlled suspension)]에서 차

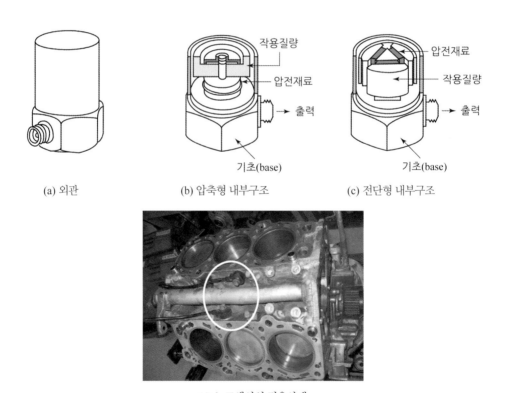

(a) 외관 (b) 압축형 내부구조 (c) 전단형 내부구조

(d) 노크센서의 적용사례

그림 1.36 가속도계의 종류

량의 거동을 측정하는 센서와 초음파 발생장치 등에도 사용되고 있다. 그림 1.36(d)의 노크센서가 V6 방식 엔진 실린더 블록의 각 뱅크(bank)에 장착된 모습이다. 만약 엔진의 연소실에서 조기점화(pre-ignition)와 같은 이상연소로 인하여 노크현상이 발생하면 실린더 벽면의 진동(3 ~ 4 kHz의 진동수를 갖는다)을 감지하게 된다. 감지된 신호는 엔진제어장치인 ECU(electronic control unit)로 전달되어 분사되는 연료량의 조절과 함께 스파크플러그 점화시기의 변경[대략 1.25 ~ 2° 정도 지각(遲刻, retard)시키게 됨] 등을 통해서 노크현상을 억제시킨다.

진동레벨(vibration level)은 진동현상의 진폭을 나타내는 단위로 dB(decibel)을 사용하며 가속도, 속도, 변위를 기준으로 각각 다음과 같이 정의된다.

$$진동레벨(dB) = 20\log\frac{a}{a_{ref}}, \quad a_{ref} = 1 \times 10^{-6}\,\mathrm{m/s^2}\ (가속도\ 기준)$$

$$= 20\log\frac{v}{v_{ref}}, \quad v_{ref} = 1 \times 10^{-9}\,\mathrm{m/s}\quad (속도\ 기준)$$

$$= 20\log\frac{d}{d_{ref}}, \quad d_{ref} = 1 \times 10^{-12}\,\mathrm{m}\quad (변위\ 기준)$$

일반적으로 소음레벨(sound pressure level)을 나타내는 dB과 구별하기 위해서 건축 및 토목분야에서는 진동레벨을 나타낼 때 dB(V)로 표현하기도 하며, 이를 진동 가속도 레벨(vibration acceleration level)이라 하여 VAL로 나타내는 경우도 있다. 또한 진동현상을 포함한 충격 특성 등을 표현할 때에도 산업현장에서는 종종 중력가속도 단위인 G를 사용하게 된다. 이러한 경우, 1 G는 중력가속도 9.8 m/s²인 가속도를 지닌 진동현상임을 파악할 수 있어야 하며, 이를 진동레벨인 dB 단위로 표현하면 다음과 같다.

$$진동가속도가\ 1\,G인\ 경우:\ 20\log\frac{9.8}{1 \times 10^{-6}} = 139.825 \cong 140\,\mathrm{dB}$$

$$진동가속도가\ 10\,G인\ 경우:\ 20\log\frac{98}{1 \times 10^{-6}} = 159.825 \cong 160\,\mathrm{dB}$$

일반적으로 자동차 부품들은 대략 1 G 정도의 진동이나 충격현상에 대해서도 충분한 내구성을 갖도록 설계되고 있다. 이러한 경우, 자동차 부품들에서 발생되는 진동레벨은 140 dB 내외이며, 10 G의 가속도가 작용할 경우에는 160 dB의 진동레벨을 갖게 된다. 참고로 승용 디젤차량의 엔진이 3,000 rpm 내외로 가동될 경우, 엔진 본체에서 측정되는 진동레벨은 대략 140 ~ 150 dB의 영역에 속하며, 이때 운전자가 가장 민감하게 느낄 수 있는 스티어링 휠(steering wheel, 흔히 '핸들'이라 부른다)의 진동현상은 대략 100 ~ 110 dB 수준에 속한다고 볼 수 있다.

그림 1.37 엔진의 진동 특성 측정사례

그림 1.37은 가속도계와 진동측정기(vibration meter)를 이용하여 엔진의 진동가속도 및 진동레벨을 측정하는 사례를 보여준다.

02 소음의 기초 이론

2.1 소리와 소음

 소리는 공기 중의 작은 압력 변화에 의해 발생되는 현상이다. 즉, 대기압이 작용하는 평형상
태의 공기입자가 물체 간의 부딪침이나 인간의 성대떨림 등과 같이 주위로부터 영향(에너지)
을 받게 되면 공기입자가 진동하게 되면서 압력이 미세하게 변화된다. 이러한 공기압력의
미세한 변화로 말미암아 소리가 주위로 전파되고, 인체의 청각기관인 귀를 통해서 공기압력의
변화를 감지하여 소리로 인식하게 된다. 소리(음)는 물리학적으로는 음의 파동인 음파(音波)
라고 하며, 탄성체(기체, 액체 및 탄성이 있는 고체를 뜻한다)를 통해서 전달되는 밀도 변화에
의해서 발생한다.

 소리에 의한 공기입자의 미세한 진동현상이 발생하면서 전달되는 과정에서 공기 중의 어떤
부분은 공기입자가 촘촘해지고, 다른 부분은 공기입자가 엉성해지는 영역이 발생하게 된다.
공기입자가 촘촘하게 압축된 부분에서는 주변 대기압보다 압력이 조금 높아지며, 공기입자가

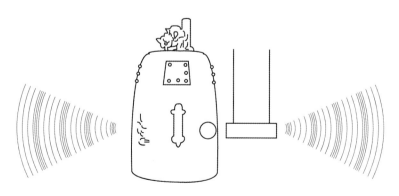

그림 2.1 소리의 전파현상

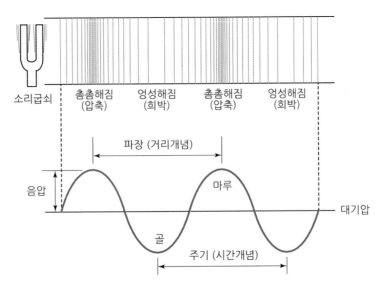

그림 2.2 소리굽쇠에 의한 음압 변화사례

엉성한 부분은 주변 대기압보다 압력이 조금 낮아지게 된다. 이러한 미세한 압력 차이가 바로 음압(sound pressure)을 나타내며, 마치 잔잔한 호숫가에 돌멩이를 던져서 파문이 물결치면서 주위로 퍼져 나가는 것과 유사하게 음파가 공기입자에 따른 압력 차이를 가지고서 주변으로 전파된다. 그림 2.2는 소리굽쇠에 의한 음압의 변화사례를 보여준다.

소리는 대화, 전화, 사이렌과 같은 인간의 의사전달에 있어서 매우 중요한 역할을 하며, 청진기를 이용해서 환자의 심장박동이나 호흡상태를 진단할 때에도 유용하게 사용된다. 또한 음악과 같이 편안한 분위기를 제공하는 소리가 있는 반면에, 인간에게 성가시고 마음(정서)을 불쾌하게 만드는 소리 또한 존재하기 마련이다.

이러한 불쾌한 소리를 소음(騷音)이라고 하며, 학문적으로도 소음은 원하지 않는 소리 (unwanted sound)라고 정의되므로 인간 개개인의 주관적인 판단과 인간의 심리적인 면이 내포되어 있다고 볼 수 있다. 록(rock) 음악을 좋아하는 젊은이에게는 하드록의 연주가 아름답고 즐거운 음악소리라고 생각할 수 있겠지만, 이를 좋아하지 않는 사람에게는 그저 시끄러운 소음일 따름이다.

소음은 물리적인 특성으로는 소리와 동일하지만, 인간에게 있어서 듣기 싫거나 성가심, 짜증 및 고통 등을 유발시켜서 편안한 일상생활을 방해하고 청력을 저하시키는 신체·생리적인 저해요소라고 할 수 있다. 이러한 소음은 공업기술의 발전과 급격한 산업화로 말미암아 기계장치, 공장, 건설 현장이나 교통기관 등으로부터 끊임없이 발생되고 있으므로, 인간이 수용(감내)할 수 있는 수준 이하로 저하시키는 것이 중요하다고 볼 수 있다.

과거 우리나라 사람들이 해외에서 '어글리 코리안(ugly korean)'으로 욕먹는 경우가 종종

소음(noise)은 인간이 원하지 않는 소리(unwanted sound)이다.

그림 2.3 생활환경의 소음

생겼던 이유 중에는, 아마도 우리들이 시끄럽기 때문이 아니었을까 생각된다. 공항이나 비행기 안에서, 호텔 로비나 엘리베이터 안에서도 들뜬 마음으로 주변 사람들을 의식하지 않고서 심하게 떠들지나 않았는지 걱정될 따름이다. 최근 공공장소에서 담배연기를 싫어하는 '혐연권(嫌煙權)'이 존중되듯이 조용한 환경을 추구하는 '정적권(靜寂權)' 또한 엄격히 지켜주어야 하지 않겠는가? 선진국은 '조용해서' 선진국이 아닌가 생각해본다.

2.2 음파의 종류

음파는 소리(음)의 물리적인 표현이며, 탄성체를 통해서 전달되는 밀도 변화에 의해서 발생한다. 물질을 구성하고 있는 입자(매질)들의 어느 한 지점에서 발생한 진동현상으로 인하여 주위로 전파되는 현상을 파(wave)라고 한다. 소리의 전달은 입자의 운동에너지와 위치에너지의 반복적인 교환작용으로 이루어진다. 이때는 입자 자체가 이동하는 것이 아니라 입자의 변형운동으로 이루어지는 에너지의 전달이 이루어지며, 이를 파동이라고 한다. 마치 해안가에서 연속적으로 파도가 들어오는 현상과 매우 유사하다고 볼 수 있다.

우리는 통상적으로 공기를 통해서만 소리가 전달된다고 생각할 수 있지만, 실제로는 기체, 액체 및 탄성을 가진 고체의 모든 물질을 통해서도 소리가 전달될 수 있다. 단지 탄성체 자체의 밀도 차이에 의해서 소리가 전달되는 속도와 파형이 차이 날 따름이다.

소리가 전달되는 진행 방향으로 압력변동이 일어나는 음파를 종파(從波, longitudinal wave)라고 한다. 반면에 소리가 전달되는 진행 방향에 수직으로 압력변동이 일어나는 음파를 횡파(橫波, transverse wave)라고 한다. 즉, 종파와 횡파의 구분은 소리를 전달하는 매질의 진동 방향과 파동이 전파되는 방향이 서로 같은 경우이거나, 또는 직각 방향으로 직교하느냐의 특성에 따라 구분된다.

횡파는 마치 뱀이 앞으로 전진하기 위해서 몸을 좌우로 움직이는 모습과 유사하며, 로프나 줄을 아래위로 흔들 경우 로프나 줄의 진동 방향은 파의 진행 방향과 직각을 이루고 있는 것을 알 수 있다. 우리들이 도로를 건널 경우에도 자동차의 진행 방향과 직각되는 방향으로 이동하므로, 이를 횡단(橫斷)한다고 말한다. 횡파의 운동개념이 도로를 횡단하는 개념과 매우 유사하다.

고체에서는 소리의 종파나 횡파가 모두 전달되지만, 기체와 액체에서는 음파의 진행 방향에 수직한 방향의 탄성은 무시할 수 있기 때문에 횡파는 존재하지 않으며, 소리의 진행과 동일한 방향의 종파만 존재한다.

2.3 소리의 단위

소리의 특성 중에서 크고 작음을 표현하는 방법으로는 음의 압력을 기준으로 하는 음압레벨(sound pressure level), 음의 세기(intensity)를 기준으로 하는 세기레벨(sound intensity level), 음의 출력을 기준으로 하는 출력레벨(sound power level) 등이 있다.

2.3.1 음압

정상적인 청력을 가진 젊고 건강한 사람이 들을 수 있는 가장 작은 소리의 압력 변화는 $20\,\mu\mathrm{Pa}(20\times10^{-6}\,\mathrm{Pa})$이다. 이러한 압력 변화는 대기압에 비해서 약 50억 분의 1에 해당하는 극히 작은 값이지만, 인간의 고막은 이를 인식하는 뛰어난 능력을 가지고 있다. 이를 인간이 들을 수 있는 최소 가청압력이라 하며, 소리의 크기를 나타내는 dB(decibel) 단위의 기준값이 된다. 또한 인간이 들을 수 있는 가장 큰 소리의 압력은 약 60 Pa로, 최소 가청압력에 비해서 무려 삼백만 배 이상의 크기를 가진다. 인간의 고막은 이렇게 몇 백만 배 이상에 해당하는 압력 차이에도 충분히 견딜 수 있는 놀라운 능력을 가지고 있다.

이와 같은 소리의 크기 측정에 있어서 압력단위인 Pa(pascal, $\mathrm{N/m^2}$)을 그대로 사용할 경우에는 백만 배 이상의 압력 차이를 표현할 수밖에 없다. 계측장비에서도 매우 넓은 영역의 압력 변화를 취급해야 하기 때문에 많은 불편이 야기될 수 있다. 이러한 불편을 해소하기 위해서 dB(decibel)이라는 단위를 사용하게 된다. dB은 1/10을 뜻하는 배수기호인 d(deci로 읽는다)와 전화발명가인 알렉산더 그레이엄 벨(Alexander Graham Bell)을 추모하는 Bel을 합성해서 이루어진 단위이다. dB 단위는 음의 압력을 나타내는 절대단위가 아닌 상대적인 비교값이며, 기준값과 측정 대상값과의 대수비교를 의미한다. 음압레벨(L_p)을 나타내는 dB은 식 (2.1)과 같이 정의된다.

$$\text{음압레벨}(L_p) = 10 \log_{10}\left(\frac{P^2}{P_{ref}^2}\right) = 20 \log_{10}\frac{P}{P_{ref}} \tag{2.1}$$

여기서, P_{ref}: 20×10^{-6} Pa(최소 가청압력)

P: 측정하고자 하는 음의 압력

우리가 흔히 뉴스에서 시끄러운 환경을 표현할 때 사용하는 '데시벨' 단위가 바로 식 (2.1)에 의해서 산출되는 값이다. 다음 예제를 통해서 음압레벨의 계산사례를 살펴본다.

예제 1 20×10^{-6}, 20×10^{-2}, 20, 60 Pa의 음압을 갖는 음원들의 음압레벨을 각각 구하라.

① 20×10^{-6} Pa: $10 \log_{10}\left\{\frac{(20 \times 10^{-6})^2}{(20 \times 10^{-6})^2}\right\} = 20 \log_{10}\frac{20 \times 10^{-6}}{20 \times 10^{-6}} = 0$ dB

② 20×10^{-2} Pa: $10 \log_{10}\left\{\frac{(20 \times 10^{-2})^2}{(20 \times 10^{-6})^2}\right\} = 20 \log_{10}\frac{20 \times 10^{-2}}{20 \times 10^{-6}} = 80$ dB

③ 20 Pa: $10 \log_{10}\left\{\frac{(20)^2}{(20 \times 10^{-6})^2}\right\} = 20 \log_{10}\frac{20}{20 \times 10^{-6}} = 120$ dB

④ 60 Pa: $10 \log_{10}\left\{\frac{(60)^2}{(20 \times 10^{-6})^2}\right\} = 20 \log_{10}\frac{60}{20 \times 10^{-6}} \approx 130$ dB

예제 2 2.5, 5, 10 Pa의 음압을 갖는 음원들의 음압레벨을 각각 구하라.

① 2.5 Pa: $10 \log_{10}\left\{\frac{(2.5)^2}{(20 \times 10^{-6})^2}\right\} = 20 \log_{10}\frac{2.5}{20 \times 10^{-6}} \approx 102$ dB

② 5 Pa: $10 \log_{10}\left\{\frac{(5)^2}{(20 \times 10^{-6})^2}\right\} = 20 \log_{10}\frac{5}{20 \times 10^{-6}} \approx 108$ dB

③ 10 Pa: $10 \log_{10}\left\{\frac{(10)^2}{(20 \times 10^{-6})^2}\right\} = 20 \log_{10}\frac{10}{20 \times 10^{-6}} \approx 114$ dB

상기 예제들을 살펴보면, 최소 가청압력(20×10^{-6} Pa)과 최대 가청압력(60 Pa)에 해당하는 음압레벨은 각각 0 dB과 130 dB의 값임을 알 수 있다. 삼백만 배에 해당하는 음압 차이에도 불구하고 dB 단위에서는 단지 130 dB 이내의 범위로 압축이 가능하다는 이점을 발견할 수 있다. 더불어, 인간의 청감 특성도 압력단위인 Pa보다는 dB 단위에 훨씬 더 가까운 특성을 갖는데, 이는 인간의 귀가 소리(음압)에 대해서 대수적인 반응을 보이기 때문이다. 표 2.1은 음압과 음압레벨(dB값)의 관계를, 표 2.2는 음압레벨의 변화량에 따른 소리의 느낌 정도를 보여준다. 표를 살펴보면 음압의 급격한 증가에 대해서도 음압레벨의 변화는 그리 크지 않음을 알 수 있다. 이러한 특성은 큰 소리뿐만 아니라 매우 작은 소리의 크기도 효과적으로 표현할 수 있게 한다.

표 2.1 음압의 변화에 따른 음압레벨(dB값)의 변화

음압의 변화	음압레벨(dB값)의 변화
2배 증가	6 dB 증가
3배 증가	10 dB 증가
4배 증가	12 dB 증가
10배 증가	20 dB 증가
100배 증가	40 dB 증가
1,000배 증가	60 dB 증가
10,000배 증가	80 dB 증가
100,000배 증가	100 dB 증가
1,000,000배 증가	120 dB 증가

표 2.2 음압레벨의 변화량에 따른 느낌 정도

음압레벨(dB)의 변화량	크기의 변화 느낌 정도
3	소리(소음) 변화의 인식 가능
5	뚜렷한 차이점을 인식
10	2배(또는 1/2)의 차이점을 인식
15	매우 큰 차이점을 인식
20	4배(또는 1/4)의 차이점을 인식

그림 2.4는 소리의 압력(음압)과 음압레벨(dB)을 서로 비교한 것이다. 음압과 음압레벨과의 관계는 그림 2.4와 같이 선형적인 음압 간의 큰 차이가 있더라도, 대수단위인 음압레벨의 dB 단위에서는 이를 축약시키는 특성을 가지므로 우리들이 이해하기 쉽게 표현할 수 있다는

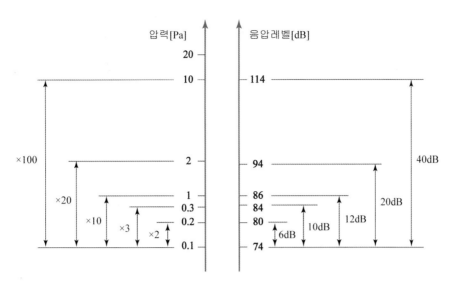

그림 2.4 음압과 음압레벨의 비교

장점을 갖는다.

겨울철 도로에 덮인 눈을 밟을 때 '뽀드득' 하면서 들리는 소리는 약 25 dB에 해당되고, 발밑의 얼음 아래로 흐르는 자연 하천의 물소리도 25 dB 내외에 해당한다. 이러한 자연의 고요한 소리는 우리들의 마음을 편안하게 해준다고 생각된다.

동일한 소음이 발생하더라도 측정 위치(듣는 위치)에 따라 음압레벨은 크게 변화될 수 있다. 우리들은 똑같은 소음이라도 가까이서 들으면 크게, 멀리서는 작게 들린다는 것을 경험적으로 알고 있다. 이는 소음을 포함한 소리는 발생지점으로부터 거리가 멀어질수록 급격하게 감쇠되기 때문이다. 따라서 우리들의 생활 속에서 불편함을 주는 특정 소음을 측정할 때는 소음원부터의 거리나 측정 위치를 명확하게 구분하는 것이 필요하다. 조용한 사무실이나 집안 거실과 같은 환경에서 사람들이 1 m의 거리를 두고 서로 대화를 나눌 때의 음압레벨은 약 60 dB 수준이라 할 수 있다. 0.5 m 떨어진 곳에서 울리는 전화벨 소리는 약 70 dB 정도이며, 자동차 전방 1 m 앞에서 듣는 경적음은 무려 110 dB에 육박하는 수준이다.

최근에는 인체의 고막에 엄청난 고통을 유발시키는 소위 음파총탄(sonic bullet, 또는 long range acoustic device, LRAD라고도 함)이 선진국에서 개발되었다고 한다. 이 음파총탄은 140~150 dB에 육박하는 엄청난 소음을 유발시켜서 인간이 견딜 수 없는 두통과 함께 고막에 심한 압박감을 주어 일시적으로 사람을 무력화시킨다고 한다. 원래는 해군의 전투함 보호를 위해서 개발되었으며, 초호화 여객선에서 해적선의 공격을 효과적으로 방어한 사례도 있다. 난동군중, 비행기 납치범, 테러리스트들에게는 이러한 장비가 매우 효과적일지 모르지만, 주변에 있는 무고한 어린이나 노약자 및 병약자에게는 큰 피해를 줄 우려도 있다.

예제 3 음압레벨이 90 dB, 100 dB, 110 dB일 때의 음압을 각각 구하라.

식 (2.1) $L_p = 10 \log \dfrac{P^2}{P_{ref}^2} = 20 \log \dfrac{P}{P_{ref}}$ 인 관계에서 $P = P_{ref} 10^{\frac{L_p}{20}}$ 를 유추할 수 있다.

① 90 dB: $P = 20 \times 10^{-6} \times 10^{\frac{90}{20}} = 20 \times 10^{-6} \times 10^{4.5} = 20 \times 10^{-1.5} \approx 0.63 \,\mathrm{Pa}$

② 100 dB: $P = 20 \times 10^{-6} \times 10^{\frac{100}{20}} = 20 \times 10^{-6} \times 10^{5} = 20 \times 10^{-1} = 2 \,\mathrm{Pa}$

③ 110 dB: $P = 20 \times 10^{-6} \times 10^{\frac{110}{20}} = 20 \times 10^{-6} \times 10^{5.5} = 20 \times 10^{-0.5} \approx 6.32 \,\mathrm{Pa}$

일반적으로 소음은 다양한 원인들로 인하여 발생하게 되며, 기존의 공장이나 작업장에서 새로운 기계가 추가로 장치될 경우에는 음압레벨이 기존보다 더욱 높아지게 된다. 이와 같이 여러 개의 소음들이 더해지는 경우의 음압계산은 수식계산에 의하거나 또는 환산도표로도 파악할 수 있다. 예를 들어서 p_1과 p_2의 음압을 가진 두 개의 소음이 별도로 존재하는 경우, 각각의 음압레벨은 식 (2.2)와 같다.

$$L_{p_1} = 10 \log_{10}\left(\frac{p_1^2}{p_{ref}^2}\right), \quad \frac{p_1^2}{p_{ref}^2} = 10^{\frac{L_{p_1}}{10}}$$

$$L_{p_2} = 10 \log_{10}\left(\frac{p_2^2}{p_{ref}^2}\right), \quad \frac{p_2^2}{p_{ref}^2} = 10^{\frac{L_{p_2}}{10}} \qquad (2.2)$$

두 개의 소음이 함께 합쳐질 경우의 음압레벨($L_{p_{1+2}}$)은 식 (2.3)과 같이 계산된다.

$$L_{p_{1+2}} = 10 \log_{10}\left\{\left(\frac{p_1^2}{p_{ref}^2}\right) + \left(\frac{p_2^2}{p_{ref}^2}\right)\right\} = 10 \log_{10}\left\{10^{\frac{L_{p_1}}{10}} + 10^{\frac{L_{p_2}}{10}}\right\} \qquad (2.3)$$

만약 70 dB의 음압레벨을 가지는 동일한 크기의 두 소음이 서로 합쳐진다면, 총 음압레벨은 식 (2.3)을 적용하면 다음과 같이 계산된다.

$$L_p = 10 \log_{10}\left\{10^{\frac{70}{10}} + 10^{\frac{70}{10}}\right\} = 73.0103 \,\mathrm{dB}$$

동일한 음압레벨을 가지는 소음원 두 개가 서로 합쳐진다고 하더라도, 전체적인 음압레벨의 상승은 3 dB에 불과하다는 사실을 확인할 수 있다. N개의 음압레벨을 가지는 여러 소음이 합쳐질 경우의 계산수식은 식 (2.4)와 같다.

$$L_{p_{1+2+\cdots+N}} = 10 \log_{10} \left\{ 10^{\frac{L_{p_1}}{10}} + 10^{\frac{L_{p_2}}{10}} + \cdots + 10^{\frac{L_{p_N}}{10}} \right\} \tag{2.4}$$

예제 4 80 dB의 소음과 72 dB의 소음이 합쳐질 경우의 음압레벨을 구하라.

$$L_p = 10 \log_{10} \left\{ 10^{\frac{80}{10}} + 10^{\frac{72}{10}} \right\} = 80.64 \text{ dB}$$

예제 5 80 dB, 70 dB, 60 dB의 소음들이 합쳐질 경우의 음압레벨을 구하라.

$$L_p = 10 \log_{10} \left\{ 10^{\frac{80}{10}} + 10^{\frac{70}{10}} + 10^{\frac{60}{10}} \right\} = 80.45 \text{ dB}$$

위의 예제와 같은 수식계산과는 별도로, 여러 소음들의 추가될 경우의 합성 음압레벨을 환산도표를 이용해서 대략적으로 구할 수 있다. 소음의 합산방법은 먼저 두 소음 간의 음압레벨 차이를 구한 후, 그림 2.5의 음압레벨 차이에 해당하는 가로축의 수직선과 그래프가 만나는 지점의 세로축 값을 확인하여 이를 큰 음압레벨에 더해주면 된다.

앞에서 예를 든 70 dB의 두 소음원은 상호간의 음압레벨 간의 차이가 없으므로, 그림 2.5에서 가로축 0의 위치에 해당하는 세로축의 값 3 dB을 70 dB에 더하여 73 dB의 값을 얻게 되는 셈이다. 만약 75 dB과 71 dB의 두 소음원이 합쳐질 경우에는 그림 2.5에서 두 음압레벨 간의 차이(75 − 74 = 4)인 가로축 좌표 4의 위치에서 세로축 좌표 1.45를 얻어서 큰 음압레벨 값인 75 dB에 더하여 76.45 dB의 값을 얻는다. 만약 여러 개의 소음이 있을 경우에는 먼저 두 개의 소음부터 계산한 후, 합산된 음압레벨에 세 번째의 경우를 비교하는 방법을 차례대로

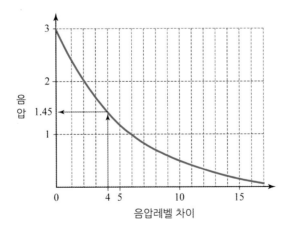

그림 2.5 **음압레벨 합산의 환산도표**

반복하면 된다.

이러한 수식계산에 의한 예제 5의 결과를 환산도표에 의해 구해보자. 먼저 80 dB과 70 dB의 차이값 10에 해당되는 세로축 값 0.45 dB을 80 dB에 더하면 80.45 dB이 된다. 이 값 (80.45 dB)과 나머지 60 dB의 차이를 살펴보면 20 dB 이상의 차이가 나므로, 이 값에 해당하는 그림 2.5의 세로축 값은 0에 가깝다. 따라서 세 음압의 합성결과는 80.45 dB로 나오게 된다.

상기 예제에서 알 수 있듯이, 여러 개의 소음원이 함께 존재하는 경우의 소음 특성은 가장 큰 음압레벨에 의해서 지배되고 있음을 확인할 수 있다. 예제 4에서 80 dB의 소음에 72 dB의 소음이 추가된다 하더라도 전체 음압레벨은 80.64 dB이 되므로, 변화량은 0.64 dB에 불과하다. 마찬가지로 예제 5의 경우처럼 80 dB의 소음에 70, 60 dB의 두 소음이 모두 추가된다 하더라도 결과는 80.45 dB일 따름이다. 이와 같이 80, 70, 60 dB의 소음원 3개가 동시에 존재하는 기계부품에서 70 dB과 60 dB에 해당하는 두 개의 소음원을 천신만고의 노력 끝에 완전히 소거시켰다 하더라도, 전체 음압레벨은 여전히 80 dB인 셈이다.

이러한 특성은 산업현장에서 특별하게 문제되는 소음현상을 개선시키기 위해서 작은 음압 레벨을 가지는 부품들의 소음개선이 성공적으로 이루어졌다고 하더라도, 전체적인 소음레벨 에는 거의 영향을 미치지 못한다는 점을 시사한다. 자동차와 같은 수송기계뿐만 아니라 가전 제품과 건설현장 등에서 발생되는 소음현상에서도 가장 큰 영향을 주고 있는 소음의 원인을 우선적으로 저감시키는 것이, 사소한 소음 몇몇을 저감시키는 것보다 훨씬 더 효과적임을 이해 해야 한다.

2.3.2 음의 세기

소리의 물리적인 특성은 겨울철 실내의 온도를 높여주는 전열기나 난로와 같은 난방기의 예로 쉽게 설명할 수 있다. 난방기는 단위시간에 대한 에너지 양(Joule/sec)으로 열을 방출한 다. 즉, 난방기의 성능은 동력단위인 W(Watt = Joule/sec)로 표시될 수 있으며, 이는 얼마나 많은 열이 발생되어 실내 주변에 전파되는가를 측정할 수 있는 기본적인 양이 된다. 따라서 난방기에 의한 실내온도의 변화는 온도계를 이용하여 쉽게 측정할 수 있다. 난방기에 의해서 실내온도가 전반적으로 상승되지만, 난방기에 가까워질수록 온도계의 눈금이 올라가고, 멀어 질수록 낮아지기 마련이다. 또한 실내 창문이나 벽에 의한 열의 흡수량 및 난방기로부터 떨어진 거리 등에 의해서 여러 측정지점에서의 실내온도는 달라질 수 있다.

소리의 경우에서도 이와 매우 유사하다. 음원(sound source)에서 발생되는 에너지 역시 단위시간에 따른 에너지 양(Joule/sec)인 W로 표현된다. 이 값을 음의 출력 또는 음향파워 (sound power)라 한다. 음향기기나 오디오장치의 스피커 성능을 언급할 때에도 W의 단위가 사용되는 것을 쉽게 발견할 수 있다. 음향파워는 얼마나 많은 음향 에너지가 발생되어 주변에 퍼져 있는가를 나타내는 척도가 된다. 음원으로 인하여 실내의 음압은 증가될 것이며, 음원에서의 거리뿐만 아니라 창문이나 벽의 흡음량 등에 따라 음압은 측정위치마다 달라질 수 있다.

음원에서 방출된 에너지가 특정지역을 통과하여 일정한 방향으로 퍼져 나가는 비율을 음의 세기 또는 음향 인텐시티(intensity)라고 하며, 단위면적에 대한 음향파워의 양(W/m^2)으로 표현된다. 이는 단위면적을 통과하는 에너지의 유동률을 뜻한다. 즉, 음의 세기(이하 음향 인텐시티라 한다)는 음압레벨이나 음향파워와는 달리, 크기뿐만 아니라 방향까지 고려된 벡터량이다.

음향 인텐시티와 음향파워 및 음압은 다음 식 (2.5)와 같은 관계를 갖는다.

$$I = \frac{\text{Power}}{4\pi r^2} = \frac{p^2}{\rho c} \tag{2.5}$$

여기서 I: 인텐시티(W/m^2)

Power: 음향파워(W = Joule/sec)

p: 음압(Pa = N/m²)

ρ: 공기의 밀도(kg/m³)

c: 소리의 속도(음속, m/sec)

r: 음원으로부터의 거리(m)

식 (2.5)에서 음압과 음향 인텐시티는 음원으로부터의 거리가 증가할수록 거리의 2제곱에 비례해서 감소된다는 것을 알 수 있다. 이를 역제곱법칙(inverse square law)이라 한다. 한편, 음압과 음향 인텐시티는 마이크로폰(microphone)이라는 측정장비를 이용해서 직접적으로 측정할 수 있으며, 음향파워는 측정된 음압이나 음향 인텐시티값을 이용하여 계산할 수 있다.

음향파워를 직접적으로 측정하기 위해서는 뒤에서 설명할 무향실이나 잔향실과 같이 특수하게 설계·시공된 공간에서만 가능하다. 이는 음원이 전달되는 공간인 음장(音場, sound field)의 조건 때문인데, 음장의 특성에 따라 음향파워의 측정값이 민감하게 변화하기 때문이다. 한편, 음향 인텐시티는 크기뿐만 아니라 방향을 측정하는 척도가 되므로, 문제되는 소음이 발생하는 기계장치들의 음원 위치를 찾는 경우에 매우 유용하게 이용된다.

2.3.3 음의 출력

음의 출력은 음향파워라고도 하며, 단위시간당 음원에서 발생하는 에너지(Joule/sec = W)량을 뜻한다. 음향기구의 스피커 성능을 나타낼 때에도 출력을 사용하기 마련이다. 음압레벨과 같이 대수(log)비교를 이용하여 음향파워를 나타낸 것을 파워레벨(power level)이라 하며, 보통 PWL로 표시한다.

$$\text{파워레벨, } PWL = 10 \log_{10} \frac{\text{W}}{\text{W}_{ref}} \tag{2.6}$$

여기서 W_{ref}는 기준 출력을 나타내며, 1×10^{-12} W 값을 갖는다.

예제 6 소형 사이렌의 출력이 0.1 W일 때, 이 사이렌의 파워레벨을 구하라.

$$PWL = 10 \log \frac{0.1}{1 \times 10^{-12}} = 10 \log 1 \times 10^{11} = 110 \text{ dB}$$

상기 예제와 같이 미소한 출력(0.1 W)을 가진 소음이라 하더라도 인체가 느끼는 청감에 있어서는 매우 큰 소리라는 것을 알 수 있다.

한편, 파워레벨값을 이용해서 음의 출력을 계산할 경우에는 다음 수식을 이용하면 된다.

$$\text{W} = \text{W}_{ref} \, 10^{\frac{PWL}{10}}$$

예제 7 어떤 음원의 파워레벨이 130 dB인 경우, 이 음원의 출력을 구하라.

$$PWL = 1 \times 10^{-12} \times 10^{\frac{130}{10}} = 1 \times 10^{-12} \times 10^{13} = 1 \times 10^{1} = 10 \text{ W}$$

표 2.3은 대표적인 음원의 출력과 파워레벨을 나타낸 것이다.

표 2.3 각종 음원에 대한 출력과 파워레벨

음원	출력	출력(파워)레벨
속삭이는 목소리	1×10^{-7} W	50 dB
일반적인 대화	1×10^{-5} W	70 dB
고함소리	1×10^{-3} W	90 dB
트럭의 경적소리	1×10^{-1} W	110 dB
트럼펫	3×10^{-1} W	115 dB
큰 북	2.5×10^{1} W	134 dB
비행기 엔진소리	1×10^{2} W	140 dB
로켓 엔진소리	30×10^{6} W	195 dB

2.4 소리와 주파수의 관계

인간의 귀는 모든 주파수에 해당하는 소리를 전부 들을 수 있는 것은 아니다. 일례로 컴컴한 동굴 속을 자유자재로 날아다니는 박쥐는 우리 귀에 들리지 않는 소리(초음파)의 반사를 감지하여 암흑 속의 장애물을 피해서 비행한다. 또한 아무 소리가 들리지 않았는데도 집을 지키던 개가 벌떡 일어나서 낯선 사람의 접근 사실을 알고서 으르렁거리던 것을 본 경험이 있을 것이다. 이러한 현상들은 특정 동물들과 달리 우리 인체의 귀가 일정한 범위의 주파수 외에는 소리를 들을 수 없기 때문이며, 음의 세기도 마찬가지로 진폭이 작아지면 듣는 것이 불가능해진다.

소리의 주파수는 매 시간(초)당 공기압력의 변동횟수를 뜻하며, Hz(Hertz)의 단위를 사용한다. 주파수는 소리의 높고 낮은 특성을 나타내며, 멀리서 울리는 뱃고동 소리나 기적 소리는 낮은 주파수를 가지는 반면에 휘파람 소리나 호각 소리는 높은 주파수를 갖는다.

인간의 귀로 들을 수 있는 소리의 주파수 범위는 20 ~ 20,000 Hz 영역이며, 이를 가청주파수 범위라고 한다. 그러나 주파수별로 느끼는 귀의 감도는 물리적인 음의 크기와는 비례하지 않아서 4,000 Hz 내외에서 가장 민감하게 반응하며, 그 이하 및 이상의 영역에서는 둔감해지는 것으로 파악되고 있다. 특히, 인간이 느끼는 소리의 감도는 낮은 주파수 영역에서 매우 둔감해지는 특징을 갖는다.

그림 2.6은 인간이 들을 수 있는 가청주파수 영역을 나타낸 것으로, 음압과 주파수와의 상관관계를 보여주고 있다. 그림 2.6(a)의 그래프를 살펴보면 20 Hz 내외의 주파수 영역에서는 최소한 100 dB에 해당하는 소리만이 인간에게 청취될 뿐, 그 이하의 음압레벨을 갖는 소리가 발생하더라도 우리는 전혀 소리를 듣지 못하여 아무 소리도 나지 않는다고 판단하게

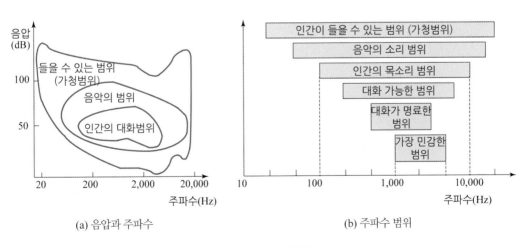

(a) 음압과 주파수   (b) 주파수 범위

그림 2.6 인간의 가청범위

된다. 반면에 2,000 ~ 4,000 Hz 영역에 해당하는 주파수에서는 10 ~ 20 dB에 해당하는 매우 낮은 음압레벨의 소리도 예민하게 들을 수 있다는 것을 유추할 수 있다.

온몸에 소름이 돋는 듯한 날카로운 금속음이나 여자들의 비명소리 등은 인간의 귀가 매우 예민한 주파수 영역에 해당하며, 귀가 잘 들리지 않는 난청현상도 바로 이 영역(4,000 Hz 내외)부터 시작한다는 사실은 많은 것을 시사한다. 일반적으로 사람은 100 ~ 10,000 Hz의 주파수 범위를 갖는 목소리를 낼 수 있으며, 회화가 가능한 범위는 200 ~ 6,000 Hz 영역, 대화가 명료한 범위는 500 ~ 2,500 Hz 영역이라고 할 수 있다. 전화기를 통해서 듣게 되는 소리는 대략 3,000 Hz 이하의 주파수 영역에 해당된다. 3,000 Hz 이상의 높은 주파수에 해당하는 소리는 우리 귀에는 잘 들리지만, 전화기를 통해서는 전달되지 않아서 들을 수가 없게 된다. 전화의 수화기를 통해서 듣게 되는 음악소리가 평소 직접 듣던 것과 다르게 느껴지는 이유도 바로 전화기의 주파수 한계 때문이다.

우리가 듣게 되는 소리는 한 가지의 주파수가 아닌 여러 주파수가 섞여 있는 합성음(또는 복합음)이라 할 수 있다. 소리굽쇠와 같이 하나의 주파수로만 진동하면서 발생하는 소리를 순음(pure tone)이라 하며, 합성음은 기본 주파수[fundamental frequency, 또는 기음(基音)이 라고도 한다]인 순음에 고조파 성분(harmonics)이 더해진 소리이다. 여기서 고조파는 기본이 되는 가장 낮은 소리(기음)에 해당하는 주파수의 정수배로 된 주파수를 가지는 음으로, 이러한 부분음들을 배음(倍音)이라고 한다. 예를 들어서 악기의 현을 튕겼을 때 가장 크게 들리는 소리가 순음에 해당되고, 순음보다 주파수가 정수배(예를 들어 2배, 3배, 4배, …)만큼 높은 소리가 고조파에 해당된다.

우리가 사람의 얼굴을 보지 않고 목소리만 들어도 누구인지 쉽게 알 수 있으며, 눈을 감고도 악기소리를 구분할 수 있는 이유는 바로 소리의 음색을 구별하기 때문이다. 소리의 음색이 바로 고조파의 특성에 따라 결정되므로, 고조파 성분이 많을수록 소리가 더욱 부드럽고 풍성 하게 느껴진다. 하지만 고조파 성분이 너무 많을 경우에는 날카로운 금속음처럼 들릴 수도 있다.

기음(基音, 기본 주파수)을 기준으로 할 때, 일반적인 성인 남자의 목소리는 100 ~ 150 Hz, 여자는 200 ~ 250 Hz 주파수 영역에 위치하는데, 이는 남성의 성대(vocal folds) 길이가 여성 보다 약 1.5 ~ 2배 정도 더 길기 때문이다. 평균적으로 남성의 성대 길이는 17 ~ 23 mm 내외, 여성은 12 ~ 17 mm 내외이며 어린이의 경우에는 더 짧아서 300 Hz 이상의 높은 소리를 내게 된다. 어린이가 성장하면서 변성기를 거치게 되는데, 이 또한 성대 길이가 길어지면서 발생하 는 현상이다. 사람들의 음성에 대한 음색은 성대의 진동현상이 머리나 가슴(신체의 상반신)의 공동(空洞, cavity)을 함께 공명시킴으로 말미암아 구별된다. 음악가들이 흔하게 표현하는 두성(頭聲, head tone)과 흉성(胸聲, chest tone)이 바로 머리와 가슴의 공명현상을 뜻하는 것이다. 우리가 감기에 걸리면 목소리가 변하는 이유도 바로 머리나 가슴 속에 있는 공동들의 공명현상이 평상시와 달라지기 때문이다.

그림 2.7은 피아노 건반의 주파수 영역과 옥타브(octave)에 대한 주파수 분포를 보여준다. 여기서 옥타브란 주파수가 두 배로 증가하는 데 필요한 음정을 나타낸다. 즉, 옥타브는 주파수의 배수관계를 가지는 음정을 뜻한다. 현악기에서 현의 길이 정중앙을 누르고서 활을 켜거나 튕겨보면 한 옥타브 높은 소리가 나게 된다.

그림 2.7의 피아노 건반과 주파수 특성을 유심히 살펴보면 낮은 음에서 높은 음으로 이동할 수록 한 옥타브 간의 주파수 간격(220 ~ 440 ~ 880 Hz)이 점점 커지고 있음을 알 수 있다. 이는 앞에서 설명한 로그함수를 이용한 대수비교의 대표적인 사례라고 볼 수 있다. 참고로 피아노의 가장 낮은 A음은 27.5 Hz, 가장 높은 C음은 4,224 Hz의 주파수를 갖는다. 자동차를 비롯한 수송기계나 건축물의 주요 기계부품들에서 발생하는 소음을 측정하여 분석하는 경우에도 1옥타브 간격이나 또는 1/3옥타브 간격으로 주파수 영역을 구분하여 분석하는 기법이 널리 사용되고 있다.

한편 음계의 '도'에 비해서 '레'의 주파수는 '도'의 9/8배이고, '미'는 '도'의 10/8배이다. 즉, '레'의 주파수는 '도'의 1.125배인데 반해서 '미'의 주파수는 '레'의 1.11배에 해당하는 것처럼, 으뜸화음에 해당하는 도-미-솔의 주파수 비율은 다음과 같은 비례관계를 갖는다.

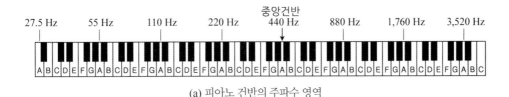

(a) 피아노 건반의 주파수 영역

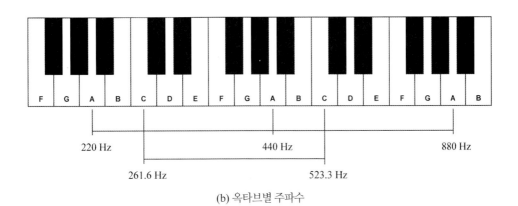

(b) 옥타브별 주파수

그림 2.7 피아노 건반의 주파수 영역과 옥타브별 주파수

$$1 : \frac{10}{8} : \frac{12}{8} = 4 : 5 : 6$$

딸림화음인 솔―시―레와 버금딸림화음 파―라―도 역시 모두 4 : 5 : 6의 주파수 비례관계를 갖는다는 사실을 알 수 있다. 이와 같이 음계가 정수비가 되도록 구성된 경우를 '순정률(just intonation)'이라 한다.

또한 음의 높고 낮음을 나타내는 용어로 음고(pitch)가 사용된다. 동일한 주파수의 음이라도 크기에 따라서 사람에게 느껴지는 주파수는 달라지게 된다. 통상적으로 300 Hz 이하 영역에서 음의 크기가 커지면 사람은 더 낮은 음으로 인식하게 되고, 4,000 Hz 이상에서는 음의 크기가 커질수록 높은 주파수로 인식하게 된다. 음고를 나타내는 단위로는 멜(mel)이 사용되며, 1 kHz, 40 dB의 음은 1,000 mel로 정의되며, 일반 성인의 가청범위(20 ~ 20,000 Hz)에서는 0 ~ 5,400 mel로 구분된다.

앞에서 언급한 바와 같이 인간이 들을 수 있는 가청 주파수는 20 ~ 20,000 Hz 영역이다. 여기서, 인간이 듣지 못하는 20 Hz 이하의 음을 초저주파음 또는 청외 저주파음(infra sound)이라 하며, 20,000 Hz 이상의 음을 초음파(ultra sound)라 한다. 그림 2.8은 주파수 영역에 따른 소리의 구분을 나타낸다. 초저주파음은 귀에 직접적으로 들리지 않더라도, 초저주파음의 음압레벨이 높은 환경에 인체가 장시간 노출될 때에는 청각손상과 함께 인체의 호르몬 분비 이상과 같은 피해를 받을 수 있다. 코끼리를 비롯한 동물 중에도 인간의 귀에 들리지 않는 초저주파음으로 동료를 부르는 경우도 있으며, 큰 북소리나 영화관, 공연장에서 심금을 울리는 것처럼 감동을 자아내는 소리 중에는 초저주파음이 큰 영향을 주는 것으로 파악되고 있다. 실제로 인간의 귀에는 들리지 않지만, 가슴이 울리거나 뭔가 표현하기는 힘들지만 몸이 전율하거나 진동하는 듯한 느낌을 갖게 하는 영향도 바로 초저주파음의 효과라고 볼 수 있다.

한편, 초음파는 자동차의 후방 경보장치, 어군탐지, 초음파 탐상 및 의료용 진단기 등에 이용된다. 초음파에 대한 세부내용은 20장을 참고하기 바란다. 그림 2.9는 인간 및 동물들의 가청주파수 범위를 보여준다. 인간이 들을 수 있는 소리의 영역이 동물들에 비해서 넓지 않음을 확인할 수 있다.

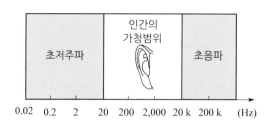

그림 2.8 주파수 영역에 따른 소리의 구분

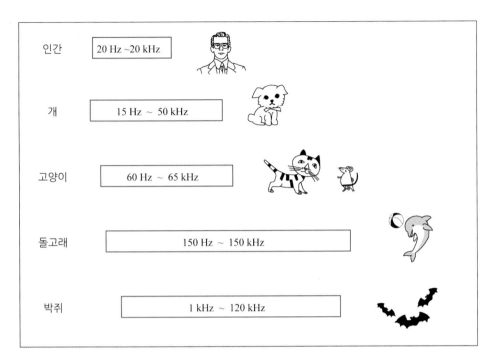

인간　20 Hz ~20 kHz

개　15 Hz ~ 50 kHz

고양이　60 Hz ~ 65 kHz

돌고래　150 Hz ~ 150 kHz

박쥐　1 kHz ~ 120 kHz

그림 2.9 인간 및 동물들의 가청주파수 범위

2.4.1 음속

공기입자의 미세한 압력변동으로 인하여 소리가 음원으로부터 청취자의 귀까지 공기와 같은 탄성체를 통해서 전달되는 속도를 음속(sound velocity)이라 하며, 보통 기호 c로 표현된다. 즉, 음속은 음파가 각종 매질을 통해서 전파되는 속도를 뜻한다.

우리는 천둥이 얼마나 멀리 떨어져 있는가를 알기 위해서 번개가 목격된 이후 몇 초 만에 천둥소리가 들리는지를 확인하곤 한다. 이것은 우리들의 실생활에서도 음속의 개념을 상식적으로 이미 알고 있다는 것을 의미한다. 음속은 온도, 습도 등과 같이 전달되는 매질의 조건과 종류에 따라 변화하게 되며, 식 (2.7)과 같이 정의된다.

$$c = \sqrt{\frac{\gamma P_0}{\rho}} \text{ [m/sec]} \tag{2.7}$$

여기서, $\gamma = \dfrac{C_P}{C_v}\left(= \dfrac{\text{일정 압력의 특정 열}}{\text{일정 체적의 특정 열}}\right)$

　P_0: 대기압 또는 평형(equilibrium) 압력

　ρ : 대기밀도 또는 평형(equilibrium) 밀도

그림 2.10 우리들의 생활 속에서 번개와 천둥소리도 음속과 관련되어 있다.

공기인 경우에는 $\gamma = 1.4$인 관계를 가지고, $\dfrac{P_0}{\rho}$는 기체(공기)의 온도에 비례하므로 이상기체(理想基體, ideal gas)라는 가정에서 다음과 같이 정리된다.

$$c = 20.05 \sqrt{T} \ [\mathrm{m/sec}]$$

여기서, T는 절대온도(absolute temperature)이다. 상기 수식만 보더라도, 음속은 공기의 온도가 높아질수록 빨라진다는 사실을 알 수 있다. 이는 공기의 온도가 높아지면 공기입자의 운동이 빨라져서 인접한 입자들 간의 충돌이 가속화되어 소리의 전파가 빨라지기 때문이다. 일반적으로 공기의 온도가 섭씨 1도 증가될 때마다 음속은 대략 초속 0.6 m씩 빨라지게 된다.

온도 특성에 따른 음속의 변화현상은 우리들의 실생활에서 밤중에 도로변의 승용차나 트럭의 주행소음이 더 크게 들린다는 사실에서도 경험할 수 있다. 소리는 기온이 높고 공기의 밀도가 낮은 곳에서는 빠르게 진행하고, 기온이 낮고 공기밀도가 높은 곳에서는 느리게 진행하는 특성이 있다. 특히, 소리가 사방팔방으로 퍼지는 도중에 공기의 온도나 밀도가 다른 경계면에서는 온도가 낮고 밀도가 큰 곳으로 꺾이는 현상이 발생한다. 그림 2.11과 같이 태양이 비추는 낮에 비해서 밤이 되면 지표면은 빠르게 식지만, 대기의 온도는 천천히 내려가므로 지표면 근처의 공기는 상층 부위보다 낮아지게 된다. 반면에, 공기의 밀도는 지표면 근처가 상층 부위보다 높으므로, 심야의 도로 주변을 질주하는 자동차의 소음은 지표면 방향으로 꺾이게 되면서 더 크게 들리는 것이다.

공기를 통한 소리의 전파속도인 음속은 섭씨 20도의 상온에서 약 343 m/s이다. 이러한 음속은 시속 1,200 km에 해당하는 매우 빠른 속도이므로, 전투기의 비행속도를 음속(Mach)으로 비교하기도 한다. 공기에 비해서 액체나 고체에서의 소리 전파속도는 더욱 빨라지게 되어 물속에서의 음속은 약 1,500 m/s, 강철에서는 약 5,300 m/s의 값을 갖는다.

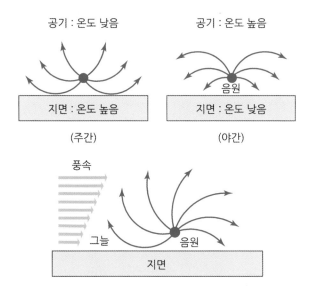

그림 2.11 온도 및 풍속에 의한 음의 전파 변화현상

음속이 액체나 고체에서 더욱 빨리 전파되는 이유는 기체에 비해서 탄성(elasticity)이 강하기 때문이다. 물론 밀도(density) 특성도 음속에 영향을 주어서 밀도가 낮아질수록 음속은 증가하는 경향을 가진다. 하지만 밀도보다는 탄성의 특성이 소리의 전달에 지배적인 영향을 주기 때문에 기체보다 탄성이 높은 액체나 고체에서의 음속이 훨씬 증가되는 것이다. 표 2.4는 기체, 액체 및 고체에서의 음속을 보여준다.

한편, 건물이나 교량, 배관 등과 같은 구조물을 통한 음의 속도는 공기 중의 경우와 비교해서 많은 차이점을 갖는다. 이는 전달매질의 차이 때문이며, 파장 또한 공기 중의 경우와 큰 차이점

표 2.4 각 매질에서의 음속비교

구분	매질	소리의 전파속도(음속, m/sec)
기체	공기(0℃)	331.5
	질소(0℃)	337
	수소(0℃)	1,270
액체	물	1,500
고체	고무(경도 30)	35
	코르크	500
	석고보드	1,500
	콘크리트	3,100
	목재(합판)	3,200 ~ 4,200
	유리	4,100
	철	5,300

을 갖는다. 이러한 특성은 낮은 주파수 영역에 해당되는 소음 저감에서는 매우 중요한 점검사항이 된다.

2.4.2 파장

소리가 전달될 때에는 공기압력의 미세한 변화가 생긴다. 그림 2.12와 같이 압력의 최댓값과 다음 최댓값 사이의 거리를 파장(wavelength)이라고 하며, 길이단위인 m로 표현한다. 즉, 파장은 파동이 한 주기 동안에 진행한 음파 방향의 거리를 뜻하며, 보통 λ(그리스 문자로 lambda로 읽는다)로 표현한다. 따라서 소리가 가지는 주파수 f와 음속 c 및 파장 λ와의 관계는 식 (2.8)과 같다.

$$파장,\ \lambda\,[\mathrm{m}] = \frac{음의\ 속도,\ c\,[\mathrm{m/sec}]}{주파수,\ f\,[\mathrm{Hz}]} \tag{2.8}$$

식 (2.8)에서 파장은 주파수와 음속의 특성에 따라서 변화됨을 알 수 있으며, 특히 주파수와 파장은 서로 반비례 관계임을 알 수 있다. 이것은 동일한 온도로 음속의 변화가 없는 일반적인 상태에서 낮은 주파수의 소리는 파장이 길고, 높은 주파수의 소리는 파장이 짧다는 것을 의미한다. 일례로 음속이 340 m/sec의 값을 가진다고 할 때, 20 Hz의 주파수를 가지는 소리의 파장은 약 17 m 정도이지만, 20,000 Hz에서는 1.7 cm에 불과하다. 기차의 기적 소리나 뱃고동 소리가 멀리까지 들리는 이유는 낮은 주파수로 말미암아 파장이 길기 때문이다. 과거 휴대폰

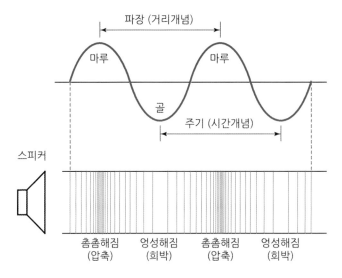

그림 2.12 파장과 음의 전파

선전에서 '전파의 힘이 강하다'라는 광고문구가 있었는데, 이 역시 주파수 특성에 따른 파장 차이에서 아이디어를 얻었다고 볼 수 있다.

건물 내부에서 커튼이나 인테리어 장식을 통한 흡음이나 차음(遮音) 효과는 문제되는 소음에 대한 파장의 길거나 짧은 특성에 크게 좌우되기 마련이다. 일반적으로 500 Hz 이상의 소음에 대해서는 흡·차음재료가 효과적인데, 그 이유는 소음의 파장이 짧기 때문이다. 하지만 500 Hz 이하의 비교적 낮은 주파수 영역에 해당되는 소음에 대해서는 흡·차음재료의 소음저감 효과를 거의 보지 못하는데, 이러한 이유도 낮은 주파수의 소음은 파장이 길기 때문에 흡·차음재료의 효과를 얻을 수 없기 때문이다. 그림 2.13은 소리의 진폭과 파장의 크기에 따른 특성을 보여준다.

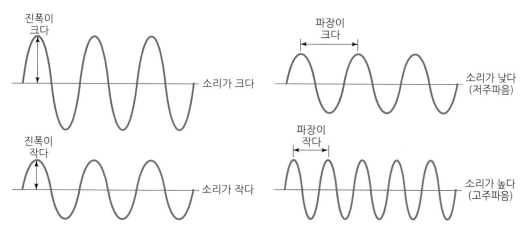

그림 2.13 소리의 진폭과 파장의 크기에 따른 특성

예제 8 다음 표는 각 재료별 소리의 전달 특성인 음속을 나타낸 것이다. 강(steel)의 재료에서 1,000 Hz의 주파수를 가지는 소리의 파장을 공기 중의 파장과 비교하라.

재료	음속 (m/sec)
공기	343
물	1,500
콘크리트	3,100
유리	4,100
철(iron)	5,300
납	1,220
강(steel)	5,300
목재	3,200 ~ 4,200

강의 음속 $c = 5{,}300$ m/sec, $\lambda_{steel} = \dfrac{c}{f} = \dfrac{5{,}300}{1{,}000} = 5.300$ m

공기의 음속 $c = 343$ m/sec, $\lambda_{air} = \dfrac{c}{f} = \dfrac{343}{1{,}000} = 0.343$ m

$\dfrac{\lambda_{steel}}{\lambda_{air}} = \dfrac{5.300}{0.343} = 15.452$(강에서의 파장이 공기에 비해서 약 15배 이상 큼을 알 수 있다.)

예제 9 4,000 Hz의 소리가 공기, 유리 및 콘크리트 재료를 통해서 전파될 때, 각각의 파장을 계산하라.

공기의 음속 $c = 343$ m/sec, $\lambda_{air} = \dfrac{c}{f} = \dfrac{343}{4{,}000} = 0.086$ m

유리의 음속 $c = 4{,}100$ m/sec, $\lambda_{steel} = \dfrac{c}{f} = \dfrac{4100}{4000} = 1.025$ m

콘크리트의 음속 $c = 3{,}100$ m/sec, $\lambda_{concrete} = \dfrac{c}{f} = \dfrac{3100}{4000} = 0.775$ m

2.5 인체의 청각기관

청감은 흔히 오감(五感)이라고 하는 인체의 다섯 가지 감각 중의 하나이다. 청감을 통해서 사람들은 언어를 익히고, 말을 알아들어서 의사소통이 가능하다는 사실에서 청감은 시각에 못지 않은 중요한 감각기관이라고 말할 수 있다.

예로부터 인물이 잘난 생김새를 표현할 때 '이목구비(耳目口鼻)가 반듯하다'라고 말하게 된다. 여기서 눈, 코, 입보다 귀(耳)가 최우선 순위를 차지하고 있으며, 우리가 태어난 생일을 표현할 때에도 '귀 빠진 날'이라고 말하는 것만 보더라도 그만큼 귀의 중요성을 인식할 수 있다. 또한 '총명(聰明)하다'라는 뜻의 한문을 풀어보면 '귀가 밝고 눈도 밝다'라는 의미이며, 60세 나이를 나타내는 '이순(耳順)'은 '귀가 부드러워진다'는 의미만 살펴보더라도, 인체의 청각기관인 귀의 중요성을 새삼 재확인하게 된다. 또한 우리들의 생활 속에서 남들이 수군거리는 느낌이 들 때에는 '귀가 간지럽다'고 표현하지만, 서양에서는 이를 '귀가 뜨거워진다'라고 표현한다. 신체 중에서 귓바퀴가 가장 낮은 체온을 가진다는 점에서 시사하는 바가 크다고 하겠다.

인체의 청각기관은 20 Hz부터 약 20,000 Hz에 이르는 주파수의 소리를 들을 수 있으며, 100 dB 정도의 압력 변화(dynamic range)를 감지하고, 15 dB 이상의 소리를 들을 수 있는 능력을 가지고 있다. 더불어 10^{-12} m의 공기입자가 진동하는 것까지 감지할 수 있으며, 8×10^{-17} W의 미약한 음의 파워까지 소리로 느낄 수 있다. 여기서, 10^{-12} m에 해당하는 공기입자의 진폭은 수소분자의 크기보다도 작다는 점에 다시 한번 인체의 신비로움을 느끼지 않을 수 없다. 또한 대뇌의 분석에 의해서 40여 만 가지의 다양한 소리를 듣는 순간 즉각적으로 소리의 특성을 판별할 수 있는 뛰어난 분석능력을 가지고 있다.

인체의 청각기관은 외이(外耳, outer ear), 중이(中耳, middle ear) 및 내이(內耳, inner ear)로 분류된다. 사람은 두 개의 귀로 소리를 듣기 때문에 양이청(兩耳聽)이라 하며, 소리가 들려온 위치를 알 수 있는 이유도 바로 귀가 두 개이기 때문이다. 즉, 소리가 귀에 도착하기까지 소요되는 시간은 양쪽 귀에 따라 10 μsec(1 $\mu = 10^{-6}$, 백만분의 1)에 해당할 정도로 극히 미세하게 차이가 나는데, 이러한 시간 차이만으로도 우리들은 소리의 발생 위치 및 방향을 알아내는 것이다.

외이는 귓바퀴(pinna), 귓구멍(auditory canal) 및 고막(eardrum)으로 구성되어 있으며, 음파를 모아서 중이와 접촉된 고막을 진동시키게 된다. 귓바퀴는 특히 5,000 ~ 6,000 Hz 영역의 소리를 증폭시켜주는데, 우리들은 소리가 잘 들리지 않을 때 무심코 손을 귓바퀴에 대고서 작은 소리라도 모아서 들으려는 행동을 하게 된다. 초식동물 중에는 포식자의 위험으로부터 자신을 보호하기 위해서 귀가 상당히 큰 경우를 쉽게 확인할 수 있다.

그림 2.14와 같이 외이는 한쪽이 개방되어 있고, 고막에 의해서 다른 한쪽 끝이 막혀 있는 기주관(氣柱管, air column)으로 생각할 수 있다. 이러한 기주관의 1차 고유 진동수는 1/4 파장과 연관되므로 귓구멍의 길이를 기초로 파장을 구한 후, 이를 근거로 외이의 고유 진동수를 계산할 수 있다. 일반 성인의 귓구멍 길이는 대략 2.5 cm(1/4 파장에 해당)이므로, 이에 해당하는 파장은 10 cm이며, 상온에서의 음속 343 m/s를 적용시키면 다음과 같이 외이의 고유 진동수가 계산된다.

$$\text{고유 진동수 } (f) = \frac{\text{음속}(c)}{\text{파장}(\lambda)} \rightarrow \frac{343 \text{ m/s}}{0.1 \text{ m}} = 3,430 \text{ Hz}$$

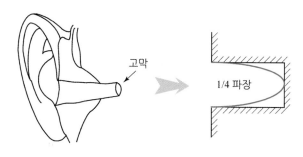

그림 2.14 외이의 기주관 개념

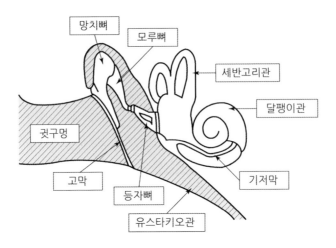

망치뼈
모루뼈
세반고리관
달팽이관
귓구멍
기저막
고막
등자뼈
유스타키오관

그림 2.15 귀의 내부 구조(외이, 중이, 내이로 구성되어 있음)

인체의 귀가 대략 3,000 ~ 4,000 Hz의 주파수 영역에서 가장 민감하게 소리를 들을 수 있는 이유가 바로 외이의 고유 진동수와 관련된다는 것을 알 수 있다.

중이는 망치뼈(hammer), 모루뼈(anvil) 및 등자뼈(stirrup)인 세 개의 조그마한 뼈들로 구성되어 있으며, 고막의 진동을 내이로 전달하는 역할을 한다. 고막을 경계로 외이와 중이는 모두 공기로 채워져 있어서 고막의 진동을 액체로 채워진 내이로 직접적으로 전달할 경우에 발생하는 매질 간의 임피던스(impedance) 차이를 중이가 최소화시켜주는 역할을 수행한다. 우리가 흔히 알고 있는 중이염(中耳炎, tympanitis)은 바로 중이의 공간에 염증이 생겨서 액체로 채워진 상태를 뜻하며, 이런 경우에는 소리의 전달이 곤란해져서 난청이 발생하게 된다.

내이는 세반고리관(semicircular canals)과 달팽이관(cochlea), 전정기관(vestibule) 및 신경섬유다발(nerve fibers)로 구성되어서 내이로 전달된 진동에 따라 반응하게 된다. 세반고리관은 신체의 균형에 관계되어서 몸의 평형을 잡아주는 역할을 한다. 우리가 흔히 멀미를 대비하기 위해서 몸에 붙이는 약이 바로 귀 부위(귀밑)에 위치하는 것도 이러한 이유 때문이다.

인류학자들은 인간이 다른 포유동물들과 달리 직립보행을 하게 되면서 세반고리관이 진화·발달되었을 것이라고도 설명한다. 달팽이관은 액체(림프액)가 채워져 있는 기저막(basilar membrane)에 의해서 두 부분의 길이방향으로 구분된다. 달팽이관은 완두콩만한 크기로 두 바퀴 반이 꼬여 있는데, 이것을 펼치면 그림 2.16과 같이 약 30 mm 정도의 길이를 갖는다. 달팽이관의 지름은 1 mm 정도이며, 기저막을 중심으로 림프액이 채워져 있다. 내이로 전달된 진동(음향자극)에 의해서 달팽이관 내부의 액체가 진동하게 되면, 수많은 섬모세포(hair cell)가 이를 감지하여 3만여 개의 세포로 구성된 신경계통을 통해서 뇌로 소리를 전달하게 된다. 기저막의 입구에서 내부 쪽으로 진행하면서 감지하는 주파수 대역을 살펴보면, 약 1.3 mm 길이마다 1/3 옥타브 밴드로 신호를 분리한다고 한다. 즉, 달팽이관의 기능은 매우 뛰어난

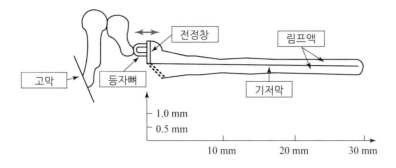

그림 2.16 달팽이관 내부 기저막을 펼친 모습

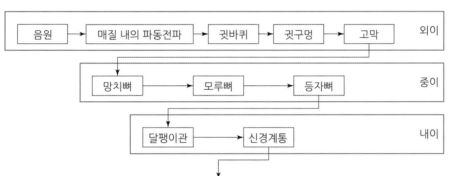

그림 2.17 인체의 소리 인식과정

성능의 주파수 분석기 역할을 한다고 볼 수 있으며, 우리가 소음을 측정하거나 분석할 경우에 흔히 1/3 옥타브 분석을 하는 이유도 이러한 인체의 청감 특성과 밀접한 관련이 있다고 볼 수 있다. 그림 2.17은 지금까지 설명한 인체가 소리를 인식하는 단계를 나타낸 것이다.

2.6 청감보정

인간이 소리를 감지하는 능력은 주파수 특성에 따라서 감도가 달라진다. 특히 높은 주파수 보다는 낮은 주파수 영역에서 더욱 감도가 떨어지게 된다. 이러한 인간의 소리(주파수)에

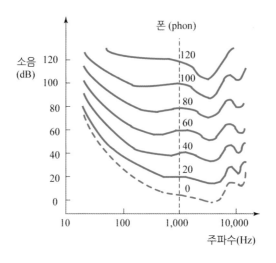

그림 2.18 등청감곡선

대한 청감 특성을 파악하기 위해서 1 kHz의 특정 음압을 기준으로 하여, 이와 동일한 느낌을 가지는 여러 주파수에서의 음압을 실험적으로 구한 곡선을 등청감곡선(equal loudness contours)이라 하며 그림 2.18과 같다.

즉, 여러 가지 주파수 영역에서 인체의 귀가 같은 크기로 감각(인식)되는 음압레벨을 연결한 곡선을 등청감곡선이라 하며, 각 곡선의 명칭은 1 kHz의 주파수에 해당되는 측정값에 폰(phon) 단위를 붙여서 사용한다. 등청감곡선은 인간의 청각능력을 표현하는 곡선으로, 단일 주파수를 가진 소리인 순음의 정상청력을 표준화한 것이다. 이는 물리적인 음압레벨의 순음에 대해서 인간이 감지하는 주관적인 크기가 주파수 특성에 따라 어떻게 변화하는지를 보여준다. 다시 말해서 등청감곡선은 소리의 크기와 주파수 특성에 따라 인간이 느끼는 변화량을 조사한 것으로, 같은 크기의 소리처럼 인간이 듣기 위해서는 주파수에 따라 음압레벨이 어떻게 변해야 하는지를 보여준다. 여기서 1 kHz는 청감측정의 기준이 되며, 1 kHz에서 80 dB을 통과하는 곡선은 80 phon 곡선이라 한다. 0 phon 곡선은 최소 가청영역을 뜻한다.

소음을 측정하기 위해서 사용되는 대표적인 센서는 마이크로폰(microphone)이며, 공기 중의 미세한 압력 변화를 감지하여 전기적인 신호로 변환시켜주는 역할을 수행한다. 마이크로폰은 공기압력의 변동을 기계적으로만 감지할 뿐, 실제 인간이 감지하는 청감 특성과는 큰 차이점을 갖게 된다. 그 이유는 인체의 청감 특성은 소리의 주파수 특성에 따라 느끼는 감도가 다르기 때문이다. 이러한 차이점을 해소하기 위해서 그림 2.19와 같은 청감보정곡선(frequency weighting curves)이 사용된다. 즉, 소리에 대한 귀의 반응 특성이 주파수별로 차이가 있음을 감안하여 센서에 의해 물리적(기계적)으로 측정된 음압레벨에 일정한 보정(수정)을 취해서 인체의 청감 특성과 유사하게 표현할 목적으로 사용하는 곡선을 의미한다. 그림 2.20의 소음계

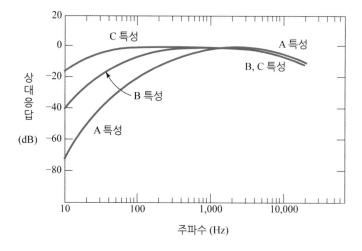

그림 2.19 **청감보정곡선**

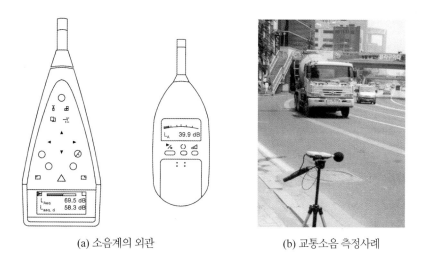

(a) 소음계의 외관 (b) 교통소음 측정사례

그림 2.20 **소음계**

(sound level meter)와 같은 장비들은 기본 음압레벨을 측정하는 것뿐만 아니라, 몇 가지의 청감보정회로를 포함하고 있다.

가장 흔하게 사용되는 청감보정곡선은 인간이 느끼는 청감에 가장 가까운 A보정(A-weighting)이며, dB(A) 또는 dBA로 표시한다. A보정은 40 phon 곡선($L_P < 55$ dB)을, B보정 (B-weighting)은 70 phon 곡선($55 < L_P < 85$ dB)을, C보정(C-weighting)은 100 phon 곡선(85 dB $< L_P$)을 기준으로 한다. 한편, D보정(D-weighting)은 1 kHz와 10 kHz 범위에서 보정 특성을 가지며, 감각소음레벨(PNL, perceived noise level)에 관련되기 때문에 주로 항공기

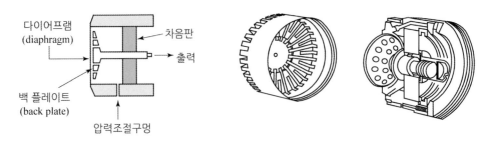

다이어프램
(diaphragm)

차음판

출력

백 플레이트
(back plate)

압력조절구멍

그림 2.21 마이크로폰의 내부 구조

소음 측정에 사용되고, C보정은 자동차의 경적소음 측정에 자주 사용된다.

이러한 등청감곡선은 1 kHz의 순음을 기준으로 작성된 실험적인 결과이다. 하지만 대부분의 소리는 많은 주파수의 조합으로 이루어진 복잡한 신호들이기 때문에, 각 보정 간에는 실제 측정값들의 차이점이 존재할 수밖에 없다. 표 2.5는 A, B, C, D보정에 관련된 각 주파수별 가감값을 보여준다.

표 2.5 주파수 특성에 따른 각 청감보정의 특성값

주파수 (Hz)	A보정 (dB)	B보정 (dB)	C보정 (dB)	D보정 (dB)	주파수 (Hz)	A보정 (dB)	B보정 (dB)	C보정 (dB)	D보정 (dB)
10	− 70.4	− 38.2	− 14.3		500	− 3.2	− 0.3	0	− 0.3
12.5	− 63.4	− 33.2	− 11.2		630	− 1.9	− 0.1	0	− 0.5
16	− 56.7	− 28.5	− 8.5		800	− 0.8	0	0	− 0.6
20	− 50.5	− 24.2	− 6.2		1,000	0	0	0	0
25	− 44.7	− 20.4	− 4.4		1,250	+ 0.6	0	0	+ 2.0
31.5	− 39.4	− 17.1	− 3.0		1,600	+ 1.0	0	− 0.1	+ 4.9
40	− 34.6	− 14.2	− 2.0		2,000	+ 1.2	− 0.1	− 0.2	+ 7.9
50	− 30.2	− 11.6	− 1.3	− 12.8	2,500	+ 1.3	− 0.2	− 0.3	+ 10.6
63	− 26.2	− 9.3	− 0.8	− 10.9	3,150	+ 1.2	− 0.4	− 0.5	+ 11.5
80	− 22.5	− 7.4	− 0.5	− 9.0	4,000	+ 1.0	− 0.7	− 0.8	+ 11.1
100	− 19.1	− 5.6	− 0.3	− 7.2	5,000	+ 0.5	− 1.2	− 1.3	+ 9.6
125	− 16.1	− 4.2	− 0.2	− 5.5	6,300	− 0.1	− 1.9	− 2.0	+ 7.6
160	− 13.4	− 3.0	− 0.1	− 4.0	8,000	− 1.1	− 2.9	− 3.0	+ 5.5
200	− 10.9	− 2.0	0	− 2.6	10,000	− 2.5	− 4.3	− 4.4	+ 3.4
250	− 8.6	− 1.3	0	− 1.6	12,500	− 4.3	− 6.1	− 6.2	− 1.4
315	− 6.6	− 0.8	0	− 0.3	16,000	− 6.6	− 8.4	− 8.5	
400	− 4.8	− 0.5	0	− 0.4	20,000	− 9.3	− 11.1	− 11.2	

2.7 무향실과 잔향실

소음을 발생시키는 장치나 부품들을 개선시켜서 정숙성을 확보하기 위해서는 음향 특성을 정밀하게 측정하고 분석하여 효과적인 대책방안을 세우는 것이 매우 중요하다. 하지만 일반적인 실험실에서는 주변 소음이나 반사물질 등으로 인하여 적절한 소음의 측정·분석이 곤란한 경우가 대부분이다. 따라서 문제되는 소음의 정확한 측정을 위해 특별한 목적으로 제작된 실험실로는 무향실, 반무향실과 잔향실 등이 있다.

2.7.1 무향실

무향실(anechoic chamber)은 그림 2.22와 같이 실내 표면의 6면(천장, 바닥, 4면의 벽)에서 소리의 반사가 전혀 이루어지지 않도록 흡음력이 뛰어난 재질로 구성된 실내를 뜻한다. 실내에 위치한 음원에서 방사된 에너지는 벽면에서 모두 흡수되고 벽에 의한 소리의 반사가 전혀 없는 실내공간을 구성하며, 측정 대상물이나 음원이 있는 경우에는 망사구조의 바닥이 사용되어야 한다. 따라서 소음원으로부터 어떠한 방향에서도 반사가 없으므로, 자유음장(free-field)에 위치한 것과 동일하게 정확한 소음 특성을 측정할 수 있다. 즉 음원과 수음점의 설정이 간편하고, 음의 지향성(directivity) 측정이 용이한 특성을 갖는다.

대표적인 측정사례는 소음원의 음향 특성 규명, 소음의 발생위치 파악 및 음향파워의 측정 등을 들 수 있으며, 연구기관, 소형 정밀기기, 자동차 부품, 전기기기 회사 등과 같이 정밀한 소음측정을 요구하는 경우에 많이 사용된다.

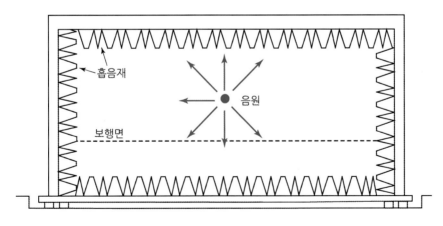

그림 2.22 무향실의 구조

2.7.2 반무향실

반무향실(semi-anechoic chamber)은 바닥면만 소리가 반사되는 특성을 갖고, 바닥면을 제외한 나머지(벽과 천장)는 무향실과 동일한 조건을 갖는다. 측정 정도가 무향실에 비해서 다소 낮은 편이고, 음원 및 수음점의 위치를 정확히 설정해야 하며, 음의 지향성 측정이 곤란하다는 단점이 있다. 하지만 자동차나 무거운 기계장치들과 같이 사용 환경이 지면 위에서 방사되는 음원에 대해서는 굳이 바닥까지 흡음처리를 하지 않아도 양호한 실제 상황의 측정이 가능하다. 또한 바닥면이 견고하기 때문에 중량물의 반입이나 피측정물의 위치고정을 손쉽게 할 수 있다는 장점도 있다. 따라서 자동차나 산업기기 등에 대한 소음측정이나 해석 및 대책방안의 도출을 위해서 반무향실이 많이 사용되는 추세이다. 그림 2.23은 자동차의 주행상태를 재현하는 동력계(chassis dynamometer)가 설치된 반무향실의 구조와 적용사례를 보여준다.

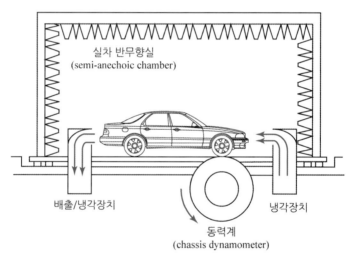

그림 2.23 반무향실의 구조 및 자동차 시험사례

2.7.3 잔향실

잔향실(reverberation chamber)은 무향실과 상반되는 개념으로, 천장, 바닥, 모든 벽들이 딱딱하고 가능한 한 모든 소리가 쉽게 반사되도록 설계·제작된 실내를 뜻한다. 즉 벽의 흡음률이 0%에 가깝게 이루어지며, 실내의 구조도 그림 2.25와 같이 평행한 벽면이 존재하지 않도록 설계된다. 잔향실은 실내 전체에서 소리의 에너지가 균일하게 분포되는 확산음장(diffuse field)을 만들어낸다. 따라서 소음원으로부터 방출되는 소리의 전체 음향파워를 측정할 수 있다. 일반적으로 무향실보다는 잔향실을 제작하는 것이 경비 면에서 훨씬 유리하기 때문에 소음연구에 많이 사용되고 있다.

우리는 좁고 밀폐된 목욕탕에서 노래를 부르면 더 멋있게 들리기도 하고, 훨씬 노래를 잘하는 것처럼 느껴질 때가 있다. 집 안의 목욕탕은 대부분 딱딱한 재질의 바닥과 벽(타일)을 사용하기 때문에, 소리가 거의 흡수되지 않고 반사되어 마치 하모니(harmony)를 이루는 것처럼 느껴진다. 목욕탕의 음향 특성이나 노래방의 에코(echo)기능이 잔향실의 경우와 매우 흡사하다고 볼 수 있다. 지금까지 설명한 무향실과 잔향실에서 언급된 흡음과 반사에 대한 세부내용은 14장을 참고하기 바란다.

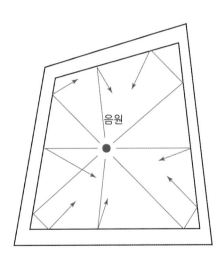

그림 2.24 잔향실의 소리반사

생활 속의
소음진동

PART II

3장 생활 속의 소음진동

Living in the Noise and Vibration

단원설명

우리들의 생활 속에서 매일같이 경험하는 소음진동현상에 의한 영향을 알아본다. 먼저 진동현상에 의한 인체의 영향부터 시작하여 소음현상이 인체에 미치는 영향을 구체적으로 설명하였다. 여기에는 소음에 의한 청력손실과 가족의 피해뿐만 아니라 태교 및 소리의 영향까지 고려하였으며, 소음진동 규제기준을 소개하였다.

03 생활 속의 소음진동

3.1 진동현상이 인체에 미치는 영향

인류가 지구상에 탄생하여 생존하기 시작한 이후로 진동현상에 대한 인체의 반응과 그 영향에 관한 연구는 극히 최근에 와서야 시작되었다고 해도 과언이 아닐 것이다. 그것은 수송기계의 탄생 이전에는 진동현상에 의한 인체의 영향이란 그저 들판을 뛰어다니거나, 말이나 마차를 타면서 인체가 흔들리는 상황을 당연하게 여겼기 때문이라고 유추할 수 있다.

하지만 산업화된 근래에 이르러서는 진동현상이 생산능률의 저하, 피로누적 및 직업병 등과 연관되기 때문에 상당한 비중을 두고 연구되고 있는 실정이다. 반면에 안마기와 같은 특정 부위의 반복적인 흔들림(진동)은 오히려 피로를 회복시켜주며, 놀이기구의 인위적인 흔들림처럼 탑승객을 즐겁게 해줄 수도 있는 것 또한 진동현상이라 할 수 있다.

진동현상이 인체에 미치는 영향을 본격적으로 연구하게 된 시기는 제1차 세계대전부터라고 볼 수 있다. 이 시기에 첫선을 보인 탱크(전차)의 승무원들이 탱크 자체의 진동현상으로 말미암아 부상을 당하고, 전투기 조종사들이 기체의 진동현상으로 인하여 효과적인 공중전을 수행하기가 곤란하게 되자, 이를 해결하기 위한 군사적인 목적으로 본격적인 연구가 시작되었다. 인체에 작용하는 진동 특성이나 영향은 진폭, 진동수, 지속시간, 진동형태 및 진동축에 따라 다양하게 구분할 수 있는데, 대표적인 사항은 진폭, 진동수, 지속시간, 진동축이라 할 수 있다.

① 진폭: 진동의 가속도, 속도 및 변위로 표현되며, 진동에너지를 결정한다. 주로 진동레벨인 dB로 표현된다.
② 진동수: 진동수는 진동하는 물체가 1초 동안에 이루어진 반복횟수를 뜻한다. 인간이 느끼는 진동수 영역은 0.1 ~ 500 Hz 내외이며, 진동수의 높고 낮음에 따라 인체의 반응이 달라진다.

③ 지속시간: 진동에 노출된 작업자를 기준으로 상하, 수평진동의 진동축에 따라 인체의 피로 누적과 작업능률 감퇴를 고려하게 된다. 국제표준화기구(ISO)에서는 진동수, 진동축 및 진동 가속도를 기준으로 노출(지속)시간에 따른 허용기준을 마련하고 있다.

④ 진동축: 다양한 인체의 자세와 진동의 운동방향에 의해서 결정된다. 사람이 서 있는 경우, 앉아 있거나 누워 있는 경우와 같이 각각의 자세에 따라 진동현상에 의한 인체의 반응이 달라지게 된다.

인간이 진동현상을 느낄 수 있는 진동수 범위는 약 0.1 ~ 500 Hz 영역이며, 이 중에서 인체에 악영향을 주는 진동수 범위는 1 ~ 90 Hz 영역이라 할 수 있다. 즉, 진동수가 1 ~ 90 Hz 범위에서 진동레벨이 60 dB 이상일 때 인체는 민감하게 진동현상을 감지하게 되며, 65 ~ 70 dB 범위에서는 수면에 지장을 받을 수 있다. 진동현상이 인체에 미치는 악영향은 복부장기의 압력 증가, 척추에 대한 이상압력, 자율신경계와 내분비계의 영향, 시력 저하 및 불안감을 초래하는 등의 정신적, 신경적인 해악을 끼치게 된다. 한편, 인간이 감내할 수 있는 최대 진동레벨은 약 145 dB 내외이며, 노출(지속)시간에 따라 허용되는 진동레벨이 규정되어 있다.

진동현상에 따른 인체의 영향은 인체의 자세, 진동이 가해지는 부위, 작용시간 및 진동축 등과 연관된다. 대부분의 경우, 진동수가 높은 경우에는 손이나 다리와 같이 주로 인체의

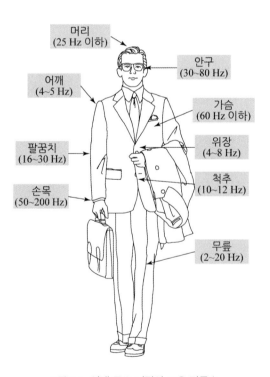

그림 3.1 인체 주요 기관의 고유 진동수

그림 3.2 인체진동의 작용방향

일부에서 문제가 되지만, 진동수가 낮은 경우에는 인체 전부가 진동현상에 영향을 받는다고 할 수 있다. 예를 들어, 1 Hz 이하의 낮은 진동수를 가진 차체나 선박의 진동현상은 주로 멀미(motion sickness)를 유발시킬 수 있으며, 눈동자의 떨림현상으로 인해서 시야가 흔들리는 경우에 해당되는 진동수는 30 ~ 80 Hz 영역이다. 그림 3.1은 인체 주요 기관에 대한 고유진동수를 나타낸다.

진동축에 대해서는 그림 3.2와 같이 상하방향으로는 4 ~ 8 Hz의 진동이 인체에 가장 민감한 영향을 주며, 전후 및 좌우방향으로는 2 Hz 내외의 진동이 해당된다. 회전진동에 있어서는 롤(roll)과 요잉(yawing) 운동보다는 피치(pitch) 운동방향에 더 강한 특성을 가지는 것으로 보고되고 있다. 우리가 놀이동산에서 즐겨 타는 '곤돌라'라는 기구나 파도에 따라 앞뒤로 흔들리는 어선들의 운동이 낮은 진동수를 가진 대표적인 피치 운동이다.

인체가 진동에 노출될 경우, 우리들은 무의식적으로 진동현상에 적응하기 위해서 스스로 노력하게 된다. 즉 심장의 움직임이 빨라지고 산소의 사용량이 증대되며, 체온이 올라가는 반응 등을 나타낸다. 또한 기계부품을 조작하거나 수송기계에 탑승한 경우에도 무의식적으로 진동현상의 인체전달을 최소화시키기 위해 주변의 물체를 잡거나 기대는 방식으로 순간순간의 휴식을 취하는 행동을 하기 마련이다. 이러한 현상이 일정 시간 동안 반복되면서 누적될수록 인체에는 진동현상에 의한 피로도가 증대되는 것이다. 따라서 자동차를 비롯한 수송기계에서 발생하는 여러 종류의 진동현상은 좀 더 쾌적하고 안락한 탑승조건을 위해서 필수적으로 개선시켜야 할 항목이라 할 수 있다.

3.1.1 전신진동

전신진동은 인체와 진동부품이 서로 접촉하게 되는 발(발바닥), 엉덩이, 등(척추) 부위 등을 통해서 전신으로 전달되는 진동현상을 의미한다. 일반적으로 그림 3.3과 같이 발의 세 방향 병진운동, 엉덩이의 세 방향 병진운동 및 회전운동, 등(척추)의 세 방향 병진운동 등을 포함하여 모두 12자유도의 진동 특성을 갖는다.

전신진동에 장시간 노출될 경우에는 허리의 통증과 같은 신체적인 지장뿐만 아니라 불면증과 같은 신경계통의 불안정을 유발시키게 된다. 수년에 걸쳐서 지속적인 전신진동에 노출된 경우에는 디스크와 같은 심각한 요통증상을 나타내기도 한다. 전신진동은 척추 아래 영역에 많은 영향을 미치게 되며, 순환계 및 비뇨기관에도 나쁜 영향을 줄 수 있다.

전신진동은 중앙신경계(central nervous system)의 불안을 유발시켜서 피로감, 두통, 불면(insomnia)이나 울렁거림(shakiness) 현상을 나타내게 된다. 장시간에 걸친 자동차 운전이나 여객선을 탑승한 경우에는 이와 같은 증세를 쉽게 경험할 수 있다. 다행스럽게도 이러한 증세는 충분한 휴식을 취하면 대부분 완전히 회복된다.

그림 3.3 전신진동의 12자유도 좌표축

그림 3.4 전신진동에 의한 요통증상

3.1.2 국소진동

국소진동은 진동공구(vibrating hand-held tools) 사용 시 작업자의 손과 팔에 전달되는 진동현상을 뜻하며, 1차 및 2차 산업에 종사하는 근로자에게서 적지 않게 장애가 발생하고 있다. 국소진동으로 인한 주요 증세는 혈관계통과 신경계통의 증상이 대표적이라 할 수 있다.

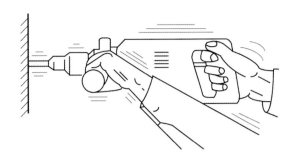

그림 3.5 국소진동의 대표적인 사례

① 혈관계통의 증상: 추운 장소에서 진동이 심한 공구를 이용한 작업을 오랫동안 지속할 경우에 주로 발생한다. 손가락 끝이 따끔거리면서 저리거나 감각이 무디어지고, 심할 경우에는 손가락이 하얗게 변하는 백지(白指, white finger)증세가 나타난다.

② 신경계통의 증상: 진동에 장시간 노출되어 손과 팔의 감각이나 촉감이 점차 둔해지는 현상을 뜻한다. 이는 지속적인 진동공구 사용이나 수작업의 누적으로 인하여 신경경로가 압박되거나 눌리게 될 경우에 주로 발생한다.

수년간에 걸쳐서 진동이 심한 공구를 지속적으로 사용한 작업자는 손과 팔의 혈관과 신경조직의 점진적인 퇴보현상이 진행되어 소위 백지증세(수완진동증후군이라고도 한다)가 나타나게 된다. 이러한 증세는 체인 톱을 사용하는 작업자들에게서 주로 발생하며, 손을 다루는 능력과 감각이 현저히 떨어지는 결과를 유발시킨다.

백지증세는 손가락의 동맥과 신경의 손상을 유발시키게 되고, 점차 다른 손가락으로 진행되어서 양손 모두 심각한 증세를 낳을 수 있다. 초기 증세는 손가락이 얼얼하거나(tingling),

백지증이 발생하는 부위

그림 3.6 대표적인 진동공구 사용자 및 백지증의 발생 부위

감각이 둔해지는(numbness) 현상과 함께 촉감이 어색해지는 현상을 나타내면서 손가락 기능을 저하시킨다. 이러한 증세는 진동공구를 이용한 작업활동뿐만 아니라 과격한 레저활동에서도 발생하는 사례가 있다.

짧은 시간이라 하더라도 진동이 심한 공구를 사용한 직후에는 정밀한 수작업이 힘들다거나 글씨체가 안정되지 않는 것을 쉽게 경험할 수 있을 것이다. 이것은 진동현상으로 인하여 인체(특히 손가락에서)의 감각이나 조종능력이 크게 감소되었다는 것을 증명하는 셈이다. 일반적으로 충분한 휴식을 취하면 손가락의 감각이나 조종능력을 정상상태로 완전히 회복할 수 있다.

3.1.3 수송기계에서의 인체진동

우리들은 집과 사무용 건물뿐만 아니라 수송기계, 학교나 사무실, 생산현장의 작업환경 등에서 거의 대부분의 시간을 보내고 있다고 말할 수 있다. 이 중에서 자동차뿐만 아니라 버스나 지하철과 같은 수송기계의 탑승환경은 일반인이 매일같이 접하기 때문에 수송기계에서 발생하는 진동현상에 따른 인체의 영향은 매우 중요한 평가요소로 인식된다. 차량 탑승상태에서 발생하는 제반 진동현상이 인체에 미치는 영향은 진동수, 진폭 및 탑승자의 자세와 진동전달 부위 등의 여러 가지 요인들에 의해 크게 좌우되기 마련이다.

(1) 전신진동

수송기계에서 경험하게 되는 인간의 전신진동은 착석 자세가 가장 기본적인 고려대상이 된다. 기립 자세는 버스나 지하철과 같은 대중교통수단에서, 누운 자세는 장거리 열차나 여객선과 같은 교통수단에서 주요 관심사항이 된다.

인체 전체가 진동에 영향을 받는 전신진동은 주로 낮은 진동수 영역이며, 착석 자세인 경우에는 50 Hz 미만의 진동수 영역을 주요 고려대상으로 삼는다. 수송기계의 전신진동으로 인한 대표적인 증세는 멀미현상이다. 이는 1 Hz 내외의 낮은 진동수 영역에 인체가 장시간 노출될 경우 서서히 발생하는 신체반응으로 물리적, 심리적인 측면에서 불쾌감을 심화시키고, 회복시간도 매우 긴 특징을 갖는다. 이러한 멀미현상은 주로 버스나 여객선에서 발생한다.

한편, 1 Hz 이상의 진동은 인체에 즉각적인 불쾌감을 유발시키는 특징을 갖는다. 이때 착석 상태에서는 수직 상하방향의 진동(5 Hz 내외)과 좌우방향의 횡진동(1 ~ 3 Hz)이 전신진동에 심각한 불쾌감을 준다. 수송기계의 승차감 향상, 안락한 시트 개발 등이 수송기계에 탑승해서 겪게 되는 전신진동의 개선대책에 주로 채택된다고 볼 수 있다. 또한 순간순간 휴식을 취할 수 있는 보조기구(팔걸이, 발판, 등받이, 머리받이 등) 역할 개선도 좋은 효과를 볼 수 있다.

(2) 국소진동

수송기계에서 경험할 수 있는 국소진동은 자동차의 경우 스티어링 휠(보통 '핸들'이라 한다)이나 기어레버(transmission gear shift lever)를 잡은 손으로 전달되는 진동을 비롯하여, 가속 또는 브레이크 페달에 의해 발바닥으로 전달되는 진동 등이다. 국소진동은 100 Hz 내외의 영역까지 고려대상이 된다. 특히, 머리 부분으로 진동이 전달된다면 인간에게 느껴지는 단순한 불쾌감 차원을 넘어서서 시야를 흐리게 하고, 집중력을 저하시키는 문제로까지 발전될 수도 있다. 자동차에 탑승한 사람이 느낄 수 있는 머리의 진동은 착석 자세에서 엉덩이로 전달된 진동이 머리까지 전달되어 발생할 수 있다고 생각할 수 있겠지만, 실제로는 신체 내부에서 많은 감쇠가 일어나기 때문에 심각한 영향을 미치지는 않는 것으로 파악되고 있다.

한편, 국내외 고급차량에서는 차선이탈경보나 사각지대 감지장치 및 지능형 정속주행장치(smart cruise control) 등의 첨단 편의장치들이 적극적으로 채택되고 있다. 이러한 안전장치들은 차량이 차선을 이탈하거나, 차선변경을 시도하는 경우 및 차간 거리가 설정된 값 이내로 줄어들 경우에는 핸들을 포함하여 안전벨트나 시트 등을 진동시켜서 운전자에게 경고를 주는 방법(haptic warning)을 사용한다. 운전자에게 인위적인 국소진동을 주어서 차량의 안전운행을 추구하는 또 다른 활용사례라 할 수 있다.

3.2 소음현상이 인체에 미치는 영향

3.2.1 소음진동공해

소음이나 진동현상이 공해 개념으로 취급되기 시작한 것은 비교적 최근이라 할 수 있다. 하지만 그리스·로마시대부터 대리석이나 벽돌공장 등의 소음을 규제한 기록이 있으며, 귀족들이 거주하는 지역에서는 마차나 말의 이동을 제한했던 역사적 사실들이 있다. 이와 같이 소음은 인류 역사와 함께 오래 전부터 생활환경을 파괴하는 공해요소로 취급되었으나, 그에 대한 대책이나 피해 저감방안은 크게 발전되거나 개발되지 못했던 것이 사실이다.

그 원인으로는 소음과 진동현상으로 인한 공해요소는 수질오염이나 대기오염과 같이 장기간에 걸쳐서 축적되지 않고 발생과 동시에 소멸해버리는 특성이 있으며, 다른 공해요소에 비해서 극히 국부적이고 발생원인이 매우 다양할 뿐만 아니라 방지대책에도 많은 투자비용을 필요로 했기 때문일 것이다.

인간의 청각기관은 의사소통의 중요한 기능을 담당하고, 외부의 위협으로부터 항상 도주와 방어 준비를 시킬 수 있는 경고장치로서 중요한 정보를 제공한다고 볼 수 있다. 따라서 시각기관인 눈은 수면 중에는 감을 수가 있어서 완전히 쉴 수가 있는 반면에, 이러한 인간의 경고장치 역할을 수행하는 귀는 수면 중에도 닫을 수 없도록 창조되지 않았을까 생각된다. 육식동물에 비해서 초식 포유류의 귀가 크게 발달된 원인도 약육강식의 세계에서 생존과 연관되었다고 볼 수 있다.

과거 원시시대에 살았던 인류의 조상들은 기껏해야 야생동물의 울음소리나 천둥소리가 전부였던 원시 밀림의 환경에 적응했으리라 생각된다. 하지만 근래의 급격한 공업화와 도시화로 인하여 우리들의 주변에서 발생되는 소음은 원시인들의 입장에서는 상상을 초월할 정도로 커졌으리라 믿어진다. 우리들은 이러한 환경에 맞추어서 알맞게 유전자가 형성되어 적응되었을 것으로 생각되지만, 만약 수백만 년 전에 살았던 원시인들이 오늘날 환생한다고 하더라도, 엄청나게 커진 소음환경으로 인하여 도저히 생존하지 못할 것이라고 생각할 수 있다.

3.2.2 소음의 인체영향

소리는 큰 소리, 높은 소리, 갑작스러운 소리, 낯선 소리일수록 그 경고의 강도가 높으며, 인체에서는 이에 따른 긴장과 불안 및 흥분을 유발시키게 된다. 따라서 소음은 혈당의 상승, 동공의 확대, 근육의 긴장, 타액의 감소, 소화기능의 이상, 땀흘림 등을 불러일으키게 된다. 우리들이 공포영화를 볼 때 무서운 장면뿐만 아니라 배경음악에 의해서도 큰 공포와 긴장감을 갖게 된다. 만약 음향을 차단(음소거 상태)시키고 공포영화를 보게 된다면 긴장감과 공포심은 현저히 줄어들 것이다.

또한 소음에 의한 인체의 영향은 습관성에 크게 좌우된다고 볼 수 있다. 즉, 공장이나 사업장에 설치된 기계에서 발생되는 소음은 지속적이고 시간에 따라서도 거의 변화가 없기 때문에, 마치 당연히 있어야 할 소음처럼 간주되는 경향이 있다. 이러한 습관성 소음의 피해는 단기적으로는 대화불능, 독서방해 등이 있으며, 장기적으로는 심리적, 생리적인 안정에 악영향을 주게 된다. 표 3.1은 소음이 인체에 미치는 영향을 음압레벨과 비교한 내용이다.

그 밖의 소음에 대한 인체 영향으로는 생리적, 심리적인 측면과 작업 능률적인 측면들로 분류할 수 있다. 이러한 분류는 절대적인 것이 아니며, 많은 경우 상당히 복잡한 상관관계를 가지게 된다. 결국 소음에 대한 반응이 사람마다 다르고, 더불어 동일한 사람에 대해서도 같은 소음에 대한 반응이 때와 장소에 따라서 달라질 수 있다는 어려움이 존재한다. 하지만 소음 그 자체는 자연현상에 의해서 발생되며, 이를 수식적인 물리법칙으로도 정확히 표현할 수 있어서 과학적인 측정과 분석이 가능하다. 결국 소음에 대한 인체 영향은 통계적인 가능성을 바탕으로 정의되었음을 알 수 있다.

표 3.1 소음의 인체 영향

소음도 dB(A)	인체의 영향
50	장기간 소음에 노출될 경우 호흡과 맥박이 증가한다.
60	수면장해를 받기 시작한다.
70	말초혈관의 수축 반응이 시작된다.
80	청력손실이 시작된다.
90	소변량이 증대된다.
100	혈당이 증가하고 성호르몬이 감소한다.
110	일시적으로 청력이 손실된다.
120	장기간 폭로 시에는 심각한 청각장애를 유발한다.
130	고막이 파열된다.

3.2.3 난청

인체가 큰 소음에 장기간 노출될 경우에는 2.5절 인체의 청각기관인 달팽이관 내부의 섬모세포가 손상되어 청력이 점차 저하되기 마련이다. 다행스럽게도 섬모세포는 재생능력이 있어서 일시적인 손상에 대해서 부분적으로는 24시간 이내에, 전체적으로는 72시간 내에 완전히 회복할 수 있다. 이러한 일시적인 청력손실을 일시적 난청(noise-induced temporary threshold shift)이라 한다.

그러나 일시적 난청이 자주 반복되면서 섬모세포의 재생능력이 현저히 저하되는 현상을 영구적 난청(noise-induced permanent threshold shift)이라고 한다. 이러한 난청의 뚜렷한 징후가 바로 귀울림(이명, 耳鳴) 현상이다. 즉, 귀울림 현상은 주로 과도한 소음 때문에 발생하며, 서서히 난청으로 진행되고 있다고 경고하는 인체의 사이렌이라고 할 수 있다. 이는 신경계통으로 음파를 전달시켜주는 달팽이관에 이상이 발생해서 나타나는 현상이다. 주변 사람들이 내 목소리가 커졌다고 하거나, 불러도 대답하지 않은 경우가 늘어나고 라디오나 텔레비전의 볼륨을 높여서 듣고, 전화통화에서 상대방의 말이 제대로 들리지 않는다면 난청이 의심되는 경우에 해당된다.

이러한 난청현상이 점차 나이가 들면서 더욱 심화될 경우, 정상적인 소리조차도 제대로 듣지 못하는 노인성 난청(presbycusis)현상으로 발전하게 된다. 소음에 의한 난청현상은 청감이 가장 예민한 4,000 Hz 영역에서 가장 먼저 시작된다. 불행하게도 노인성 난청의 연령대가 점차 어려지고 있는데, 젊은이들의 이어폰 사용이 급증하면서 그 우려가 더욱 커지고 있다.

난청의 원인은 크게 유전, 노화, 소음의 세 가지로 구분할 수 있다. 이 중에서 유전적인 요인과 노화현상은 막을 수 없겠지만, 소음은 본인의 노력에 의해서 어느 정도 피할 수 있는 법이다. 난청은 여성에 비해서 남성이 3배 이상 많은 경향을 갖는데, 아마도 군대에서의 사격

소음에 과다 노출 → 섬모세포의 손상 → 특정 주파수 영역에서 청력손실 발생

그림 3.7 청력손실의 진행과정

훈련을 포함하여 사회활동에서 시끄러운 주변 소음에 많이 노출되었기 때문인 것으로 사려된다. 그림 3.7은 인간의 청력손실 진행과정을 보여준다.

우리가 흔히 할아버지나 할머니들께서 소리를 잘 알아듣지 못하는 증세를 가리켜서 '가는 귀가 먹었다'라고 표현하는 경우가 바로 이러한 경우이고, 4,000 Hz 내외의 주파수 영역부터 시작되는 청력손실은 여성이나 어린이들이 말하는 높은 주파수의 소리를 잘 듣지 못하게 된다. 특히, 비슷하게 발음되는 단어들을 제대로 구분하지 못하게 되는데, ㅅ, ㅆ, ㅍ, ㅊ, ㅎ, ㅋ, ㅌ 등과 같은 자음을 가진 단어들은 다른 자음이나 모음의 경우보다 발음되는 주파수가 높아서 제대로 알아듣지 못하는 경우가 많다.

보청기는 나이 드신 분들이 제대로 듣지 못하는 주파수의 소리를 특별히 전기적으로 증폭시켜서 속귀에 보내주는 역할을 하는 장치이다. 미국 대학(존스홉킨스)의 연구에 의하면 난청환자가 정상인에 비해서 치매 발병률이 2~5배 정도 높다고 발표하였다. 보청기 착용으로 인하여 치매 예방에도 효과가 있는 것으로 알려져 있다. 어르신의 청력이 저하될수록 가족과의 대화가 부쩍 줄어들기 마련이다. 결국 '귀가 멀어지면 사람도 멀어지는 법'이므로 소음의 회피를 통한 청력보존에 힘써야 한다.

코고는 소리로 기네스북에 등재되었던 한 영국인은 무려 92 dB의 소음레벨로 코를 골면서 수면을 취했다고 한다. 이 사람의 코고는 소리로 말미암아 주변 이웃의 여덟 가정이 도저히 버티지 못하고 이사를 가버렸지만, 정작 그의 아내는 수면에 아무런 지장이 없었다고 한다. 하지만 병원 진찰결과 아내는 소음성 난청으로 이미 한쪽 귀가 멀어있었다고 한다. 이 영국인의 코골이 기록은 스웨덴에 사는 사람이 93 dB로 기록을 갈아치웠다고 한다. 얼굴도 알지 못하는 그의 부인이 걱정될 따름이다.

이렇게 코골이와 귀 속에서 나만 듣게 되는 이명에 대한 사례를 '이명비한(耳鳴鼻鼾)'이라는 용어로 표현할 수 있다. 이명은 나만 들을 뿐 남은 들을 수가 없는 반면에 코골이는 남이 들을 수 있지만 나만 듣지 못한다. 분명하게 존재하는데 한쪽은 전혀 알지 못하는 셈이다. 나에게 있는 것을 남들이 인정하지 않거나, 남들은 다 아는 것을 나만 모르고 있지는 않을까 걱정될 따름이다. 우리들이 인생에 있어서 한 번쯤은 음미해볼 만한 내용이라 생각한다.

한편, 몇 년 전부터 국내 통신회사에서도 15,000 Hz를 상회하는 높은 주파수 영역의 휴대전화 벨소리를 서비스한다고 전해진다. 이는 청력이 서서히 떨어지기 시작하는 20대 후반이나 30대 초반 이후의 성인에게는 휴대전화의 벨소리를 제대로 듣지 못할 수도 있다는 것을 의미한다. 기존의 휴대전화 벨소리는 200~8,000 Hz의 주파수 영역이어서 누구나 들을 수 있었던 반면에, 15,000 Hz 이상과 같은 높은 주파수에 해당하는 벨소리는 청각능력이 왕성한 20대 초반 이전의 젊은이들만이 들을 수 있어서 그들만의 즐거움을 만끽할 것 같다. 역설적으로 본다면, 수업시간에 선생님이나 교수님들이 알아차리지 못하게 휴대전화를 몰래 사용하는 수단으로 활용될까 걱정된다.

3.2.4 태교

신생아나 태아에게 있어서도 시각보다는 청각이 먼저 기능을 발휘한다는 사실도 시사하는 바가 크다고 할 수 있다. 이는 임산부가 태교를 하면서 고전음악과 같이 편안한 소리를 듣는 것에 주력하는 것만 보더라도 알게 모르게 소리에 의한 인체 영향을 짐작할 수 있다. 과거 우리의 조상들은 태교에 있어서 나쁜 말은 듣지 말고, 나쁜 일을 보지 말고, 나쁜 생각은 품지도 말라는 삼불(三不)이 있었으며, 아름다운 말만 듣고(美言), 선현의 명구를 외우고(講書), 시나 붓글씨를 쓰고(讀書), 품위 있는 음악을 듣는(禮樂) 것과 같은 7태도(七胎道)가 있었다. 그만큼 태교가 중요하다는 사실을 정확하게 간파하고 있었던 것이다. 조선시대 여류 문장가였던 사주당 이씨가 저술한 '태교신기(胎教新記)'에서도 '스승이 10년을 잘 가르쳐도, 어머니가 배 속에서 10개월 잘 가르친 것만 못하다.'라고 언급되어 있을 정도이다.

인간의 지능은 유전적인 요소보다는 태아가 자라는 자궁 내의 환경에 의해서 크게 좌우된다는 점을 상기할 필요가 있다. 엄마 배 속의 태아는 시각, 후각, 미각, 촉각은 부족하지만, 청각만큼은 예민하기 때문에 엄마의 심장소리를 비롯하여 외부로부터 태중으로 들려오는 소리는 태아의 뇌를 자극해서 활성화시킨다고 한다. 하지만 심한 소음에 노출된 태아는 양수를 삼키게 되고, 임신중독증, 유산 등의 위험이 높아지며 태어나서도 잘 자라지 못한다고 한다. 태중의 양수가 줄어들게 되면 저체중아의 출산확률이 높아지고, 저체중아는 지능이 떨어지고 심장병에도 걸리기가 쉽다고 한다.

우리나라에서 1990년대 중반부터 40대의 사망률이 급격하게 높아진 원인도 당시 40대가 6·25전쟁이 한창이던 1950년대 초반에 태어났다는 사실과 무관하지 않다는 주장이 있다. 결과적으로 편안하고 조용한 환경은 임산부에게 안정을 주게 되므로, 한 나라의 국가 경쟁력은 조용한 환경에서 태교에 힘쓰는 어머니의 태중에서 이미 결정된다고 해도 과언이 아닐 것이다.

3.2.5 곤충소리

지구 온난화로 인하여 최근 여름철에 폭염이 이어지면서 우리나라에도 곤충이 크게 늘어나고 있는 추세이다. 심지어 적도지역과 동남아시아에 서식하던 '된장 잠자리'가 기류를 타고 한반도까지 날아와서 활발한 먹이활동과 번식을 할 정도로 곤충의 역습(逆襲)이 시작되었다고 할 수 있다. 모든 곤충은 온도가 상승할수록 생애주기 역시 빨라지면서 그만큼 번식활동도 활발해지기 때문이다.

그 중에서도 매미만큼 우리들의 생활 속에서 소음피해를 주는 곤충은 없으리라 생각된다. 원래 매미는 여름의 시작을 알리는 전령(傳令)으로 불리었으며, 맑은 수액과 이슬만 먹고 곡식과 채소를 훔쳐먹지 않으며, 평생 집을 짓지 않고 겨울철이 오기 전에 때맞추어 죽기 때문에 문(文), 청(淸), 염(廉), 검(儉), 신(信)의 오덕(五德)으로 칭송받던 곤충이었다.

하지만 요즈음의 매미는 천덕꾸러기로 전락했는데, 그 이유는 낮밤을 가리지 않고 울어대는 매미소리 때문이다. 암컷을 불러서 짝짓기를 하려는 수컷 매미의 울음소리는 80 dB을 상회하여 이미 소음진동관리법의 규제기준을 초과하는 수준이다. 원래 밤에는 울지 않던 매미가 도심지의 조명이나 네온사인과 같은 인공조명과 여름철의 열대야로 인하여 밤이나 새벽에도 쉬지 않고 소음을 발생하여 사람들의 밤잠을 설치게 만든다. 더구나 도시에 사는 매미는 천적도 거의 없어서 계속 늘어나는 추세이다. 매미는 유충일 때에는 두더지가, 성충일 때에는 새가 천적이지만, 대도시에서는 천적의 영향을 거의 받지 않고 있는 실정이다.

매미는 날개 밑 배의 첫마디 양편에 있는 얇은 진동막(tymbal)이 1초에 300～400번 떨게 되면 몸통 내부 공간에서 공명되면서 소리를 내게 된다. 원래 우리나라 토종인 참매미에 비해서 지구 온난화로 울음소리가 우렁찬 말매미가 도심을 장악한 것도 소음의 주요 원인이 될 것이다. 가을철 밤에 마치 바이올린을 켜듯이 양 날개를 비벼대는 마찰음으로 수줍은 듯이 소리를 내는 귀뚜라미에 비하면, 매미는 우렁찬 나팔을 부는 격이라 할 수 있다. 반면에 매우 과묵한(?) 매미도 있는데, 꽃매미라 불리는 이 곤충은 중국에서 넘어와 중국매미로도

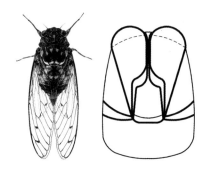

그림 3.8 매미와 익선관 (좌측), 매미소리에 대한 신문기사 (중앙일보, 2013년 8월15일자)

불린다. 이 매미는 발음기관이 없어서 울지 못하지만, 포도와 같은 과일나무에 달라붙어 과일 즙을 빨아먹고 배설물로 그을음병을 유발시키는 등 과수농과에 큰 피해를 주고 있다.

조선시대 임금님이 나랏일을 보면서 쓰시던 관모(冠帽)를 익선관(翼蟬冠)이라고 한다. 매미 날개모양이 새겨져 있어서 날개 익(翼)과 매미 선(蟬)을 사용하여 이름 붙인 것이다. 임금님의 관모에도 적용되었던 매미의 오덕이 오늘날에도 지켜지기를 기대해본다.

3.2.6 소리의 영향

지금까지는 주로 소음의 유해성에 대해서 설명했지만, 우리들의 생활 속에서 부지불식간에 경험하는 다양한 소리에 대해서 알아본다.

쉬가 마려운 사내아이에게 엄마가 옆에서 '쉬' 하는 소리를 내서 자연스럽게 배뇨하게끔 했던 기억을 누구나 가지고 있을 것이다. 우리들은 외부에서 들려오는 소리에 대해서 신체적으로 반응하게 되는데, 특히 물소리는 배뇨작용에 큰 효과가 있는 것으로 알려져 있다. 출산이나 요실금 수술 후 일시적으로 소변을 보기 힘든 환자나 전립성 비대증으로 요의(尿意)는 자주 느끼지만 막상 화장실에만 가면 볼일을 제대로 보지 못하는 경우에도 세면대에 물을 틀어 놓으면 시원하게 배뇨할 수 있다고 한다. 배뇨기능은 청각에는 매우 민감하지만, 시각과는 무관한 점도 시사하는 바가 크다.

또한 백화점이나 대형 마트에서는 매출을 증대시키기 위해서 음악소리에 특별히 신경쓰기 마련이다. 이러한 매장에는 시계를 달지 않거나 창문을 최소화하여 고객의 쇼핑시간 경과를 인지하기가 힘들게 하는 것과 마찬가지로, 시간대별로 음악 종류를 달리하게 된다. 아침시간에는 경쾌한 음악을 틀어서 고객들의 구매욕구를 자극하고, 고객이 많거나 세일을 할 때에는 템포가 빠른 댄스곡이나 리믹스곡을 배치해서 흥을 돋구게 한다. 또한 가족단위의 고객이나 직장인 고객이 많은 저녁시간에는 추억의 팝송이나 가요를 틀어서 판매를 촉진하는 뮤직 마케팅(music marketing)이 일상화되어 있다.

우리들의 생활 속에서 내비게이션과 엘리베이터의 안내방송을 비롯하여 현금자동입출금기 (ATM)에 이르기까지 모두 여성의 음성이라는 사실을 실감하게 된다. 이는 태중에서 생명이 잉태될 때부터 여성(어머니)의 목소리를 처음으로 접하면서 가장 많이 듣기 때문에 누구나 친근감을 갖기 때문일 것이다.

서울시에서 조사한 바에 의하면 서울시민들이 가장 듣고 싶은 소리는 시냇물 소리와 새소리, 파도소리, 폭포소리 순으로 자연적인 소리를 선호하고 있다. 과중한 업무와 스트레스에 시달리는 직장인들의 휴식시간만큼이라도 이러한 자연적인 소리를 들려준다면 업무효율이 크게 상승하지 않을까 기대해본다.

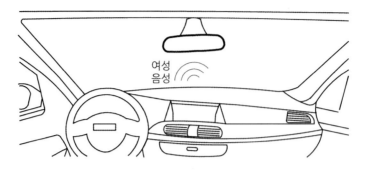

그림 3.9 내비게이션의 여성 목소리

한편, 우리 귀에 직접 들리지 않는 소음(noise)을 빙자한 소위 '노이지 마케팅'이란 용어도 어느새 익숙해졌다고 생각한다. 이는 일부러 구설수를 만들어서 상품을 홍보하려는 전략으로, 해당 업체뿐만 아니라 심지어 연예인까지 이러한 교묘한 방법을 사용한다고 한다. 이는 기막힌 우연이거나 아니면 지독히 뻔뻔한 태도가 아닐까 생각되어 우리들의 정신을 사납게 만들 수도 있다. 모름지기 '지나치면 모자른 것보다 못하다.'라는 과유불급(過猶不及)의 용어가 새삼스러워진다.

3·3 소음진동에 의한 가축피해

우리들의 생활공간에서 예상치 않은 소음진동현상이 발생한다면 인간은 본능적으로 이를 인지함과 동시에, 그동안 경험했거나 학습된 내용을 근거로 주변 상황을 파악하게 된다. 예를 들면, 건설현장의 발파소음이나 중장비의 이동과정에서 소음진동현상이 발생하더라도 불편한 느낌을 가지면서도 일단은 감내할 수 있는 상황이라고 판단할 수 있다. 하지만 가축의 경우에는 이러한 전후사정의 판단능력이 없기 때문에, 자신에게 닥쳐오는 재앙으로 인식하여 극도의 공포감과 함께 불안한 반응을 보이게 된다. 더군다나 인간보다 월등하게 예민한 감각 능력을 가진 동물에게는 예상치 못한 소음진동현상으로 인한 피해가 심각해질 수 있다.

소음진동현상으로 인한 가축의 피해사례는 생육저하 및 생산량 감소를 포함하여 장기적으로는 가축의 질환까지 유발할 수 있을 정도이다. 특히 소음문제가 가축에게 민감한 영향을 끼치는 것으로 알려져 있다. 국내의 경우에도 돼지, 닭, 소(젖소와 비육우) 순으로 소음피해에 대한 분쟁이 발생하고 있으며, 이때의 평균적인 음압레벨은 70 dB(A)를 상회하고 있다.

젖소와 비육우를 포함한 소와 양과 같은 반추(反芻)동물은 다른 가축에 비해서 비교적 소음에 강한 것으로 알려져 있지만, 건설기계의 항타작업이나 군 사격장 인근과 발파소음

같이 충격적인 소음에 민감해서 수태율과 착유량의 저하, 체중 증가율 감소 및 임신한 소의 유산이나 사산의 형태까지 나타나게 된다.

닭과 같은 조류는 다른 가축에 비해서 소음진동현상에 내성이 강한 것으로 알려져 있으나, 성질이 다소 급하고 쉽게 놀라서 스트레스를 받으며 작은 상처로도 폐사하는 경우가 많다. 닭이 스트레스를 심하게 받으면 도축 뒤에도 피가 잘 빠지지 않아서 그만큼 세균번식의 가능성이 높아지기 마련이다.

돼지는 출생하여 도축하기까지 약 7개월 정도밖에 소요되지 않을 정도로 발육속도가 매우 빠른 가축이다. 하지만 소와 닭과는 달리 상당히 예민하고 섬세한 감각을 가지고 있어서 조그마한 외부의 환경변화에도 민감하게 반응하게 된다. 충격적인 소음뿐만 아니라 지속적인 소음에 대해서도 공포감을 느끼고 신경이 날카로워져서 식욕저하, 수태율 감소를 나타내며, 임신 돈의 경우에는 조산, 유산 및 사산을 할 수 있다. 심지어는 극도의 스트레스로 인하여 주변 돼지들과 갑작스럽게 이동하면서 압사하는 경우도 있다. 돼지의 청각은 저주파에 해당하는 낮은 소리에는 둔감하지만, 40 kHz의 영역까지 높은 주파수의 소리를 들을 수 있는 것으로 알려져 있다. 소음에 대한 반응은 새끼 돼지일수록 더욱 민감한 경향을 갖는다.

소음현상에 의한 가축의 피해는 일정한 음압레벨의 지속적인 특성보다는 음압레벨의 변동 폭이 큰 충격적인 소음으로 인해서 주로 발생하고 있으며, 음압레벨이 낮다 하더라도 순간적으로 발생하는 소음에 의한 피해규모가 더 큰 것으로 예측된다. 이러한 경향은 가축의 소음피해로 인한 분쟁과정에서 치열한 논쟁거리가 되고 있으며, 피해가 발생한 이후에 이미 소멸된 소음원과 음압레벨 등을 예측해야 하는 어려움이 있다.

결국 가축이 건강해야 사람도 건강할 수 있는 것이다. 유럽에서는 이미 1970년대에 시작된 동물복지가 국내에서도 적극적으로 반영되어 동물복지 축산농장 인증제도가 시행되고 있는 실정이다. 향후 우리가 섭취하는 육류의 선택에 있어서도 제대로 지켜진 동물복지가 소비자의 상품선택에 있어서 가장 중요한 요인으로 평가받을 것이다.

3.4 소음진동 규제

소음진동현상에 의한 생활의 불편을 해소하고, 피해사례를 조정하는 것과 같이 모든 국민이 조용하고 평온한 환경에서 생활하는 것을 목표로 국내에서는 소음진동관리법과 소음진동관리법 시행규칙 등을 제정하여 시행하고 있다.

이러한 법에는 소음과 진동현상에 관련된 제반 정의부터 시작하여 생활소음진동, 공장, 교통, 항공기 소음, 방음시설의 설치기준과 벌칙규정까지 망라되어 있다. 특히 생활소음진동의 규제는 소음진동관리법 시행규칙 제20조3항의 별표8로 정의되어 있다.

여기서는 생활소음과 생활진동의 규제기준만을 표 3.2와 표 3.3에 각각 소개하였으며, 기타 소음진동의 세부적인 규제기준은 해당 법과 시행규칙을 참고하기 바란다.

표 3.2 생활소음 규제기준 (개정 2010.6.30.) [단위 : dB(A)]

대상 지역	소음원	시간대별	아침, 저녁 (05:00~07:00, 18:00~22:00)	주간 (07:00~18:00)	야간 (22:00~05:00)
가. 주거지역, 녹지지역, 관리지역 중 취락지구·주거개발진흥지구 및 관광·휴양개발진흥지구, 자연환경보전지역, 그 밖의 지역에 있는 학교·종합병원·공공도서관	확성기	옥외설치	60 이하	65 이하	60 이하
		옥내에서 옥외로 소음이 나오는 경우	50 이하	55 이하	45 이하
		공장	50 이하	55 이하	45 이하
	사업장	동일 건물	45 이하	50 이하	40 이하
		기타	50 이하	55 이하	45 이하
		공사장	60 이하	65 이하	50 이하
나. 그 밖의 지역	확성기	옥외설치	65 이하	70 이하	60 이하
		옥내에서 옥외로 소음이 나오는 경우	60 이하	65 이하	55 이하
		공장	60 이하	65 이하	55 이하
	사업장	동일 건물	50 이하	55 이하	45 이하
		기타	60 이하	65 이하	55 이하
		공사장	65 이하	70 이하	50 이하

비고
1. 소음의 측정 및 평가기준은 「환경분야 시험·검사 등에 관한 법률」 제6조제1항제2호에 해당하는 분야에 따른 환경오염공정시험기준에서 정하는 바에 따른다.
2. 대상 지역의 구분은 「국토의 계획 및 이용에 관한 법률」에 따른다.
3. 규제기준치는 생활소음의 영향이 미치는 대상 지역을 기준으로 하여 적용한다.
4. 공사장 소음규제기준은 주간의 경우 특정공사 사전신고 대상 기계·장비를 사용하는 작업시간이 1일 3시간 이하일 때는 +10 dB을, 3시간 초과 6시간 이하일 때는 +5 dB을 규제기준치에 보정한다.
5. 발파소음의 경우 주간에만 규제기준치(광산의 경우 사업장 규제기준)에 +10 dB을 보정한다.
6. 2010년 12월 31일까지는 발파작업 및 브레이커·항타기·항발기·천공기·굴삭기(브레이커 작업에 한한다)를 사용하는 공사작업이 있는 공사장에 대하여는 주간에만 규제기준치(발파소음의 경우 비고 제6호에 따라 보정된 규제기준치)에 +3 dB을 보정한다.
7. 공사장의 규제기준 중 다음 지역은 공휴일에만 −5 dB을 규제기준치에 보정한다.
   가. 주거지역

나. 「의료법」에 따른 종합병원, 「초·중등교육법」 및 「고등교육법」에 따른 학교, 「도서관법」에 따른
   공공도서관의 부지경계로부터 직선거리 50 m 이내의 지역

8. "동일 건물"이란 「건축법」 제2조에 따른 건축물로서 지붕과 기둥 또는 벽이 일체로 되어 있는 건물을
   말하며, 동일 건물에 대한 생활소음 규제기준은 다음 각 목에 해당하는 영업을 행하는 사업장에만 적
   용한다.

   가. 「체육시설의 설치·이용에 관한 법률」 제10조제1항제2호에 따른 체력단련장업, 체육도장업, 무도
      학원업 및 무도장업

   나. 「학원의 설립·운영 및 과외교습에 관한 법률」 제2조에 따른 학원 및 교습소 중 음악교습을 위한
      학원 및 교습소

   다. 「식품위생법 시행령」 제21조제8호다목 및 라목에 따른 단란주점영업 및 유흥주점영업

   라. 「음악산업진흥에 관한 법률」 제2조제13호에 따른 노래연습장업

   마. 「다중이용업소 안전관리에 관한 특별법 시행규칙」 제2조제4호에 따른 콜라텍업

표 3.3 생활진동 규제기준 (개정 2010. 6. 30.)　　　　　　　　　　　　　　　　　　　[단위 : dB(V)]

시간대별 대상 지역	주간 (06:00~22:00)	심야 (22:00~06:00)
가. 주거지역, 녹지지역, 관리지역 중 취락지구·주거개발진흥지구 및 관광·휴양개발진흥지구, 자연환경보전지역, 그 밖의 지역에 소재한 학교·종합병원·공공도서관	65 이하	60 이하
나. 그 밖의 지역	70 이하	65 이하

비고

1. 진동의 측정 및 평가기준은 「환경분야 시험·검사 등에 관한 법률」 제6조제1항제2호에 해당하는 분야
   에 대한 환경오염공정시험기준에서 정하는 바에 따른다.

2. 대상 지역의 구분은 「국토의 계획 및 이용에 관한 법률」에 따른다.

3. 규제기준치는 생활진동의 영향이 미치는 대상 지역을 기준으로 하여 적용한다.

4. 공사장의 진동 규제기준은 주간의 경우 특정공사 사전신고 대상 기계·장비를 사용하는 작업시간이 1
   일 2시간 이하일 때는 +10 dB을, 2시간 초과 4시간 이하일 때는 +5 dB을 규제기준치에 보정한다.

5. 발파진동의 경우 주간에만 규제기준치에 +10 dB을 보정한다.

PART III

수송기계의 소음진동

4장 자동차
5장 철도차량
6장 항공기 소음
7장 선박의 소음진동

Living in the Noise and Vibration

단원설명

우리는 일상생활 속에서 등·하교, 출퇴근을 비롯하여 빈번한 외부활동을 하면서 자동차, 철도차량을 포함한 여러 종류의 수송기계를 이용하게 된다. 수송기계에 탑승하여 하차할 때까지 많은 소음과 진동현상에 거의 무방비로 노출되어 있다고 해도 과언이 아니다. 우리가 무심코 지나쳤던 수송기계의 소음과 진동현상을 개략적으로 알아보도록 한다. Part III에서는 이용 빈도가 가장 높은 자동차의 소음진동현상을 집중적으로 설명하고, 철도차량, 항공기, 선박 순으로 소음진동에 관계된 내용을 알아본다.

04 자동차

4.1 자동차의 기본구조

자동차에서 발생되는 진동소음현상을 제대로 이해하고, 효과적인 개선대책을 얻기 위해서는 먼저 자동차의 기본적인 구조와 부품들의 작동원리 등을 알아야 한다. 구체적인 자동차의 구조만 설명하더라도 상당한 분량을 차지하기 때문에, 여기서는 진동소음현상에 영향을 미칠 수 있는 최소한의 자동차 구조만을 간단한 설명과 그림으로 대체하고자 한다. 더 세부적인 내용을 알고자 할 경우에는 자동차 공학, 자동차 정비관련 전문서적을 참고하기 바란다.

4.1.1 차체 및 명칭

자동차의 차체(body)는 외관(스타일)의 특성을 결정짓는 중요한 요소로, 운전자와 탑승자가 거주하는 공간이며 동시에 엔진을 비롯한 각종 부품들이 탑재되는 공간이기도 하다. 자동차의 주행과정에서 엔진과 변속장치를 포함한 동력기관(powertrain)의 흔들림과 함께 도로의 노면 특성에 따른 타이어의 상하방향 움직임 등이 모두 차체로 전달되므로, 차체는 진동소음현상이 최종적으로 평가되는 공간이라 말할 수 있다.

엔진을 비롯한 각종 주행장치들이 탑재된 공간[이를 엔진룸(engine room)이라 한다]을 감싸고 있는 뚜껑을 흔히 본네트(bonnet)라고 부르지만, 정식 명칭은 엔진 후드(engine hood)이다. 엔진 후드 안쪽면(엔진 쪽을 향한 면)을 살펴보면 그림 4.1과 같이 검은색의 헝겊(직물)이나 비닐 피복처럼 보이는 재료가 부착된 것을 확인할 수 있는데, 이는 엔진에서 발생된 소음의 전파를 억제시키기 위한 흡·차음재료가 부착된 것이다. 앞 타이어가 있는 차체 양쪽의 측면 부위를 펜더(fender)라 하며, 차량 간의 가벼운 접촉사고에서 주로 손상될 수 있는 부분이므로,

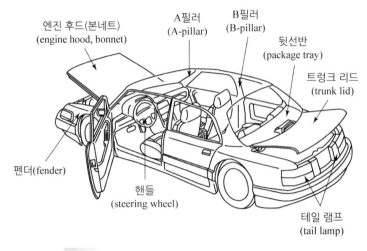

그림 4.1 자동차 차체의 주요 명칭과 엔진 후드의 흡·차음재료 적용사례(아래쪽)

쉽게 교환할 수 있도록 볼트와 접착제 등으로 차체와 결합되어 있다. 펜더가 장착되는 부위는 엔진의 소음뿐만 아니라 타이어 소음의 방사를 막기 위한 대책이 적용되는 부위라 할 수 있다.

차체의 지붕을 루프(roof)라고 하며, 루프 안쪽 실내 부위에는 소음을 흡수하는 흡음처리 (headliner)와 루프 자체의 진동을 억제시키는 제진(制振)처리가 되어 있다. 루프를 받치고 있는 기둥을 필러(pillar)라고 하며, 차량 앞에서부터 순서대로 A, B, C의 명칭을 붙여서 부르게 된다. 차체와 필러, 필러와 루프가 만나는 각 지점을 조인트(joint) 부위라 하는데, 이곳에는 차량의 주행과정에서 발생하는 외부 작용력이나 차체의 흔들림으로 말미암아 응력(應力, stress)이 집중되면서 큰 변위가 발생되어 실내의 진동소음현상을 악화시킬 수 있다.

트렁크 뚜껑은 트렁크 리드(trunk lid)로, 깜빡이와 브레이크 등이 있는 곳은 테일 램프(tail lamp)라 부르며, 트렁크의 빈 공간에서 발생되는 공동소음(空洞騷音, cavity noise)이 실내소음을 악화시킬 수도 있다. 따라서 탑승객이 거주하는 실내공간뿐만 아니라, 트렁크 내부의

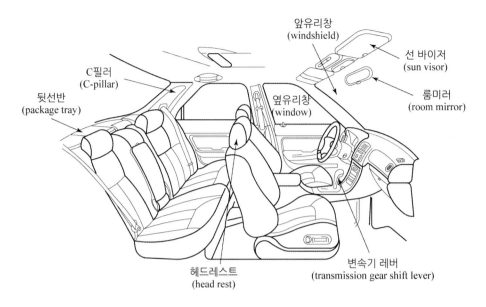

그림 4.2 자동차 실내공간의 주요 명칭

바닥과 측면 부위 및 트렁크 리드에도 소음제어를 위한 흡·차음재료가 적용된다.

차량의 주행 방향을 조절하는 핸들(handle)의 정식명칭은 스티어링 휠(steering wheel)이며, 운전자의 손에 의해서 차량의 진동현상이 예민하게 감지될 수 있다. 스티어링 휠에서는 상하 및 좌우방향의 떨림현상인 셰이크(shake)나 핸들의 회전방향 떨림현상인 시미(shimmy) 진동이 발생되며, 이러한 진동현상이 악화될 경우 운전자에게는 단순한 불쾌감을 넘어 상당한 불안감을 발생시킬 수도 있다. 유리창을 포함한 도어(door) 부위에서는 고속주행 시 바람소리(wind noise)가 실내로 크게 유입될 수 있으므로, 도어와 차체 사이에는 밀폐를 위한 장치[웨더 스트립(weather strip), 그로멧(grommet) 등]가 중요한 역할을 한다. 실내에는 다양한 진동 소음원들로 인하여 유발된 소음을 흡수하기 위한 흡음재료[카펫, 직물, 레진펠트(resin felt), 스펀지 종류 등]가 곳곳에 처리되기 마련이다.

4.1.2 엔진의 장착 위치 및 구동방식

엔진은 동력을 발생시키는 내연기관(內燃機關, internal combustion engine)이며, 여기서 발생한 동력을 변속장치에서 적절한 토크와 회전수로 변환시켜서 바퀴로 전달하여 자동차의 주행을 가능하게 해주는 장치를 통합하여 동력기관이라 한다. 자동차의 여러 모델에 따라 엔진의 장착 위치와 구동방식이 구별되는데, 뒷바퀴 굴림(이하 후륜구동)과 앞바퀴 굴림(이하 전륜구동) 및 네 바퀴 굴림[이하 4WD(4 Wheel Drive), 또는 全輪驅動]방식으로 구분된다.

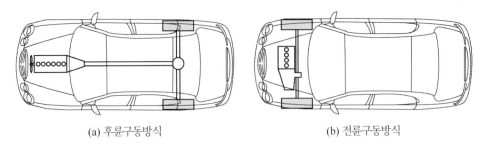

| (a) 후륜구동방식 | (b) 전륜구동방식 |

그림 4.3 후륜구동과 전륜구동(오른쪽)방식 및 엔진 장착위치

자동차의 개발순서에 따라서 후륜구동방식부터 알아본다.

후륜구동방식은 그림 4.3(a)와 같이 엔진과 변속장치 및 구동축(프로펠러 샤프트)이 차량의 진행방향과 평행한 방향으로 장착되어 엔진의 동력을 뒷바퀴까지 전달시킨다. 이러한 엔진의 장착방식을 종치장착(longitudinally mounted)방식이라 한다. 후륜구동방식에서 뒷바퀴는 구동만 담당하고, 진행방향의 조절은 앞바퀴가 담당하는 이상적인 역할분배로 앞·뒷바퀴의 적절한 하중분포가 이루어진다고 볼 수 있다. 차량 각 바퀴의 효과적인 무게분포와 독립적인 기능분배로 인하여 차량의 정숙성 확보, 최소 회전반경이나 등판능력 등에서도 양호한 성능을 발휘하게 된다. 이러한 장점으로 인하여 국내 최고급 차량과 세계적으로 유명한 고급차종 (BMW, Benz, Lexus 등)에서도 후륜구동방식을 고집하고 있다고 볼 수 있다. 최근에 개발되어 판매되는 국내 고급차량도 과거의 전륜구동방식에서 탈피하여 후륜구동방식을 채택하고 있는 추세이다. 반면에 엔진의 동력을 뒷바퀴까지 전달하기 위한 구동장치들로 인하여 실내공간(탑승공간)이 다소 좁아지고 연료소모 측면에서도 전륜구동방식보다 불리한 측면이 있다.

전륜구동방식은 그림 4.3(b)와 같이 엔진과 변속장치 및 구동축이 차량의 진행방향과 직각으로 장착되는데, 이러한 엔진의 장착방식을 횡치장착(transversely mounted)방식이라 한다. 앞바퀴를 구동시키는 축이 변속장치에서 좌우 앞바퀴들로 직접 연결된다. 전륜구동방식은 넓은 실내공간의 확보와 연료절감 측면에서 유리한 이점으로 인하여 일부 준대형 차량과 중형차량을 중심으로 대부분의 승용차량에 채택되고 있다. 진동소음의 관점에서는 후륜구동방식에 비해서 엔진룸이 복잡하고, 소음원이 차량 앞쪽에 집중되는 관계로 불리한 측면이 있다. 특히, 엔진의 롤 운동이 차체의 굽힘진동(bending vibration)에 큰 영향을 줄 수 있다는 단점이 있다.

네 바퀴 굴림방식인 4WD는 그림 4.4와 같이 다양한 엔진장착방식을 가지며, 비포장도로나 험준한 산길 등을 주행하는 군용차량을 중심으로 지프(Jeep)와 같은 SUV(sports utility vehicle)차량에 주로 채택되고 있다. 험로주행이 가능하도록 차량의 무게중심이 높고 차체의 강성(剛性, stiffness)이 큰 특징을 가지지만, 주행 특성상 승용차량에 비해서 진동소음 특성은

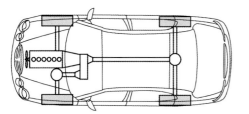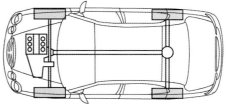

그림 4.4 네 바퀴 굴림방식의 엔진 장착사례

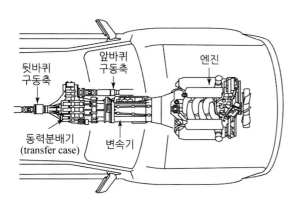

그림 4.5 네 바퀴 굴림방식의 동력기관

열등한 편이다. 특히, 앞·뒷바퀴에 구동력을 배분시키는 동력분배장치(T/C, transfer case)가 그림 4.5와 같이 변속장치에 추가되고, 구동라인(driveline)이 복잡한 관계로 정숙성과 승차감에서 다소 불리한 측면을 갖는다. 하지만 자동차 진동소음 저감기술의 발달로 인하여 최근에는 동력성능과 주행안정성을 강조하는 유럽차량들을 중심으로 4WD 구동방식이 승용차량에 적극적으로 채택되는 추세이다.

4.1.3 엔진의 작동개념

엔진은 자동차의 심장역할을 수행하는 가장 중요한 기계장치이며, 엔진의 몸체를 이루는 실린더(실린더 헤드와 실린더 블록으로 구성됨)와 주요 운동부품인 피스톤, 커넥팅 로드, 캠축 및 크랭크샤프트 등으로 구성된다.

그림 4.6(a)와 같이 실린더와 피스톤으로 이루어진 연소실에서 발생되는 가스(연료와 공기의 혼합가스를 의미한다) 폭발력으로 인하여 피스톤이 상하방향의 운동을 빠르게 반복함으로써 크랭크샤프트를 회전시키게 된다.

피스톤의 왕복운동에는 상사점과 하사점에서 순간적으로 피스톤의 속도가 영(zero)이 된

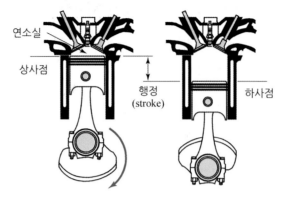

(a) 엔진의 연소실과 피스톤

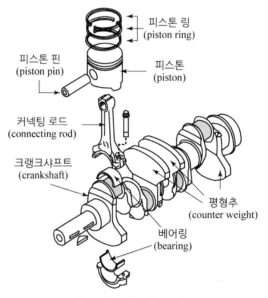

(b) 피스톤과 크랭크샤프트의 구조

그림 4.6 엔진의 내부구조 및 주요 부품

후, 운동방향이 바뀌게 되므로 속도의 큰 변화가 있게 된다. 이러한 피스톤의 급격한 속도 변화는 가속도의 존재를 의미하므로, 피스톤의 상하방향 운동만으로도 진동력(관성력의 개념이다)이 발생함을 알 수 있다. 이러한 피스톤의 운동에 의한 힘뿐만 아니라, 연소실 내부의 가스 폭발력이 추가되면서 결국 엔진 자체를 흔들리게 하는 가진원(加振源, vibration source)이 될 수 있다.

하지만 자동차용 엔진은 여러 개의 실린더로 구성된 다기통 엔진(multiple cylinder engine)이므로, 실린더 수에 따른 크랭크샤프트의 구조(크랭크의 배치 및 피스톤 장착)에 의해서 각 실린더에서 발생하는 관성력과 관성 모멘트들이 서로 상쇄되거나 감소될 수 있다.

중형 및 소형 승용차용 엔진은 대부분 4개의 실린더로 구성된 4기통 엔진이 장착되며, 이러한 엔진에서는 각 피스톤에서 발생되는 관성 모멘트들이 모두 상쇄된다. 하지만 크랭크샤프트 회전의 2배 성분인 2차 관성력이 단일 실린더 엔진에 비해서 4배로 커져서 엔진 몸체의 흔들림에 큰 영향을 준다. 반면에, 직렬 6기통 엔진에서는 관성력과 관성 모멘트들이 모두 상쇄되기 때문에 훨씬 안정되고 정숙한 운전을 하게 된다.

그림 4.7과 4.8은 각각 가솔린 엔진과 디젤 엔진의 작동개념을 보여준다. 일반적으로 가솔린 엔진에 비해서 압축비와 가스 폭발력이 더 높은 디젤 엔진이 진동소음 측면에서 불리하다고

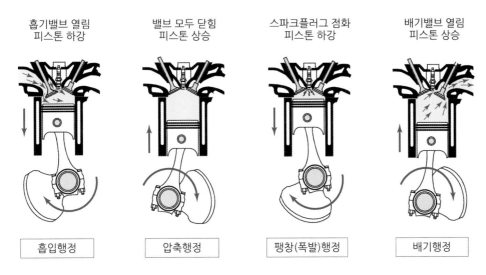

그림 4.7 가솔린 엔진의 작동개념

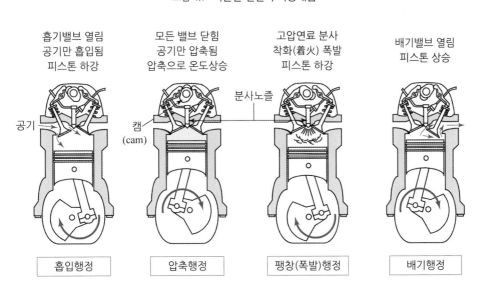

그림 4.8 디젤 엔진의 작동개념

볼 수 있다. 엔진의 회전수를 의미하는 rpm(revolution per minute)은 1분 동안의 총 회전수를 의미한다. 일반적인 가솔린 엔진은 신호대기와 같은 정지상태에서 대략 750 ± 50 rpm의 회전수로 공회전(idle)하는데, 이를 1초 단위로 계산하면 다음과 같이 12.5회의 회전이 있음을 확인할 수 있다.

$$\frac{750회전}{1분} \times \frac{1분}{60초} = \frac{12.5회전}{1초}$$

브레이크를 밟아서 자동차가 주행하지 않는 정지상태의 공회전에서도 엔진 내부의 피스톤은 1초에 무려 12번이 넘도록 오르내리고 있으며, 크랭크샤프트 역시 같은 회전수로 맹렬히 돌고 있는 셈이다. 자동차가 2,000 rpm의 회전수로 주행하는 경우에는 엔진이 1초당 33회전을 하며, 고속도로의 주행과 같은 조건인 3,000 rpm에서는 엔진 내부의 크랭크샤프트가 1초에 50회전을 하는 셈이다. 이와 같이 공회전뿐만 아니라 주행상태에서도 엔진 내부의 피스톤은 매초당 수십 번의 왕복운동을 끊임없이 반복하게 된다. 이러한 피스톤의 왕복운동과 엔진의 회전수 개념만 보더라도, 자동차의 진동소음현상에서 엔진이 기여하는(차지하는) 비중이 매우 지배적임을 예상할 수 있다. 그림 4.9부터 4.11은 자동차의 대표적인 구성부품들을 나타내며, 각 부품들의 세부적인 구조나 작동원리는 전문서적을 참고하기 바란다.

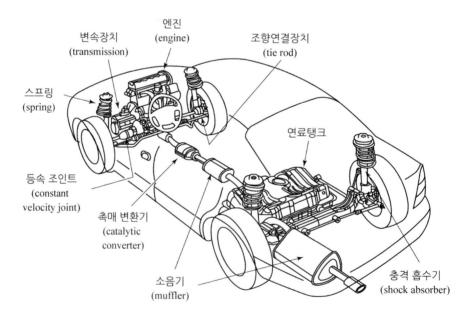

그림 4.9 자동차의 동력기관과 주요 부품

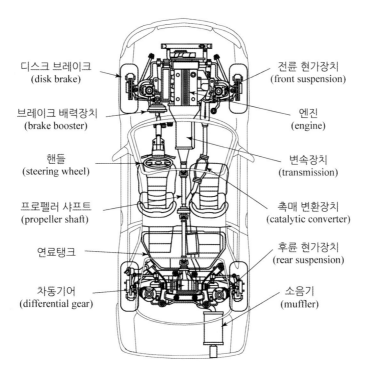

다음은 다양한 자동차 부품을 보여주는 그림입니다.

- 디스크 브레이크 (disk brake)
- 브레이크 배력장치 (brake booster)
- 핸들 (steering wheel)
- 프로펠러 샤프트 (propeller shaft)
- 연료탱크
- 차동기어 (differential gear)
- 전륜 현가장치 (front suspension)
- 엔진 (engine)
- 변속장치 (transmission)
- 촉매 변환장치 (catalytic converter)
- 후륜 현가장치 (rear suspension)
- 소음기 (muffler)

그림 4.10 자동차의 주요 섀시부품

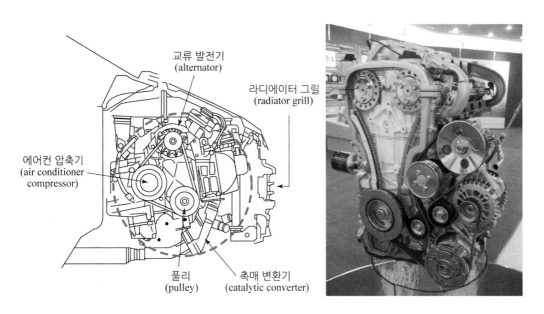

- 교류 발전기 (alternator)
- 라디에이터 그릴 (radiator grill)
- 에어컨 압축기 (air conditioner compressor)
- 풀리 (pulley)
- 촉매 변환기 (catalytic converter)

그림 4.11 엔진룸의 구조와 보기(bogie)류의 연결벨트

4.2 자동차 NVH

1886년 독일의 칼 벤츠(Karl Benz)와 다임러(Daimler)가 내연기관(internal combustion engine)을 장착한 자동차를 개발한 이후 오늘에 이르기까지 자동차의 제작기술과 성능에서 수많은 발전이 진행되었다. 국내에서도 자동차는 이제 더 이상 부의 상징이 아닌 실생활에서 유용한 이동수단으로 정착되었다고 볼 수 있다. 일반 대중의 수입증대와 자동차 기술의 눈부신 향상으로 인하여, 자동차 사용자들은 점점 더 안전하고 안락한 내부 환경을 제공해주는 자동차를 선호하게 되었다.

따라서 자동차는 화물이나 다수의 사람들을 수송하는 단순한 이동수단으로서의 개념을 넘어서서, 이제는 한 개인의 사생활 공간이나 여가 수단이 되었으며, 때로는 휴식을 취하는 목적으로 자동차(특히 승용차)의 개념이 변화되고 있는 실정이다.

이러한 자동차 사용자들의 다양한 욕구를 만족시키기 위해서 자동차 제작회사들은 차량의 초기 개발단계부터 판매시점에 이르기까지 설계, 연구 및 생산과정에서 자동차의 정숙성과 안락한 승차감 증대를 위해 부단한 노력을 경주하고 있다. 이제는 자동차 NVH라는 용어가 승용차의 판매전략 및 수많은 홍보매체 등을 통해서 어느새 일반 사용자에게도 많이 익숙해졌다고 판단된다. 자동차 NVH는 noise(소음), vibration(진동) harshness(충격적인 진동소음, 거칠기)의 약자를 뜻하며 자동차 진동소음의 제반 현상을 뜻하는 용어로 다음과 같이 구분된다.

4.2.1 소음

소음(noise)은 인간의 감정을 불쾌하게 만드는 시끄러운 소리를 뜻하며, 일반적으로 음압레벨을 나타내는 dB(A) 단위로 표시된다. 자동차에서 발생하는 소음은 탑승자를 기준으로 실내소음과 외부(실외)소음으로 구분할 수 있으며, 자동차의 각종 부품에서 유발되는 여러 가지 복잡한 진동과 소음현상들이 다양한 전달경로를 거쳐서 발생하게 된다. 그림 4.12는 자동차의 외부소음과 실내소음을 보여준다. 저속의 시내주행과는 달리, 고속도로를 빠른 속도로 주행하게 되면 실내소음이 커져서 오디오의 음악소리가 제대로 들리지 않는 경우를 흔하게 경험할 것이다. 자동차의 실내소음이 커지게 되면 탑승자 간의 대화소리도 자연스럽게 커지기 마련이므로, 결국 소음은 또 다른 소음을 부르는 셈이다. 일반적으로 주변 소음이 10 dB(A) 높아지게 되면 사람의 목소리도 3 ~ 4 dB(A) 정도 높아지는 경향을 갖게 된다.

과거에는 자동차 개발과정에서 법규항목인 외부소음의 저감을 포함해서 차량 실내소음의 시끄러운 정도를 나타내는 음압레벨의 저감에만 주력하였으나, 최근에는 좀 더 친숙한(듣기 좋은) 소리나 사용자별로 선호하는 소리만을 부각시켜서 운전의 즐거움(fun to drive)을 주는

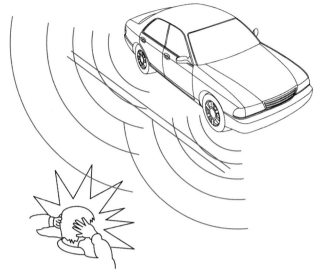

(a) 자동차의 외부소음

(b) 자동차의 진동 및 실내소음

그림 4.12 자동차 NVH

음질(sound quality) 관리까지 추구되고 있다.

  또한 연비향상과 배출가스 저감을 위해서 엔진뿐만 아니라 전기모터로도 구동되는 하이브리드(hybrid) 자동차와 전기 자동차의 보급이 점차 확대되고 있다. 이러한 차량이 저속주행이나 후진하는 경우에는 엔진소음이 없고 오로지 전기모터만 가동되므로 보행자가 차량의 접근을 인지하지 못할 우려가 있다. 이럴 경우에는 차량 앞뒤 부위에서 인위적으로 엔진소리(engine sound)를 발생하는 장치가 추가되기도 하는데, 이는 보행자에 대한 최소한의 자동차 경고기능을 갖추기 위함이다.

4.2.2 진동

진동(vibration)은 엔진의 시동이 걸린 이후부터 주행과정에서 발생하는 차량의 전반적인 흔들림과 같은 떨림을 뜻하며, 차체가 일정한 주기로 흔들리는 현상을 의미한다. 이러한 진동현상은 차체 및 엔진을 비롯한 각종 부품의 작동과정에서 발생하는 운동에너지와 위치에너지의 반복적인 에너지 교환에 따른 결과로 유발된다. 그림 4.13과 같이 자동차 핸들의 흔들림이 운전자의 손에 의해서 감지되고, 탑승자의 엉덩이나 발바닥 등을 통해서 시트나 바닥의 진동이 감지되곤 한다. 때로는 차량의 흔들림으로 인하여 도어나 계기판 내부의 부품들이 떠는 듯한 잡음도 들리게 된다.

그림 4.13 **자동차의 진동현상**

일반적으로 30 Hz 이하의 진동수 영역에서는 탑승자가 민감하게 진동현상을 인지하게 되지만, 진동수가 점차 높아질수록 진동현상에 대한 인체의 반응은 둔감해지는 특성이 있다. 동력기관의 기계적인 흔들림을 비롯하여 엔진에서 바퀴까지의 구동력 전달과정에서 피할 수 없는 회전운동(특히 불평형 회전운동)과 불균일한 노면이나 도로환경으로부터 발생되는 타이어의 흔들림 등에 의해서 유발되는 다양한 진동현상은 차량의 주행이 계속되는 한 끊임없이 발생하고 있다.

4.2.3 하시니스

하시니스(harshness)는 자동차가 도로의 단차나 요철 등을 통과할 때 자동차의 실내공간에서 발생하는 충격적인 진동과 소음현상을 의미한다. 즉, 자동차의 주행과정에서 그림 4.14와 같이 고가도로나 교량의 이음부를 통과하는 경우와, 고속도로 톨게이트 근처의 과속방지용

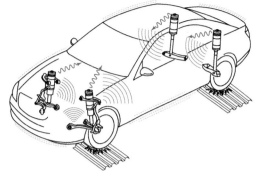

그림 4.14 도로의 요철로 및 하시니스 발생현상

요철로 등을 통과할 때마다 스티어링 휠(핸들), 시트 및 차체 바닥에서 주로 경험하게 되는 짧은 시간의 과도진동(transient vibration)현상으로 주행속도와 차종 간에 큰 편차를 가지게 된다. 하시니스는 타이어와 현가장치(suspension system)의 특성과도 직접 연관되므로 타이어의 교환이나 공기압력의 변화, 또는 충격흡수기(shock absorber)의 조절(tuning) 등을 통해서 자동차 전문가뿐만 아니라 일반 운전자들도 하시니스현상을 수시로 경험하곤 한다.

4.2.4 자동차 NVH의 중요성 및 문제점

이러한 자동차 NVH의 특성은 자동차 제작회사뿐만 아니라 일반 운전자나 탑승자에게 있어서도 매우 민감한 사항이 되고 있다. 자동차 NVH와 관련된 주요 특성이나 요구조건들을 살펴보면 다음과 같다.

(1) 자동차의 정숙성과 안락한 승차감에 대한 욕구는 계속 증대되기 마련이다.

이는 자동차 사용자뿐만 아니라 잠재 구매자(차량대체 수요자)들의 소득증대와 더불어서 자동차 문화가 성숙될수록 차량의 정숙성과 안락한 승차감에 대한 추구욕구는 더욱 증대되기 마련이다. 과거에는 전혀 문제되지 않았던 진동현상이나 실내소음의 수준이 현재에는 대단한 불만사항을 야기할 정도로 자동차 사용자들의 요구수준은 급격히 높아지고 있다. 최근에는 소형 승용차의 구매자도 대형 고급 승용차와 동일한 수준의 정숙성과 안락한 승차감을 요구하는 경향까지 보이고 있는 추세이다.

(2) 자동차의 NVH 특성이 차량 구입에 결정적인 요소로 작용한다.

일반 소비자들이 차량을 구매할 당시에는 그 차의 디자인(외관)이나 차량가격이 가장 큰 역할을 하게 될 것이다. 또한 경제적으로 어려운 시기에는 연비(연료 소비율)가 중요한 판단기준이 될 것이다. 하지만 이러한 구매 초기의 판단기준이 자동차를 구입한 이후에도 사용자의 관심이나 만족도를 계속해서 유지시킨다고 보기는 힘들어진다. 이미 구매한 차량의 디자인이나 연비에 대한 관심도는 시간이 지날수록 급격히 줄어들기 때문이다. 그러나 인간의 청각이나 진동현상과 관련된 감각은 자동차를 사용하면 할수록 더욱 예민해지는 경향을 갖기 마련이다. 또한 자동차의 정숙성이나 승차감과 연관된 NVH 특성은 사용자나 잠재 구매자들이 직접 차량을 운전하거나 다른 차종의 탑승과정에서 감각적으로 직접 느끼고 비교할 수 있기 때문에 차량의 선택 및 구입과정에 지대한 영향을 끼치게 된다.

(3) 자동차의 실내소음과 진동현상은 운전자의 불안감을 증대시키고, 피로도와 직결된다.

일반 운전자와 탑승자들은 차량의 주행과정에서 발생되는 사소한 소음이나 진동현상에 대해서 의외로 예민한 반응을 보이며, 때때로 큰 불만과 불안감을 유발시켜서 운전에 집중하지 못할 정도로 심리적인 악영향을 미치게 된다. 또한 생활필수품으로서 자동차를 이용하는 시간이 길어지는 추세에 더하여 빈번한 레저 활동으로 장거리 주행도 점점 늘어나면서 차량의 진동소음현상으로 인하여 운전자와 탑승자에게 누적되는 피로도는 각종 자동차의 NVH 특성에 따라 대단한 차이점을 갖는다.

(4) 자동차의 NVH 특성은 자동차 제작회사의 종합적인 기술수준으로 평가될 수 있다.

여타 기계나 전자제품들과 마찬가지로 자동차의 진동소음 저감기술은 자동차 제작회사의 종합적인 제품기술과 생산기술 수준의 최종적인 척도로 인정되기 마련이다. 이는 차량의 NVH 특성이 구매자들에게 있어서도 제품의 신뢰감과 더불어 결정적인 선택요소로 작용하게 된다. 가전제품과 컴퓨터를 비롯하여 자동차에 있어서도 '소음을 잡아야 소비자를 잡는다.' 라는 말이 정설로 자리잡은 지 오래이다. 따라서 신규 자동차의 개발과정에서 NVH의 효과적인 개선효과를 얻기 위해서는 설계 및 연구분야를 포함하여 전체 생산과정부터 사후 AS(after service)까지 망라한 전반적인 해결대책을 필요로 한다.

4.3 자동차 진동소음의 발생 및 전달경로

자동차의 진동소음현상은 진동이나 소음이 시작되는 진동원 및 소음원으로부터 차체 구조물이나 공기 등을 통해서 자동차의 실내외 공간으로 전달되며, 최종적으로 운전자와 탑승자가 느끼게 된다.

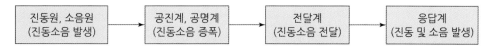

그림 4.15 진동소음현상의 발생 및 전달개념

그림 4.15는 자동차 진동소음현상의 발생 및 전달개념을 나타내며, 구체적인 내용은 다음과 같다.

① 진동원 및 소음원: 자동차의 주행과정에서 발생하는 진동원과 소음원은 매우 다양하다. 몇 가지 예를 들자면, 엔진 내부의 가스 폭발력과 운동부품들의 관성력(inertia force), 흡기계(intake)와 배기계(exhaust)의 소음, 조향계와 타이어의 진동, 노면에 의한 현가장치의 흔들림, 고속주행 시의 풍절음(風切音)과 흡출음(吸出音), 기타 부대 장치들이 주요 진동원 및 소음원이라 할 수 있다.

② 공진계 및 공명계: 진동원에서 발생된 진동현상이 엔진의 회전수 변화나 주행속도의 상승으로 인한 엔진이나 현가장치에 의한 가진(加振) 진동수들이 자동차 주요 부품들의 고유 진동수에 접근하거나 일치하게 될 때에는 공진현상이 발생하여 대단히 큰 진폭의 진동 특성을 나타내게 된다. 공진계는 진동원에서 발생된 에너지를 증폭시키는 일종의 앰프 역할을 하며, 차량 실내로 전달되면서 큰 진동과 소음현상을 유발시킨다. 소음원에 대해서도 주요 부품들이나 공동(空洞, cavity)에서 소음이 크게 확대되는 공명계 역할을 하여 차량 실내외로 방사될 수 있다.

③ 전달계: 진동원이나 소음원에서 발생되거나 증폭된 에너지를 차체로 전달시켜주는 통로 역할을 하는 부분이다. 주요 부품들의 지지장치나 차체와 부품들 간의 연결장치 등이 전달경로가 된다. 공기를 통해서 소음이 전달되는 경우도 있다.

④ 응답계: 여러 부품들에서 발생되어 증대된 진동소음현상은 다양한 경로를 통해서 결국은 차체로 전달된다. 차체의 응답 특성에 따라 실내공간에서 다양한 진동과 소음현상으로 운전자와 탑승객에게 최종적으로 감지된다. 이때 차체의 동특성과 실내음향 특성에 의해서 진동소음의 발생양상이 크게 변화될 수 있다.

따라서 위에서 설명한 ① → ② → ③ → ④ 과정을 거치면서 발생된 자동차의 진동소음현상이 과도할 경우, 최종적으로 운전자와 탑승자가 진동소음현상을 인지하게 되면서 불안감이 생기거나 불만이 누적될 수 있다. 일반적으로 공진·공명계와 전달계를 통합시켜서 진동소음원 → 전달계 → 응답계로 구분하기도 한다. 그림 4.16은 자동차의 차체진동과 실내소음의 발생 원인들을 개략적으로 나타낸 것이다. 여기서 언급된, 구조전달 및 공기전달소음에 대해서는 4.6절에서 설명한다.

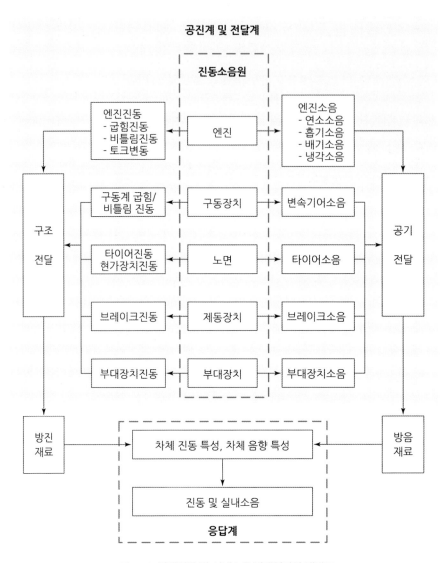

그림 4.16 차체진동 및 실내소음 발생원인의 개략도

4.4 엔진 회전수와 진동수의 관계

자동차 엔진의 정상적인 운전조건을 살펴보면, 신호대기와 같은 정차 시의 공회전(idle)부터 시작하여 운전자의 가속페달(액셀러레이터) 조작에 따라 엔진의 회전수가 빈번하게 변화되는 특성을 갖는다. 이는 일정한 회전수로 작동되는 일반적인 기계와 차별되는 수송기계만이 가지는 독특한 운전방식이라 할 수 있다. 따라서 자동차의 진동소음현상을 이해하기 위해서는 우선적으로 빈번한 회전수 변화에 따른 엔진의 가진(加振, exciting) 진동수 특성을 파악할 수 있어야 한다. 그 이유는 엔진의 가동에 의한 흔들림은 차체로 쉽게 전달되면서 다양한 진동소음현상을 발생시킬 수 있기 때문이다.

먼저, 정상적으로 가동 중인 엔진의 회전 중에서 단 2회전만을 고려해본다. 4사이클 방식의 내연기관인 경우에는 엔진의 크랭크샤프트(crankshaft)가 2회전하는 동안 각각의 실린더에서는 모두 한 번씩의 폭발과정이 있었음을 알 수 있다. 즉, 각각의 실린더마다 폭발순서는 서로 조금씩 다르지만(크랭크샤프트 회전각도를 기준으로 4기통 엔진은 180°, 6기통 엔진은 120° 차이를 갖는다), 정상 가동 중인 엔진에서는 크랭크샤프트가 2회전할 때마다 전체 실린더에서 모두 폭발이 한 번씩 이루어지고 있다는 점이다. 엔진 내부 연소실에서 연료의 폭발이 발생할 때마다 크랭크샤프트의 회전토크 증대(변화)와 함께 엔진 자체에서도 강한 흔들림(진동) 현상이 발생하면서 차체로 전달되어 영향을 끼칠 수 있다. 엔진의 회전수(폭발횟수)와 관련된 가진(加振) 진동수는 식 (4.1)과 같이 계산된다.

$$\text{엔진 진동수(Hz)} = \text{엔진 회전수(rpm)} \times \frac{1\text{분}}{60\text{초}} \times \frac{2}{\text{사이클 수}} \times \text{실린더 수} \qquad (4.1)$$

여기서 사이클 수는 엔진의 연소방식에 따라 2사이클(2 stroke)과 4사이클(4 stroke)방식으로 나누어지며 2사이클인 경우에는 2값을, 4사이클인 경우에는 4값을 적용시킨다. 자동차용 엔진은 거의 대부분 흡입 → 압축 → 폭발 → 배기로 이루어진 4사이클 연소방식을 가진다.

예를 들어, 엔진의 공회전 회전수가 750 rpm부터 최대 회전수가 6,000 rpm인 경우의 4사이클 엔진에 있어서 4기통 엔진과 6기통 엔진에서 특정한 회전수에 따른 엔진의 가진 진동수를 식 (4.1)에 의해 구해보면 다음과 같다.

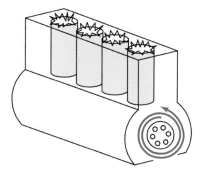

4사이클 기관에서는 크랭크샤프트 2회전 동안
모든 실린더에서 한 번씩의 폭발이 이루어진다.

그림 4.17 엔진의 폭발과 크랭크샤프트 회전수의 관계

■ 4기통 엔진

$$750 \text{ rpm인 경우: } 750 \times \frac{1}{60} \times \frac{2}{4} \times 4 = 25 \text{ Hz}$$

$$3,000 \text{ rpm인 경우: } 3,000 \times \frac{1}{60} \times \frac{2}{4} \times 4 = 100 \text{ Hz}$$

$$6,000 \text{ rpm인 경우: } 6,000 \times \frac{1}{60} \times \frac{2}{4} \times 4 = 200 \text{ Hz}$$

■ 6기통 엔진

$$750 \text{ rpm인 경우: } 750 \times \frac{1}{60} \times \frac{2}{4} \times 6 = 37.5 \text{ Hz}$$

$$3,000 \text{ rpm인 경우: } 3,000 \times \frac{1}{60} \times \frac{2}{4} \times 6 = 150 \text{ Hz}$$

$$6,000 \text{ rpm인 경우: } 6,000 \times \frac{1}{60} \times \frac{2}{4} \times 6 = 300 \text{ Hz}$$

엔진의 회전수가 동일하더라도 엔진 내부의 실린더 수가 서로 다를 경우에는, 실린더의 폭발횟수 차이로 인한 엔진의 흔들림이 다르게 되면서 차체로 전달되는 진동 특성에도 많은 변화를 가져온다. 엔진의 실린더 수가 증가할수록 엔진의 흔들림이 차체로 전달되는 가진 진동수 역시 높아지는 특성을 나타낸다. 이러한 실린더 수에 따른 엔진의 가진 진동수 차이는 차체의 고유한 진동 특성과 함께 인간이 느끼는 진동 및 소음현상의 반응 정도에 있어서도 큰 영향을 끼치게 된다. 그림 4.18은 국내 시판차량들에 적용된 다양한 실린더(3기통부터

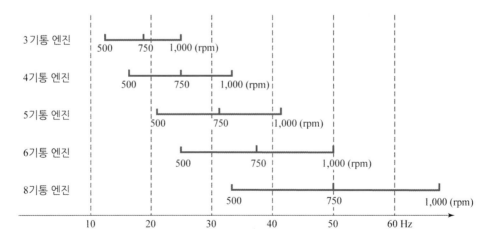

그림 4.18 실린더 수에 따른 엔진의 가진 진동수 분포 특성

8기통까지)를 가지는 엔진의 회전수별 가진 진동수를 간략하게 비교한 것이다.

그림 4.18을 살펴보면 엔진 내부의 실린더 수가 많아질수록, 주요 가진 진동수의 분포가 높아지면서 동시에 진동수의 범위도 대폭 넓어지는 것을 알 수 있다. 이는 승용 자동차 차체 (body)의 대표적인 고유 진동형태(굽힘 및 비틀림 진동현상을 의미한다)들은 대략 20 ~ 30 Hz 영역에 위치해 있기 때문에, 엔진의 실린더 수가 많아질수록 엔진 내부의 폭발현상으로 인해 발생되는 가진(흔들림) 진동수가 높아지므로, 차체의 진동 악화현상이나 공진위험을 회피할 수 있는 기회가 그만큼 많아진다고 볼 수 있다. 그림 4.19는 국내에서 시판된 4기통과 5기통 엔진의 피스톤 장착사례를 보여준다.

고급 대형 자동차일수록 많은 수의 실린더를 가진 엔진이 채택되는 이유는 뛰어난 출력에 따른 우수한 가속성능뿐만 아니라, 이러한 엔진 회전과 관련된 가진 진동수와 차체 간의 진동 특성 문제도 함께 고려되었기 때문이다. 더불어서 실린더 수가 많은 대형 엔진에서는 연비 개선을 위해 공회전 수(idle rpm)를 낮추는 추세이며, 공회전을 100 rpm 낮추게 되면, 대략 1% 내외의 연비개선 효과를 얻는 것으로 알려져 있다. 다행히 실린더 수가 많은 엔진의 가진 진동수는 차체의 고유 진동수와 멀리 이격되어 있어서 공회전 수를 낮추더라도 차체진동 과 공회전 실내소음에 큰 영향을 주지 않는 이점이 있다. 최근 국내 고급차량의 공회전은 600 ~ 650 rpm 내외의 회전수를 갖는다.

또한 4기통 엔진에서는 엔진 회전의 2차(2nd order) 성분이, 6기통 엔진에서는 엔진 회전의 3차(3rd order) 성분이 주요 가진원이 된다. 여기서, 2차 성분, 3차 성분과 같은 차수(order)는 엔진의 크랭크샤프트 회전수[이를 ω(omega) 기호로 나타낸다]를 기준으로, 2배(2ω) 또는 3배(3ω)의 회전속도로 진동 가진력을 발생시킨다는 것을 의미한다. 즉, 차수는 엔진 내부의 크랭크샤프트와 같은 회전체가 1회전할 때마다 자동차의 진동소음현상과 관련된 신호가 반복 되는 횟수를 의미한다. 즉, 4기통 엔진인 경우에는 크랭크샤프트 1회전당 폭발력(토크 발생)이

그림 4.19 4기통 및 5기통(우측) 엔진의 피스톤 장착사례

2번씩 존재하고, 6기통 엔진에서는 크랭크샤프트 1회전당 3번의 폭발력이 존재하므로, 가진원의 진동수 성분을 엔진 회전수의 2배 또는 3배의 형태로 표현하기 마련이다.

이를 엔진에서 유발되는 가진 진동수(f)와 차수(order) 간의 관계로 표현하면 식 (4.2)와 같다.

$$차수(order) = 가진\ 진동수(f)\ /\ N\ (CPS) \tag{4.2}$$

여기서, N은 기준이 되는 회전체(엔진에서는 크랭크샤프트)의 초당 회전수(CPS, cycle per second)를 나타낸다. 예를 들어 750 rpm의 공회전에서 4기통 엔진의 2차 성분은 25 Hz, 4차 성분은 50 Hz의 진동수를 갖는다.

한편, 직렬 6기통 엔진의 경우에는 내부 운동부품들의 작동과정에서 유발되는 수직방향의 힘(관성력)과 관성 모멘트들이 모두 상쇄되므로, 4기통 엔진보다 훨씬 덜 차체를 가진시키기 때문에 더욱 부드럽고 조용한 결과를 낳는다. 이에 비해서 3기통 엔진에서는 수직방향 힘(관성력)의 불균형은 없으나, 1차 및 2차의 불평형 모멘트를 갖고 있어서 진동소음 측면에서 불리하다고 볼 수 있다. 4기통 엔진에서는 1차 작용력과 관성 모멘트들은 서로 상쇄되지만, 2차 관성력이 크게 발생하는 단점이 있다. 여기서 언급되는 1차 및 2차 역시 크랭크샤프트 회전수의 1배, 2배를 각각 나타낸다.

중형차량 이하에 해당하는 대부분의 승용차량은 주로 4기통 엔진을 채택하고 있으므로, 2차 관성력의 억제를 위해서 그림 4.20과 같은 밸런스샤프트(balance shaft)를 채택하게 된다. 여기서 밸런스샤프트는 그림 4.20(b)와 같이 각 실린더에서 발생된 2차 관성력과 동일한 크기의 힘을 반대방향으로 생성하여 서로 상쇄시킴으로써 엔진의 흔들림을 저감하게 된다.

(a) 밸런스샤프트의 외관 및 적용사례(우측)

그림 4.20 밸런스샤프트의 장착 및 저감원리

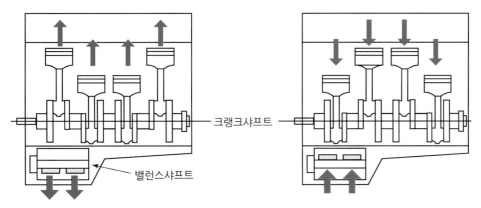

(b) 밸런스샤프트의 관성력 상쇄효과

그림 4.20 (계속) 밸런스샤프트의 장착 및 저감원리

4.5 자동차 진동의 종류

자동차에서 발생하는 진동현상은 매우 다양하게 발생하지만 정지진동과 주행진동으로 크게 구분할 수 있다.

4.5.1 정지진동

정지진동은 공회전(idle) 진동이라 불리며, 차량의 상품성과 판매실적에 직접적인 영향을 끼친다고 할 수 있다. 자동차의 주행과정에서는 운전자를 비롯한 일반 탑승자들이 엔진 내부의 불완전한 연소과정이나 과도한 연료소비 및 배출가스의 과다배출 등과 같은 이상 현상을 즉각적으로 파악하기란 거의 불가능하다고 볼 수 있다. 하지만 신호대기 중인 경우처럼 차량 정지 시에 과도한 진동현상이 발생한다면 누구라도 불량 여부를 판단할 수 있기 때문에 많은 불만사항을 일으킬 수 있다.

이때는 차량이 정지한 상태이므로 바퀴(타이어)의 회전이 없기 때문에 도로로부터의 외부 가진력(加振力)이 없으며, 오로지 엔진의 공회전(idling)에 의해서 발생된 진동 가진력이 차체 특성을 통해서 스티어링 휠(핸들)이나 시트 등으로 전달되어 탑승자가 인식하게 된다. 최근의 국내 판매차량은 자동변속기의 장착이 주를 이루고 있으므로, 변속기 레버의 D 위치에서 브레이크를 밟고서 신호 대기하는 경우에 발생하는 차체 진동현상이 매우 중요해지고 있다. 특히, 여름철에 에어컨 작동이 동반될 경우에는 더욱 악화될 수 있는 공회전 진동은 차량의 상품성과 직결된다고 할 수 있다. 그림 4.21은 정지진동의 종류 및 주요 진동원을 보여준다.

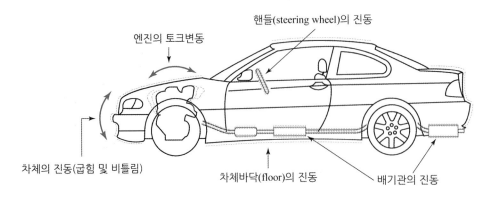

엔진의 토크변동

핸들(steering wheel)의 진동

차체의 진동(굽힘 및 비틀림)

차체바닥(floor)의 진동

배기관의 진동

그림 4.21 정지진동(공회전 진동)의 종류 및 주요 진동원

4.5.2 주행진동

주행진동은 차량의 정지상태가 아닌 주행과정에서 발생되는 제반 진동현상을 뜻하며, 엔진의 가진력뿐만 아니라 도로 노면으로부터 차체로 전달되는 힘(가진력)에 의해 차체에서 발생되는 여러 종류의 진동현상을 의미한다. 주행진동의 종류로는 셰이크 진동, 시미 진동, 브레이크 진동(brake judder), 하시니스 현상 등과 같이 다양한 형태의 진동현상을 유발한다. 표 4.1은 자동차의 주요 진동현상과 이때의 진동수 특성을 보여준다. 여기서는 승차감을 비롯하여 셰이크 및 시미 진동 등과 같은 주요 진동현상을 간단하게 소개한다.

표 4.1 자동차의 주요 진동현상과 진동수 특성

진동수(Hz)	진동현상	진동수(Hz)	진동현상
0.5 ~ 3	조종성(handling) 악화	20 ~ 40	실차 골격(굽힘, 비틀림) 진동
4 ~ 10	차량의 전후방향 진동	25 ~ 40	스티어링 휠(핸들)의 진동
10 ~ 16	시미 진동	20 ~ 200	부밍소음(booming noise)
10 ~ 15	엔진 진동(engine shake)	130 ~ 250	동력기관의 굽힘진동
10 ~ 15	바퀴의 흔들림(wheel hop)	100 ~ 600	흡기소음(intake noise)

(1) 승차감

자동차의 승차감을 넓은 의미로 표현하면 "탑승객이 느낄 수 있는 진동과 소음, 시트에 앉은 느낌(착좌감), 실내공간의 넓이, 공조(냉/난방), 채광, 조명, 색채 등과 관련된 종합적인 쾌적함"이라고 말할 수 있다. 이 책에서는 승차감을 "주행 중에 탑승객이 느끼게 되는 진동현상과 관련된 안락함"으로 한정해서 정의한다.

즉, 승차감은 차량의 주행과정에서 엔진이나 노면으로부터 전달되는 가진력(加振力)으로 인해 발생되는 차체진동의 만족 여부와 함께 탑승객이 느끼게 되는 안락함으로 정의되며, 구체적으로는 피칭(앞뒤 방향의 종적 흔들림), 롤링(좌우방향의 횡적 흔들림), 바운싱(상하 방향의 흔들림)의 세 가지 요소를 승차감과 관련된 주요 진동현상으로 설정할 수 있다. 그림 4.22는 자동차의 승차감과 관련된 주요 진동현상을 보여준다.

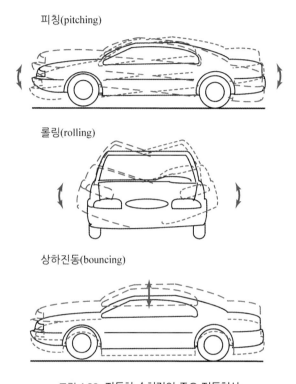

피칭(pitching)

롤링(rolling)

상하진동(bouncing)

그림 4.22 자동차 승차감의 주요 진동현상

자동차의 질량은 현가장치의 스프링에 의해서 차체 부분(스프링 위 질량, sprung mass)과 차축, 타이어 등(스프링 아래 질량, unsprung mass)으로 분류된다. 그림 4.23은 현가장치의 스프링을 기준으로 구분된 자동차의 스프링 위 질량과 스프링 아래 질량을 나타낸다. 자동차가 노면의 요철을 타고 넘거나 과속방지턱과 같이 파형이 거친 도로를 주행하는 경우, 차량 전체가 현가장치에 의해서 가라앉고 튀어오르는 현상을 반복하여 스프링 위 질량은 주로 상하방향으로 흔들리는 강체운동(rigid body motion)을 시작한다.

물론 스프링 아래 질량도 노면조건에 따라 흔들리는 진동현상을 갖는다. 하지만 운전자와 탑승객은 스프링 위 질량에 해당되기 때문에, 승차감 측면에서는 차체 부분의 진동 특성이 더욱 중요하다고 볼 수 있다. 즉 스프링 아래 질량에 해당하는 타이어나 차축이 많이 흔들리더

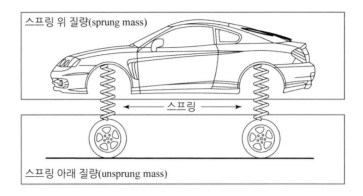

그림 4.23 스프링 위 질량과 아래 질량의 구분

라도, 스프링 위 질량의 흔들림에 큰 영향을 주지 않는 것이 매우 중요하다. 이러한 개념은 전자제어 현가장치(ECS, electronic controlled suspension)의 주요 작동원리가 된다.

그림 4.24는 현가장치의 특성과 스프링 아래 질량이 동일한 상태에서 스프링 위 질량이 변화될 때 나타나는 승차감 특성을 보여준다. 1장의 진동 기초 이론에서 설명한 바와 같이 질량과 스프링으로 구성된 진동계에서 질량(스프링 위 질량에 해당)이 커질수록 고유 진동수는 낮아지기 마련이다. 결국 스프링 위 질량이 커질수록 전반적인 승차감이 양호해지는데, 이는 "빈 수레가 요란하다."라는 속담과 정확히 일치하게 된다. 자동차에 있어서도 수레와 마찬가지로 탑승인원이나 적재물의 변화(스프링 위 질량의 변화)로 말미암아 승차감(진동 특성)이 바뀐다는 사실을 우리 조상들은 정확하게 간파하고 있었다고 판단된다. 이러한 스프링 위/아래 질량은 자동차뿐만 아니라 철도차량의 객차나 화물차량에도 동일하게 적용된다.

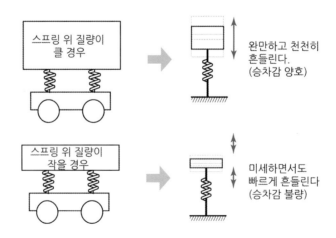

그림 4.24 스프링 위 질량 차이에 의한 승차감의 변화

(2) 셰이크 진동

자동차가 평탄한 도로를 주행할 경우, 특정한 속도에 도달할 때마다 차량 전체가 연속적으로 진동하는 현상을 셰이크(shake) 진동이라고 한다. 즉, 차량의 실내바닥, 핸들, 계기판(instrument panel), 시트 등이 상하 또는 좌우방향으로 진동하는 현상을 뜻한다. 평탄한 도로에서 낮은 속도로 주행할 때 셰이크 진동이 발생한다면 승객에게 주는 불쾌감은 그리 크지 않으나, 고속주행에서 발생할 때에는 상당한 불안감을 주는 요인이 될 수 있다.

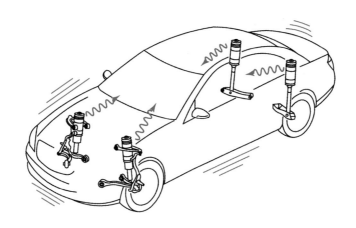

그림 4.25 차체의 셰이크 진동현상

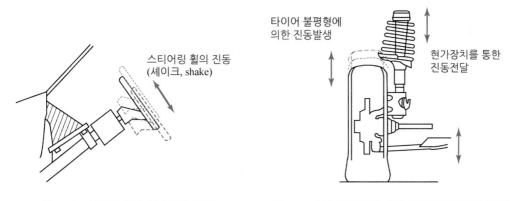

그림 4.26 스티어링 휠의 셰이크 진동현상   그림 4.27 타이어 불평형에 의한 셰이크 진동의 발생현상

(3) 시미 진동

시미(shimmy) 진동이란 차량이 평탄한 도로를 주행하다가 특정 속도에 도달할 때마다 스티어링 휠(우리가 흔히 '핸들'이라고 한다)의 회전방향으로 진동이 발생하는 현상을 뜻한다. 스티어링 휠의 진동현상은 운전자에게 상당한 불안감을 주게 되므로, 차량의 주행 신뢰감을

크게 저하시킬 수 있는 항목이다.

시미 진동현상은 대형 할인마트에서 많이 사용하는 카트(cart)나 유모차의 앞바퀴에서도 쉽게 관찰할 수 있다. 이러한 이동수단은 대부분 앞의 두 바퀴는 자유롭게 방향을 바꿀 수 있고, 뒤의 두 바퀴는 방향을 바꿀 수 없도록 고정되어 있다. 카트나 유모차를 밀면서 앞바퀴를 자세히 관찰해보면, 특정한 진행 속도나 노면 바닥의 마찰조건 등에 따라서 앞바퀴가 좌우로 심하게 떨면서(진동하면서) 직진 방향으로 주행하는 것을 경험하게 될 것이다. 이러한 앞바퀴의 떨림현상이 바로 자동차에서 발생하는 시미 진동현상과 매우 유사하다.

자동차의 주행과정에서 특정 속도에 도달할 때마다 앞바퀴가 좌우로 미세하게 떨면서 회전하게 된다면, 이는 그림 4.28과 같이 조향계(steering system)의 연결장치[타이로드, 랙(rack)과 피니언(pinion), 스티어링 회전축]들을 통해서 전달되고, 결국은 그림 4.29처럼 스티어링 휠을 회전방향으로 빠르게 진동시키면서 운전자에게 감지된다.

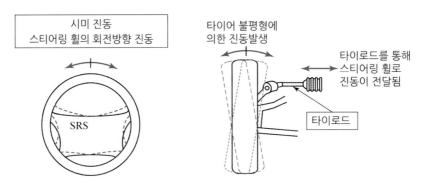

그림 4.28 시미 진동

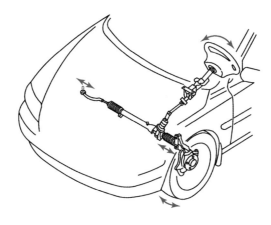

그림 4.29 시미 진동과 조향계

(4) 브레이크 진동

자동차가 고속으로 주행하다가 도로환경의 변화나 위험을 감지하게 되면 운전자는 속도를 줄이거나 정지하기 위해 브레이크를 작동시키게 된다. 브레이크는 오일의 압력(유압)을 받아서 라이닝(lining)과 패드(pad)와 같은 마찰재를 회전하는 통(brake drum)이나 판(brake disk)에 매우 강하게 접촉시킴으로써 주행속도가 줄어들면서 멈추게 된다. 이러한 제동과정에서 브레이크 드럼(drum)이 편심되어 있거나 액슬 샤프트 플랜지(flange), 디스크 휠(disk wheel) 등에서 진동현상이 발생한다면, 브레이크 라이닝과 드럼, 패드와 디스크 사이의 마찰력 또한 변화하게 된다.

이러한 브레이크 부품들에서 발생한 마찰력의 변화가 유압회로를 통하여 브레이크 페달의 맥동(간헐적인 진동현상)을 일으킬 수 있다. 또한 브레이크 드럼이나 디스크에 가해지는 마찰력의 변동이 발생하게 되면 타이어가 회전방향으로 진동하여 스티어링 너클(knuckle)이나 후륜축이 상하방향으로 흔들리면서 현가장치를 통해서 그림 4.30과 같이 차체를 진동시킨다. 이러한 브레이크 작동과정에서 발생되는 제반 진동현상을 브레이크 진동 또는 저더(judder)현상이라 한다.

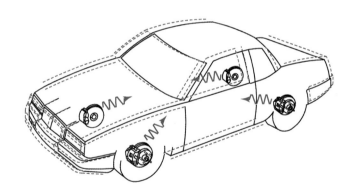

그림 4.30 브레이크 진동현상

4.6 자동차 소음의 종류

자동차에서 발생되는 소음현상은 크게 운전자와 탑승자가 직접 차량 내부에서 듣게 되는 실내소음(interior noise)과 법규(소음진동관리법 시행규칙)항목으로 규정되어 있는 외부소음(exterior noise, pass-by noise)으로 구분할 수 있다.

4.6.1 실내소음의 구분

엔진의 시동을 건 이후 다양한 주행과정 중에 차량 실내에서 발생하는 소음은 운전자와 탑승객에게 적지 않은 불편함과 함께, 경우에 따라서는 상당한 불안감을 조성하기도 한다. 탑승객에게는 그저 성가신 소음으로 느껴지겠지만, 소음의 발생 및 전달경로에 따라 실내소음은 구조전달소음(structure borne noise)과 공기전달소음(air borne noise)으로 구분할 수 있다.

그림 4.31은 일반적인 소음현상에서 구조전달소음과 공기전달소음의 차이점을 보여주며, 그림 4.32는 자동차에서 발생되는 소음을 구조전달소음과 공기전달소음으로 구분하여 보여준다.

구조전달소음은 고체전달소음 또는 구조기인소음으로도 불리며, 엔진의 흔들림이나 도로요철에 의한 충격력 등이 차량의 주요 부품이나 차체를 통해서 실내공간까지 전달된 진동현상으로 인하여 차량 내부에서 발생하는 소음이다. 뒤에서 설명할 공기전달소음에 비해서 전달되는 에너지가 크며, 차체의 설계변경을 통한 소음개선의 여지도 매우 적은 특성을 갖는다.

엔진을 예로 들면, 연소(폭발)과정에서 발생된 흔들림(진동에너지)이 엔진 마운트(engine mount), 동력전달장치, 현가장치 및 차체구조물 등을 통해서 실내 내부공간으로 전달된다면 실내공간을 구성하고 있는 각종 패널(panel)을 진동시키거나 음향 방사 특성에 따라 소음의 형태로 탑승자에게 들리게 된다.

대표적인 구조전달소음으로는 배기계, 구동계, 차체 등의 진동현상으로 인한 부밍소음(booming noise), 도로소음(road noise), 하시니스(harshness) 등이 있다. 일반적으로 운전자와 탑승객에게 불쾌감을 주는 낮은 주파수의 소음 중에서 대략 80% 이상이 구조전달소음이라 할 수 있으며, 구조전달소음의 개선을 위해서 차량 개발단계부터 자동차회사의 설계·연구부서에서 많은 개선과 부단한 노력이 행해지고 있는 실정이다.

공기전달소음은 공기기인소음으로도 불리며, 엔진이나 타이어 및 외부 기류 등에서 발생된 소음이 공기를 매개체로 하여 차량 내부로 전달되어 운전자와 탑승자의 귀에 감지되는 소음을

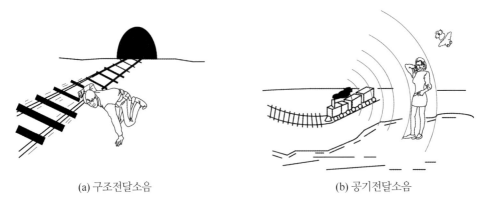

(a) 구조전달소음   (b) 공기전달소음

그림 4.31 소음전달의 구분

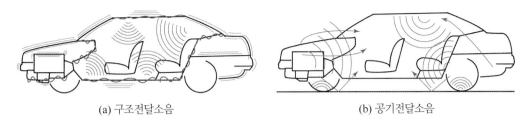

(a) 구조전달소음   (b) 공기전달소음

그림 4.32 자동차 소음전달의 구분

뜻한다. 구조전달소음에 비해서 전달되는 에너지가 비교적 적은 편이며, 기존 차량에 있어서도 간단한 설계변경이나 방음처리 등으로도 차량의 실내소음을 쉽게 개선시킬 수 있는 특성을 갖는다.

예를 들면 엔진의 실린더 블록, 오일 팬, 배기 파이프 등의 표면에서 방사된 소음을 비롯하여 타이어와 노면 간의 접촉과정에서 발생된 소음이 차체 바닥면이나 대시 패널(dash panel)의 틈새를 통해서 차량 실내로 유입된 소음을 뜻한다. 대표적인 공기전달소음으로는 엔진 투과음, 흡기 및 배기소음에 의한 부밍소음, 바람소리(wind noise), 기어소음(gear noise), 타이어 소음 및 브레이크 소음(brake squeal noise), 기타 잡음 등이 있다.

운전자와 탑승객이 느끼게 되는 자동차의 실내소음은 위에서 설명한 구조전달소음과 공기전달소음이 모두 혼합된 소음을 뜻한다. 차량 탑승객에게는 그저 단순하게 성가신 소음으로만 취급될 수도 있겠지만, 소음 개선을 위한 NVH 엔지니어의 입장에서는 문제되는 소음이 어떠한 전달경로로 발생되었는가에 따라 소음방지대책과 개선방안의 출발점이 달라지게 된다. 그림 4.33은 자동차의 실내소음을 유발시키는 여러 가지의 소음원을 나타내며, 지금까지 언급한 구조전달소음과 공기전달소음을 구체적으로 소개한다.

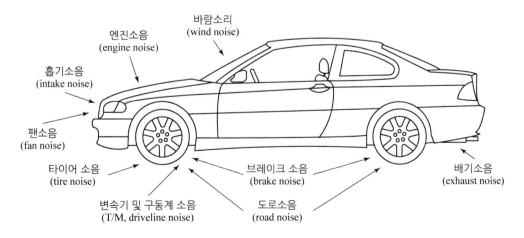

그림 4.33 자동차의 주요 실내소음원

4.6.1.1 구조전달소음

(1) 부밍소음

빈번한 가속과 감속이 이루어지는 차량의 주행과정에서 특정한 주행속도나 엔진의 회전수 영역에 도달할 때마다 운전자와 탑승자의 귀를 압박하는 듯한 큰 소음이 차량 실내에서 발생할 경우, 이를 부밍소음(booming noise)이라고 한다. 일반적으로 차량이 정지한 공회전 상태에서 출발하여 주행속도가 빨라질수록 실내소음도 비례해서 증가하기 마련이다. 이는 엔진과 구동장치들의 회전수 증대에 따른 소음 증가뿐만 아니라 각종 부품의 진동증대와 더불어 타이어와 노면 간의 접촉에 따른 주행소음 등이 함께 커지기 때문이다.

자동차 제작회사에서는 차량의 주행속도가 빨라질수록 실내소음도 함께 증가되는 경향(기울기)을 그림 4.34의 화살표와 같이 최소화시키기 위해서 부단한 노력을 기울이기 마련이다. 부밍소음은 이러한 주행속도 증가에 따른 실내소음의 완만한 증가범위(추세)를 넘어서서 어느 특정한 주행속도나 엔진의 회전수 영역에서 실내공간의 소음이 급격하게 증대되는 현상을 의미한다.

부밍소음은 엔진의 회전수나 차량속도의 미세한 변화로 인하여 그림 4.35와 같이 차량 실내의 소음레벨이 일반적인 증가 수준보다 3 dB(A) 이상 크게 변화하는 현상을 뜻하며, 주로 200 Hz 이하의 순음(pure tone)에 가까운 소음이다. 다시 말해서 저속에서 고속까지 차량을 천천히 가속하거나 감속하는 경우, 특정한 차량속도나 엔진의 회전수에 이르게 되면서 실내소음이 급격하게 커지게 된다면, 이때의 소음을 부밍소음이라 부른다.

부밍소음을 유발시키는 원인은 주로 엔진가동에 의한 가진력이지만 때로는 구동장치나 배기계 또는 차체가 엔진의 가진력에 의해서 공진함으로써 부밍소음이 더욱 크게 발생되기도 한다.

일반적인 부밍소음의 발생조건을 정리하면 다음과 같다.

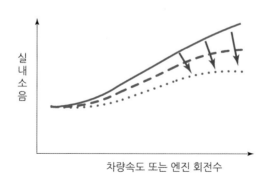

그림 4.34 속도 증가에 따른 실내소음 변화양상

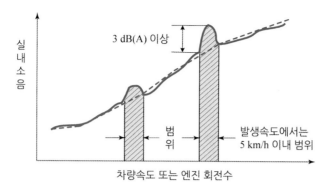

그림 4.35 **부밍소음의 특징**

1) 가속, 감속, 정속 등과 같은 다양한 주행상태에서 발생할 수 있지만, 일반적으로 가속하는 경우에 더욱 크게 발생한다.
2) 엔진의 특정한 회전수나 차량속도에 도달할 때마다 반복적으로 발생하고, 그 이외의 영역에서는 거의 발생하지 않는다.
3) 변속기어의 변속조건(변속단수)과 관계없이 발생할 수 있다. 이러한 경우, 부밍소음의 발생 여부는 엔진의 회전수 변화에 직접적으로 관련된다.
4) 부밍소음이 발생하는 주파수 범위는 비교적 좁은 주파수 영역이며, 특정한 차량속도에서 발생할 경우에도 속도편차는 5 km/h 내외의 좁은 범위를 갖는다.
5) 부밍소음이 엔진의 회전수와 연관될 경우에는 회전수를 서서히 변화시키지 않으면 발생 여부를 정확하게 확인하기 힘든 경우도 있다.

(2) 도로소음

차량이 비교적 거친 노면을 주행하게 된다면, 울퉁불퉁한 노면 특성으로 말미암아 타이어와 현가장치가 크게 흔들리면서 차체로 진동현상을 전달하게 된다. 이렇게 노면 특성에 따른 진동전달로 인해 차량 실내에서 발생하는 소음을 도로소음(road noise)이라고 한다. 도로소음의 주요 주파수 성분은 타이어나 현가장치 부품들의 공진현상에 의해서 발생되는 저주파 성분의 저속부밍과 함께 타이어 자체의 트레드 패턴(tread pattern)에 의한 500 Hz 이상의 고주파 성분으로 나누어진다.

울퉁불퉁한 노면 특성에 의해 흔들리는 타이어의 가진 진동수가 현가장치를 구성하는 링크(link)류의 고유 진동수나 차체 패널의 고유 진동수에 접근하거나 일치하게 되면서 진폭이 커지는 경우를 비롯하여 현가장치 부시(bush)류의 진동 절연성능이 차량 노후화로 말미암아 저하될 경우에도 도로소음이 실내 내부에서 크게 발생할 수 있다.

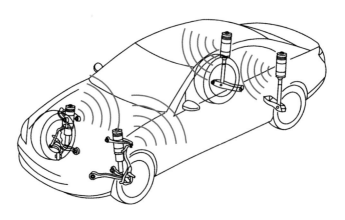

그림 4.36 자동차의 도로소음 사례

이러한 도로소음은 당연히 타이어 자체의 진동 특성에 큰 영향을 받는다. 즉, 100 ~ 250 Hz 범위의 타이어 진동 특성이 매우 민감한 요소라 할 수 있으며, 진동 전달비가 큰 바이어스 (bias) 타이어가 레이디얼(radial) 타이어에 비해서 불리하다고 볼 수 있다.

엔진소음의 저감기술이 발전함에 따라 실내소음에서 차지하는 도로소음의 중요성이 점차 새롭게 대두되고 있다. 도로소음은 road booming, road rumble, body rumble 또는 road roar 등으로 불리며, 주로 50 ~ 60 km/h의 주행속도부터 문제되기 시작한다. 차량속도가 증가할수록 도로소음의 피크값(음압레벨)들은 증가하나, 주파수 특성은 차량속도의 변화와는 거의 무관하고 차량 간에도 큰 차이가 없는 독특한 특성을 갖는다.

(3) 배기계 진동에 의한 소음

배기계(exhaust system)가 실내소음에 영향을 미치는 주요 요소로는 엔진의 배기가스가 배기계 내부를 통과하면서 배기계 표면에서 방사되어 전달되는 소음(공기전달소음) 이외에도 배기계 자체의 진동현상이 차체로 전달되어 실내에서 발생된 부밍소음(구조전달소음)이 있다. 중형 승용차에 장착되는 배기계의 총 중량은 대략 30 kg 내외이며, 차량의 전면 부위인 엔진부터 시작하여 차량 뒷부분까지 길게 장착되어 있다. 거의 차체길이에 육박하는 배기계는 그만큼 쉽게 흔들릴 수 있으며, 엔진의 가진으로 인한 배기계의 진동이 차량의 실내소음을 크게 악화시킬 수 있다. 즉, 엔진에 직접 연결되어 있는 배기계는 엔진의 흔들림으로 인하여 수직이나 수평방향의 굽힘(bending)형태와 같은 진동현상이 쉽게 발생할 수 있다. 그림 4.37은 배기계의 수직방향 진동형태(진동모드)를 보여준다.

엔진진동으로 인해 배기계의 진폭이 커지거나 특정한 주행속도나 엔진 회전수에서 공진하게 될 경우에는 배기계의 진동현상이 더욱 확대될 수 있다. 이러한 진동이 배기계와 차체 간의 연결부위(지지고무와 브래킷)를 통해 차체로 전달되면서 실내의 각종 패널들을 진동시

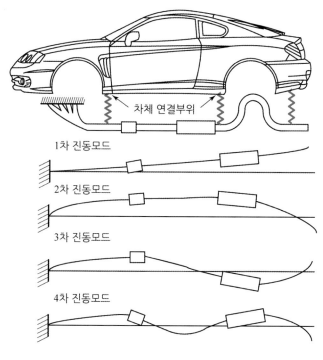

그림 4.37 배기계의 수직방향 진동형태

켜서 부밍소음을 유발하게 된다. 이때 소음기(muffler) 및 배기관을 차체와 연결하는 부위를 인위적으로 제거할 경우(브래킷과 지지고무의 일시적인 단절)에는 진동 전달통로를 일시적으로 차단하게 되므로 배기계의 진동현상에 의한 실내 부밍소음은 사라지게 된다. 이렇게 구조전달소음의 전달요소를 일시적이나마 인위적으로 제거시키는 방법은 배기계의 진동현상에 따른 부밍소음원 파악에 쉽게 응용될 수 있다.

(4) 구동축 진동에 의한 소음

조립이 완료된 엔진 본체가 자동차 엔진룸에 장착되면서 변속기, 흡배기장치, 냉난방 장치 및 구동축 등도 엔진과 함께 결합되므로 엔진 본래의 진동 특성은 크게 변화하기 마련이다. 특히, 엔진과 변속장치(transmission 또는 transaxle) 간의 결합강성[체결상태를 의미하며, 변속기의 외관(housing) 특성에 크게 좌우됨]에 의해서 엔진 본래의 고유 진동수(약 500 Hz 이상)보다 훨씬 낮은 진동수 영역에서 굽힘 진동현상이 쉽게 발생하게 된다.

이는 동력기관의 강성보다는 변속장치와 기타 연결부품으로 인한 질량 증가로 인하여 동력기관의 고유 진동수가 낮아지기 때문이다. 이러한 엔진과 변속장치로 이루어진 동력기관의 굽힘진동은 엔진 마운트와 구동축을 통해서 차체로 전달되어 실내소음에 악영향을 주게 된다.

특히, 후륜구동방식에 비해서 소형차량용 엔진은 그림 4.38과 같이 허용 토크가 훨씬 큰 전륜변속기(transaxle)와 장착되는 경우가 많기 때문에, 동력기관의 1차 굽힘 진동수가 120 Hz 부근까지 낮아지기도 한다.

이럴 경우, 4기통 엔진에서는 3600 rpm에 해당되는 엔진 가진 진동수(exciting frequency)의 2차 성분(2nd order)과 동력기관 몸체의 1차 굽힘진동 고유 진동수가 서로 일치하게 되므로, 동력기관의 과도한 진폭 증대현상으로 말미암아 차량 실내에서는 심각한 부밍소음을 초래할 수 있다. 더불어 동력기관에 직결되어 있는 구동축(drive shaft) 등과 같이 실내소음에 영향을 크게 미칠 수 있는 여러 부품들의 공진 진동수가 산재해 있어서 심각한 소음문제를 발생시킬 수 있다. 특히, 과격하게 가속페달을 조작하면서 운전(power drive)하게 된다면, 동력기관과 구동축의 과도한 진동현상으로 말미암아 더욱 심각한 부밍소음을 야기할 수 있다.

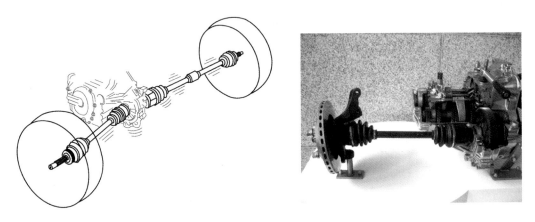

그림 4.38 구동축의 진동현상 및 구조 (전륜구동차량)

4.6.1.2 공기전달소음

(1) 엔진 투과음

자동차의 주행과정에서 발생되는 동력기관의 소음은 그림 4.39와 같이 대시 패널(dash panel)이나 차체 바닥 등을 투과해서 차량 실내로 쉽게 유입될 수 있다. 이러한 소음을 엔진 투과음이라 하며, 차량 실내로 투과되는 각종 소음을 최대한 저감시키는 것이 중요하다. 따라서 자동차 실내는 바닥이나 천장, 도어 등에 차음 및 흡음재료의 적용과 함께 밀폐(sealing) 처리가 필수적이라 할 수 있다. 간혹 소음에 예민한 차량 소유자들이 갓 출고된 자신의 차량에 별도의 방음장치를 전문 업체에서 추가로 시공하는 경우가 있는데, 이때에는 다소나마 엔진 투과음의 저감 효과를 얻을 수 있다. 이와 같은 사용자의 개별적인 방음처리로는 높은 주파수

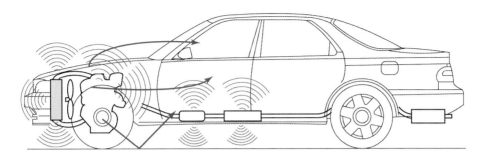

그림 4.39 엔진 투과음

에 해당하는 소음의 저감만으로 만족할 뿐, 실제로는 낮은 주파수의 소음에 대해서는 뚜렷한 감소 효과를 얻지 못하는 경우가 대부분이다.

일반적으로 시속 80 km 이하의 주행속도에서 문제되는 실내소음은 엔진 투과음을 포함한 엔진소음이 지배적이라 할 수 있다. 하지만 시속 80 km 이상의 고속주행에서는 엔진소음보다는 타이어 소음을 비롯한 도로소음이 지배적인 원인이 되며, 주행속도가 더욱 빨라질수록 바람소리도 급격하게 커지는 경향을 갖는다.

엔진 투과음의 주요 원인들은 다음과 같이 분류할 수 있다.

1) 배기소음
2) 흡기소음
3) 엔진(기계)소음(보기류 포함)
4) 연소소음
5) 냉각팬(cooling fan) 소음
6) 차체 패널(body panel)의 공진으로 인한 소음

(2) 배기소음

엔진 내부의 연소실에서 이루어진 연료의 폭발(연소)로 인하여 발생된 배기가스는 높은 온도와 압력으로 인하여 매우 큰 소음을 발생시킨다. 이를 배기소음이라 하며, 엔진의 배기계를 통하여 차량 외부로 배출되는 과정에서 크고 작은 다양한 소음기를 거치면서 소음이 줄어들게 된다. 하지만 낮은 주파수의 배기소음은 음향파워가 크고 파장이 길기 때문에 완전히 제거되지 않고 차체 바닥이나 패널 등을 통해 실내로 유입되면서 저속 부밍소음을 일으킬 수 있다. 일반적으로 엔진의 공회전 상태에서 발생되는 실내소음의 대부분은 배기소음에 의한 것이라고 할 수 있다.

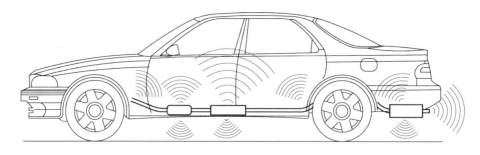

그림 4.40 배기소음

(3) 흡기소음

흡기소음은 엔진의 흡입과정 중에서 흡기밸브의 개폐에 따라 유발되는 기류의 맥동압력과 흡기관 내부의 공명현상에 의해서 발생되는 소음을 뜻한다. 흡기소음은 완가속 시에는 잘 파악되지 않으나, 급가속 시에는 비교적 뚜렷하게 확인할 수 있다. 자동차의 흡기소음은 일반 적으로 600 Hz 이내의 저주파 소음으로, 차량 실내로 전달되어 부밍소음의 원인이 되며 승차 감 및 실내 음질에도 악영향을 끼치게 된다. 특히, 자동차의 외부소음 중에서 흡기소음이 차지하는 비중은 약 30%에 달할 정도이다. 이러한 흡기소음의 저감을 위해서 공기 청정기(air cleaner)를 비롯한 흡기계 부품의 개선이 이루어지며, 문제되는 특정 주파수의 흡기소음을 제거하기 위해서 흡기계에 공명기(resonator)를 적용시킬 수 있다.

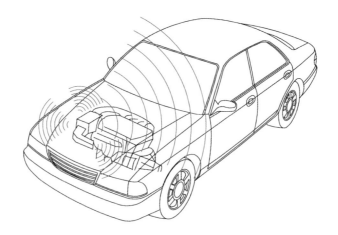

그림 4.41 흡기소음

(4) 타이어 소음

타이어 소음은 타이어와 도로면의 접촉 부위에서 발생된 소음과 함께 타이어의 구조적인 진동에 의해서 방사되는 소음을 뜻하며, 도로의 노면상태나 주행속도에 따라 소음레벨이 달라지게 된다. 타이어 소음은 70 ~ 80 km/h 이상의 주행속도부터 문제되기 시작하여 속도가 증가될수록 커지는 경향을 갖는다. 즉, 타이어 소음의 크기는 차량의 주행속도가 지배적인 영향을 주는데, 예를 들어, 차량의 주행속도가 30 km/h에서 100 km/h로 증가하면 타이어 소음은 약 20 ~ 30 dB(A) 정도로 악화되는 경향을 갖는다.

또한 동일한 주행속도라 하더라도 도로가 빗물에 젖어 있는 경우에는 건조한 도로를 주행할 때보다 약 10 dB(A)의 소음 증가가 나타나며, 특히 차량의 주행속도가 낮을수록 젖은 노면이 소음 증가에 큰 영향을 미친다. 이와 같은 빗길 주행 시 발생하는 소음을 water splash noise라고 표현한다. 타이어 소음의 주요 원인은 트레드(tread) 면의 진동, 몸체(carcass)의 진동, 공기 펌프(air pumping) 현상 등이다.

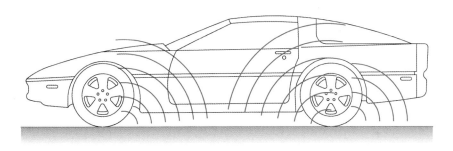

그림 4.42 **자동차의 타이어 소음**

(5) 브레이크 소음

브레이크는 차량의 주행을 원천적으로 가능하게 해주는 필수부품이다. 만약에 주행하던 자동차가 브레이크의 성능이 부족하여 위험한 순간에도 제대로 감속시키거나 정지시킬 수 없다면, 탑승객의 안전을 담보하는 주행 자체가 불가능하기 때문이다. 자동차용 브레이크는유압에 의해서 드럼(drum)과 라이닝(lining)이 서로 강하게 접촉하거나, 또는 디스크(disk)와 브레이크 패드(pad)가 서로 강하게 접촉하여 발생되는 마찰작용으로 인하여 주행하던 차량을 감속시키거나 정지시키게 된다. 이러한 브레이크의 라이닝과 패드와 같은 마찰재와 회전체(드럼, 디스크) 사이의 접촉과정에서 소음이 크게 발생할 수 있다.

일반적인 유압(hydraulic)방식의 브레이크를 사용하는 승용차량뿐만 아니라, 공기 - 유압 브레이크를 장착한 시내버스나 대형 트럭에서도 브레이크 작동 시 발생되는 브레이크 소음(squeal noise)은 브레이크 울림이라고도 한다. 브레이크 소음은 브레이크 부품들이 큰 압력에 의한

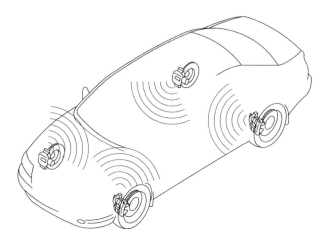

그림 4.43 자동차의 브레이크 소음

접촉과 이에 따른 높은 온도의 극악한 조건에서 발생하는 비선형 진동현상이라 할 수 있다. 그러나 오랜 기간의 연구·개발에도 불구하고 뚜렷한 원인규명이 되지 않은 채 특정 차종, 특정 부품의 경우에만 제한적으로 적용되는 개선안 제시의 수준에 머물고 있는 실정이다.

브레이크 소음은 마찰현상으로 기인되는 진동현상이므로, 브레이크 작동에 의한 브레이크 부품이나 시스템의 속도변화에 의해서 주로 발생한다. 이때 브레이크 패드(라이닝)와 디스크 (드럼) 간의 마찰계수가 어떻게 변화되느냐에 따라 브레이크 소음의 발생 여부가 결정된다. 더불어 브레이크 작동과정에서 발생하는 진동현상이 브레이크 부품인 라이닝이나 드럼의 고유 진동수에 서로 접근하거나 일치하여 진폭이 크게 증대되거나 공진을 일으킬 경우에도 브레이크 소음이 크게 발생한다.

(6) 바람소리

승용차량이 일반 시내도로나 시속 80 km 이하의 자동차 전용도로를 주행하는 경우에는 엔진소음과 함께 타이어 소음이나 도로소음이 탑승객의 실내공간에서 주로 문제가 될 수 있다. 하지만 고속도로와 같은 100 km/h 이상의 속도로 고속주행하게 된다면 타이어 소음이나 도로소음보다는 그림 4.44와 같이 자동차 외관을 따라 빠르게 유동하는 공기의 외부 유동에 의한 바람소리(wind noise)가 크게 부각되면서 실내소음에 악영향을 주게 된다. 바람소리는 크게 풍절음(風節音)과 흡출음(吸出音)으로 나누어지며, 소음의 주파수 특성이 높고 넓은 분포를 가져서 탑승객의 대화를 방해하거나 오디오 청취를 힘들게 할 수도 있다. 생활수준의 향상과 레저활동의 증대로 인하여 시내주행뿐만 아니라 고속도로를 이용한 고속·장거리 운행이 증가하면서 자동차의 여러 가지 진동소음현상 중에서 바람소리의 중요성이 크게 대두되고 있다.

그림 4.44 자동차의 바람소리 및 외부 기류

4.6.2 외부소음

자동차에서 발생되는 여러 소음 중에서 차량 외부로 방사되는 소음은 환경공해 측면에서 각 국가마다 법규로 엄격히 제한하고 있다. 현재까지는 차량의 외부소음만을 규제하고 있지만, 생활수준의 향상과 함께 환경보전이라는 측면에서 규제항목과 수준이 더욱 강화되고 있는 추세이다. 국내의 내수시장뿐만 아니라 수출대상국의 외부소음규제를 만족시키지 못할 경우에는 자동차의 판매조차 허용되지 않기 때문에, 자동차 제작회사 입장에서는 실내소음의 저감에 주력하는 만큼 외부소음의 법규 만족도 매우 중요한 사항이 되고 있다. 최근 일부 수입차량의 소음측정결과를 위조하여 판매가 중지된 사례가 있듯이 자동차의 외부소음규제는 차량판매에 선행되어야 한다. 법규로 규정된 외부소음은 가속주행소음과 배기소음 및 경적소음으로 구분된다.

가속주행소음(pass-by noise)은 자동차가 도로를 주행할 때 주로 사용하는 변속장치의 기어 단수에서 속도를 급격하게 증가시키는 가속과정에서 차량 외부로 방사되는 소음을 뜻한다. 이는 도로변에 위치한 주택의 정숙성에 많은 영향을 줄 수 있는 자동차의 주요 소음이라 할 수 있다. 가속주행소음의 측정방법은 그림 4.45와 같은 조건에서 각각의 차종에 따라 규정된 속도로 진입하여 탈출지점까지 급가속(wide open throttle, 가속페달을 끝까지 밟은 상태)하면

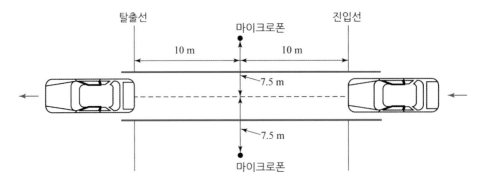

탈출선 ··· 마이크로폰 ··· 진입선

그림 4.45 가속주행소음의 측정조건

서 차량 외부로 방사된 소음을 측정한다. 시험노면 역시 ISO(International Organization for Standardization) 규정에 따른 규격도로를 엄격하게 관리한다. 자동차의 진입속도는 지정된 변속기어에서 엔진 최대 회전수에 해당되는 이론속도의 3/4에 해당되는 속도(수식계산에 의한 속도) 또는 시속 50 km 중에서 낮은 속도로 결정된다. 가속주행소음의 주요 원인들로는 동력기관(엔진 및 변속장치)의 방사소음, 배기소음 및 흡기소음 등이 지배적이라 할 수 있으며, 그 외 타이어, 현가장치 등에 의한 기타 소음들도 영향을 끼친다고 볼 수 있다. 현재 국내 승용차량의 가속주행소음은 74 dB(A)를 기준으로 하고 있으나, 향후 72 dB(A)로 강화될 예정이다.

배기소음은 차량을 정차시킨 후, 변속기어의 중립상태에서 가속페달을 조작하여 엔진 최대 회전수의 3/4에 해당하는 회전수로 10초 이상 공회전시킬 때 배기구에서 발생되는 소음을 의미한다. 그림 4.46은 배기소음의 측정사례를 보여준다. 또한 경적소음은 엔진을 정지시킨 상태에서 자동차의 경적을 5초 동안 작동시켜서 자동차 전면 부위에서 측정된 최대소음을 뜻하며, dB(C)의 소음레벨을 사용한다. 이러한 자동차 외부소음에 대한 소음허용기준은 표 4.2와 같다. 소음허용기준은 법 개정으로 변경될 수 있으므로, 업무적용 시 반드시 확인해야 한다.

일반적으로 각종 자동차의 차체구조에 따라 외부소음의 양상 및 소음전파 특성이 달라지게 된다. 트럭과 같이 캡 타입(cab over engine)인 경우에는 엔진을 비롯한 구동장치와 타이어 등이 외부로 크게 노출된 셈이므로, 여기서 발생되는 여러 소음들을 차체에서 거의 차폐시키지 못한 상태로 차량 주변으로 방사되면서 매우 큰 외부소음을 유발하게 된다. 반면에 승용차, 버스 등과 같은 차체구조에서는 엔진과 구동장치 및 타이어 등이 차체 내부에 위치하게 되므로 트럭과 비교하여 상당히 큰 차폐 효과를 갖기 마련이다.

한편, 동일한 엔진 회전수라 하더라도 각 기어단수에 따라 차량의 주행속도에는 큰 차이가 나지만, 외부소음(가속주행소음)의 측정에서는 기어단수의 변화나 주행속도의 큰 차이에도

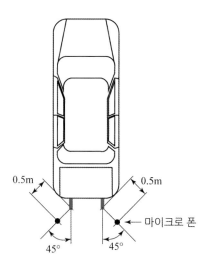

그림 4.46 배기소음 측정방법

표 4.2 자동차 가속주행소음 및 배기소음 규제치

차종		가속주행소음 [dB(A)]		배기소음 [dB(A)]	경적소음 [dB(C)]
		직접분사 디젤 외	직접분사 디젤		
경자동차	사람 운송 전용	74	75	100	110
	상기 목적 외	76	77		
승용자동차	일반 승용자동차	74	75		
	9인승 자동차	76	77		
화물자동차	소형 화물자동차	76	77		
	출력 97.5마력 이하	77	77	103	112
	출력 97.5 ~ 195마력	78	78	103	
	출력 195마력 이상	80	80	105	

불구하고 전체적인 소음레벨에는 차이가 거의 나지 않는 경향을 갖는다. 이는 외부소음이 자동차의 주행속도보다는 엔진 회전수와 구동장치의 방사소음에 의해서 지배적인 영향을 받는다는 점을 시사한다고 볼 수 있다.

4.7 자동차 진동소음의 개선대책

4.7.1 진동소음현상의 경로별 개선대책

자동차에서 발생되는 진동과 소음현상뿐만 아니라, 우리들의 실생활이나 일반적인 생산현장 등에서 발생하는 제반 진동 및 소음문제의 해결을 위한 개선대책으로는 크게 1) 진동원/소음원 대책, 2) 전달경로 대책, 3) 응답계 대책의 세 가지 경우로 구분할 수 있다.

1) 진동원/소음원 대책: 자동차에서는 엔진과 변속기를 포함한 동력기관이 가장 큰 진동원 및 소음원이라 볼 수 있다. 따라서 정밀한 연소제어와 더불어서 엔진 실린더 블록(cylinder block)의 강성(stiffness) 보강, 밸런스샤프트 적용 등에 따른 엔진의 관성력(inertia force) 감소, 알루미늄 재질의 오일 팬(oil pan)이나 변속기 스테이(stay) 적용과 같은 동력기관의 결합강성 보강 등으로 동력기관에서 발생되는 진동원 및 소음원 자체의 진폭이나 문제되는 진동수 영역을 개선시키는 방법을 강구할 수 있다.

그림 4.47은 엔진가동 시 발생되는 진동현상을 억제하기 위해서 크랭크샤프트를 고정하는 베어링의 강성보강을 위한 빔 베어링(beam bearing) 적용사례를 보여준다.

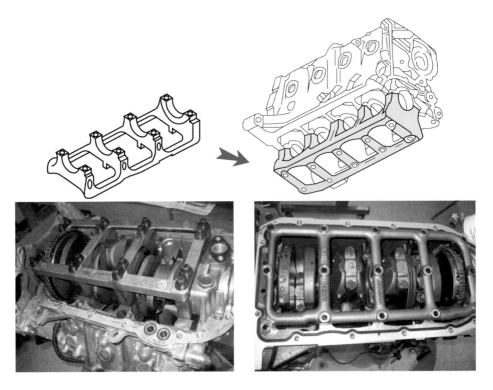

그림 4.47 크랭크샤프트의 빔 베어링 및 적용사례

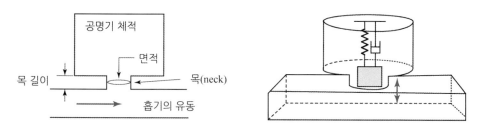

그림 4.48 헬름홀츠 공명기의 주요 항목 및 공학적 모델

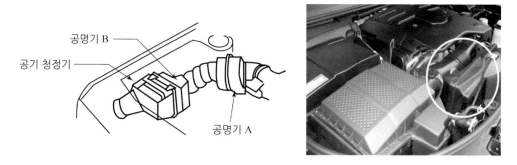

그림 4.49 공명기의 장착사례

또한 그림 4.48은 흡기소음 저감을 위해 흡기계에 추가하는 헬름홀츠 공명기(Helmholtz resonator)의 주요 항목과 공학적인 모델을 보여주며, 그림 4.49는 장착사례를 보여준다.

배기계의 진동으로 발생하는 차량 실내의 구조전달소음을 저감시키기 위해서 그림 4.50과 같이 배기계에 동흡진기(dynamic vibration absorber)를 추가시키기도 한다. 자동차의 제반 진동소음현상을 유발하는 근원(진동/소음원) 자체를 효과적으로 억제시킬수록 그 효과는 매우 크다고 할 수 있다. 하지만 동력기관의 근본적인 운동 특성과 공간적인 제약 및 효과 측면에서 한계점을 갖게 되므로, 전달경로와 응답계의 영역에서 추가의 개선방안을 고려하게 된다.

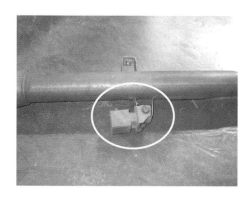

그림 4.50 배기계의 진동억제를 위한 동흡진기 적용사례

2) 전달경로 대책: 공진계 및 전달계를 포함한 전달경로의 대책으로는 진동원/소음원에서 발생된 에너지의 차체전달을 최소화시키는 것이 중요하다. 따라서 그림 4.51과 같은 엔진 마운트의 진동 절연율 증대, 현가장치 부시(bush)의 특성조절, 배기관 연결부위(hanger)의 진동절연 등을 꾀하기도 한다. 그림 4.52는 배기계 연결부위에 적용된 지지고무 및 장착사례를 보여준다. 또한 섀시(chassis)파트의 절연율 증대, 각종 보기류들을 고정시키는 연결 브래킷(bracket)의 강성 증대, 흡ᆞ차음재료의 적용 등과 같이 응답계(차체 내부)로 전달되는 에너지(진동 및 소음에너지)를 최소화시켜야 한다.

그림 4.51 엔진 마운트의 적용사례

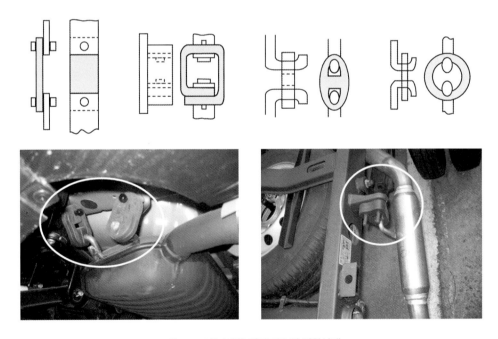

그림 4.52 배기계의 지지고무 및 장착사례

3) 응답계 대책: 진동원/소음원이나 전달경로에서도 충분히 억제시키지 못한 진동 및 소음에너지가 실내로 전달될 경우에는 응답계에서 해결방안을 모색해야만 한다. 차체 구조물에 제진재나 비드(bead)의 적용 등을 통한 차체 패널의 강성보강이나 차량 실내에 흡·차음재료를 적용시켜서 수음자인 인간(운전자 및 탑승자)이 느끼게 되는 소음과 진동현상을 저감시키게 된다. 그림 4.53은 자동차 차체에 적용된 흡음재료의 적용사례를 보여준다. 표 4.3은 자동차의 진동 및 소음현상의 대략적인 제어방법과 개선사례를 보여준다.

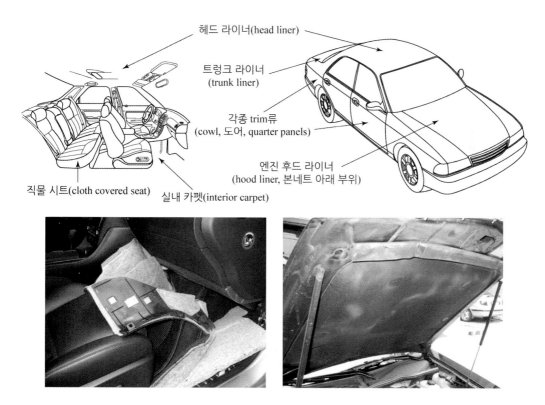

헤드 라이너(head liner)

트렁크 라이너
(trunk liner)

각종 trim류
(cowl, 도어, quarter panels)

엔진 후드 라이너
(hood liner, 본네트 아래 부위)

직물 시트(cloth covered seat)

실내 카펫(interior carpet)

그림 4.53 흡음재료의 적용 부위 및 장착사례

표 4.3 자동차 진동소음현상의 제어방법과 개선사례

제어단계		제어방법	개선사례
진동원/소음원		진동 강제력의 저감 소음발생을 억제	각 부품의 불평형(unbalance) 수정 각 부품의 흔들림 수정 타이어의 균일성(uniformity) 향상 엔진의 연소 특성 개선
전 달 경 로	공진계	부품과 연결부위의 공진방지	각 부품의 조임 각 부품의 헐거워지는 원인 제거 각 부품의 보강 동흡진기 및 질량댐퍼(mass damper)의 적용
	전달계	전달력의 저감, 진동절연	각 마운트의 개선 또는 변경 각 부시(bush)의 특성 개선
응답계		응답계의 진동소음 방지	바닥 패널의 보강 제진재 등의 적용 흡·차음재료의 적용

4.7.2 개선대책의 수립과정

자동차 진동소음현상의 개선대책을 수립하는 과정에서는 1) 현상확인 및 재현성 파악, 2) 문제 여부의 판정, 3) 진동소음현상의 특성 파악 및 규명, 4) 원인분석 및 개선대책안 수립, 5) 개선확인 및 대책안 적용 등의 순서로 진행시키는 것이 유리하다.

1) 현상확인 및 재현성 파악과정: 문제되는 진동소음현상을 확인하는 첫 단계라 할 수 있다. 인간의 감성에 의한 느낌(전문가의 feeling 평가)과 함께 발생 부위의 정확한 위치 확인과 원인파악이 필요하며, 반복적인 운전조건이나 도로환경 등에 따른 진동소음의 특성 변화나 재현성을 확인하는 과정이다.

2) 문제 여부의 판정과정: 문제되는 진동소음현상이 자동차 자체의 피할 수 없는 근본적인 특성인가를 먼저 파악해야 한다. 이는 효과적인 대책안을 강구하기 위한 우선적인 점검항목이라 할 수 있다. 또한 정비불량이나 특정 부품의 노후화에 따른 지엽적인 결과인지를 정확하게 판단해야만 효과적인 대책안 수립이 가능해진다.

3) 진동소음현상의 특성 파악 및 규명과정: 엔진의 회전수 변화시험, 다양한 운행조건에 따른 주행시험 등을 통해서 좀 더 세밀한 진동소음현상을 확인하고 차량의 주행조건(특정 주행속도나 엔진 회전수, 가속 또는 제동 등)에 따른 차량의 진동소음 발생현상을 파악하여 문제되는 발생조건과 특성을 규명하는 과정이다.

4) 원인분석 및 개선대책안 수립과정: 상기 과정을 거쳐서 문제되는 진동소음현상의 원인(진동원/소음원)을 색출하고, 이에 따른 전달경로과정에서의 공진 여부를 확인하며, 개선안을 도출하여 적용 효과를 예측하는 과정이다.

5) 개선확인 및 대책안 적용과정: 개선대책안의 적용 시 예상되는 목표의 만족 여부를 검증하고, 다른 설계요소나 기존 부품들의 기능에 미치는 파급효과 등을 확인하여 최적안을 적용시키는 과정이다.

그림 4.54는 지금까지 설명한 자동차 진동소음현상의 개선대책안 수립과정을 보여준다.

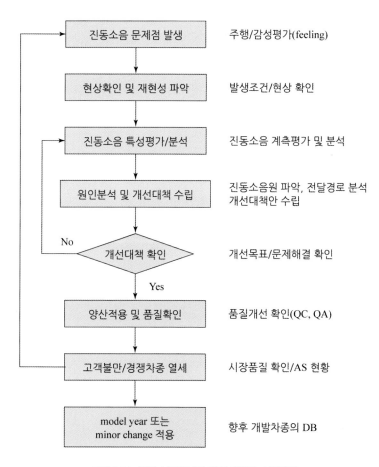

그림 4.54 **진동소음현상의 개선대책안 수립과정**

CHAPTER

05 철도차량

지금부터 약 180여 년 전인 1830년에 영국의 리버풀과 맨체스터 구간에서 처음으로 증기기관차가 상업운행을 시작한 이후로 철도차량은 본격적인 대중교통수단으로 근대 산업발전에 크게 기여하였다. 국내에서도 1899년에 노량진과 제물포를 잇는 33 km 거리의 경인선이 개통되어 철도운행이 시작되었다. 당시 독립신문은 경인선 개통소식을 전하는 기사에서 '화륜거 (火輪車) 구르는 소리는 우뢰와 같아 천지가 진동하고, 기관거의 굴뚝연기는 반공에 솟아 오르더라. (중략) 수레 속에 앉아 영창으로 내다보니 산천초목이 모두 활동하여 닿는 것 같고, 나는 새도 미처 따르지 못하더라.'라고 표현하였다. 금수강산에 철도가 개통되어 새로운 교통혁명이 시작되었다는 소식을 전하는 기사내용에서도 이미 소음과 진동현상으로 인한 새로운 공해가 시작되었다는 사실을 유추할 수 있다.

그림 5.1 철도의 산업역할 (컨테이너 수송)

철도는 그 후 식민지 시대의 수탈과정, 6·25전쟁, 경제개발의 각 과정에서 큰 역할을 담당했다고 볼 수 있다. 20세기 중반 이후로 자동차와 항공산업의 급속한 기술발달과 자본집중으로 인하여 철도산업이 일시 정체되거나 낙후되는 듯한 경향을 보였지만, 최근에는 교통수요의 급격한 증대 및 다양화로 말미암아 철도의 역할과 비중을 재인식하게 되었다고 생각된다. 특히 1974년부터 시작된 국내의 지하철은 대량 운송의 도시 교통수단으로 활용도가 더욱 증대되는 상황이라 할 수 있다.

철도는 대량수송, 고속운행, 안정성, 정시성(定時性), 에너지 효율성, 환경오염 방지 측면에서 타 교통수단과 비교할 때 월등하게 유리한 장점을 갖고 있다. 우리나라도 시속 300 km가 넘는 고속열차(KTX, SRT)시대가 일반화되었으므로, 열차운행과 철도 이용객이 늘어날수록 전형적인 철도공해인 소음과 진동문제가 큰 사회문제로 부각될 수 있다.

5.1 철도차량의 소음과 진동

어린 시절에 즐겨 불렀던 동요 중에 '기찻길 옆 오막살이'라는 노래가 기억날 것이다. 기차가 오가는 중에도 '아기가 잘도 잔다'라고 반복되는 가사만 보더라도, 이미 기차의 운행과정에서 상당한 정도의 소음과 진동현상이 발생한다는 사실을 암시한다고 볼 수 있다. 기차와 지하철을 포함한 철도차량의 소음과 진동현상은 공력소음, 동력장치와 주변기기에 의한 소음,

그림 5.2 **철도차량의 소음 및 진동 발생원**

차륜과 레일(궤도)의 상호작용(접촉)에 의한 진동 등으로 말미암아 발생하게 된다. 그림 5.2는 철도차량의 주요 소음 및 진동 발생원을 보여준다. 이 중에서도 차륜(기차바퀴)과 레일 간의 접촉에 의해서 발생되는 전동소음(rolling noise)이 지배적인 소음원이 되며, 레일을 따라 지반으로 전파되어 인접 구조물에 흔들림(진동현상)과 낮은 주파수의 소음을 발생시키게 된다.

2016년 현재 국내 철도에서는 하루 약 3,300회의 열차편이 운행되고 있으며, 2005년 기준으로 우리나라 국민 중에서 약 10%에 해당되는 사람들이 철도소음에 시달리고 있는 것으로 파악되고 있다. 특히, 철길 주변의 주민들에게 피해를 줄 수 있는 화물열차의 야간 및 심야운행도 전체 운행의 약 14%를 차지하고 있다. 이러한 철도차량의 운행과정에서 유발되는 차륜과 레일의 접촉에 의한 전동소음, 방음차륜, 철도의 환경소음과 철도에 의한 지반진동, 저진동 궤도기술 등을 알아본다.

5.2 철도차량의 소음

5.2.1 차륜과 레일의 접촉에 의한 소음

철도는 다른 교통수단과는 달리 레일(rail)이라는 시설물이 반드시 존재해야 한다. 레일은 철도차량을 정해진 길로 유도하는 역할뿐만 아니라, 운행 중에 전달되는 열차의 하중을 완화시켜서 지지구조물을 보호하는 역할을 한다. 철도차량은 운행과정에서 차륜과 레일 간의 접촉이 항상 발생하는 구조를 갖고 있다.

일반적으로 레일은 밑면을 넓게 설계함으로써 단면의 관성 모멘트가 증대되는 효과를 갖게 되어서 차량에 의한 수직하중을 담당하고, 레일과 지면 간의 마찰을 최대로 얻을 수 있다. 또한 그림 5.3과 같이 레일의 윗부분을 둥글게 처리하여 차륜과 레일 간의 마모를 줄이고, 차륜 플랜지(flange)와의 접촉도 최소화되게끔 고려되어 있다. 현재 철도차량의 차륜은 답면

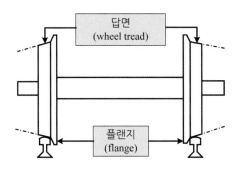

그림 5.3 **철도차량의 차륜과 레일**

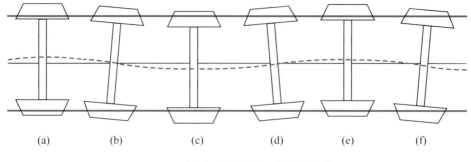

그림 5.4 차축의 기하학적 운동(헌팅의 원인)

이 1/20 ~ 1/40의 경사각을 가지고 있는 일체식 차축이며, 차륜의 안쪽으로 플랜지가 설계되어 있는 구조이다.

그림 5.4에서 보는 바와 같이, 차륜의 경사진 답면이 레일의 중심에서 벗어난 상태[(a)]에서는 좌·우측 차륜에서 회전반경의 차이로 인하여 차축 중심은 레일의 중심으로 이동[(b)]하게 되며, 다시 반대쪽으로 이동[(c)]하는 현상을 반복하게 된다. 이러한 반복운동[(a) ~ (f)]에 의해서 차축의 중심점은 레일의 중심선을 기준으로 마치 뱀이 기어가는 것과 유사한 운동(정현파 운동)을 하게 된다. 이를 차축의 기하학적인 진동형태라고 하며, 차량의 승차감을 포함한 동특성(動特性)에 지대한 영향을 주게 된다. 이러한 현상이 심화될수록 철도차량의 주행이 불안정하게 되어서 차륜의 좌·우측 플랜지가 교대로 레일에 접촉하게 되는데, 이러한 현상을 헌팅(hunting, 蛇行動이라고도 함)이라고 하며 심해질 경우에는 탈선에까지 이르게 된다.

이번에는 차륜이 레일 위를 굴러가는 과정에서 차륜과 레일 각각의 접촉점들을 고려해보자. 차륜과 레일 내의 각각의 점들은 접촉의 시작, 지속 및 해제과정을 거치게 된다. 즉, 차륜상의 점(A, B, C)들은 레일상의 점(a, b, c) 각각에서 접촉의 시작, 접촉의 지속 및 해제과정을 거치게 된다. 이때 차륜에 접선방향의 힘이 작용한다면, 각 접촉점들은 접촉 지속과정에서 변형이 최대가 되며, 접촉 이전 및 해제 이후에는 영(zero)의 값을 가지게 된다.

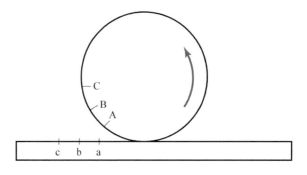

그림 5.5 차륜과 레일의 접촉

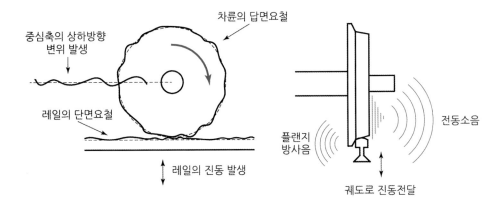

그림 5.6 전동소음 및 레일의 진동 발생원인

만약 차륜에 작용하는 힘이 커지게 되면 미끄럼이 발생할 것이며, 미끄럼이 접촉면 전체로 확대될 경우에는 완전한 미끄럼 현상이 차륜과 레일의 접촉면 전체에서 이루어지게 된다. 여기서, 차륜과 레일 간의 접촉 상태에서 완전한 접촉과 완전한 미끄러짐 현상과의 중간단계에 해당되는 상대운동의 속도를 크리프(creep) 속도라 하며, 이러한 크리프 속도를 발생시키는 접선방향의 힘을 크리프 힘(creep force)이라고 한다.

차륜과 레일 간의 접촉에 의해서 발생되는 소음은 크게 전동소음(rolling noise), 충격소음 (impact noise), 마찰소음(squeal/howl noise)으로 분류된다.

(1) 전동소음

차륜과 레일 간의 접촉에 의해서 발생하는 전동소음은 차륜과 레일 표면의 불규칙한 거칠기에 의해서 가진력(加振力, exciting force)이 발생하게 된다. 이러한 가진력으로 인한 차륜과 레일 및 지지 부위에서는 진동현상이 발생하며, 이는 소음으로 주위에 전파되는 특성이 있다. 전동소음은 차륜에서 방사되는 소음과 레일에서 방사되는 소음으로 분류할 수 있으며, 차륜의 하중 및 주행속도, 차륜이나 레일의 강성 등에 따라 발생되는 전동소음의 주파수 특성이 달라지게 된다.

또한 전동소음의 음압레벨은 선로조건에 따라 크게 변화되는 특성을 가지며, 특히 레일 표면의 거칠기가 주요 인자라 할 수 있다. 만약, 레일 표면에 파상형의 이상 마모(corrugation)가 있을 경우에는 전동소음이 약 10 dB(A) 이상 증가하는 것으로 알려져 있다. 차륜에 있어서도 레일과의 접촉과정에 의한 불규칙한 마모와 더불어서, 제동과정이나 출발과정에서 차륜이 미끄러지는 경우에는 차륜의 답면에 요철이 발생하는 차륜의 평면화(wheel flat) 현상으로 인하여 전동소음이 더욱 악화될 수 있다.

전동소음은 현재 시속 200 km 이하의 철도차량에서 발생되는 소음 중에서 가장 지배적인

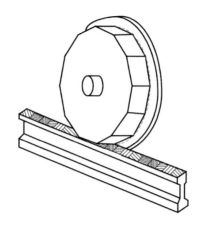

그림 5.7 **차륜과 레일의 마모 사례**

소음원이며, 이를 저감시키기 위해서 방음차륜 및 레일의 댐퍼(damper) 적용, 방음벽 등과 같은 다양한 저감대책이 시도되고 있다. 또한 궤도에 포설되는 자갈층(ballast)은 열차운행에 의한 진동을 흡수할 뿐만 아니라 전동소음의 흡음효과까지 기대할 수 있다. 따라서 자갈층의 두께를 증가시킬 경우에는 500 ~ 2,000 Hz 영역의 전동소음 성분을 크게 저감시키는 효과를 얻을 수 있다.

(2) 충격소음

그림 5.8과 같은 레일의 조인트, 불연속적인 표면, 레일의 결함이나 심한 마모, 분기점 및 차륜의 평면화 등에 의해서 차륜과 레일이 순간적으로 분리되었다가 접촉될 때 발생하는 소음을 충격소음이라 한다. 가장 큰 충격소음은 철도차량이 그림 5.9와 같은 분기점을 통과할

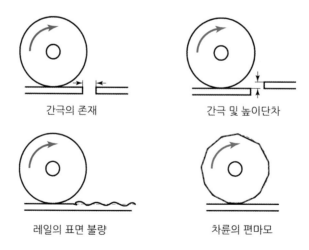

그림 5.8 **충격소음의 원인**

그림 5.9 철도레일의 분기점(충격소음이 발생)

때 주로 발생하며, 일반적인 전동소음에 비해서 대략 10 dB(A) 내외로 높게 소음이 방사된다. 전동소음을 비롯하여 충격소음의 저감방법으로는 궤도연마(레일 표면의 물결모양과 같은 이상 마모를 제거하기 위한 연삭작업, 레일삭정이라고도 함)가 가장 효과적이며, 분기점에서의 충격소음 저감을 위해서 스프링 프로그(spring frog) 등을 채택하기도 한다.

(3) 마찰소음

철도차량이 곡선구간을 주행할 때 평행하게 설치된 차륜과 레일 간의 좌우방향으로 미끄러지는 현상으로 발생되는 소음을 마찰소음이라고 한다. 특히, 레일의 회전반경이 작을 경우(급한 커브길을 의미한다)에는 레일과 플랜지 간의 접촉현상까지 발생하여 더욱 심각한 마찰소음을 주변으로 방사하게 된다. 이러한 차륜의 비선형적인 특성으로 인한 차륜의 좌우진동에 의해서 스퀼소음(squeal noise)이 발생하며, 좌우방향으로 작용하는 크리프 힘(creep force)에 의해서 차륜이 공진하면서 발생되는 소음을 하울소음(howl noise)이라고 한다.

차륜의 좌우방향 미끄러짐 현상에 의한 스퀼소음은 레일의 곡률반경이 대차(bogie) 축간거리(wheel base)의 100배 이하인 경우에 집중적으로 발생하는 것으로 파악된다. 스퀼소음의 발생원인은 다음의 세 가지로 구분할 수 있다.

① 2축의 대차를 사용하는 차륜은 서로 평행하게 고정되어 있다. 따라서 열차가 곡선궤도를 주행하는 경우에는 차륜이 열차의 진행방향과 수직한 방향으로 미끄러지면서 스퀼소음을 발생시키게 된다.

② 곡선궤도에서는 바깥쪽 차륜이 안쪽보다 더 긴 거리를 진행해야만 원활한 주행이 이루어질 수 있는 법이다. 하지만 철도차량에서는 바깥쪽 차륜과 안쪽 차륜이 하나의 축으로 고정되

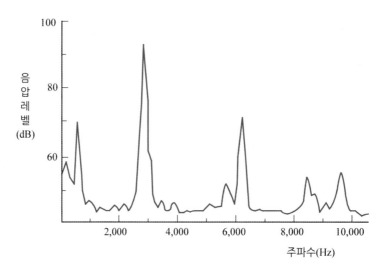

그림 5.10 스퀼소음의 주파수 특성

어 있기 때문에 항상 같은 거리를 동시에 진행할 수밖에 없다. 따라서 곡선궤도에서 요구되는 양쪽 차륜 사이의 진행거리 차이로 말미암아 바깥쪽 차륜에서는 열차의 진행방향으로 미끄러질 수밖에 없으며, 이러한 과정에서 스퀼소음이 유발된다.

③ 급격한 곡선궤도에서는 차륜과 레일면이 서로 크게 어긋나기 때문에, 차륜의 플랜지가 레일면과 접촉하는 경우가 발생할 수 있다. 이러한 플랜지와 레일의 접촉으로 인하여 스퀼소음이 발생한다.

철도차량에서 발생하는 마찰소음을 감소시키기 위해서는 레일의 곡률반경이 크게끔 설치하는 것이 최우선이라 하겠다. 하지만 도심지의 지하철과 같은 경우에는 유동인구와 도심지의 특성상 레일의 곡률반경이 250 m까지 줄어드는 경우도 발생하곤 한다. 곡률반경의 기준은 300 m 이내이므로, 심한 곡선구간에서는 마찰소음이 크게 발생하기 마련이다. 이런 지역은 열차의 운행속도를 줄이는 방법과 지하철 바닥과 벽면에 흡음재료를 처리하여 열차 내·외부의 소음을 저감시키는 방법을 강구할 수밖에 없는 실정이다.

한편, 마찰소음은 궤도연마를 실시하게 되면 상당한 저감효과를 갖게 된다. 레일의 곡률반경이 400 m 이상 되는 곳은 궤도연마를 3년마다 1회, 곡률반경이 400 m 미만인 곳은 매년 1회씩 궤도연마가 이루어지도록 규정되어 있다. 레일의 결함이 심한 구간에 궤도연마를 실시하게 되면, 열차 내부의 실내소음은 약 5 ~ 7 dB(A) 정도 저감되는 효과를 갖게 된다.

그 밖에도 탄성차륜이나 댐핑 처리된 차륜과 같은 방음차륜을 적용시키거나 조향이 가능한 대차를 적용시켜서 현가장치의 절연효과를 향상시킬 수 있다. 수동적인 대책으로는 방음벽으로 소음을 차단시키는 방법 등이 채택되고 있는 실정이다.

5.2.2 방음차륜

앞에서도 설명되었듯이 차륜과 레일 간의 접촉에 의해서 발생되는 전동소음은 차륜에서 방사되는 소음과 레일에서 방사되는 소음으로 구분된다. 이 중에서 차륜에서 방사되는 소음을 저감시키기 위한 방음차륜의 적용이 소음저감 측면에서 가장 효과적이라 할 수 있다.

방음차륜은 탄성차륜, 댐핑차륜 등으로도 불리며, 추진장치인 동력기관의 방사소음이 낮을 경우에는 방음차륜에 의한 소음저감효과가 더욱 좋아지게 된다. 그림 5.11은 철도차량에서 방음차륜의 적용에 따른 소음저감원리를 보여준다.

방음차륜은 레일과의 접촉과정에서 발생된 진동이 차륜의 축(윤축)으로 전달되지 않도록 그림 5.12와 같이 탄성 및 감쇠재료를 이용하여 진동전달을 감소시키거나 동흡진기(dynamic absorber)를 장착시켜서 진동감소효과를 얻는 구조로 분류된다. 방음차륜은 직선구간뿐만 아니라, 곡선구간에서 발생되는 마찰소음도 효과적으로 감소시킬 수 있다. 가장 효과적인

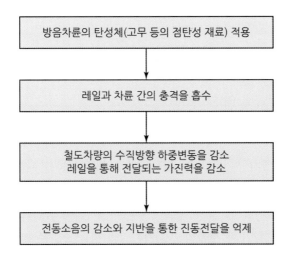

그림 5.11 **방음차륜의 적용 효과**

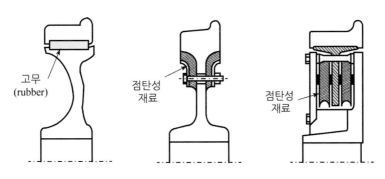

그림 5.12 **방음차륜의 여러 종류**

소음감소영역은 500 Hz 이상의 주파수 영역이며, 차량의 진동과 레일의 진동(지반진동)에 있어서도 상당한 저감효과를 얻을 수 있다. 하지만 차륜 자체에 탄성 및 댐핑재료가 적용되었기 때문에 유지보수성, 안정성 및 내구성에 대한 세밀한 검토가 필수적이라 할 수 있다. 1998년 6월에 독일 에쉐드에서 발생한 고속열차(ICE)의 대형사고도 방음차륜의 피로파괴가 주요 원인으로 밝혀진 바 있다.

5.2.3 철도의 환경소음

철도차량의 주행과정에서 유발되는 소음의 지속시간은 열차 통과시간과 거의 일치하는 특성을 갖는다. 열차의 주행속도가 200 km/h에 이르는 16량 편성열차는 전체 길이가 400 m에 이르며, 통과시간은 약 7초에 이른다. 반면에 화물열차는 다른 열차에 비해 다량의 편성으로 전체 길이가 길어져서 열차 통과시간이 증대되므로 그만큼 소음노출시간도 길어지기 마련이다. 소음진동관리법에 의한 철도소음의 규제기준은 표 5.1과 같다.

표 5.1 철도소음 규제기준 [단위: L_{eq} dB(A)]

대상지역	주간(06~22시)	야간(22~06시)
주거 및 녹지지역 외	70	60
상업 및 공업지역 외	75	65

장거리 여행을 위한 열차탑승뿐만 아니라 시내의 잦은 이동을 위해서 지하철을 이용하는 경우가 점차 늘어가는 추세이다. 그만큼 열차 내부의 실내소음에 대한 관심이 점점 높아지고 있지만, 국내 지하철의 경우(서울의 지하철 5호선)에는 실내소음이 무려 80 dB(A)를 넘나드는 것으로 조사된 바 있다. 또한 서울의 2기 지하철의 평균 소음은 74.8 dB(A), 1기 지하철의 평균 소음은 71.4 dB(A)로 조사되었다. 지하철과 동일한 속도로 자동차가 주행할 경우의 차량 실내소음이 60 ~ 65 dB(A) 수준임을 비교하더라도 얼마만큼 지하철 내부가 시끄러운가를 짐작할 수 있다.

한편, 지하철이 들어오고 나갈 때 지하철 승강장의 중앙에서 측정된 소음은 80 dB(A) 이상의 심각한 수준으로 파악되고 있다. 2006년 가을에 환경부가 국회에 제출한 자료에 따르면, 서울 지하철의 역사 중에서 성수역의 소음이 84.4 dB(A)로 제일 높았으며, 그 뒤로 청량리역(83.7 dB), 제기역(83.6 dB) 순이었다. 이 정도의 소음에 장기간 노출될 경우에는 심각한 청력 손실이나 혈관수축과 같은 건강 이상을 초래할 정도라고 말할 수 있다.

다행히 서울의 지하철과 경기권의 전철역에 설치되어 있는 스크린 도어로 인하여 승강장의 소음이 크게 줄어드는 효과를 얻을 수 있다. 스크린 도어는 승강장의 소음감소뿐만 아니라,

그림 5.13 **지하철 승강장의 스크린 도어**

미세먼지의 비산을 방지하고 열차 진입과정의 공기유동(바람)을 막아주며, 화재 확산방지와 안전사고예방에도 큰 효과를 기대할 수 있다.

5.3 철도차량의 진동

철도차량의 소음 및 진동현상은 대부분 차륜과 레일 간의 접촉(상호작용)에 의해서 발생한다. 즉, 차륜의 평면화(wheel flat), 레일의 요철, 레일 간의 이음점, 레일의 파상마모, 레일의 뒤틀림 등에 의해서 소음과 진동현상이 유발되며, 고속열차로의 발전과 더불어 더욱 증대되고 있다.

이러한 철도차량에 의한 진동현상은 차량 자체의 흔들림 현상과 함께 레일과 이를 지지하고 있는 지반을 통해서 사방으로 전파되며, 레일의 특성에 가장 큰 영향을 받는다고 볼 수 있다. 철도차량의 승차감은 차체의 무게와 스프링과 링크로 구성된 현가장치 특성에 의해서 결정된다. 3장에서 설명한 바와 같이 스프링 위 질량이 커질수록 차체의 고유 진동수는 낮아지게 되면서 승차감이 향상된다. 철도차량의 진동 중에서 특히 지반을 통해서 전달되는 진동현상은 레일 자체의 지지 구조물뿐만 아니라, 인근 구조물에서도 50 Hz 이하의 진동과 저주파수 영역의 소음을 발생시키게 된다. 여기서는 철도차량의 근원적인 방진대책 측면에서 지반진동과 저진동 궤도를 중심으로 설명한다.

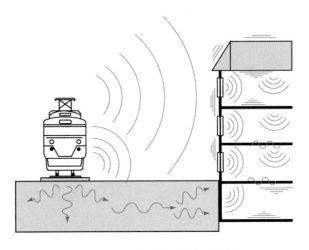

그림 5.14 철도에 의한 소음과 진동현상

그림 5.15와 같이 궤도는 레일 및 레일을 지지하는 제반 구조물을 뜻한다. 즉, 궤도는 레일, 레일 체결구(rail fastener), 침목(sleeper 또는 tie), 자갈포설층(ballast) 및 도상(track bed) 등을 통칭한다. 궤도는 크게 재래식 자갈궤도(ballast track)와 무자갈궤도(non-ballast track)로 구분된다. 자갈궤도는 침목과 자갈포설층을 갖는 전형적인 궤도를 뜻하며, 기타의 콘크리트 슬래브(slab) 위에 설치된 궤도에 비해서 진동을 흡수하고 주변으로 전달되지 않도록 방지하는 방진성능이 우수하다. 그러나 자갈의 품귀, 자갈의 마모에 따른 분진의 발생, 자갈층의 오염으로 인한 세균발생과 악취 등의 여러 가지 이유로 인하여 지하철과 같은 밀폐공간의 경우에서는 무자갈궤도로 대체되고 있는 추세이다.

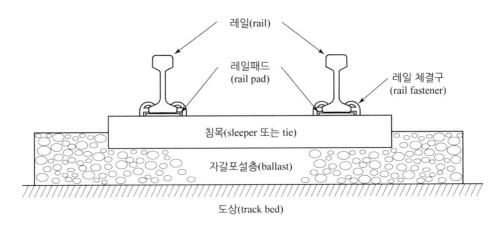

그림 5.15 철도의 궤도 구조 및 사진

5.3.1 철도에 의한 지반진동

철도차량의 차륜이 레일 위를 지나갈 때 발생하는 진동현상은 열차의 축중하중, 레일의 평탄성 등과 관련되며 주로 다음과 같은 원인들에 의해서 발생한다.

1) 레일의 수평 또는 수직방향의 뒤틀림, 레일 강성의 불균일, 레일 지지 기반의 침하
2) 레일 간의 이음매, 용접 부위 및 분기점에 의한 불연속 구간
3) 차륜의 평면화(편마모를 뜻함), 차량의 자체 결함
4) 열차들 간의 중량 차이

철도차량의 주행과정에서 자체 하중과 현가장치에 의한 차량의 흔들림은 대략 0.5 ~ 1 Hz 내외에서 진동현상이 발생하기 시작하여 차륜과 레일 간의 접촉에 의한 진동(30 ~ 60 Hz)에 이르기까지 폭넓은 진동수 영역에 걸쳐서 다양한 진동현상이 발생된다. 이러한 철도차량의 주행에 의해 발생되는 지반진동은 지진의 전파와 마찬가지로 그림 5.16과 같이 압축파(P파, primary wave), 전단파(S파, secondary wave), 표면파(R파, 주로 Rayleigh파)로 전파된다. 실제로는 지표면에 작용하는 표면파(R파)가 가장 큰 진동문제를 유발시킨다.

일반적으로 지반을 통해서 전달되는 지반진동의 에너지 분포를 기준으로 할 경우, R파가 약 65% 내외, S파가 25% 내외, P파가 약 10% 미만에 해당되며, 인체가 주로 느끼는 진동파는 R파에 해당된다. 개활지를 통과하는 철도차량에서 유발된 지반진동은 10 Hz 이하의 R파에 의해서 인근 마을이나 구조물에 전달되는 반면에, 도심지 지하철의 주행에서는 30 ~ 150 Hz

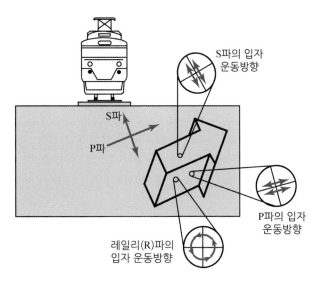

그림 5.16 철도에 의한 지반진동 파형 및 입자 운동방향

영역의 압축파와 전단파에 의해서 진동이 전파된다. 지반진동에 의한 압축파, 전단파 및 표면파에 대한 세부적인 내용은 13장 지진항목을 참고하기 바란다.

5.3.2 저진동 궤도

철도차량의 주행과정에서 발생되는 진동현상의 개선 및 저감효과를 얻기 위해서는 저진동·저소음 궤도의 기술 향상을 필요로 한다. 특히, 열차의 주행 특성을 고려한 방진궤도의 설계와 방진재료의 생산기술력 축적이 매우 필요하다고 볼 수 있다. 저진동 궤도에는 방진궤도, 방진 슬래브 궤도, 방진 체결구, 방진 침목 등이 사용된다.

(1) 방진궤도

방진궤도는 궤도 자체의 지지강성을 낮추어서 궤도의 유연성을 키운 것으로, 철도차량에 의한 소음과 진동현상을 개선시킬 수 있는 반면에, 열차의 주행 안정성을 저하시킬 우려가 있다. 따라서 철도차량과 궤도 간의 상호작용을 고려한 체계적인 해석기술과 설계·시공이 이루어져야 하며, 열차의 주행 안정성 및 승차감에 관한 연구가 수반되어야 한다.

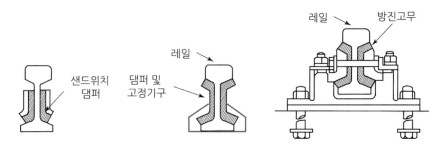

그림 5.17 레일의 방진장치(댐퍼의 적용, 방진고무의 적용사례)

(2) 방진 슬래브 궤도

방진 슬래브 궤도는 철도차량과 레일 간에 발생한 진동현상을 지지구조나 지면으로 전달되지 않도록 절연시키는 슬래브 구조의 궤도를 뜻한다. 즉, 그림 5.18과 같이 궤도 지지부와 구조물의 바닥을 서로 분리시킨 궤도를 의미하며, 통상적으로 부상식 도상궤도(floating slab track)라고도 한다. 독일 및 오스트리아, 일본 등에서 개발되어 실용화되고 있다.

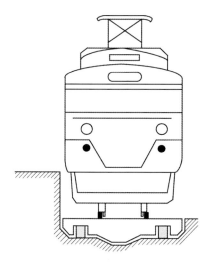

그림 5.18 방진 슬래브 궤도 개념도

(3) 방진 체결구

방진 체결구(resilient rail fastener)는 레일과 침목 간의 지지구조를 형성하는 체결 부위에 천연고무나 합성고무 등과 같은 방진패드를 적용시켜서 진동절연효과를 얻는 체결구로, 주로 터널이나 교량 부위에 채택되고 있다. 그림 5.19는 방진 체결구의 적용사례를 나타낸다.

그림 5.19 방진 체결구의 적용사례

(4) 방진 침목

방진 침목은 레일의 진동현상을 침목의 유연성(탄성과 감쇠특성)을 이용하여 절연시키는 장치로, 가장 경제적인 진동 저감대책이라 할 수 있다. 즉, 그림 5.20과 같이 침목의 아랫부분이나 옆면에 방진패드를 설치하여 궤도의 진동 전달률을 낮춰주는 효과를 얻게 된다.

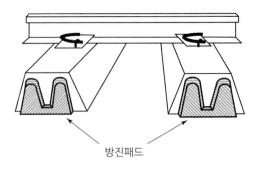

방진패드

그림 5.20 방진 침목 적용개념

5.4 고속철도

20세기 중반 이후부터 자동차와 항공산업의 비약적인 발달로 인하여 세계 각국에서는 도로 건설 및 항공교통에 투자를 집중하였다. 그 결과 철도에 대한 투자는 상대적인 열세를 갖게 되면서 철도시설의 정체 및 낙후를 가져왔으나, 산업의 고도화 및 분업화 등으로 인한 교통수요의 급증에 따라 대량수송, 안전성, 정시성, 에너지 효율 및 환경 측면에서 뛰어난 장점을 가지는 철도의 역할을 재인식하게 되었다고 볼 수 있다. 특히, 수송기관의 고속화가 곧 국가경쟁력 향상의 중요한 요소로 인식되고 있는 현 시점에서 고속철도의 필요성은 더욱 증대된다고 할 수 있다. 국내에서도 이미 고속철도의 시대가 시작되었으므로 고속철도와 관련된 소음진동 현상을 알아본다.

고속철도에 관련된 주요 기술은 차량, 급전, 열차제어, 토목 및 건축분야로 세분화되며, 이는 기계, 전기, 전자, 컴퓨터, 재료, 토목기술 등이 망라된 종합기술이라 할 수 있다. 특히,

© EQRoy/Shutterstock, Inc.

그림 5.21 국내 고속철도의 모습

표 5.2 고속철도에 요구되는 대표적인 기술

차량기술	전기·제어기술	운영기술
차량시스템	추진시스템기술	소음 관련 기술
구조·재료기술	전력공급기술	지반·진동 관련 기술
공력설계기술	전력변환 및 보조전환장치기술	교량, 터널구조, 안정성 기술
공기조화장치기술	자동열차제어기술	궤도 관련 기술
대차 및 현가장치기술	신호시스템기술	통신기술
제동장치기술	자기진단 및 처리시스템기술	역무자동화 기술
집전장치기술		열차운영관리기술
감속기·coupling 기술		건설관리기술

고속철도에 필요한 대표적인 기술로는 차량기술, 전기·제어기술, 운영기술 등으로 분류되며, 표 5.2와 같이 정리할 수 있다.

이러한 여러 관련기술 중에서 앞에서 설명한 철도차량에 대한 소음진동 항목에 부가하여 고속철도에서 추가로 고려해야 할 사항을 간단히 알아보도록 한다.

5.4.1 고속철도의 공기역학

고속철도는 300 km/h 이상의 속도로 주행하는데, 이는 음속의 1/4에 해당하는 매우 빠른 속도라고 할 수 있다. 따라서 공력저항이 총 주행저항의 80% 이상을 차지하게 되며, 이로 인한 공력소음이 심각하게 발생할 수 있다. 고속철도의 공기역학적인 특성은 고속철도의 선두부 형상, 차량의 단면형태, 팬터그래프(pantograph) 등과 같은 차량의 외부 부착물에 의해서 크게 좌우되므로, 이에 따른 공력해석이 차량 설계과정에서 선행되어야 한다. 특히, 국내의 지형 특성으로 인하여 고속철도의 전체 주행구간 중에서 터널 통과구간이 35% 이상이기 때문에, 터널 통과 시의 안전성 및 터널 공사비의 절감 측면에서도 공기역학적인 고려는 필수적이라 할 수 있다.

(1) 공기저항

열차의 주행저항은 크게 기계적인 저항과 공기저항으로 분류할 수 있다. 주행저항은 열차가 출발하는 경우를 제외하고는 일반적으로 주행속도가 빨라질수록 증가하는 경향이 있다. 기계적인 저항은 열차주행 시 베어링과 회전축, 레일과 차륜 간의 접촉 부위에서 발생하는 마찰에 의한 저항을 뜻하며, 기계적인 저항 역시 열차의 속도에 비례하여 조금씩 증가하는 경향을 갖는다.

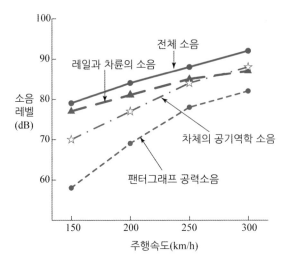

그림 5.22 **고속철도의 주행속도별 소음변화 비교**

 하지만 열차의 주행속도가 더욱 증가할수록 전체 저항 중에서 기계적인 저항이 차지하는 비율은 점차 줄어들게 된다. 기계적인 저항에 주로 영향을 미치는 인자는 열차의 중량과 선로조건이며, 열차의 경량화와 선로조건의 개선으로 기계적인 저항값을 효과적으로 저감시킬 수 있다.

 한편, 공기저항은 열차에 작용하는 공기의 저항력을 뜻하며, 열차의 중량과는 무관하고 열차의 크기와 형상에 크게 영향을 받게 된다. 주로 주행속도의 2제곱에 비례하여 공기저항이 커지는 경향이 있다. 열차의 주행속도가 커질수록 공기저항은 급속도로 증가하게 되어 300 km/h 이상의 속도에서는 그림 5.23에서 보는 바와 같이 공기저항이 전체 주행저항의 약

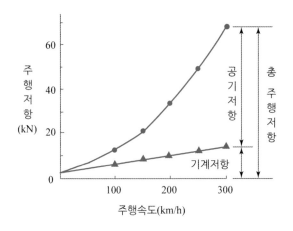

그림 5.23 **고속철도의 주행저항 구분**

80% 이상을 차지할 정도이다. 이러한 주행저항은 선두부와 후미부의 압력저항과 열차 자체의 표면마찰(skin friction)에 의한 마찰저항으로 구성된다.

(2) 공력소음

공력소음은 열차주행 시 차체와 주위 공기와의 마찰로 인하여 발생되는 소음을 뜻한다. 즉, 공력소음은 열차의 차체 표면에서 발생하는 유동박리(flow separation)로 인한 난류 경계층의 유동과 와류(vortex)가 동반되는 비정상적인 유동현상으로 기인된다. 또한 열차 하부의 대차(bogie)에 의한 공기저항으로 인한 소음도 크게 발생할 수 있다. 이러한 공력소음은 열차 주행속도의 6제곱에 비례해서 증가하는 것으로 파악되고 있다.

고속철도에서는 열차 표면과 팬터그래프에 의해서 공력소음이 크게 발생하는데, 특히 팬터그래프에서 발생되는 소음은 강도가 크고, 발생원 자체가 열차의 최상부에 위치하고 있어서 방음벽 등에 의한 소음감소효과도 기대하기가 힘든 특성이 있다. 공력소음의 감소를 위해서는 유선형의 열차형상을 고려해야 하며, 팬터그래프 부품들의 형상을 최적화시켜서 유동박리현상을 최소화시키는 방안을 강구해야 한다.

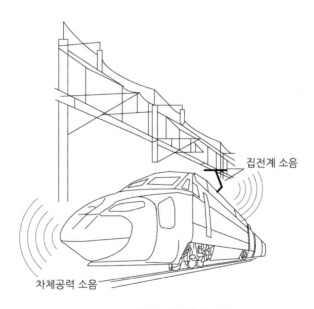

집전계 소음

차체공력 소음

그림 5.24 **공력소음의 발생 부위**

(3) 터널 통과 시의 소음

열차가 고속으로 터널에 진입하는 것은 마치 원통 내부에 빠른 속도로 피스톤을 미는 것과 같은 개념이라 할 수 있다. 따라서 열차의 선두부가 터널에 진입할 경우에는 터널 내부에서는

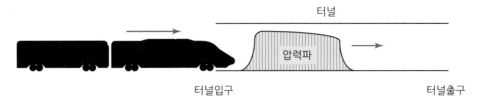

그림 5.25 터널 통과 시 발생하는 압력파

압력파가 발생하며, 후미부가 터널 내부로 진입할 경우에는 팽창파가 발생한다. 이러한 압력 및 팽창파들로 인하여 터널을 빠르게 통과하는 열차 주변으로 비정상적인 압력변동을 발생시켜서 열차승객들이 느끼는 이명현상이나 고막이 눌리는 듯한 불쾌감을 유발시키게 된다. 특히 터널의 입·출구 및 터널의 단면형상과 크기가 이러한 압력변동에 직접적으로 관련되므로, 이에 대한 고려 및 터널 통과 시의 안전성, 경제성을 고려한 시공이 이루어져야 한다. 또한, 열차 내·외부 사이의 기밀유지도 터널 통과과정에서 발생하는 열차 주변의 급격한 압력변동으로 인한 승객의 불쾌감을 저감시키는 데 있어서 상당한 효과를 얻을 수 있는 방법이라 할 수 있다.

국내 고속철도의 경부구간만 보더라도 무려 47개의 터널이 있어서, 터널 주행거리만도 서울 – 부산 간 거리의 35%에 이를 정도이다. 고속철도에서는 터널 통과 시 문제되는 소음의 개선을 위해서 객차의 밀폐에 각별히 신경써야 한다. 고속철도에서는 출입문, 세면수의 배출구, 객실과 운전실의 환기구, 객차 간 연결부위 등이 밀폐 취약지역이라 할 수 있다. 국내의 고속철도에서는 빠른 속도로 터널에 들어갈 때에는 모든 환기구가 닫히고, 터널을 빠져나올 때는 환기구가 열리는 개념으로 터널의 내부 주행에서 유발되는 압력변동을 최소화시키는 방안이 채택되고 있다.

(4) 팬터그래프의 진동

팬터그래프는 고속철도에서 전기 동력원을 공급받는 장치로서, 열차의 운행과정에서는 연속적인 동력을 공급받아야 원활한 고속주행이 가능해진다. 하지만 열차의 주행속도가 증대될수록 팬터그래프와 가선(catenary) 간의 접촉이 분리되는 이선현상이 발생하여 일시적으로 전력공급이 중단되는 현상이 발생할 수 있다.

이와 같이 팬터그래프에서 이선현상이 발생하면 연속적인 동력공급이 불가능하여 안정적인 주행이 곤란해지며, 아크 방전이 일어나서 집전판의 마모 및 통신유도장해까지 발생할 수 있다. 아크 방전이 있을 경우에는 아크 소음도 크게 발생하게 된다. 따라서 고속주행과정에서도 팬터그래프의 이선현상을 최소화하기 위해서는 가선의 장력을 증가시키고 행어(hanger)의 간격을 축소시켜서 진동현상을 줄이고 균일한 유연성(compliance)과 등가질량을 갖도록

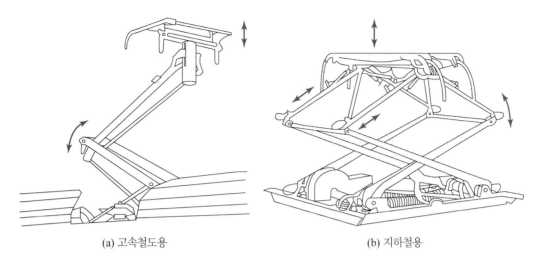

| (a) 고속철도용 | (b) 지하철용 |

그림 5.26 고속철도용 및 지하철용 팬터그래프의 구조

설계되어야 한다. 또한 팬터그래프의 집전판이 가선의 형상을 잘 따라가도록 자체 질량과 운동저항이 최소화되도록 설계되어야 하며, 팬터그래프의 구조물도 경량화시켜야 한다.

5.4.2 고속철도의 환경소음

일반 철도차량과는 달리, 고속열차에서 발생하는 소음은 냉각팬소음(cooling fan noise), 전동소음(rolling noise), 공기역학적인 소음(aerodynamic noise) 등이 크게 발생한다. 이 중에서도 공기역학적인 소음은 차체 표면에서의 기류소음 및 팬터그래프 등과 같은 부가장치들에서 발생하게 되며, 차량의 주행속도가 시속 300 km를 넘게 될 경우에는 가장 지배적인 소음이 된다. 특히 전기공급을 받는 팬터그래프에서 발생하는 소음을 집전계 소음이라 하며, 통상 차량속도의 6 ~ 8제곱에 비례해서 공기역학적인 소음이 증대되기 마련이다. 여기서 기류의 흐름을 원활하게 하는 유선형의 차체구조 및 출입문과 창문 등의 기밀 향상, 차체 하부 대차의 기류저항을 저감시키는 방안 등을 강구할 수 있다. 반면에, 시속 200 km 이하의 주행속도에서는 전동소음이 지배적이며, 전동소음은 주행속도의 3제곱에 비례하는 특성을 갖는다.

이러한 고속철도의 환경소음을 저감시키기 위해서 가장 먼저 적용되는 대책방안은 철로 주변의 방음벽(acoustic barrier)이라 할 수 있다. 방음벽은 소음의 전달과정에서 투과손실의 향상과 회절소음의 저감을 위해서 채택되는 소음저감방법이다. 소음저감 특성은 방음벽의 형상과 재질에 따라 큰 차이점을 가지나, 대체적으로 5 ~ 10 dB 정도의 저감효과를 얻을 수 있다. 경부 고속철도의 경우에도 서울 – 부산 간 거리의 15%에 해당하는 60 km에 가까운 구간에 방음벽이 설치될 정도이다. 방음벽의 형태로는 직립형, 꺾임형, 혼합형, 터널형 등이

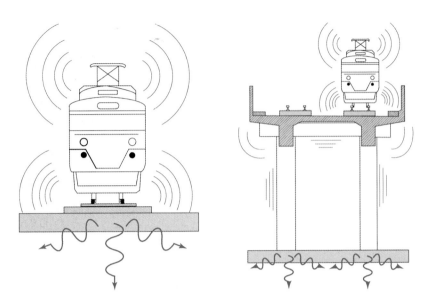

그림 5.27 고속철도의 환경소음 및 진동발생현상

있다. 방음벽에 대한 세부사항은 21장을 참고하기 바란다.

고속열차에서 발생하는 소음 중에서 소음원의 위치가 비교적으로 낮은 전동소음이나 냉각 팬소음에는 방음벽이 효과적이지만, 소음원의 위치가 높은 팬터그래프의 경우에는 방음벽에 의한 소음저감효과가 매우 미약한 특성을 갖는다. 고속열차의 환경소음저감을 위해서 추가로 고려되는 사항을 정리하면 다음과 같다.

(1) 소음감쇠기

방음벽 상단구조에 설치되는 소음감쇠기(noise reducer)는 일본에서 연구·개발되어 적용되고 있으며, 그림 5.28과 같은 버섯 모양의 형상을 가진다. 이는 방음벽에 의한 소음 저감대책에서 방음벽의 상부에 음의 에너지가 집중되어서 마치 새로운 음원처럼 소음이 방사되는 현상을 억제시키기 위해 추가된 장치이다. 즉, 방음벽 상단부의 형상을 원통 모양과 같은 원만한 형태로 하고, 내부에는 흡음재를 적용시켜서 방음벽의 소음 차단효과를 배가시키는 효과를 얻을 수 있다. 특히, 철도 주변에 높은 건물이 있거나 방음벽의 높이가 엄격히 제한되는 곳처럼 설치환경이 열악한 지형에서는 더욱 효과적으로 적용될 수 있다.

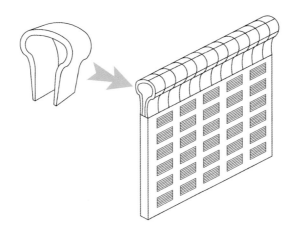

그림 5.28 소음감쇠기를 장착한 방음벽

(2) 공명형/간섭형 방음벽

소음의 회절현상으로 인한 방음벽의 한계를 극복하기 위해서 방음벽 패널 내부에 그림 5.29와 같이 공명기를 적용하거나, 서로 다른 길이의 중공관(中空管)을 적용시키는 방음벽이 사용될 수 있다. 공명기가 적용된 방음벽은 250 ~ 1,000 Hz의 주파수 영역에서 양호한 소음저감효과를 얻을 수 있으며, 그림 5.30과 같은 간섭형 방음벽은 회절현상을 극소화시켜서 소음 감소영역을 최대화시킬 수 있다. 그 외 2차의 음원을 인위적으로 발생시켜서 소음을 저감시키는 능동형 방음벽도 연구되고 있는 추세이다.

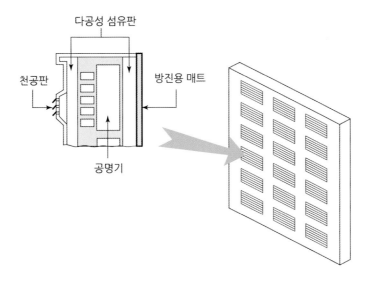

그림 5.29 공명형 방음벽의 내부 구조

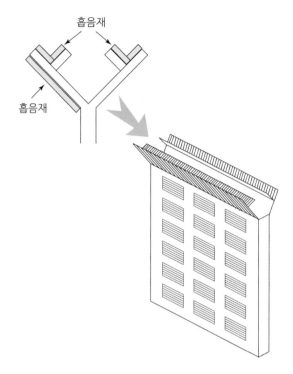

그림 5.30 **간섭형 방음벽의 구조**

5.5 대차

대차(bogie)는 열차의 무게를 지지하고 현가장치를 통해서 안락한 승차감을 제공하며 휠과 레일 간의 접촉을 통해서 차량을 추진시키고, 제동작용 등을 수행하는 핵심부품이라 할 수 있다. 특히, 고속철도 주행과정의 안정성 측면에서는 필수적인 부품으로, 견인 전동기의 장착 유무에 따라 그림 5.31과 같이 동력대차와 객차대차로 분류할 수 있다.

고속철도에서는 객차 1량당 대차 2개씩으로 구성되는 일반적인 방식과는 달리, 그림 5.32와 같이 대차 한 개에 양쪽의 객차를 연결하는 관절형 대차방식을 채택하는 추세이다. 이러한 방식은 대차의 개수가 줄어들게 되면서 열차의 경량화는 물론, 주행저항을 감소시켜서 가속성능의 향상과 에너지 절감효과를 동시에 얻을 수 있는 장점이 있다. 특히, 고속주행에서 급격히 증대되는 공기저항에서 대차가 차지하는 비율이 약 1/3인 것만 보더라도 대차수의 감소는 기계적인 저항뿐만 아니라 공기저항의 감소효과까지 얻을 수 있는 이점이 있다.

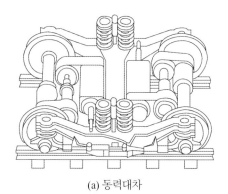
(a) 동력대차

(b) 객차대차

그림 5.31 **철도차량의 대차구조**

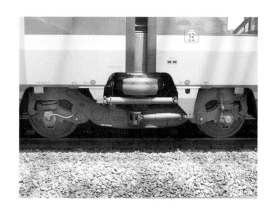

그림 5.32 **고속철도의 관절형 대차구조**

20량의 열차편성에서 일반 열차의 대차방식으로는 40개의 대차가 필요하겠지만, 관절형 대차인 경우에는 23개까지 줄일 수 있다. 또한 대차의 위치가 객차의 양끝에 위치하게 되어서 차체의 무게 중심을 낮출 수 있으므로 안전성 확보, 승차감 향상 및 실내소음의 저감효과를 얻을 수 있다.

다만, 관절형인 특성으로 인하여 객차의 길이가 제한된다는 단점이 있으며, 사고발생이나 일반 정비과정에서도 일부 차량만의 분리가 상대적으로 곤란하다는 어려움이 있다. 하지만 소음감소 측면과 동력성능향상 측면에서는 관절형 대차방식이 더욱 증가되는 추세이다. 그림 5.32와 같이 국내의 아름다운 산천을 고속으로 주행하고 있는 고속철도도 이러한 관절형 대차방식을 채택하고 있다.

CHAPTER

06 항공기 소음

항공기 소음은 우리들의 생활 속에서 경험하게 되는 교통소음이나 공장소음과 같은 공해요소 중의 한 영역에 불과할 따름이다. 그러나 피해자 입장에서는 항공기 소음에 대한 반응만큼은 다른 환경소음과는 달리 집단적인 민원을 야기하고, 항공기 소음으로 인한 피해지역이 넓다는 특징이 있다. 또한 일반적인 교통소음에서는 자신도 자동차를 운전하거나 버스나 지하철에 탑승하여 얼마든지 소음을 유발할 가능성이 있으며, 공장소음도 자신이 속해 있는 지역경제에 도움을 줄 수 있어서 어느 정도까지는 참아줄 수 있다는 인식이 지역주민들의 저변에 깔려 있다고 볼 수 있다.

하지만 항공기 소음에 대해서만큼은 지역주민들에게 있어서 소음의 원인 발생자는 별도로 존재하고, 자신들은 전적으로 피해자라는 의식을 강하게 느끼는 경향이 있다. 특히, 항공기 소음은 주로 공항 근처의 공중에서 간헐적이거나 충격적으로 발생하기 때문에 소음에 의한 피해영역이 넓고, 소음방지를 위한 차단시설의 설치가 매우 어렵다는 특성을 갖고 있다. 국내에서도 공항 주변의 항공기 이착륙 소음으로 인해 피해를 입는 인구가 50만 명을 넘고 있으며, 200여 개의 학교에서도 항공기 소음으로 수업에 지장을 받는 것으로 조사되고 있다. 항공기의

ⓒ Paul Drabot/Shutterstock, Inc.

그림 6.1 전투기 착륙모습

운항횟수가 늘어날수록 상시소음과 비슷해지는 추세이다.

항공기 소음은 난청뿐만 아니라, 전화 통화, TV 시청의 방해, 학습 및 수면방해, 작업능률의 저하, 불쾌감, 분노 등과 같은 정서장애를 유발시키며, 호흡기, 소화기 및 순환기의 기능저하와 임신율의 저하 등과 같이 건강에도 악영향을 미치는 것으로 알려져 있다. 그뿐만이 아니라 축산, 양봉농가에 있어서도 항공기 소음에 의해 가축이 유산을 하거나, 닭이 연란(軟卵)을 낳을 수도 있고, 벌이 집단폐사하는 경우도 발생할 가능성이 있다. 이러한 항공기 소음은 시민의식이나 사회적인 성숙도가 높아질수록 더욱 피해의식이 심화되는 특성을 가지고 있다. 국내에서도 점차 항공기를 이용하는 여객수요가 증가되고 있는 추세이므로 항공기 소음에 대한 불만과 민원은 지속적으로 증가될 것으로 예상된다.

6.1 항공기 소음의 특성

항공기 소음은 단일 항공기의 운행과정에서 방사되는 소음과 여러 기종의 이착륙뿐만 아니라 정비과정 및 공항 내의 여러 시설물 등에서 발생하는 소음이 공항 주변에 영향을 미치는 경우로 구분할 수 있다. 여기서는 항공기 자체에서 방사되는 소음을 중심으로 알아본다. 각 항공기의 모델 및 사용목적에 따라 조금씩 차이가 있겠지만, 항공기 자체에서 발생되는 소음은 다른 수송기계에 비해서 매우 높은 음압레벨을 가지며, 엔진의 가스배출로 인하여 후방에서 특히 크게 발생한다. 항공기 소음은 주로 비행에 필요한 추진력을 얻는 과정에서 발생하는 엔진소음과 기체의 공기역학적인 소음으로 구분할 수 있다.

6.1.1 엔진소음

항공기의 추진력을 얻는 과정에서 발생하는 엔진소음은 이착륙 및 순항과 같은 항공기의 운항과정에 따라 소음의 발생 정도가 다를 수 있지만, 환경소음 측면에서는 인근 주민들에게 가장 많은 불만과 민원을 불러일으키는 소음이라 할 수 있다. 항공기의 엔진은 크게 프로펠러 엔진과 제트 엔진으로 구분되며, 이 중에서도 제트 엔진은 터보 제트(turbo jet) 엔진과 터보 팬(turbo fan) 엔진으로 구분된다.

(1) 프로펠러 엔진

프로펠러 엔진은 지금까지도 중소형 항공기에서 가장 널리 사용되고 있는 엔진이라 할 수 있다. 엔진구조는 가스터빈(쌍발형 엔진의 중형 항공기)이나 피스톤 엔진(소형 항공기)에

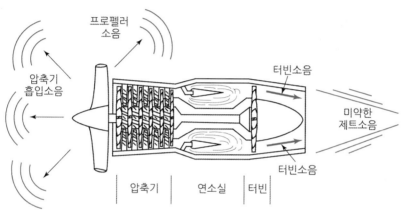

그림 6.2 터보 프로펠러 엔진의 항공기 장착사례 및 소음 발생

의해서 프로펠러가 가동되어 추진력을 얻게 된다.

프로펠러 엔진에서 발생되는 소음은 주로 프로펠러의 회전에 의해서 유발되는 공기역학적인 소음과 엔진의 배기소음이 대표적인데, 이 중에서도 프로펠러에 의한 소음이 가장 지배적이라 할 수 있다. 프로펠러 소음의 주요 주파수 영역은 프로펠러 끝단의 회전속도(blade tip speed)와 날개 수를 곱한 값의 정수배에 해당된다. 가스터빈에 의해 구동되는 방식의 프로펠러 엔진에서는 터빈소음과 제트소음이 추가되지만, 제트 엔진의 경우보다는 비교적 소음이 작다고 할 수 있다. 피스톤을 사용하는 엔진인 경우에는 가스터빈에 비해서 배기소음이 크게 발생할 수 있는데, 이때에는 소음기를 적용하여 감소시킬 수 있다.

(2) 터보 제트 엔진

터보 제트 엔진은 높은 출력과 급가속 등의 사용목적으로 개발된 제트 엔진이다. 따라서 우수한 동력성능과 전투능력이 최우선이라 할 수 있는 전투기와 같은 군용 항공기 엔진에

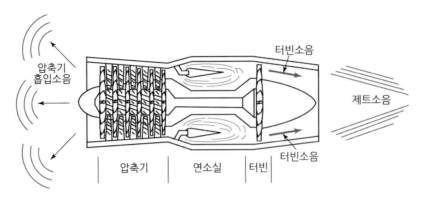

압축기 흡입소음

터빈소음

제트소음

압축기   연소실   터빈

터빈소음

그림 6.3 터보 제트 엔진의 소음 발생

주로 사용된다. 그림 6.3과 같이 엔진 내부의 컴프레서에 의하여 압축된 공기가 연소실로 진입하여 연소되면서 제트 노즐을 통해서 외부로 팽창되는 과정에서 발생되는 추진력으로 항공기를 운항시키게 된다.

이러한 연소과정에서 발생하는 대표적인 소음은 공기 흡입소음, 배기소음 및 엔진 표면의 방사소음이라 할 수 있다. 이 중에서 배기소음이 가장 지배적인 소음이며, 이는 엔진의 제트 노즐에서 분사된 고온의 배기가스와 엔진 주변의 낮은 온도를 가진 공기가 서로 급속히 혼합될 때 발생하는 공기역학적인 소음(와류에 의한 소음)이 주요 원인이 된다. 이를 제트소음 또는 제트 분사소음이라 한다.

특히 엔진의 추진력을 상승시키기 위해서 애프터버너(after burner)를 가동하게 되면 연소된 공기의 배출 직전에 연료를 재분사하여 폭발시키기 때문에 더욱 큰 소음이 발생한다. 또한 흡입소음은 주로 컴프레서 소음과 흡입과정에서 유발되는 소음으로 이루어지며, 엔진의 표면 방사소음은 엔진 구조물[엔진을 둘러싼 통(shell)을 의미]의 진동현상에 의해서 발생되는 소음을 뜻한다.

(3) 터보 팬 엔진

터보 팬 엔진은 제트추진뿐만 아니라 그림 6.4와 같이 별도의 팬에 의한 추진기구를 갖는 구조이다. 따라서 터보 제트 엔진에 비해서 낮은 압력의 제트분사가 이루어지기 때문에 상대적으로 작은 소음을 발생하는 특징이 있다. 터보 팬 엔진은 급가속이나 순간적인 고출력이 필요하지 않은 민간 여객기나 수송기에 주로 사용된다. 향후 연료효율의 증대와 더불어 터보 제트 엔진에 비해서 비교적 저소음 효과 등으로 인하여 팬의 형상이 더욱 커지는 터보 팬 엔진의 개발이 활발히 이루어지리라 예상된다.

소음 특성은 터보 제트 엔진과 마찬가지로 제트 노즐에 의한 공기역학적인 소음을 발생시키

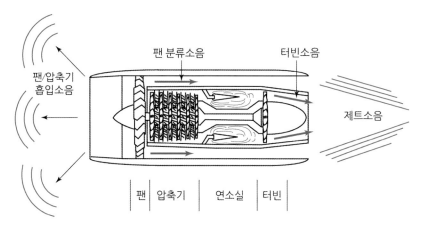

팬 분류소음　터빈소음

팬/압축기
흡입소음

제트소음

팬│압축기　연소실　터빈

그림 6.4 터보 팬 엔진의 소음 발생

지만, 비교적 낮은 주파수의 소음이 두드러지는 경향을 가진다. 반면 팬에 의한 소음이 추가되어서 인간의 민감한 주파수 대역(3 ~ 4 kHz)에서 문제를 발생시킬 수 있다. 소음계(sound level meter)의 청감보정에서 D 보정곡선은 이러한 항공기 소음을 정확히 측정하기 위한 목적으로 개발된 것이다.

6.1.2 기체소음

기체소음은 항공기의 기체 표면을 따라 유동하는 공기 흐름에 의해서 발생하는 공기역학적인 소음이다. 이는 항공기의 순항뿐만 아니라, 이착륙 시 기체와 착륙장치 등을 지나가는 공기의 흐름에 의해서 발생한다. 하지만 그림 6.5에서 보는 바와 같이 기체소음은 엔진소음에 비해서는 훨씬 낮은 레벨의 소음을 유발할 따름이다. 제트 엔진이 장착된 항공기에서는 약

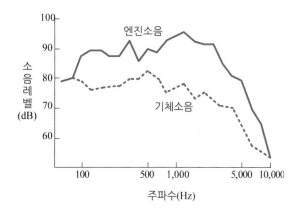

그림 6.5 항공기 착륙 시의 소음 비교

600 Hz 이상의 기체소음이 발생하지만, 매우 높은 고도(항공기인 경우에는 지상에서 약 10 km 상공)로 인하여 환경소음 측면에서는 큰 문제를 발생하지 않는다고 볼 수 있다. 따라서 환경 측면보다는 오히려 비행기 내부소음에서 중요한 고려대상이 된다.

항공기에 탑승해서 듣게 되는 내부의 실내소음은 엔진소음, 기체소음 및 공조기기소음이 대부분이다. 특히 비행고도가 높아질수록 비행기 내부의 실내기압은 낮아지므로, 고막에 불쾌한 압박감이나 고통을 느끼기 쉬운 경우가 자주 발생한다. 일반 항공기의 실내공간은 평균 20 ~ 22도의 온도와 3분 간격으로 환기가 이루어지지만, 습도는 10% 미만의 매우 건조한 상태이다. 비행기가 이륙해서 착륙할 때까지 탑승객은 내부의 소음과 진동에 그대로 노출되어 있는 셈이라고 말할 수 있다. 특히 전투기 조종사는 엔진소음과 기체소음을 그대로 감내해야만 한다. 그 이유는 전투기의 전투능력과 동력성능을 위해서 별도의 소음차폐장치가 장착될 수 있는 여지가 매우 적기 때문이다. 전투기 조종사 출신 중에서 소음성 난청에 시달리는 경우가 많은 것도 이 때문이다.

최근 여객기의 연비를 높이기 위해서 항공기 구조물의 50% 내외를 탄소복합재료로 채택하고 있으며, 공기저항 감소를 위한 다양한 신기술이 채택되고 있다. 그 중에서 그림 6.6과 같이 비행기 날개 끝단에서 발생하는 와류와 소음을 감소시키는 장치[raked wing tip, 일명 샤크렛(sharklet)이라고도 한다]와 미세한 돌기를 통해 공기저항을 감소시키는 리블렛(riblet)이 대표적인 사례라 할 수 있다.

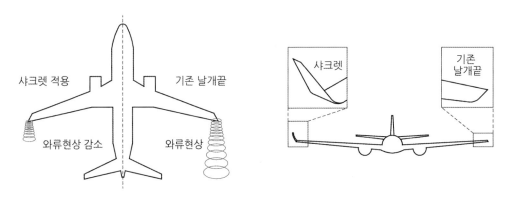

그림 6.6 항공기 날개 끝단의 와류와 소음저감 장치

6.1.3 항공기 통과 시 지상소음

항공기는 다른 교통기관과는 달리 높은 고도의 상공에서 매우 빠르게 이동하는 특성이 있으므로, 항공기의 위치에 따른 시간적인 변화에 따라 지상에서 느끼게 되는 항공기 소음도

시시각각 변화하기 마련이다. 일반적으로 한 지점을 중심으로 항공기가 접근하는 경우에는 고주파수 영역의 소음이 지배적이며, 항공기가 바로 측정지점 위를 지날 때나 멀어지는 경우에는 저주파수 영역의 소음이 지배적인 특성을 갖는다.

이러한 이유는 항공기가 접근할 때에는 엔진의 흡입과정에서 발생되는 소음(2 kHz 이상의 주파수 영역)이 주로 들리게 되고, 측정지점 위를 지나서 멀어질 때에는 흡입소음이 줄어들면서 팬에 의한 배기소음(500 Hz 이하 영역의 제트소음)이 주로 들리기 때문이다. 주파수가 낮은 저주파 소음은 대기 중에서 먼 거리까지 쉽게 전파되므로, 항공기가 지나간 이후에도 소음이 남는 여음(餘音)현상이 나타난다. 이는 자동차나 철도차량에서 발생하는 소음과 구별되는 항공기 소음의 특징이라 할 수 있다. 그림 6.7은 항공기가 낮은 고도로 비행할 때 느끼는 지상소음의 특성을 보여준다.

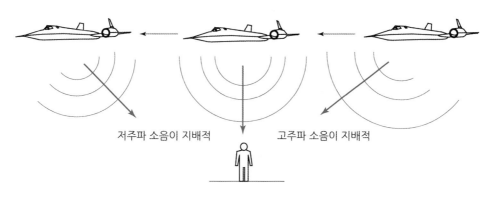

저주파 소음이 지배적　　　　고주파 소음이 지배적

그림 6.7 항공기 통과 시 소음 특성

6.1.4 소닉 붐

전투기와 같은 비행기가 초음속으로 비행하는 경우에는 공기 중에 충격적인 음파가 발생하게 되며, 이러한 충격음파가 지상으로 전파되면서 매우 강한 충격음이 들리게 된다. 이를 소닉 붐(sonic boom)이라 하며, 공기의 비선형 효과에 의해서 두 번의 충격음처럼 들리게 된다. 음속 돌파 시 비행기에 의해 발생된 음장은 그림 6.8과 같은 원추형태(Mach cone)로 전파되며, 지상과 교차되는 지점에서는 그림 6.9와 같은 파형이 기록된다.

그림 6.9의 소닉 붐 파형은 초음속 비행기가 지상 20 km 상공에서 음속 2.6배의 속도로 초음속 비행할 때 지상에서 측정한 소음 데이터이다. 그림 6.10은 전투기(F-18A 모델)가 음속 돌파 직전에 발생하는 비행운(충격음장)을 보여준다. 이러한 비행운은 응축(condensation) 구름이라고도 하며, 항공기가 음속에 가까워지게 되면 기체 주변 공기의 압력과 온도가 급격히 낮아져서 대기 중의 수분이 응축되면서 나타나는 현상이다.

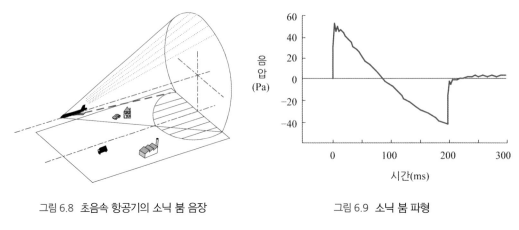

| 그림 6.8 초음속 항공기의 소닉 붐 음장 | 그림 6.9 소닉 붐 파형 |

© Mike V. Shuman/Shutterstock, Inc.

그림 6.10 음속 돌파 직전의 비행운(F-18A 모델)

세계 최초로 개발된 초음속 여객기인 '콩코드'기가 역사의 뒤안길로 퇴장한 원인도, 음속 돌파과정에서 유발되는 소닉 붐 때문이라 할 수 있다. 콩코드의 초음속 비행을 위해서는 육지의 상공이 아닌 해상을 비행할 수밖에 없었는데, 여객기의 해상비행은 운항노선을 크게 제한하였기 때문에 초음속 비행기의 장점을 제대로 살릴 수 없었다고 볼 수 있다.

6.2 항공기 소음의 측정 및 평가

항공기 소음의 측정 및 평가에는 주로 미국연방항공국(FAA, Federal Aviation Admini-stration) 및 국제민간항공기구(ICAO, International Civil Aviation Organization)에서 PNL, WECPNL, Ldn 등이 사용되고 있다. 하지만 아직까지 전 세계적으로 통일된 소음평가단위는 없으며, 각 나라마다 자국의 환경기준이나 특성에 맞추어서 다양한 측정 및 평가가 이루어지고 있는 실정이다.

(1) PNL(perceived noise level, 감각소음레벨)

미국연방항공국에서 항공기 소음 평가를 위해서 사용하는 소음단위로, 항공기 소음으로 인한 인체 반응, 항공기의 운행시간 및 항공기 소음의 스펙트럼(spectrum) 순음성분 등에 의한 여러 가지 영향들을 복합적으로 평가하기 위해 제정한 측정방법이다. 항공기의 종류별 소음과 항공기 운항횟수, 운항시간 및 코스, 기상 및 지형 등을 종합적으로 평가하는 측정법이다.

감각소음레벨을 기초로 하여 개선된 평가방법으로는 EPNL(effective PNL)이 있다. EPNL은 항공기 소음을 평가하는 감각소음레벨에서 인체반응, 항공기의 계속 운항시간, 특이소음과 지속시간 등을 보정한 평가방법으로, 단일 항공기에서 발생되는 소음척도를 객관적으로 나타낸다고 볼 수 있다.

(2) WECPNL(weighted equivalent continuous PNL)

국제민간항공기구에서 사용하는 항공기 소음의 평가단위로, 항공기 소음에 노출되는 주민의 반응을 객관적으로 평가하기 위한 측정법이다. 신문이나 뉴스 등에서 공항의 항공기 소음을 보도할 때 WECPNL을 '위클'이라고 부르는 경우가 많다. 항공기에서 소음이 발생하는 시간과 계절에 의한 영향을 보정한 평가방법이라 할 수 있다.

주로 공항 주변의 소음평가에 있어서는 가장 합리적인 측정평가법으로 인정되지만, 일반 소음행정에 종사하는 사람이나 관계자들에게 있어서 dB(A), L_{eq} 등과는 달리 근본적인 개념을 쉽게 이해하기가 힘들다는 단점이 있다. 또한 공항 주변의 전반적인 환경소음을 평가하는 과정에서는 추가의 교통소음과 항공기 소음을 각각 구별시켜야 하는 등의 여러 가지 이유들로 인하여, 현재는 일본과 우리나라에서만 사용되고 있는 실정이다.

현행 항공법(항공법 시행규칙 제274조)에 따르면 WECPNL값이 75 이상이면 소음피해 예상지역으로 분류하고 있다. 즉 WECPNL값이 95 이상인 경우에는 이주 대상이며, 90 ~ 95 이내인 경우에는 시설물의 신축금지와 방음시설의 설치조건으로 증개축이 허가되고, 75 ~ 90인 경우에는 방음시설의 설치조건으로 신축 및 개축허가가 이루어지도록 규정되어 있다.

(3) Ldn(day-night average sound level)

미국연방항공국에서 공식적으로 사용하는 평가법으로, WECPNL보다 비교적 단순하고 사용하기 편한 이점이 있다. 이 단위는 동일한 레벨의 소음이라도 주간보다 야간에 더욱 불쾌감을 느끼기 때문에 등가소음(L_{eq})에서 야간시간대에 발생하는 소음을 가산하여 보정한 것이다.

우리나라와 같은 중위도 지역의 국가는 19 ~ 22시까지를 저녁시간대로, 22 ~ 07시까지를 야간
시간대로 구분하여 별도의 보정값을 더하게 된다. Ldn은 항공기 소음을 다른 환경소음과
동일한 차원에서 비교·평가할 수 있다는 큰 장점이 있다.

6.3 항공기 소음의 대책

항공기 소음에 의한 문제는 공항 인근의 주거지에 대한 환경소음과 공항 내부에서의 소음으
로 분류할 수 있다. 항공기 소음 중에서 일정 고도에서 순항하는 비행기는 지상 거주민에게
거의 피해를 주지 않으나, 소음이 문제되는 경우는 항공기의 이착륙과정에서 발생되고 있다.
공항 내부에서의 소음 피해자는 공항에 종사하는 직원들과 항공기 이용객들이라 할 수 있으
며, 주 소음원은 항공기 이착륙 시 발생되는 소음이 주요 점검항목이다. 여기서는 환경소음
측면에서의 저감대책을 중심으로 설명한다. 항공기 소음의 저감대책으로는 크게 소음원 대책,
전파경로 및 운항절차 대책, 수음자 대책으로 구분할 수 있다.

6.3.1 소음원 대책

항공기 소음의 가장 효과적인 대책은 바로 항공기 자체에서 발생되는 소음을 줄이는 것이라
고 할 수 있다. 즉, 저소음 엔진의 개발과 팬소음을 저감시킨 엔진을 채택하는 방법을 강구할
수 있다. 그림 6.11은 제트소음의 감소를 위해서 엔진의 노즐 끝부분을 톱니 모양(saw teeth)으
로 설계한 셰브론 노즐(chevron nozzle)을 보여준다. 이러한 노즐로 말미암아 제트출구에서
공기와의 혼합이 빠르게 진행되어 혼합기에서 유발되는 난류 발생을 억제시켜서 제트소음을
저감시킨다고 한다.

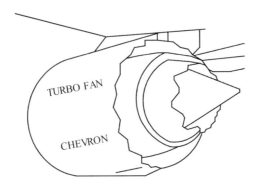

그림 6.11 제트소음저감을 위한 셰브론 노즐

아직까지도 비행기용 엔진을 직접 설계·생산할 수 있는 국가는 극소수에 불과하므로 항공기 소비자(항공사) 입장에서 볼 때, 엔진 자체의 저소음화는 곤란한 실정이므로 적극적인 소음 저감대책이라 볼 수 없다. 따라서 일차적으로 항공기의 이착륙 시 엔진의 출력을 규제하는 이른바 저출력 운항대책을 채택할 수 있다. 하지만 낮은 엔진출력으로 이륙하거나 착륙하는 방법은 긴 활주로의 이용이 필수적이어서 소음의 노출지역이 오히려 길고 넓어지는 특성을 갖는다.

이차적으로 고출력 급상승 이륙방법은 활주로 방향으로의 소음 노출이 적어지는 이점이 있지만, 항로 좌우지역으로 소음이 증대되는 현상이 발생한다. 따라서 엔진의 출력규제는 특정 공항의 주민 거주분포 및 지형 특성 등을 면밀히 조사하여 적절하게 대응할 수밖에 없다. 이 밖에 엔진의 역추진(reverse thrust) 제한, 보조날개(landing flap)의 각도 저감, 급상승 이륙(steepest climb) 등과 같이 다양한 소음저감방안을 강구할 수 있다.

한편, 군용 비행장에서는 전투기의 엔진점검 때 발생하는 큰 소음이 공항 주변으로 퍼져나가는 것을 방지하기 위해서 허시 하우스(hush house)와 같은 돔형 구조물을 설치하는 방안을 강구할 수 있다. 허시 하우스를 이용할 경우, 전투기 엔진점검 시 발생되는 130 ~ 140 dB(A)에 해당되는 소음이 75 dB(A) 내외로 줄어들게 되며, 고온의 배출가스를 충분히 냉각시켜서 대기로 방출하기 때문에 주변 환경의 피해를 최소화시킬 수 있다.

6.3.2 전파경로 및 운항절차 대책

전파경로 대책으로는 방음벽과 방음림을 적용할 수 있으나 항공기 소음이 상공에서 전파되므로 뚜렷한 효과를 기대하기가 힘들며, 방음림 역시 수목의 성장 및 의미 있는 효과를 얻기까지 최소 3년 이상의 시간이 필요하다. 따라서 전파경로 대책은 투자비용에 비해서 효과는 극히 미약하다 할 수 있다. 방음벽과 방음림에 대한 세부내용은 21장을 참고하기 바란다.

운항절차에 따른 대책은 항공기의 운항시간이나 코스 등을 규제하여 항공기에 의한 소음발생을 최소화시키는 방법으로, 현재 세계 대부분의 공항에서 가장 현실적으로 적용시킬 수 있는 효과적인 방법이다. 즉, 저녁시간 이후부터 심야시간대에는 항공기의 이착륙을 금지시키거나, 계절적인 요인(주로 풍향 및 기상상태에 좌우된다)에 맞추어서 운항코스를 달리하여 항공기 소음의 노출 정도를 줄이는 방안 등을 시행하는 것이다. 또한 2개 이상의 활주로를 오전·오후 시간으로 구분하여 이착륙 방향을 서로 바꾸는 방안을 채택하게 되면, 피해지역의 소음노출 정도를 최소한의 수치로 유지시킬 수 있는 효과를 얻을 수 있다. 그림 6.12는 이러한 2중 활주로의 시간별 이착륙 변경사례를 보여준다.

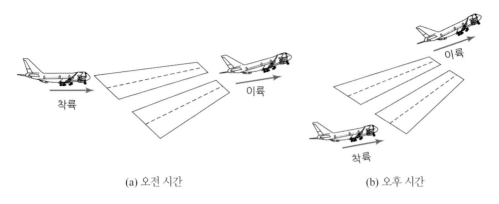

(a) 오전 시간   (b) 오후 시간

그림 6.12 **2중 활주로의 시간별 이착륙 변경사례**

6.3.3 수음자 대책

항공기 소음의 방지대책 중에서 가장 광범위하고 많은 예산이 소요되는 방법이 바로 수음자 대책이라 할 수 있다. 즉, 항공기 소음에 노출되는 지역의 주민들에게 적절한 피해보상(방음시설 등)을 하거나, 토지이용을 규제시켜서 원천적인 소음노출을 줄이는 방법 등이다. 기존 공항의 경우에는 광범위한 지역에 해당되는 항공기 소음의 노출 정도를 면밀하게 측정·평가하여 방음시설이나 방음림 등과 같은 구체적인 수음자 대책을 사용하는 방법 외에는 달리 뾰족한 해결방법이 없다고 볼 수 있다.

따라서 신설 공항인 경우에는 계획수립과정에서부터 공항 주변의 토지이용을 적극적으로 규제하여 향후 발생할 수 있는 항공기 소음에 의한 피해를 원천적으로 방지하는 노력이 필수적으로 강구되어야만 한다. 이를 위해서 항공기 소음에 노출되는 인구 및 영향범위를 포함하는 소음지도를 활용하는 방안이 필요하다.

공항 주변의 기존 주택에 대한 방음시공으로 인하여 주택 내부에서는 10 ~ 20 dB의 차음효과를 얻을 수 있으며, 적절한 설계에 따라서는 30 dB 이상의 차음효과까지 얻을 수 있다는 것이 선진국의 사례에서 찾을 수 있다. 따라서 국내에서도 기존 주택을 방음처리하는 방안을 적극적으로 시도하는 것이 민원발생의 예방대책에서도 효과가 클 것으로 예상된다.

07 선박의 소음진동

선박은 사람이나 화물을 탑재하여 강이나 바다를 항해하는 구조물이라 정의할 수 있다. 일반 육상 운송수단에 비하여 대용량의 적재능력과 이동성능을 갖추고 있으며, 사용목적에 따라 여객선, 상선, 어선, 작업선, 군함 및 특수목적용 선박으로 구분된다.

여러 수송기계에 있어서 선박에 의한 운송은 속도는 느리지만, 같은 중량을 운반하는 데 필요한 동력이 가장 적다고 볼 수 있다. 그만큼 수송효율이 가장 뛰어난 운송수단이며, 지구상의 물동량이 증가할수록 더 많은 상선이 건조될 것이다.

선박의 소음진동현상은 노젓기나 바람에 의한 항해에서는 크게 문제되지 않았다. 하지만 증기기관이나 내연기관으로 동력원이 대체되어 고속·대형화되면서 선박에서도 소음진동현상이 주요 관심사항으로 대두되기 시작하였다. 선박에서 발생하는 소음진동현상은 승선한 사람들에게 불쾌감을 주고 승무원의 작업능률을 저하시킬 뿐만 아니라, 과도한 진동이 지속될

그림 7.1 소음과 진동 걱정이 없었던 옛날 목선

CHAPTER 07 선박의 소음진동 ▪ 189

경우에는 탑재장비의 기능 이상이 발생하고 심할 경우에는 피로파괴에 의한 선체의 구조 손상에까지 이를 수 있다. 따라서 국제표준기구(ISO)에서도 선박진동의 허용기준을 권유사항으로 제시하고 있으며, 선주 또한 소음진동 수준이 낮은 선박건조를 요구하고 있는 추세이다.

7.1 선박의 소음진동 특성

선박은 폭이나 높이에 비해서 길이가 매우 긴 상자형 모양의 단면을 가진 강(剛)구조물이라 할 수 있으며, 사용부재의 대부분이 보강판과 다양한 연결기둥 등으로 복잡하게 조립되어 있다. 선박 내부에도 각종 기계장치들이 복잡하게 구성되어 있으며, 선박의 주요 소음진동원만 살펴보더라도 주기관(엔진), 보조기관(발전기), 프로펠러, 파도 등과 같이 다양하게 존재한다. 선박이 고속·대형화될수록 선체의 고유 진동수는 낮아지게 되므로, 파도에 의한 낮은 진동수의 진동현상[이를 스프링잉(springing)이라 한다]이 쉽게 발생할 수 있다. 이러한 여러 종류의 가진원(加振源, vibration source)에 의해서 소음이 탑승공간에 직접 전파되기도 하고, 선박 전체가 진동하거나 또는 국부적인 요소가 진동하면서 다양한 소음진동현상이 발생하게 된다.

일반 상선의 거주구(deck house)는 조타실을 비롯하여 사무실, 침실 등이 밀집해 있는 곳으로, 선박의 항해기간 동안에 선원들이 주로 기거하는 공간이다. 따라서 선박의 거주구에도 일반 주택이나 사무실과 같이 정숙하고 안락한 환경이 요구되고 있다. 그러나 선박의 구조 특성상 거주구 근처에는 엔진을 비롯한 추진장치와 각종 설비기계들이 24시간 쉬지 않고

그림 7.2 선박의 소음과 진동발생

가동되고 있어서, 승객들이 요구하는 수준의 정숙성과 쾌적성을 만족시키기가 여의치 않을 경우가 많다. 또한 선박의 구조 자체가 강성이 크면서도 중량은 상대적으로 적은 강구조물의 특성을 갖기 때문에 소음진동현상이 쉽게 발생할 수 있다.

7.2 선박의 진동

선박에서 발생되는 여러 종류의 진동형태는 선박의 구조적인 특성에 따라 선체 거더(girder)의 진동, 상부구조의 진동, 선체의 국부진동 및 추진축의 진동 등으로 분류할 수 있다.

7.2.1 선체 거더

선체 거더는 주갑판과 선체 측면 및 외판 등으로 이루어진 구조를 뜻하며, 진동 특성은 5 Hz 이하의 고유진동수를 가지는 상하좌우방향 및 비틀림 진동형태를 갖는다. 이 중에서도 상하방향의 진동 특성이 선체의 진동현상에 가장 큰 영향을 주는데, 2행정 저속 디젤엔진의 불평형 가진이 주요 원인이 된다. 또한 초대형 선박인 경우에는 파도에 의한 스프링잉 진동이 발생할 우려가 있다. 선체 거더진동이 과도할 경우에는 선미에 엔진 불평형력과 반대 위상의 진동을 발생시키는 역기전기(balancer, 동흡진기)를 설치하여 제어하게 된다.

7.2.2 상부구조

상부구조는 주갑판 위에 설치된 구조물을 뜻하며, 선루, 갑판실이 포함된 거주구 등이 이에 속한다. 여기서 선루는 승무원의 거주공간인 동시에 선반운항에 필요한 주요 장비들이 설치되는 공간을 의미한다. 상부구조의 진동 특성은 전후 방향의 진동현상이 지배적인 영향을 주게 되어서 탑승객과 선원들에게 진동 불쾌감을 유발시켜 작업능률을 저하시키고 탑재된 주요 장비들의 성능이상이나 손상을 초래할 수 있다. 상부구조의 고유 진동수는 일반적으로 10 Hz 내외(대형 상선은 5 Hz 부근까지 저하될 수 있음)이므로, 프로펠러의 날개 주파수(blade frequency)나 엔진의 고차 성분과 공진할 가능성이 높다. 따라서 선박의 초기 설계단계부터 고유 진동수의 정확한 예측에 따른 진동절연설계가 필요하다.

7.2.3 선체 국부진동

선체의 국부진동은 각종 보강판이나 패널 등을 포함한 판이나 보 요소들이 특정 진동수 영역에서 국부적으로 진동하는 현상을 뜻한다. 특히 선박에는 연료공급과 공조를 위한 유체이송을 위해서 다양한 배관이 복잡하게 설치되어 있어서 유체이동에 따른 유체동력학적 가진력과 선체에 작용하는 외부 가진력으로 인하여 국부적인 진동현상이 쉽게 발생할 수 있다. 따라서 배관의 밸브 개폐 시 압력과 유속변화로 발생할 수 있는 공동현상을 억제하는 적절한 밸브 선정과 함께, 배관의 탄성지지를 통해 국부적인 진동현상을 저감하게 된다. 그림 7.3은 배관의 탄성지지 사례를 보여준다.

더불어서 선박에는 디젤 발전기, 펌프, 공기조화장치를 위한 압축기, 냉각기와 보일러 등의 기계장치가 탑재된다. 이러한 선박용 기계장치는 육상의 공장바닥과는 달리 선박의 탄성구조 위에 설치되기 때문에, 기계장치 받침대의 강성이나 마운트 특성에 의해 진동현상이 크게 좌우될 수 있다.

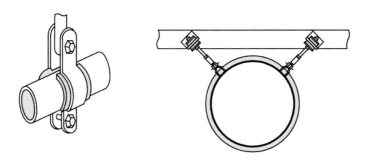

그림 7.3 배관의 탄성지지 사례

7.2.4 추진축

추진축의 진동은 동력전달과정에서 유발되는 비틀림 진동현상을 뜻하며, 이는 7.4절에서 언급하는 비틀림 진동억제용 댐퍼 및 탄성 커플링의 적용으로 진동현상을 저감시킬 수 있다.

7.3 선박의 소음

선박에서 발생하는 소음은 크게 선박 내부에 위치하는 각종 격실에서 발생하는 격실소음과 선박운항으로 해수 중에서 발생하는 수중소음(URN, underwater radiated noise)으로 구분할 수 있다. 특히 함정을 비롯한 잠수함에서는 수중소음이 매우 중요한 설계요소라 할 수 있다. 수중소음(음향)에 대해서는 20장을 참고하기 바란다.

선박의 운항과정에서 발생하는 소음은 엔진을 비롯한 추진기관, 발전기, 배기관, 공조장치, 프로펠러 등에 의해서 주로 발생된다고 볼 수 있다. 이 중에서도 선박이 대형화될수록 엔진소음과 발전기 소음이 가장 크게 증대되는 경향을 갖는다. 거주구에서 발생되는 소음의 전달경로는 대부분 구조전달소음(structure borne noise)의 특성을 가지며, 강구조물인 관계로 진동현상이 선박 전체로 쉽게 전파되는 경향이 있다. 반면에 기관실과 같이 기계장치가 가동되는 공간이나 이에 인접한 곳에서는 공기전달소음(air borne noise)이 지배적이라 볼 수 있다.

그림 7.4는 선박에서 발생되는 소음현상 중에서 구조전달소음과 공기전달소음의 특성을 보여준다. 자동차를 비롯한 육상 운송수단과는 달리 선박에서는 구조전달소음이 지배적인 관계로 이에 대한 개선대책에 주력하고 있는 추세이다.

정숙한 환경의 선박을 제작하기 위해서는 선박의 설계 초기단계부터 저진동 설계개념이 도입되고, 다양한 방진설계 및 방음대책 등이 적용되어야 한다. 그림 7.5는 세계 여러 나라에서 제정한 선박의 실내소음 규제기준을 정리한 것으로, 각국의 규제기준이 크게 차이남에도 불구하고 기관실, 작업실 및 제어실 순으로 격실소음이 크게 발생하고 있음을 알 수 있다.

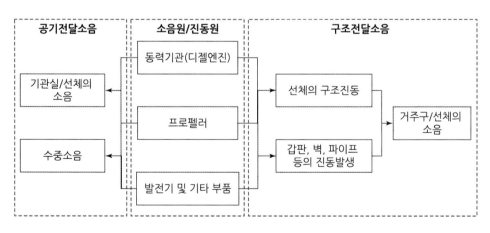

그림 7.4 선박의 소음전달 구분

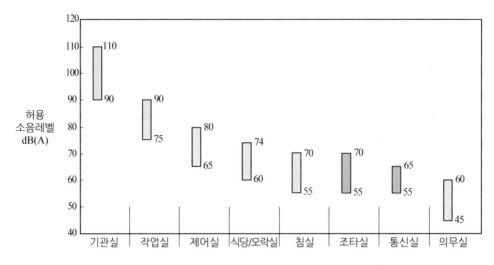

그림 7.5 세계 여러 나라의 선박 실내소음 규제기준

여기서는 선박의 엔진소음 및 방음대책을 다루고, 컨테이너 운반선, 초대형 유조선, 대형 여객선, LNG 운반선 등의 선박들을 중심으로 각각의 소음진동현상 및 저감대책을 간단히 살펴본다.

7.4 선박엔진의 소음진동

선박에 주로 사용되는 엔진은 디젤기관으로, 흡입소음, 배기소음과 연소소음을 포함하여 실린더 블록(cylinder block)의 진동현상으로 발생하는 엔진 표면의 방사소음이 크게 나타난다. 이 중에서 흡입 및 배기소음은 전용 덕트(muffler 등의 소음기)나 파이프에 의해서 소음제어가 비교적 용이한 반면에, 엔진 표면에서 유발되는 방사소음은 대책방안이 복잡하고 대용량의 시설을 필요로 하므로, 선박의 소음현상 중에서 가장 문제되는 인자라고 할 수 있다. 이는 디젤엔진의 운전과정에서 실린더, 내부 연소실의 폭발력과 흡·배기밸브의 작동, 피스톤의 왕복운동에 따른 충격력과 크랭크샤프트의 불평형 가진력 등에 의한 기계적인 진동현상들로 말미암아 실린더 블록의 표면을 통해서 큰 소음이 방사되기 때문이다. 특히, 대형 엔진에서는 불평형 모멘트가 크게 발생할 수 있으므로, 크랭크축 앞부분과 플라이 휠 부위에 평형추(counter weight)를 장착하게 된다. 선박용 엔진은 운전속도에 따라 저속, 중속, 고속 디젤엔진으로 구분된다.

7.4.1 저속 디젤엔진

저속 디젤엔진은 그림 7.6과 같이 회전수가 200 rpm 이하인 대형 디젤엔진을 뜻하며, 통상적으로 프로펠러와 직결되어 있다. 자동차나 철도차량과 같은 육상 수송기계의 엔진에 비해서 매우 낮은 회전수를 갖기 때문에 저주파수의 소음이 지배적이며, 엔진 위 방향으로 소음이 크게 방사된다. 저속 디젤엔진은 주로 2행정(2 stroke, 2사이클이라고도 한다)의 초장행정(3 ~ 4 m 내외의 행정, 1 m 내외의 실린더 직경) 특성을 갖고 2,000 ~ 100,000마력의 출력을 필요로 하는 대형 선박에 주로 장착된다.

최근의 선박기술은 엔진의 출력 증대와 함께 선체의 경량화 추세를 갖는데, 이는 소음진동 측면에서는 매우 불리한 입장이라 할 수 있다. 그 이유는 출력 증대로 말미암아 엔진에서 발생되는 가진력은 점점 커지는 반면에, 이를 지지해주는 선체의 구조는 경량화로 말미암아 상대적으로 약해지기 때문이다.

저속 2행정의 디젤엔진에서 발생되는 주요 진동문제는 종방향 진동(axial vibration)과 비틀림 진동(torsional vibration)이라 할 수 있다. 엔진의 종방향 진동은 연료 저감목적으로 엔진 내부의 연소압력을 증대시킨 초장행정 엔진에서 특히 문제가 되고 있다. 또한 비틀림 진동문제는 엔진의 추력을 변동시키고, 엔진과 선체 상부에서 나타나는 전후 방향의 진동현상에 지대한 영향을 미치게 된다.

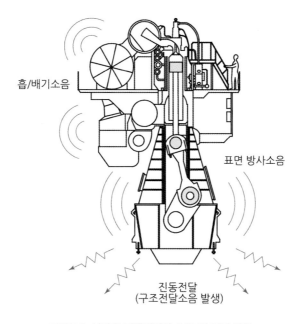

흡/배기소음

표면 방사소음

진동전달
(구조전달소음 발생)

그림 7.6 선박용 디젤엔진의 소음 및 진동 발생

7.4.2 중속 디젤엔진

중속 디젤엔진은 엔진의 회전수가 300 ~ 750 rpm 영역인 중형 디젤엔진을 뜻하며, 저속 디젤엔진에 비해서 비교적 음압레벨이 높게 방사된다. 소음의 주파수 분포도 중간 주파수 영역에 위치하며, 엔진 표면의 진동현상에 의한 방사소음이 지배적이라 볼 수 있다. 그림 7.7은 선박용 디젤엔진 표면에서 소음이 발생되는 과정을 보여준다.

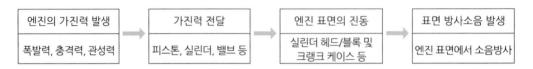

그림 7.7 선박용 디젤엔진의 표면 방사소음 발생과정

7.4.3 고속 디젤엔진

고속 디젤엔진은 엔진의 회전수가 800 rpm 이상인 디젤엔진을 뜻하며, 회전수가 높아질수록 고주파수 영역의 소음이 크게 발생한다. 이는 엔진 내부의 높은 연소 압력과 더불어 압력변화율의 크기가 크게 변화하기 때문이며, 밸브소음도 크게 부각될 수 있다.

중 · 고속 디젤엔진은 주로 4행정(4 stroke 또는 4사이클 엔진)의 중형급 디젤엔진에 속하며, 대략 500 ~ 15,000마력의 출력을 가진다. 엔진과 추진축을 포함한 동력장치에서 발생되는 진동현상은 종방향 진동, 횡방향 진동(lateral or whirling vibration) 및 비틀림 진동으로 구분할 수 있다.

그림 7.8은 선박용 엔진에서 발생되는 각각의 진동종류 및 작용 방향을 보여준다. 종방향 진동현상은 초장행정의 저속 2행정 디젤엔진에서는 심각한 현상을 유발시킬 수 있지만, 4행정

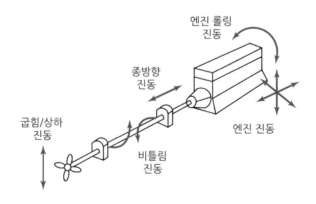

그림 7.8 선박용 엔진의 진동종류 및 작용 방향

의 디젤기관에서는 거의 문제되지 않는다. 또한 횡방향의 진동 역시 고속함정과 같은 특수목적의 선박에서만 고려할 정도로 일반 선박에서는 거의 영향을 미치지 않는다.

그러나 비틀림 진동현상은 대부분의 동력기관에 지배적인 영향을 주기 마련인데, 이는 연소가스의 압력과 왕복질량(피스톤 및 커넥팅로드 등)의 관성력, 프로펠러의 토크 변동(torque fluctuation) 등에 의하여 주로 발생한다. 따라서 중소형 선박을 비롯한 여객선의 경우에는 엔진과 추진축 사이에 탄성 커플링(flexible coupling)을 적용하여 비틀림 진동현상을 억제시키고 있다. 결론적으로 말해서 유효 적절한 탄성 커플링과 비틀림 댐퍼(torsional damper 또는 dynamic absorber)를 선정하여 효과적으로 장착시키는 작업이 선박의 비틀림 진동 저감대책에 있어서 취할 수 있는 거의 대부분의 일이라고 할 수 있다.

탄성 커플링은 일정(一定) 강성형, 토크비례 강성형, 주파수비례 강성형 등이 있고, 비틀림 진동댐퍼로는 점성 댐퍼, 고무 댐퍼, 스프링 댐퍼 등이 사용된다. 이러한 탄성 커플링의 적용에는 열 발생으로 인한 성능저하가 우려되므로, 주변 온도가 30℃를 넘는 경우에는 열부하 조건을 고려해야 한다. 그림 7.9는 선박용 기관의 비틀림 진동현상을 억제시키기 위한 댐퍼장치를 보여준다.

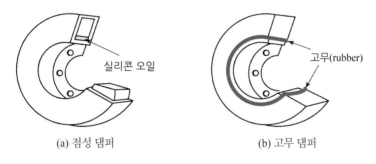

실리콘 오일

고무(rubber)

(a) 점성 댐퍼

(b) 고무 댐퍼

그림 7.9 **비틀림 진동억제용 댐퍼**

7·5 선박엔진의 방음대책

선박의 소음을 저감시키기 위한 여러 가지 대책 중에서 엔진 자체의 소음원을 축소시키는 방법이 매우 효과적이라 할 수 있다. 디젤엔진의 소음은 일반적으로 최대압력과 압력변화율의 크기를 저감시키면 소음발생이 크게 줄어들기 마련이다. 하지만 선박용 엔진에서는 연소과정의 변경이나 소음발생과 밀접한 흡기 및 배기계의 개선작업은 엔진의 출력과 같은 엔진 자체의 성능에 지대한 영향을 끼칠 수 있다. 따라서 엔진 고유의 출력특성뿐만 아니라, 구조적인 수정이나 변화를 최소화시키면서 동시에 소음저감을 위한 방음대책의 강구가 더욱 효과적이

라 볼 수 있다. 여기서는 소음기, 방음재료의 적용, 엔진의 탄성지지 등의 방음대책을 간단히
살펴본다.

7.5.1 소음기

일반 수송기계에서 사용되는 소음기(muffler)의 배기소음 감소개념과 동일한 방법으로 선
박엔진에 채택되는 소음기는 넓은 주파수 영역에서 20 dB 내외의 소음감소효과를 얻을 수
있다. 선박용 엔진의 흡기계와 배기계에서 약 95 dB 이상의 높은 소음이 발생하므로, 유효적
절한 소음기의 채택이 매우 중요하다. 특히 대형 여객선에서 흡·배기계의 소음저감성능이
나쁠 경우에는 수영장, 선교 등에서 감지되는 소음이 탑승객의 큰 불만사항이 될 수 있다.
소음기의 선정에 있어서는 배기가스의 유동저항이 크지 않아야 하며, 배압(back pressure)이
낮게 설계·장착되어야 한다.

7.5.2 방음재료의 적용

흡음재, 차음재 및 제진재를 포함한 방음재료는 약 500 Hz 이상의 주파수를 가지는 소음억
제에 매우 효과적인 저감대책이라 볼 수 있다. 덕트 내부에는 흡음재를 부착시키고, 진동이
심한 패널에는 제진재를 적용시켜서 적절한 소음저감 및 진동감소효과를 얻을 수 있다. 특히,
그림 7.10과 같이 엔진 전체를 차음상자와 같은 밀폐구조로 둘러싸는 방법은 매우 효과적인

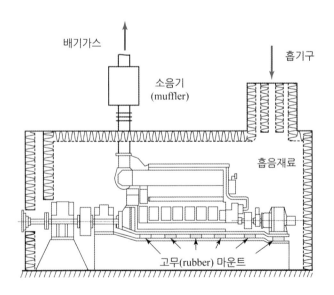

그림 7.10 선박용 엔진의 차음상자와 탄성지지 마운트의 적용사례

공기전달소음의 방음대책이 된다.

차음상자의 외벽은 차음재료(insulation material)를 부착하고, 내벽에는 흡음재료(absorp-tion material)를 부착하여 엔진의 소음이 주변으로 방사되지 않도록 제작·설치하는 것이 필요하다. 이러한 차음상자의 적용과정에서는 엔진의 냉각효율, 무게 및 용적의 증가, 추진장치 및 각종 배관들과의 연결, 밀폐성능 등에 있어서 세심한 주의와 검토가 요망된다.

7.5.3 엔진의 탄성지지

엔진의 기계적인 흔들림(진동현상)이 강구조물인 선체로 전달되어 선체 내부에서 발생하는 구조전달소음을 최소화하기 위해서는 엔진을 지지하는 위치에 고무나 스프링 재료를 이용한 탄성지지장치를 강구할 수 있다. 이때에는 엔진의 탄성지지뿐만 아니라, 추진장치 및 엔진에 연결되는 각종 배관들도 함께 탄성지지조건에 부합시켜야 한다. 한편, 엔진의 회전수가 200 rpm 이하인 저속 디젤엔진에서는 엔진의 회전수가 낮고 엔진 자체의 중량만도 1,000톤이 넘는 관계로 유효 적절한 탄성지지조건을 얻기가 곤란하므로, 탄성지지방식을 채택하지 않고 있는 실정이다. 하지만 발전기용 엔진(40~50톤 내외의 중량을 가진다)은 탄성지지방식을 채택하게 된다. 구축함이나 전함과 같은 함정에서는 장비와 지지구조 사이에 별도의 설치대를 갖는 이중 탄성지지를 사용한다. 그림 7.11과 7.12는 선박용 엔진의 탄성지지에 사용되는 각종 마운트의 종류 및 내부구조를 나타낸다.

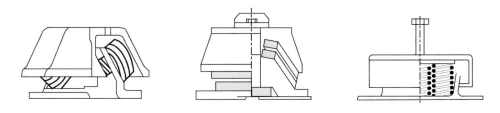

그림 7.11 선박용 엔진의 탄성지지용 마운트 종류

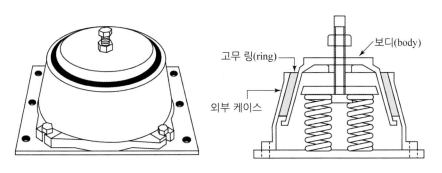

그림 7.12 선박용 각종 기계부품의 방진 마운트의 외관 및 내부구조

7.6 프로펠러의 소음진동

프로펠러는 선박의 추진장치로서 자동차의 바퀴와 같은 역할을 하며, 강이나 바다의 수면 아래에서 작동하는 특성을 갖는다. 프로펠러의 작동과정에서는 선박 후미 부분에서 프로펠러 날개면의 압력 변동과 캐비테이션(cavitation) 현상에 의해서 프로펠러 소음과 함께 선체를 진동시키는 가진력이 발생하게 된다. 여기서 캐비테이션 현상이란 선박의 진행과정에서 발생되는 불균일한 유체(바닷물이나 강물)의 흐름과 프로펠러 후면 부위의 낮은 압력으로 인하여 공기방울이 형성되었다가 붕괴되는 공동(空洞)현상을 뜻한다. 이러한 공동현상으로 인하여 선박을 진행시키는 추력이 감소할 뿐만 아니라, 유발되는 압력변동이 수면 위아래 부위에서 소음을 방사시키게 되며, 프로펠러 주위의 선박 외판을 진동시켜서 선박 내부로도 소음이 전파된다.

프로펠러 소음은 선박의 속도가 증가할수록 급격히 증가하는 경향을 갖기 때문에, 이를 방지하기 위해서는 프로펠러에 홀수의 날개 수를 채택하고 공동현상의 억제대책 등을 강구해야 한다. 따라서 프로펠러 소음의 저감을 위해서 프로펠러 주위에 핀(fin), 덕트(duct) 등의 선미 부가물을 설치하여 반류를 조절하고, 프로펠러 주위의 외판에 탄성지지 가설체 등을 부착시키기도 한다. 더불어, 군사용 함정에서는 별도의 공기를 분출시켜서 프로펠러에 의한 소음현상을 제어하는 방법을 사용하기도 한다.

그림 7.13은 프로펠러에 의한 선체의 선미부 진동을 억제하기 위해서 일본의 한 조선소에서 개발한 감쇠탱크(damp tank)이다. 이 감쇠탱크는 프로펠러 위에 있는 선체에 설치되어서 프로펠러의 작동에 의해 발생할 수 있는 선체의 소음진동 및 전달현상을 저감시키는 역할을 한다. 여기서 감쇠탱크 내부의 유체량이 질량, 공기층이 스프링, 감쇠탱크 하부의 구멍이 감쇠 역할을 각각 담당하는 1자유도 진동계로 모델링할 수 있다.

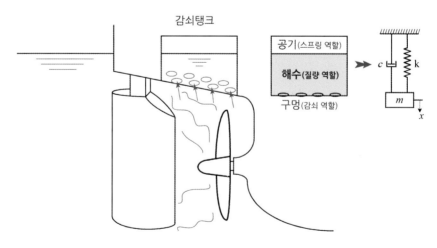

그림 7.13 감쇠탱크의 구조 및 1자유도 모델링

7·7 컨테이너 운반선

컨테이너 운반선은 화물창과 상갑판 위에 컨테이너를 적재하여 운송하는 상선이다. 선박의 용도 특성상 컨테이너의 효율적인 이송을 위해서 셀 가이드(cell guide)가 설치되고, 대형 해치(hatch)와 더 많은 컨테이너의 적재를 위해서 넓은 상갑판구조를 갖는다. 또한 빠른 항해를 위해서 대구경의 고출력 엔진을 채택하는 추세이다.

그림 7.14 컨테이너 운반선의 하역장면

7.7.1 컨테이너 운반선의 진동 특성

컨테이너 운반선은 빠른 화물운송을 위해서 비교적 날씬한 선형이 채택되며, 선미 하부구조가 좁아져서 엔진이 주로 선박의 중앙부에 장착되는 경향이 있다. 따라서 추진장치가 길어지게 되므로, 이에 따른 진동현상이 쉽게 발생할 수 있는 구조이다. 더불어서 높은 운항속도로 말미암아 파도가 선체와 부딪치는 주파수가 증가하므로, 앞에서 설명한 스프링잉 현상이 심각한 진동문제로 부각될 수 있다. 또한 항해의 시계 확보를 위해서 거주구도 7~8층 높이에 해당되므로, 상대적으로 선박의 형태는 길고 좁으면서도 거주구가 매우 높은 형태를 가지게 되어 다양한 진동현상이 쉽게 발생할 수 있는 구조물이라 할 수 있다. 특히, 컨테이너 적재수를 증가시키기 위해서 5,000 TEU(길이 20피트인 컨테이너 5,000개를 선적할 수 있는 선박을 의미) 이상의 대형화 추세와 이에 따른 고출력 엔진 채택으로 인하여 진동현상이 더욱 악화될 수 있다.

(1) 거주구의 진동

컨테이너 운반선은 컨테이너의 적재량을 증대시키기 위하여 일반적으로 거주구의 전후 방향 폭을 좁게 하고, 상하 높이는 높게 설계·제작한다. 이러한 컨테이너 운반선의 구조 특성에 의해서 거주구 앞뒤 방향의 고유 진동수는 5 ~ 6.5 Hz 영역에 존재하게 된다. 이러한 거주구의 진동 특성으로 말미암아 엔진과 프로펠러의 회전차수(order)에 의한 가진력에 의해서 거주구가 공진하는 현상이 자주 발생할 수 있다. 그림 7.15는 컨테이너 운반선의 거주구 및 선미부의 진동형태를 개략적으로 보여준다.

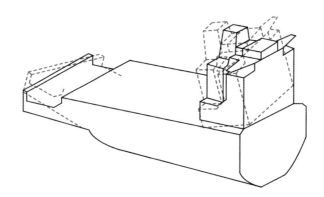

그림 7.15 **컨테이너 운반선의 거주구 및 선미부의 진동현상**

(2) 선체의 진동

일반 상선과 마찬가지로 선체의 상하방향 진동현상이 가장 크게 영향을 미치는 진동형태이며, 상하방향의 진동이 엔진의 2차 불평형 모멘트와 연관될 경우에는 더욱 증폭된 진동현상을 발생시킬 수 있다. 그림 7.16은 선체의 상하방향 굽힘 진동과 비틀림 진동현상을 개략적으로 나타낸다.

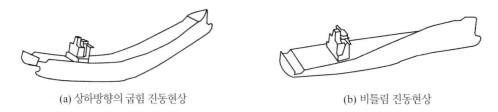

(a) 상하방향의 굽힘 진동현상   (b) 비틀림 진동현상

그림 7.16 **컨테이너 운반선의 선체 진동현상**

(3) 선미부의 진동

프로펠러에 의한 가진력이 작용하는 선미부는 상하방향의 진동 특성을 갖게 된다. 선미부의 진동현상에 의해서 하역장치, 등화장치 및 선박 내부 의장부품들의 부분적인 균열이나 파손이 발생할 수 있다. 그림 7.17은 선미부를 포함한 상부구조와 함께 진동저감을 위해 대형 브래킷 (bracket)을 적용한 사례를 보여준다.

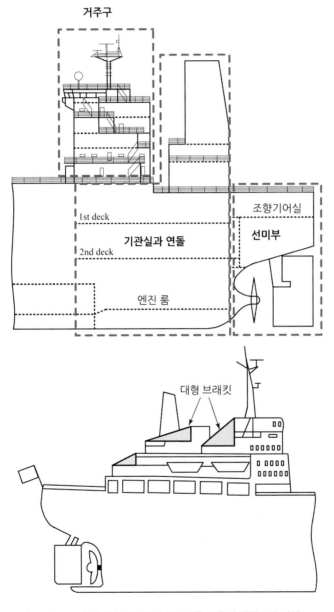

그림 7.17 선박의 상부구조와 브래킷을 이용한 진동저감 사례

7.7.2 컨테이너 운반선의 진동 저감대책

컨테이너 운반선의 진동현상에서 가장 문제되는 것은 바로 거주구의 진동현상이라 할 수 있다. 거주구 진동현상의 저감대책으로는 엔진과 프로펠러 작동에 따른 가진특성과의 공진회피, 진동현상과 관련되는 가진력의 저감, 방진장치의 설치·적용 등이 강구될 수 있다. 공진회피 대책으로는 거주구의 위치변경 및 하부구조의 보강을 강구할 수 있으며, 가진력의 저감을 위해서는 프로펠러에 'high skew'를 적용시키고, 엔진의 불평형 모멘트 보상기(자동차 엔진의 밸런스샤프트 개념) 및 종진동 감쇠기(damper)를 적용시키고 있다. 또한 최근에는 능동 진동제어를 고려한 방진장치도 장착되고 있는 추세이다.

7.8 초대형 유조선

초대형 유조선은 선박의 길이가 300 m, 폭이 50 m를 초과하고 엔진의 출력이 3만 마력을 넘는 대형 구조물을 뜻한다. 대용량의 원유나 가공유를 선적하여 장기간의 항해를 목적으로 사용되며, 불의의 사고로 인한 대형 해양오염을 방지하기 위하여 근래에는 이중 선체구조로 제작되고 있다.

그림 7.18 초대형 유조선의 항해 모습

7.8.1 초대형 유조선의 진동 특성

최근 초대형 유조선과 같은 대형 선박에도 엔진과 프로펠러에 의한 가진력이 증대되고 있는 추세이다. 또한 구조 및 설계기술의 발달로 인하여 선체구조는 경량화되는 경향을 갖는다. 이러한 엔진과 추진력의 증대 및 선체의 경량화는 소음진동의 관점에서는 매우 불리한 조건이라 할 수 있어서 소음진동현상의 저감대책에 많은 어려움을 주게 된다.

초대형 유조선은 구조강도 측면에서는 다른 선박에 비해서 비교적 유리한 입장이나, 항해 시 안전확보 목적으로 거주구의 높이가 증대되고, 선루익(bridge wing)의 폭이 감소되는 추세이다. 선루익은 그림 7.19에 나타낸 바와 같이 선박 접안 시 부두에 최대한 가까운 위치에서 선박을 조정할 때 사용되는 대형 구조물이다. 사용목적상 가장 높은 곳에 위치하고, 좁은 폭을 갖기 때문에 진동문제가 발생하기 쉬운 구조라고 할 수 있다. 따라서 거주구의 전후 좌우방향의 진동, 선루익의 진동문제, 선루 상부에 장착되는 레이더 마스트(radar mast)의 진동 및 탱크를 비롯한 대형 하부 장비들의 진동문제가 심각해질 수 있다.

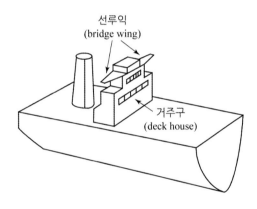

그림 7.19 초대형 유조선의 거주구 및 선루익

7.8.2 초대형 유조선의 진동 저감대책

선박의 주요 진동원인 엔진의 가진력을 감소시키기 위해서는 2차 불평형 모멘트 감쇠기를 비롯한 동흡진기(dynamic absorber)를 설치할 수 있다. 또한 프로펠러에 의한 가진력을 감소시키기 위해서 프로펠러의 선형, 스큐(skew), 날개 수 등을 조정하게 된다. 프로펠러의 날개 수 변경은 운항과정에서 프로펠러에 의한 가진 진동수(exciting frequency)가 선박 자체의 고유 진동수에 접근할 때에는 과도한 진동현상을 유발할 수 있기 때문에 세심한 주의가 필요하다. 또한 선박 자체의 진동현상을 개선시키기 위해서 추가의 강성보강이나 구조변경을 강구할 수 있다.

한편, 선루익의 진동대책으로는 선루익의 고유 진동수를 프로펠러 회전진동의 2차 성분보다 높게 설정하는 것이 효과적이다. 따라서 선루익 끝단의 질량을 감소시키고, 단면형상을 축소시켜서 선루익 자체의 고유 진동수를 상승시키는 설계가 고려되어야 한다. 이러한 방법을 적용시킬 수 없는 경우에는 선루익의 끝단 위치에 동흡진기를 이용하여 진동현상을 저감시키는 사례도 있다.

선루 상부에 장착되는 레이더 마스트는 일반적으로 8 m 내외의 높이와 가늘고 긴 특성으로 인해서 낮은 고유 진동수를 가지므로 선박의 상용 운전조건에서도 쉽게 공진할 수 있다. 이를 해결하기 위해서는 높이를 낮추고 단면강성을 높여서 레이더 마스트의 고유 진동수를 상용 운전조건 이외의 영역으로 이동시키는 것이 필요하다.

7·9 대형 여객선

선박건조기술의 발달과 더불어서 일반 대중의 수입증대로 인하여 선박을 이용한 여행과 여가를 즐기는 수단으로 선진국에서는 오래 전부터 대형 여객선이 이용되고 있다. 이러한 여객선은 승객수송뿐만 아니라, 승용차량이나 화물차량의 승선까지 겸비하는 카페리 형태의 다목적 대형 여객선으로 발전되었으며, 내부구조는 선실 및 극장, 수영장, 식당 등의 다양한 레크리에이션 공간이 구비되어야 한다. 국내 조선업체에서도 대형 여객선의 수주 및 건조에 적극적으로 노력하는 추세이다. 그 이유는 대형 여객선의 부가가치가 대형 유조선의 5배, 컨테이너선의 3배에 이를 정도로 매우 높기 때문이다.

그림 7.20 대형 여객선의 내부 및 외관 모습

7.9.1 대형 여객선의 진동 특성

대형 여객선은 승객의 안락함을 최우선으로 하기 때문에 일반 선박에 비해서 훨씬 엄격한 진동조건(일반 상선의 1/2 이하 수준)이 요구되며, 선박의 사용목적에 따라 하부구조는 대형 트레일러의 적재, 차량이동 등의 이유로 적절한 기둥 및 보강구조를 위치시키거나 적용하기가 곤란한 특징을 갖는다. 따라서 선박의 상부구조 또한 적절한 지지구조를 갖기가 여의치 않아서 상대적으로 연약한 기초 위에 지지된 형태가 되므로 진동현상이 심각해질 수 있다. 이러한 선박의 대형 패널에서 발생할 수 있는 구조적인 진동은 카페리 형태의 선박에서 흔하게 경험하는 문제이다.

특히, 승용차량이나 화물차량의 이동과정에서 배출되는 매연이나 배기가스의 배출을 위해 많은 수의 팬(cargo fan)이 장착되어 또 다른 소음진동원의 원인이 될 수 있다. 더불어서 수영장이나 음식점, 바(bar)와 같은 편의시설에는 흡·차음재료와 같은 소음진동 억제장치를 부착하기 어려운 곳이 많다. 또한 대형 여객선은 시속 30노트 이상의 고속운항이 요구되므로, 엔진의 위치 및 추진축계의 길이가 상대적으로 길어지게 되어서 높은 진동수 영역에서 큰 가진력을 선체로 전달시킬 수 있다.

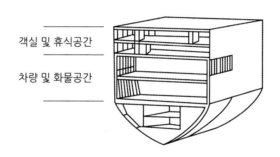

객실 및 휴식공간

차량 및 화물공간

그림 7.21 대형 여객선의 단면형상 예

7.9.2 대형 여객선의 진동 저감대책

일반 여객선을 비롯한 카페리 형태의 선박 특징인 상부구조의 진동현상을 효과적으로 제어할 수 있는 벽과 기둥들의 위치결정이 설계 초기단계부터 적극적으로 이루어지는 것이 중요하다. 또한 일정한 회전수를 유지하면서 가변피치가 적용된 프로펠러를 장착시켜서 추력을 조절하는 방법이 강구될 수 있다.

일반 선박과는 달리 여객선에는 많은 내장재를 포함한 장식물에 의한 부가질량도 설계단계에서 반드시 고려해야 할 사항이다. 이러한 설계과정 및 시공과정을 거친 후, 시운전 과정에서 가진기(shaker 또는 exciter) 시험에 의한 각종 장비나 선체에 대한 진동모드의 검증이 이루어져야 하며, 의장작업이 완료되기 전에 마무리 방진조치를 강구할 수 있도록 진행되어야 한다.

7.10 LNG 운반선

LNG 운반선은 액화천연가스(LNG, liquified natural gas)를 극저온상태(−162℃)로 유지하여 생산 현지에서 저장기지로 운반하는 선박으로, 모스(moss) 방식과 멤브레인(membrane) 방식으로 구분된다. 모스 방식은 구(球)모양의 탱크 여러 개를 선체에 탑재하는 방식이며, 멤브레인 방식은 이중 선체의 화물창 내벽에 방열재를 설치하여 LNG를 운반하는 방식이다. 일반적으로 멤브레인 방식이 모스 방식보다 용적효율이 높고, 운항과정에서도 시계확보가 양호한 편이다.

7.10.1 LNG 운반선의 진동 특성

일반 선박에 비해서 LNG 운반선은 저장한 액화천연가스에서 발생되는 기화가스를 추진연료로 사용하는 터빈엔진이 주로 장착된다. 따라서 선체에 작용하는 주요 가진원은 프로펠러가 지배적이라 할 수 있다. 선체구조도 다른 선박에 비해서 높은 강성을 가지고 있지만, 선미형상이 완만하여 프로펠러에 의한 진동현상이 크게 나타나는 특성이 있다. 더불어 일반 선박은 기관실이 주로 거주구 하부에 위치하지만, LNG 운반선은 기관실과 거주구가 독립된 관계로 연성진동(coupled vibration)으로 인한 복잡한 진동형태를 갖게 된다.

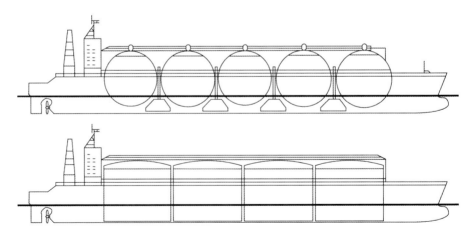

그림 7.22 모스(위) 방식과 멤브레인(아래) 방식의 LNG 운반선

7.10.2 LNG 운반선의 진동 저감대책

선미구조의 완만한 형상으로 인해서 프로펠러 추진에 의한 진동현상을 억제하기 위해서는 선체의 형상을 최대한 날씬하게 설계하는 것이 바람직하다. 기관실과 거주구가 연성되는 진동 양상을 갖지 않도록 설계단계부터 선체와 기관실과의 진동절연효과를 고려해야 하며, 기관실 하부의 기초를 충분히 보강하는 것이 필요하다. 스팀 배관들의 응력 및 진동해석을 통하여 스프링이나 절연재를 유효 적절하게 적용시켜서 배관진동이 선체에 전달되지 않도록 강구해 야 한다.

PART IV

가전제품 및 정보저장기기의 소음진동

8장   냉장고
9장   에어컨
10장   세탁기
11장   기타 가전제품
12장   정보저장기기의 소음진동

Living in the Noise and Vibration

단원설명

최근 주거환경 및 생활양식의 변화에 따라 심야시간에도 가전제품을 사용하는 경우가 늘고 있다. 특히, 핵가족화와 맞벌이 부부의 가정이 늘면서 에어컨, 세탁기, 진공청소기 등의 사용시간이 저녁 및 심야시간에 집중되는 경향을 띠게 되었다. 이러한 가전제품들에서 발생하는 소음과 진동문제로 인하여 쾌적한 주거환경이 침해될 수 있기 때문에, 가전제품의 작동과정에서 발생되는 소음진동현상이 더욱 중요해지고 있다. 이제는 가전제품도 "소음을 잡아야 소비자를 잡을 수 있는" 시대로 변화된 셈이다. Part IV에서는 에어컨, 냉장고, 세탁기 등의 가전제품과 정보저장기기에 대한 소음진동 발생현상과 이에 대한 저감대책을 알아본다.

08 | 냉장고

    냉장고는 근래 대형화 경향을 보이면서 가정 필수품으로 정착되어 내수판매가 포화상태에 이르렀다가, 2000년대에 이르러서는 김치냉장고라는 새로운 수요를 창출하고 있는 대표적인 가전제품이라 할 수 있다. 최근에는 양문형 냉장고를 비롯하여, IT 기능을 결합한 고부가가치의 프리미엄 냉장고의 수요가 급성장하는 추세라서 냉장고의 고효율화와 더불어서 친환경적인 소비자들의 요구는 계속 높아지고만 있다.

    냉장고의 핵심기술은 온도조절, 에너지 효율, 소음분야로 구분될 정도로 냉장고에서 발생되는 소음 특성은 제품판매에 직결된다고 하겠다. 이는 여느 가전제품과 달리 주방과 같은 실내공간에 위치하여 24시간 쉬지 않고 가동된다는 점에서 냉장고의 소음진동 중요성은 더욱 강조된다고 볼 수 있다. 그림 8.1은 가정용 냉장고의 내부구조를 보여준다.

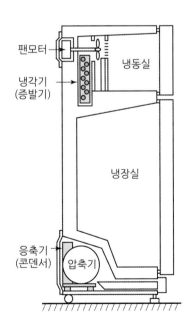

그림 8.1 가정용 냉장고의 구조

냉장고의 대형화로 말미암아 압축기의 고성능이 요구되고 있어서 압축기에서 발생하는 소음이 더욱 증대될 수밖에 없는 실정이다. 일반적으로 냉장고나 에어컨과 같은 냉동 공조기기의 작동과정에서 발생되는 여러 종류의 진동현상들은 즉각적인 소음을 유발시키게 되며, 이러한 소음이나 진동현상은 냉장고의 내부 배관이나 팬의 수명 저하, 제품 이미지의 하락효과를 가져오기 마련이다.

냉장고의 소음현상은 압축기의 구동소음, 냉기순환을 위한 냉동실의 송풍기소음, 응축기 및 증발기의 송풍기소음, 냉매의 유동소음 등이 대표적이라 할 수 있다. 이러한 소음들은 사용자들이 원하는 수준의 쾌적감을 크게 저하시키게 된다. 따라서 냉장고의 소음 중에서 익히 예상하고 있는 정상적인 소음(압축기 구동소음, 팬소음)뿐만 아니라, 소비자들이 전혀 예상하지 못했던 이상소음(압축기 가동/정지소음, 배관 진동음 등)의 개선이 필수적이다. 더불어 냉장고는 단속적인 작동(intermittent operation)으로 인하여 사용자들이 소음현상을 쉽게 인식할 수 있기 때문에, 다른 가전제품에 비해서 더욱 엄격한 소음저감을 필요로 한다. 현재 국내 가전회사에서 생산하고 있는 양문형 냉장고의 소음레벨은 30 dB 이하의 수준에 도달하여 세계적인 기술수준에 도달했다고 볼 수 있다.

8.1 냉장고의 소음진동 특성

냉장고는 흡입된 냉매가스의 체적을 압축기에서 압축시키고 응축기(콘덴서, condenser)에서 액화된 냉매를 냉동고 뒷면에 위치한 증발기(evaporator)로 이동시킨다. 액화된 냉매가 증발기에서 기화시키면서 빼앗기는(주변보다 낮아지는) 열을 이용하여 냉장고 내부의 온도를 낮추는 냉동사이클을 갖추고 있다. 이러한 냉동사이클에서 발생하는 주요 소음원은 압축기소음, 응축기와 증발기의 송풍기소음 등이며, 이 중에서도 압축기소음이 가장 큰 소음으로 소비자에게 짜증을 유발시킬 수 있다.

특히, 환경친화적인 대체냉매(R134a)는 기존의 프레온 가스(CFC)에 비해서 압축비의 상승 및 고효율화가 필수적이므로, 압축기소음은 더욱 심해질 수밖에 없는 실정이다. 가정용 냉장고에서는 대부분 왕복동식 압축기를 사용하며, 그림 8.2는 냉장고용 압축기의 개략도를 나타낸다.

압축기는 전동기의 회전운동으로 구동되는 슬라이더-크랭크(slider-crank) 기구에 의하여 흡입 및 토출밸브의 작동에 따라 냉매가 압축되어 배출되는 반복 사이클을 수행한다. 가전제품의 사용목적에 따라 냉장고용 압축기는 별도의 정비 없이 10년 이상(2×10^{11} cycle 이상)의 운전이 보증되어야 한다.

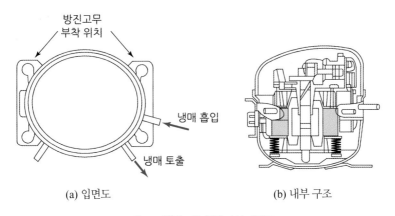

| (a) 입면도 | (b) 내부 구조 |

그림 8.2 냉장고용 압축기의 개략도

일반적으로 왕복동식 압축기는 약 3,600 rpm의 회전수를 갖는 고속운전이 이루어지게 되며, 냉매의 흡입, 압축 및 토출과정에서 다양한 형태의 소음진동현상이 발생하게 된다. 특히, 압축기의 토출과정은 약 10기압에 해당하는 고압상태의 냉매에서 맥동(pulsation)현상이 발생하기 때문에 토출배관이 심하게 진동할 수 있다. 이때, 토출배관이 크게 굴곡되어 있을 경우에는 과도한 진동현상이 나타날 수 있으므로, 토출배관의 급격한 방향전환이 없도록 설계되어야 한다.

일부 냉장고에서는 저소음과 소비전력의 저감효과가 좋은 BLDC(brushless DC)모터가 채택된 압축기가 적용되는데, 이때에는 냉장고 내부의 온도 변화, 보관식품의 양과 문을 여닫는 횟수 등에 따라 압축기의 가진 진동수가 변화될 수 있으므로, 냉장고 구조 및 방진설계에 어려움을 줄 수 있다. 압축기 자체의 진동현상은 압축기 내부에서 발생하는 진동(유도 전동기의 전기적인 진동, 기계적인 불평형 질량 등)과 압축기 외부에서 발생하는 진동(냉매 파이프, 압축기의 표면진동 등)이 혼합되어 냉장고 자체에서 구조전달소음을 유발시키게 된다.

한편, 냉장고의 공기전달소음으로는 송풍기소음, 압축기소음 등이 있으며, 이 중에서 송풍기소음은 회전수와 날개 수의 곱으로 계산되는 높은 주파수의 특성을 가지며, 압축기소음은

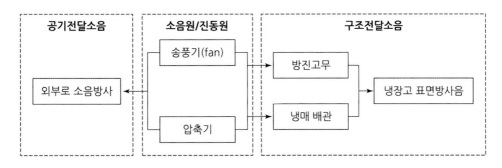

그림 8.3 냉장고의 소음전달경로

압축기 모터의 간극(air gap)에서 발생되는 고주파 소음으로 1,000 ~ 수 kHz의 영역에 존재한다. 압축기에서 발생하는 높은 주파수 영역의 소음은 냉장고 전체의 소음레벨에 대한 기여도는 얼마 되지 않더라도, 사용자들의 귀에는 상당히 거슬리는 불쾌감을 줄 수 있다. 그림 8.3은 냉장고에서 발생하는 소음의 전달경로를 보여준다.

8.2 냉장고의 소음진동 저감대책

냉장고의 소음진동현상에 대한 저감대책으로는 주로 압축기와 송풍기를 중심으로 이루어지게 된다. 가정용 대형 냉장고인 경우, 전체 소음 중에서 압축기 소음이 60% 내외, 송풍기 소음이 40% 내외를 차지한다. 또한 생활수준의 향상으로 인하여 이제는 냉장고의 가동과정에서 발생하는 소음레벨의 저감수준에서 탈피하여 냉장고 가동 및 정지 시의 소음, 불규칙한 이상소음 등을 포함한 음질(sound quality)의 개선까지 고려되어야 한다.

8.2.1 압축기소음

압축기소음의 저감을 위해서는 우선적으로 압축기의 진동현상부터 최소화시키는 것이 필요하다. 따라서 압축기에서 발생된 진동의 전달을 최소화시키기 위한 방진고무 및 받침대의 절연설계가 고려되어야 하는데, 이는 방진재료의 선정과 형상의 최적화를 필요로 한다. 냉매의 흡입·토출용 배관 형상 또한 진동현상이 크게 발생하지 않도록 개선시키며, 지지 부위도 부가질량의 적용 등을 통해 냉장고의 패널과 절연되어야 한다. 최대의 진동 절연효과를 위해서는 진동전달 방향의 직각 방향으로 배관을 형성하는 것이 효과적이다. 응축기에도 체결구조를 개선시켜서 응축기를 통해 냉장고 본체로 전달될 수 있는 진동을 최소화시키며, 기계실의 밀폐구조를 강화하고 기계실 벽면에 흡·차음재료를 부착하여 방음성능을 향상시켜야만 한다.

특히, 진동절연설계에서는 압축기의 작동과정에서 발생하는 진동의 흡수뿐만 아니라, 집안 이사나 위치변동과 같이 냉장고의 이동과정에서 발생할 수 있는 충격적인 진동현상도 함께 고려되어야 한다. 최근에는 회전운동이 아닌 직선운동을 하는 선형(linear) 압축기를 채택하여 압축기소음을 대폭 저감시키고 있으며, 그림 8.4와 같이 냉장고의 기계실 내부에 능동소음제어(active noise control)기술을 이용한 소음 저감대책이 부분적으로 시도되고 있는 실정이다.

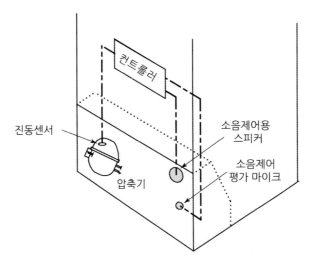

그림 8.4 냉장고의 능동소음제어 사례

8.2.2 송풍기소음

냉장고는 냉기의 순환이 내부의 좁은 통로를 통해서 이루어지기 때문에 유로저항이 매우 큰 특성을 가지지만, 냉장고의 폐회로 구성으로 인하여 유동손실은 그리 크지 않으므로 송풍장치로는 주로 축류(軸流, axial flow)팬이 사용된다. 냉장고 실내의 냉기유동을 위한 송풍기의 소음을 저감시키기 위해서는 송풍기 자체의 저소음화를 강구하는 것과 동시에 냉장고 내·외부의 차음 특성을 향상시켜서 소음저감효과를 얻을 수 있다. 팬의 익형 개선과 날개수의 최적화로 고정압에 대응하고, 팬과 오리피스(orifice) 간의 거리를 최적의 조건으로 설계하여 와류 발생을 억제시키는 것이 송풍기의 소음저감에 효과적이다.

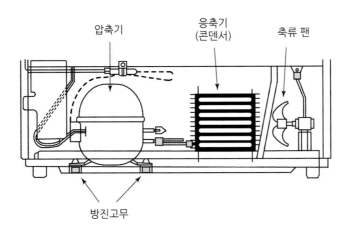

그림 8.5 가정용 냉장고의 후면 기계실 구조

또한 팬의 체결강도를 개선시켜서 다른 진동원과의 공진발생 가능성이 없도록 설계되어야 한다. 일반적으로 냉장고 전면으로 방출되는 소음은 1,000 Hz 이하의 소음이 대부분이기 때문에, 송풍기소음 역시 1,000 Hz 이하의 영역에서 저감대책이 강구되어야 한다. 일부 모델의 냉장고에서는 축류팬 대신 저소음 원심 팬을 채택하는 사례도 늘어나고 있다.

09 에어컨

에어컨은 실내의 온도 및 습도조절을 목적으로 설계·제작된 열교환기이다. 과거 에어컨의 보급률이 낮았던 시절에는 주로 업소용이나 공공장소 등에만 에어컨이 제한적으로 설치되는 수준이었기 때문에 에어컨으로 인한 소음현상에 대한 관심이 그다지 크지 않았다. 그 이유는 설치장소의 특성상 암소음(background noise)이 비교적 높은 상태였으며, 사람의 이동이 빈번하고 거주시간도 짧았기 때문이었다. 그러나 생활수준의 향상으로 가정용 에어컨에 대한 수요가 폭발적으로 증대된 오늘날에는 가정의 거실이나 안방과 같은 거주공간에 에어컨이 주로 설치되고 있으므로, 에어컨에서 발생되는 소음과 진동문제는 과거와는 달리 더욱 엄격하게 다루어질 수밖에 없다. 에어컨은 창문형뿐만 아니라 실외기와 실내기가 분리된 에어컨으로 분류할 수 있는데, 여기서는 분리형 에어컨에 대해서 집중적으로 설명한다.

9.1 에어컨의 소음진동 특성

에어컨에서 발생되는 소음은 송풍기(fan)소음, 전동기(motor)소음, 압축기(compressor)소음, 송풍유로소음, 냉매순환소음 등으로 구분할 수 있다. 이 중에서 송풍기소음, 송풍유로소음 및 전동기소음 등이 가장 지배적인 소음이라 할 수 있다. 또한 에어컨의 소음현상은 실내기와 실외기로 구분하여 고려해야 하는데, 실내기에서는 송풍기소음을 비롯한 공력소음이 80% 이상이며, 실외기에서는 압축기를 비롯한 송풍기계에 의한 소음이 60% 이상, 전동기에 의한 소음이 30% 내외의 기여도를 갖는다.

9.1.1 송풍기소음

송풍기소음은 유체의 난류흐름에 의해서 발생되는 유체소음과 기계적인 진동현상에 의해

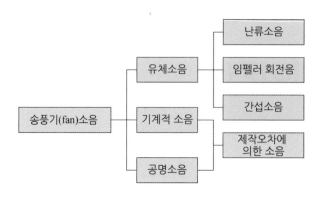

그림 9.1 송풍기소음의 분류

서 외부로 방사되는 소음 및 공명소음으로 분류된다. 유체소음은 임펠러(impeller)의 회전날개 (blade)에서 발생되는 유동의 박리(separation) 및 와류(vortex) 등에 의해서 회전날개의 표면에서 압력변동이 발생하는데, 이러한 압력변동으로 말미암아 난류흐름이 유발되면서 높은 주파수의 소음을 발생시키게 된다. 기계적인 진동현상에 의한 소음은 베어링의 회전마찰에 의해서 대부분 발생하며, 공명소음은 송풍기 구조물의 일부가 공진하게 될 경우에 유발되는 구조적인 소음현상을 뜻한다. 그림 9.1은 송풍기소음의 분류를 보여준다.

냉장고, 에어컨과 같은 냉동 사이클에서는 저온의 열원과 고온의 열원이 별도로 존재하기 마련이다. 여기서, 저온의 열원은 증발기(evaporator)에 해당되며, 증발기에서는 풍량이 적고 시스템의 유로저항이 크기 때문에 주로 원심 팬을 사용한다. 반면에 고온의 열원은 콘덴서에 해당되며, 콘덴서에서는 풍량이 크고 유로저항이 적기 때문에 축류팬을 주로 사용하게 된다.

9.1.2 송풍유로소음

송풍유로계통에서 발생되는 소음은 에어컨 내부를 통과하는 공기가 열교환기를 거치면서 발생되는 소음과 내부 저항물체에 부딪혀서 발생되는 소음으로 구분된다. 대부분 임펠러 근처에 위치한 부품들에서 송풍유로소음이 발생하게 되며, 공기속도의 4~6제곱에 비례해서 증가하는 경향을 가지며 때때로 단속적인 이상음을 발생하기도 한다.

9.1.3 전동기소음

에어컨의 전동기에서 발생되는 소음으로는 전자소음, 기계진동에 의한 소음, 통풍소음 등이 있다. 여기서, 전자소음은 전동기 내부의 자속(磁束)에 의한 소음과 회전토크의 불균일한 맥동소음(이를 2f 진동음이라 부르기도 하며, 주로 단상유도 전동기에서 발생한다)에 의해서 대부

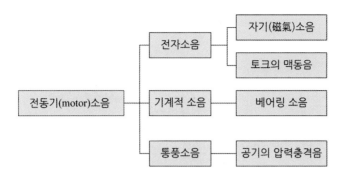

그림 9.2 에어컨 전동기소음의 특성과 원인

분 발생한다. 기계진동에 의한 소음은 베어링의 회전에 의해서 주로 발생하며, 볼 베어링인 경우에는 볼과 접촉표면 간의 결함이나 불량한 윤활유를 사용했을 경우에 발생한다. 통풍소음은 송풍기의 회전력에 의하여 발생한 공기의 압력충격에 의해서 유발되는 소음으로, 불연속적인 소음과 넓은 주파수 영역의 소음으로 구성된다. 그림 9.2는 에어컨 전동기의 소음 특성과 원인을 나타낸다.

9.2 에어컨의 소음진동 저감대책

실외기와 실내기로 구분되는 에어컨에서는 방안 천장 부위나 벽 상부에 실내기가 설치되는 룸(room) 에어컨과 아파트 거실이나 영업장소와 같이 넓은 실내공간에 설치되는 패키지(package) 에어컨의 실내기를 별도로 구분해서 설명한다.

9.2.1 룸 에어컨 실내기의 소음저감

룸 에어컨 실내기의 주요 소음원은 전동기소음과 송풍기소음이며, 이 중에서도 송풍기소음이 가장 지배적이므로 집중적인 소음 저감대책이 요구된다. 일반적으로 송풍기소음을 낮추기 위해서는 송풍기의 직경을 크게 하고, 실내기에서는 내부 공기흐름의 저항을 최소화시키는 것이 유리하다. 그러나 실내기 내부에서 송풍기와 증발기 사이의 간격이 좁아질 경우에는 와류의 발생으로 인하여 소음레벨이 오히려 증가될 수 있기 때문에 다양한 시험과 해석을 통해서 최적의 송풍기 크기를 결정해야 한다.

또한 에어컨 내부의 유동저항 중에서 열교환기와 배출구 패널의 저항이 전체 저항의 약 80%를 차지하므로, 그림 9.3과 같이 설부(舌部)라고도 불리는 에어컨 실내기의 스태빌라이저

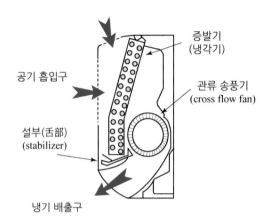

그림 9.3 룸 에어컨 실내기 구조

(stabilizer)는 열교환기의 면적을 최대한 확보하면서도 정압이 적게 유도되는 방향으로 설계
되어야 한다. 스태빌라이저는 열교환기에서 응축되는 물방울을 적절하게 배수시키는 구조를
가져야 하며, 동시에 송풍기에 의해서 발생할 수 있는 와류현상을 효과적으로 억제시키기
위한 형상과 장착각도를 고려해야 한다.

더불어 관류(貫流, cross flow) 송풍기(임펠러)의 상류 부위에서 발생할 수 있는 유동 박리현
상을 억제시키기 위한 유로의 곡률조정도 필요하다. 유로의 곡률조정으로 인하여 에어컨 내부
를 지나는 공기의 유동을 층류흐름에 가깝게 변환시킬 수 있다면 난류소음이 크게 줄어들고,
에어컨 내부의 유로손실도 저감되기 때문에 500 ~ 1,000 Hz의 주파수 영역에서 발생하는 송
풍기소음의 저감효과를 얻을 수 있다. 그림 9.4는 룸 에어컨의 소음저감 사례를 보여준다.

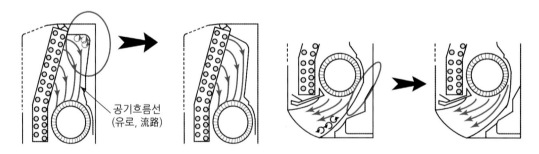

그림 9.4 룸 에어컨의 공기흐름선(유로) 개선사례

9.2.2 패키지 에어컨 실내기의 소음저감

일반적으로 아파트의 거실이나 영업장소와 같이 넓은 장소에 설치되는 패키지 에어컨은 중대형급 에어컨이기 때문에, 정압이 높고 풍량이 많이 요구되므로 소음발생이 비교적 적은 시로코(sirocco) 송풍기를 주로 사용한다.

그림 9.6은 시로코 송풍기의 구조를 나타내며, 크게 하우징(housing, 또는 scroll로도 불림)과 임펠러(impeller)로 구성되어 있다.

시로코 송풍기의 하우징과 임펠러의 규격이나 모양의 변경은 에어컨의 성능 및 소음발생에 있어서 매우 민감한 영향을 끼치게 된다. 임펠러에서 발생되는 소음은 슈라우드(shroud) 부위와 임펠러의 주판 부위이며, 이 중에서도 슈라우드의 소음은 임펠러의 축방향 길이에 매우

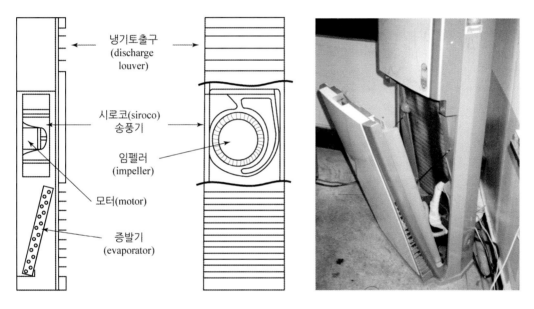

그림 9.5 패키지 에어컨 실내기 구조

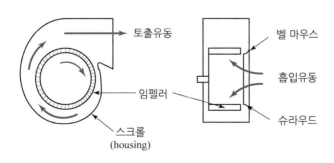

그림 9.6 시로코 송풍기 구조

민감하게 변화한다. 즉, 임펠러의 축방향 길이가 증가되면, 슈라우드 입구에서 박리현상이 발생하게 되면서 소음이 증가되는 경향을 갖는다. 일반적으로 시로코 송풍기의 슈라우드에서는 임펠러의 폭을 직경의 65% 이하로 설계하는 것이 소음감소에 유리하다.

또한 스크롤이라고도 불리는 하우징은 임펠러에서 압력을 받아 유동하는 공기의 운동에너지를 정압에너지로 변환시켜주는 역할을 하는데, 유량 증가에 따른 소음레벨의 증가율은 스크롤의 확대율에 따라 변동하게 된다. 즉, 스크롤의 확대율이 적어질수록 에어컨의 소음발생은 급격하게 커지므로, 송풍기의 풍량과 압력상승의 관계에서 최적의 스크롤 확대율을 선정해야 한다.

한편, 그림 9.7과 같이 임펠러의 입·출구에 망사(mesh)를 적용시킬 경우, 공기의 유동을 균일하게 분포시킬 수 있게 된다. 이러한 공기의 균일한 분포는 평균 유동과 난류를 개선시키는 효과를 가지므로 소음발생을 저감시킬 수 있다. 특히, 유동의 박리가 심하게 발생하는 임펠러에서는 탁월한 소음저감효과를 얻을 수 있는데, 주로 광대역(broad band) 소음의 저감효과가 뛰어나다. 하지만 망사 취급으로 인한 송풍기 자체의 효율이 저하될 수도 있으므로 설부(stabilizer)의 간극 최소화 등의 대처방안을 강구해야 한다.

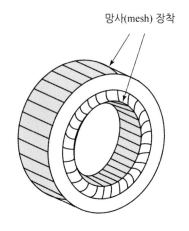

망사(mesh) 장착

그림 9.7 소음저감을 위한 망사 장착사례

9.2.3 실외기의 소음저감

예전과는 달리 아파트 외벽에 에어컨 실외기를 설치하는 것이 점차 제한되고 있는 추세이므로, 상당한 소음진동원이라 할 수 있는 실외기가 점차 아파트 베란다 내부와 건물의 특정지역으로 이동하게 되면서 새로운 소음진동문제가 증대되고 있다. 이러한 실외기 설치 위치의 제한으로 말미암아 실외기 자체의 소형화, 슬림화까지 요구되고 있는바, 악화된 환경여건과 더불어서 에어컨 실외기의 소음진동감소를 위한 개선 여지는 더욱 줄어든다고 볼 수 있다. 에어컨 실외기의 주요 구성부품으로는 압축기, 응축기, 열교환을 위한 송풍기 및 구동모터, 구성부품을 지지하는 구조물 등이다.

에어컨 실외기의 주요 소음원은 압축기소음과 송풍기소음, 기계구조물의 진동에 의한 소음 등으로 분류할 수 있다. 압축기 자체의 소음저감은 냉장고의 경우와 동일하다고 볼 수 있으나, 실외기의 압축기 가동에 따른 진동현상에 의해서 구조전달소음과 함께 실내의 에어컨 응축기까지 연결된 파이프 라인을 통해 진동현상이 전달될 수 있다는 차이점이 있다. 압축기에 의한 소음은 흡음재료로 기계실 내부와 컴프레서 셸 주변을 감싸주어서 높은 주파수 영역의 소음을 저감시키고, 차음벽으로 된 캐비닛 안에 압축기를 위치시켜서 외부로 전달되는 소음의 세기를 저감시키는 방안을 채택하고 있다.

실외기는 대부분 그림 9.8과 같은 축류(軸流, axial flow) 송풍기를 사용하며, 축류팬에 의한 소음은 대부분 200 Hz 이하의 주파수 특성을 갖는다. 에어컨 실외기에서 발생하는 송풍기소음을 저감시키기 위해서는 적절한 설계뿐만 아니라, 벨 마우스(bell mouth)의 최적 위치

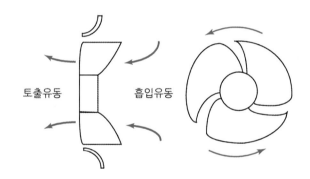

토출유동　　　흡입유동

그림 9.8 축류팬의 구조 및 유동 방향

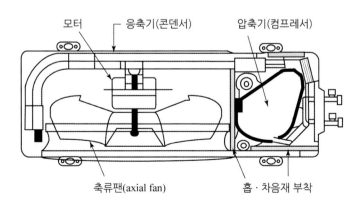

모터　　응축기(콘덴서)　　압축기(컴프레서)

축류팬(axial fan)　　흡 · 차음재 부착

그림 9.9 에어컨 실외기의 구조 및 흡 · 차음재 적용사례

에어컨 실외기 소음 피해 물어줘야

수퍼 밤낮 없이 켜 이웃 고통
분쟁조정위 "310만원 배상"

그림 9.10   에어컨의 실외기 소음피해 기사(중앙일보 2013년 8월 12일)

를 결정하는 것이 필요하다. 즉, 송풍기로 흡입되는 공기의 흐름은 최대한 균일하고 축방향을 기준으로 대칭적인 유동조건이 되도록 설계하며, 토출되는 부분에서도 최소한의 저항이 유지되도록 그릴(grille)의 형상, 각도, 두께, 재질 및 전체 면적 등을 종합하여 최적화시켜야 한다.

최근에는 하나의 실외기로 여러 개의 실내기를 가동시키는 시스템 에어컨(system air conditioner) 판매가 증대되고 있는 추세이다. 대형 아파트나 고급 주택을 비롯하여, 이제는 중형 빌딩에서도 시스템 에어컨을 채택하고 있다. 이는 중앙집중식 냉난방에 비해서 개별적인 냉난방을 선호하는 사례가 늘어나기 때문일 것이다.

중대형 빌딩에 실외기가 다량으로 설치될 경우에는 그림 9.11과 같이 예상 외의 또 다른 소음원으로 작용할 우려가 있다. 근래 에어컨 실외기의 소음피해에 대한 배상결정이 내려진 바 있다. 적절한 실외기의 배치 및 시공이 이루어지지 않을 경우에는 냉난방장치의 성능저하는 물론, 비정상적인 소음까지 증가할 수 있으므로 시스템 에어컨의 설치 이전에 실외기에 의해 유발될 수 있는 또 다른 소음과 열원문제를 충분히 검토해야 한다.

에어컨 실외기의 설치장소 및 배치가 적절하지 않을 경우에는 실외기가
또 다른 소음원으로 작용할 수 있다.

그림 9.11 에어컨 실외기의 배치

9.2.4 전동기의 소음저감

에어컨에서 발생하는 전동기의 소음은 전자소음이 가장 지배적이며, 전자소음은 고정자와 회전자의 간격(gap)과 자기회로의 불균일성에 의해서 주로 발생한다. 제품의 고급화와 유체 (流體)에 의한 소음이 줄어들면서 송풍기의 가동을 위한 모터의 소음(전자소음)이 상대적으로 부각되고 있는 실정이다.

전자소음을 저감시키기 위해서는 회전자의 편심을 없애고, 고정자와 회전자의 지름이 진원을 유지할 수 있도록 제작과정에서 세밀하게 관리해야 한다. 또한 회전토크의 불균일 변동에 의해서 발생되는 맥동소음은 모터 내부 고정자의 강성을 강화시키는 것이 소음저감 측면에서 효과적이다. 통풍소음의 저감방안으로는 압력충격이 적도록 팬의 각도, 개수 및 피치 등을 조절하며, 팬의 피치 역시 불규칙하게 고려하는 방법 등을 강구하여 유체의 흐름과정에서 박리현상에 의한 소음을 최소화시키는 대책을 적용해야 한다.

CHAPTER

10 세탁기

여성의 활발한 사회진출과 더불어 주거환경의 변화 및 생활패턴의 다양화로 인하여 세탁기의 가동시간이 이른 아침이나 심야시간에 집중되는 비율이 60% 이상인 것으로 파악되고 있다. 세탁기의 사용목적상 세탁물이라는 불확실한 질량(불평형 질량)에 의한 진동현상과 이에 따른 소음문제가 크게 발생하게 된다. 따라서 세탁기는 가전제품 중에서도 소음진동현상이 가장 핵심적인 문제로 인식된다고 볼 수 있다. 세탁기 종류로는 세탁물이 회전하는 축(軸)의 방향에 따라 펄세이터 방식(pulsator type)과 드럼 방식(drum type)으로 구분된다.

펄세이터 방식은 회전축이 지면과 수직한 방향으로 설계되었으며, 국내는 물론 일본과 미주에서 주로 사용되고 있는 세탁기이다. 드럼 방식은 회전축이 지면과 수평한 방향으로 설계되어 유럽에서 주로 사용되는데, 국내에서도 보급률이 급격하게 늘어나는 추세이다. 국내 가전업체의 입장에서는 IMF 외환위기 이후 구세주였던 김치냉장고를 이을 차세대 '성장동력'으로 드럼 세탁기를 주저 없이 꼽을 정도이다.

10.1 세탁기의 소음진동 특성

세탁기의 회전축 방향에 따라 펄세이터와 드럼 방식의 세탁기를 구분하여 각각의 소음진동 특성을 알아본다.

10.1.1 펄세이터 세탁기

펄세이터 세탁기 구조는 그림 10.1과 같이 세탁조와 외통으로 구성된 세탁통과 구동계 및 지지계 등으로 구성된다. 동력원으로는 주로 인덕션(induction) 방식의 모터를 사용하며, 세탁기 자체의 고유 진동수가 낮아서 비교적 양호한 진동절연이 가능하여 세탁과정에서 발생

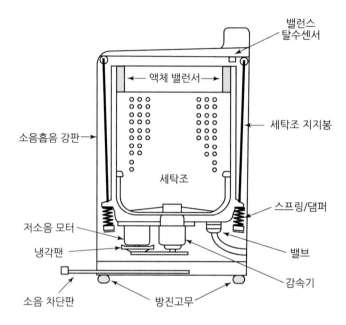

그림 10.1 펄세이터 방식의 세탁기 구조

하는 소음진동현상이 드럼 세탁기보다 적은 특성을 갖는다.

세탁통의 회전에 의한 물의 원심력과 세탁물 사이의 마찰력으로 세탁이 이루어지는 과정에서 여러 가지 소음과 진동현상이 유발될 수 있다. 특히, 가벼운 양말이나 내의부터 무거운

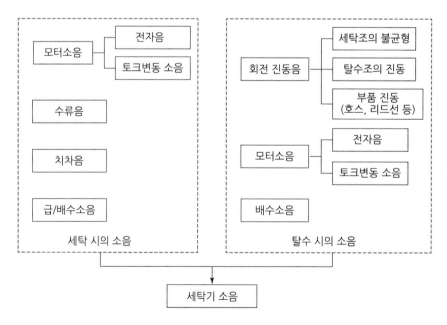

그림 10.2 펄세이터 세탁기의 소음원 분류

담요에 이르기까지 다양한 세탁물로 인하여 세탁통에서는 매우 심한 불평형 상태가 수시로 발생하며, 이에 따른 과도한 진동이 세탁기 구조물로 전달되기가 쉽다. 세탁기에서 발생되는 소음을 구분하면, 세탁과정에서는 전동기소음, 감속기소음, 세탁물의 유동소음이 발생하며 탈수과정에서는 세탁기의 진동과 탈수소음이 크게 발생한다. 이 중에서도 탈수소음은 세탁기의 작동과정에서 발생하는 여타 소음과 비교해서 가장 지배적인 소음이기 때문에 액체 밸런서 (fluid balancer) 등을 세탁조에 적용시켜서 세탁물에 의한 불평형 현상을 억제시키는 대책을 강구해야 한다. 그림 10.2는 펄세이터 세탁기의 각종 소음원을 세탁과 탈수과정별로 구분하여 보여주고 있다.

10.1.2 드럼 세탁기

드럼 세탁기는 그림 10.3과 같이 드럼의 회전축이 지면과 수평한 방향으로 장착되며 최근 국내에서도 급격하게 판매량이 늘고 있는 추세이다. 원래 드럼 세탁기는 소량의 세탁물을 자주 빨래하는 유럽인들의 생활습관에 맞도록 개발된 제품이다. 드럼 세탁기는 펄세이터 세탁기에 비해서 물의 사용량이 적고, 삶는 기능과 뛰어난 건조기능이 있으며, 드럼통이 돌면서 발생하는 물의 낙차에 의해서 세탁하므로 세탁물이 엉킬 염려가 없고 세탁물의 마모도 적은 장점이 있다. 최근에는 나노기술을 접목시켜 살균세탁 및 항균기능이 추가된 제품이 출시되고

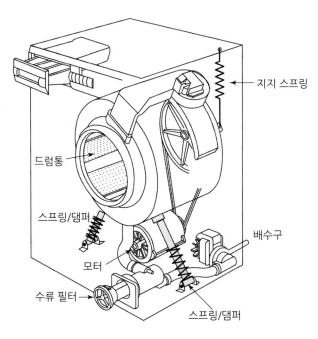

그림 10.3 드럼 방식의 세탁기 구조

있다.

드럼 세탁기는 많은 전기소모와 제품가격이 비싸고 중량이 많이 나가며 탈수과정에서의 소음진동현상이 비교적 크게 발생한다는 단점이 있다. 동력원으로는 주로 브러시(brush) 모터를 사용하기 때문에 브러시에 의한 소음이 크고 높은 토크를 얻기 위해서는 모터의 고속 회전에 의한 감속장치를 채택하게 되므로, 다른 세탁기에 비해서 모터에 의한 전자소음이 더욱 심각하다고 말할 수 있다. 최근에는 이러한 전자소음의 감소를 위해서 일본과 국내업체에서 직접구동방식의 모터를 채택하는 사례가 증가하고 있다.

또한 탈수과정에서는 드럼통의 높은 회전수로 인한 소음진동의 악화현상은 드럼 세탁기에서 가장 문제되는 사항이라 할 수 있다. 이는 세탁물로 인한 불평형 질량에 의한 가진현상이 세탁기 자체의 소음진동과 안정성에 큰 영향을 끼치기 때문이다. 이러한 세탁물의 불평형 질량에 의한 가진력을 저감시키기 위해서 일부 세탁기에서는 내부에 30 kg 내외의 받침대를 고려한 경우까지 있다. 이로 말미암아 드럼 세탁기는 중량이 증대되어 일반적인 드럼 세탁기의 중량이 대부분 90 kg을 상회하며, 더불어 세탁기 구조물이 강건하게 설계될 수밖에 없는 특성이 있다. 드럼 세탁기는 아파트와 같은 가옥구조에서는 큰 문제가 없겠지만, 목재 가옥구조에서는 설치장소에 특별히 유의해야 한다.

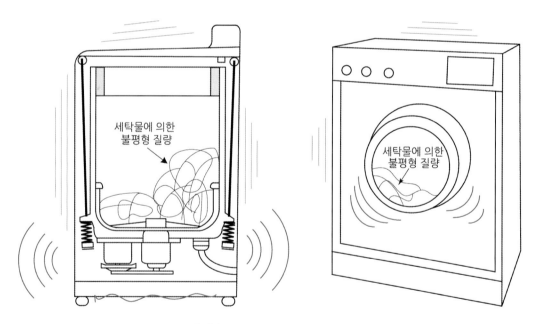

그림 10.4 세탁기의 탈수과정에서 발생하는 소음진동현상

10.2 세탁기의 소음진동 저감대책

10.2.1 펄세이터 세탁기의 소음진동 저감대책

세탁과정에서 발생하는 전동기와 감속기에 의한 소음진동현상은 진동절연 및 흡·차음대책을 강구하여 직접적인 소음의 방출을 억제시켜야 한다. 세탁물의 불평형으로 발생되는 진동현상을 억제하기 위해서는 세탁조의 지지 부위에 고무재질을 채택하는데, 이때 고무의 강성조절이 진동전달방지 측면에서 매우 민감한 영향을 미친다. 또한 세탁조의 상단부에는 그림 10.5와 같이 액체 밸런서(fluid balancer)를 적용하여 세탁물의 불평형 질량으로 발생되는 진동현상을 현격히 저감시키게 된다.

액체 밸런서에는 주로 소금물이 채워지게 되는데, 액체의 농도 및 내부 통로의 형상에 의해서 진동저감효과가 좌우된다. 액체 밸런서의 작동원리는 회전유체의 유동 특성에 의해서 불평형 질량이 있는 곳에는 얇은 액체막이 형성되고, 불평형 질량이 적은 쪽에는 두꺼운 액체막을 형성하여 진동발생을 서로 상쇄시키게 된다. 또한 세탁기 몸체에도 진동현상을 저감시켜주는 제진강판을 적용시키면 세탁기의 진동문제를 완화시킬 수 있다. 최근에는 전동기 몸체를 수지로 감싸서 구동모터의 방사소음을 저감시키고 있으며, 감속기의 소음을 제거하기 위해서 직접구동(direct drive)방식을 채택하고 있는 추세이다.

탈수과정에서 발생하는 소음은 구동모터에 의한 기계적인 소음과 탈수통 회전에 의한 소음으로 구분된다. 모터의 전기적인 소음감소를 위해서는 간극 조정, 로터(rotor, 회전자)의 평형상태 개선, 세탁통의 지지 부위에 적용하는 스프링의 특성 개선과 에어 댐퍼(air damper) 등을 채용하고, 동력 전달벨트의 소음저감 및 세탁모드 전환 시의 브레이크소음이나 밸브 작동소음을 저감시키기 위한 대책을 강구할 수 있다. 그림 10.6은 배수밸브의 충격적인 작동

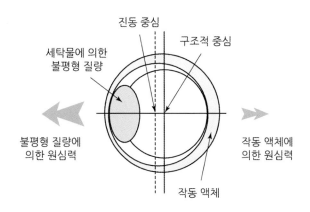

그림 10.5 세탁기 탈수과정 시 액체 밸런서의 작동원리

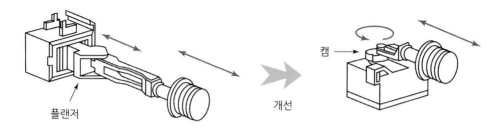

그림 10.6 밸브소음 저감을 위한 배수밸브의 개선사례

소음을 저감시키기 위해서 플랜저(plunger) 방식에서 캠(cam) 방식의 밸브로 개선시킨 사례를
보여준다.

10.2.2 드럼 세탁기의 소음진동 저감대책

드럼 세탁기 내부의 구동부와 세탁기 자체 지지 부위 간의 탄성지지조건은 진동발생을
최소화시켜서 진동전달이 되지 않도록 설계·제작되어야 한다. 결국 구동축이나 지지부품의
높은 강성을 확보하고, 효과적인 윤활과 공차설계가 이루어져야 한다. 일부 고급형 드럼 세탁
기에서는 세탁기의 진동을 억제하기 위해서 진동현상을 감지하는 센서를 설치하여 일정한
진동레벨을 초과하는 현상이 발생될 경우에는 탈수작업을 중단하여 세탁물을 재정리하거나
탈수속도를 감소시키는 제품들도 있다. 또한 세탁기를 이동시킬 경우, 스스로 평형위치를
잡아주는 오토 레그(auto leg) 장치가 적용되어서 조금이라도 소음진동현상을 억제시키려는
노력이 가시화되고 있다.

펄세이터 세탁기에 적용된 액체 밸런서 역시 드럼 세탁기에도 적용되지만, 비중이 1인
물(소금물)을 사용하는 관계로 세탁통 내의 불평형 질량을 상쇄시키기 위한 충분한 액체를

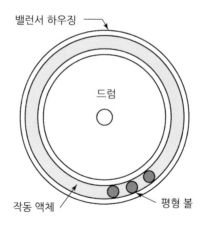

그림 10.7 드럼 세탁기용 볼 밸런서 구조

고려하기가 힘든 실정이다. 또한 액체 밸런서의 작용에 의해서 세탁통의 평형을 잡기 위해서는 세탁통의 무게중심과 회전중심이 어긋날 수밖에 없으므로, 액체 밸런서만으로는 완벽한 진동저감에 한계가 존재한다.

따라서 최근 액체에 의한 밸런서의 단점을 보완하기 위해서 그림 10.7과 같은 평형 볼을 이용한 볼 밸런서(ball balancer)의 채택이 강구되고 있다. 볼 밸런서는 평형 볼의 질량, 윤활제, 홈의 거칠기 등이 주요 설계인자이며, 최근 실용화 단계로 고려되고 있는 제품들은 약 1 kg의 평형 볼과 1 L의 윤활제로 구성되어 있다.

CHAPTER

11 │ 기타 가전제품

지금까지 설명한 냉장고, 에어컨 및 세탁기뿐만 아니라, 우리들의 생활 속에는 여러 종류의 소음과 진동현상을 발생시키는 다양한 가전제품들이 있다. 여기서는 비교적 큰 소음을 발생시키는 진공청소기와 전자레인지에 대해서 간단히 알아본다.

11.1 진공청소기

진공청소기는 아파트와 같은 공동주택과 서양식 주택구조로 변화되는 과정에서 많은 수요를 창출하였으며, 주부의 가사노동을 크게 완화시킨 가전제품이라 할 수 있다. 진공청소기의 역사는 100년이 넘으며, 1차 세계대전 당시 위생적으로 열악했던 병원시설의 먼지와 세균까지 모두 빨아들여서 많은 부상병들의 목숨을 구했다고 한다.

하지만 진공청소기를 사용할 때마다 발생하는 소음이 가장 큰 괴로움이라고 호소하는 주부들이 많다. 진공청소기의 큰 소음으로 인하여 전화벨 소리나 초인종 소리를 듣지 못했다거나, TV시청이나 다른 활동을 함께 할 수 없다는 사실만으로도 진공청소기의 소음공해를 이해할 수 있다. 한편으로는 진공청소기의 소음이 적을 경우에는 오히려 청소기능(먼지 흡입효율)이 저하되었다고 오해할 정도였다. 참고로 진공청소기의 흡입력은 W(watt) 단위로 표현하며, 국내외의 진공청소기는 200 ~ 300 W의 성능을 갖는다.

과거의 강력한 흡입력과 예쁜 디자인의 구매경향에서 변화되어 이제는 정숙한 특성을 갖는 진공청소기 위주로 판매추세가 바뀐 지 오래다. 이러한 현상은 퇴근 이후 저녁시간에 주로 청소를 하게 되는 맞벌이 주부에게서 더욱 두드러진 특징을 갖는다.

진공청소기는 그림 11.1과 같이 흡입구, 흡입호스, 전동 송풍기 등으로 구성되며, 작동과정에서 상당히 큰 소음이 발생한다. 대부분의 진공청소기 소음은 75 ~ 80 dB 내외인 것으로 파악되는데, 한여름 창문을 통해서 들려오는 시끄러운 매미소리가 70 ~ 75 dB인 점을 감안하

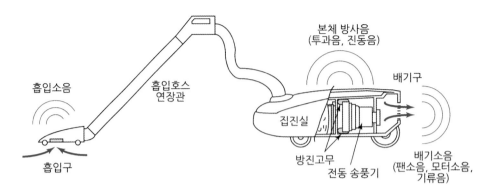

그림 11.1 진공청소기의 구조 및 소음 특성

면, 일상생활 속에서 상당한 소음공해인 셈이다. 다행히 최근에는 60 dB 이하의 저소음 청소기가 개발되는 등 소음저감을 위한 가전업체의 노력이 지속되고 있다. 특히 청소기의 기계음은 저감시키고, 먼지를 흡입하는 소리는 오히려 증대시키는 감성소음 효과증진에 주력하는 추세이다.

진공청소기의 주 소음원은 팬의 작동에 의한 팬소음, 전동기의 진동현상으로 발생하는 구조적인 소음, 흡입노즐에서 발생하는 공력소음 등으로 구분된다. 이 중에서도 원심팬(centrifugal fan)에 의해서 발생하는 팬소음이 가장 지배적이다. 가정용 진공청소기에는 원심팬 중에서도 3~4만rpm으로 고속 회전하는 터보팬이 주로 장착되어 전면부에서 공기를 유입하여 반경 방향으로 고정압과 적은 풍량을 유도하는 작동방식으로 큰 소음을 발생시킨다. 단순한 음압레벨뿐만 아니라, 음질 측면에서도 상당히 귀에 거슬리는 소음이라 할 수 있다.

특히, 날개면 통과 주파수(blade passage frequency, BPF)의 토온소음(tonal noise)뿐만 아니라, 진공청소기의 원형 케이스 특성에 의해서도 넓은 주파수의 광역소음이 발생한다.

따라서 전동 송풍기 자체의 소음저감과 함께 방진지지가 진공청소기의 소음저감에 있어서 매우 민감한 요소가 되므로, 그림 11.2(a)와 같이 중심 지지방식의 진동절연으로 개선되고 있다. 또한 전동 송풍기의 외관을 그림 11.2(b)와 같이 흡·차음재료를 부착하여 방음효과를 얻을 수 있다.

한편, 진공청소기의 흡입 브러시에서도 청소하는 과정 중에 끼이게 되는 이물질로 인하여 유체(흡입공기의 유동)의 균형이 깨지게 될 경우에는 강한 유속으로 인하여 흡입관 내부에서 소음이 발생할 수 있다. 요즈음에는 사용자의 편의성을 고려하여 다양한 흡입 브러시가 함께 제공되므로, 발생되는 소음의 주파수 영역도 흡입 브러시의 형태에 따라 크게 변화될 수 있다. 다양한 브러시 채택에 따른 소음대책도 설계과정에서 반드시 고려되어야 한다.

이 밖에도 흡입호스의 연장관 내에 공명현상과 흡음재료를 이용한 공명기(resonator)를 적용시켜서 높은 주파수 영역의 소음을 저감시키는 방법도 시도되어 실용화되고 있다. 그림

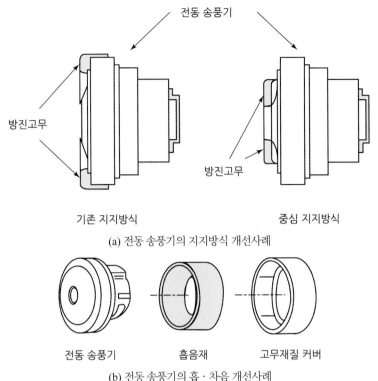

(a) 전동 송풍기의 지지방식 개선사례

전동 송풍기   흡음재   고무재질 커버

(b) 전동 송풍기의 흡·차음 개선사례

그림 11.2 전동 송풍기의 소음 저감대책

11.3은 흡입호스 연장관에 적용된 소음저감 사례를 보여준다. 최근에는 진공청소기 내부의 먼지봉투가 없는 모델이 개발되어 판매되고 있다. 이는 사용자에게 편리함을 줄 수는 있겠으나, 배출구에 별도의 필터가 추가되므로 배출구 주변의 압력이 높아져서 소음이 더 크게 발생할 우려가 있다.

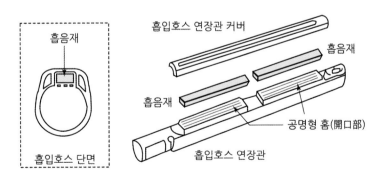

그림 11.3 흡입호스 연장관의 소음저감 사례

11.2 전자레인지

전자레인지는 전자파를 이용하여 음식을 가열하는 주방 전자제품이다. 불 없이도 음식을 익혀 먹을 수 있다는 이유로 '꿈의 가열기' 또는 '주방의 혁명'이라고까지 불린다. 전자레인지는 미국 MIT 대학에서 10여 년 전에 조사한 '없어서는 절대로 살 수 없는 발명품' 중에서 칫솔, 자동차, 컴퓨터, 휴대전화에 이어서 5위를 차지할 정도로 우리 생활 속에 이미 필수품이 되었다고 볼 수 있다.

일반 조리기구는 음식물의 외부 표면을 가열하여 조리하지만, 전자레인지는 음식물 내부의 물분자를 진동시켜서 열을 발생시키는 원리를 이용하여 음식물을 조리하게 된다. 이러한 가열 방식을 유전가열(誘電加熱)이라고 한다. 전자레인지는 마이크로파(micro wave)에 해당하는 전자파를 발생시키는 마그네트론(magnetron)이 핵심부품이라 할 수 있으며, 현재 주로 사용 되는 마크네트론 부품에서 발생시키는 전자파의 주파수는 915 MHz 또는 2.45 GHz 등이다.

전자레인지의 구조는 그림 11.4와 같이 조리실, 외부 케이스, 마그네트론, HVT(high voltage transformer), 축류팬 등으로 구성되어 있다. 축류팬에서 발생한 유동이 마그네트론과 HVT를 냉각시키면서 마그네트론을 통과한 공기가 조리실로 유입된다. 이러한 전자레인지의 작동과정 에서 발생하는 주요 소음원은 축류팬에 의한 팬소음이며, 날개면 통과 주파수인 BPF(blade passage frequency)가 크고, 넓은 주파수 영역의 광역소음이 지배적이라 할 수 있다.

특히, 낮은 주파수 영역에서 발생하는 소음은 전자파 차단을 위해서 작은 구멍으로 구성된 유동통로 특성으로 인한 간섭작용에 의한 소음이 발생한다. 또한 높은 주파수 영역의 소음은 외부 공기의 흡입구가 좁은 원형 구멍으로 구성되어 있기 때문에, 공기의 유동과정에서 구조

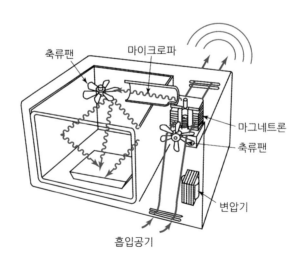

그림 11.4 전자레인지의 구조 및 작동원리

물과 간섭하고 마그네트론 핀과 부딪히면서 고속으로 통과하는 과정에서 소음이 발생한다.

11.3 그 밖의 가전제품

겨울철 건조한 실내에 습기를 공급하는 초음파 가습기에서도 소음문제가 점점 중요해지고 있다. 특히, 거실에 있는 가습기보다는 침실이나 공부방과 같이 인간의 지근거리에서 작동하는 가습기는 작동과정에서 유발되는 소음문제로 인하여 사용자들의 휴식이나 취침을 방해해서는 안 되기 때문이다.

국내 업체에서도 최근 2중 방지캡을 적용한 가습기가 개발되어 25 dB 내외의 소음을 달성하여 신경이 예민한 노인이나 환자, 작은 소리에도 민감한 아이들의 숙면에 도움을 주도록 노력하고 있다.

또한 연이은 황사와 새집증후군의 영향뿐만 아니라, 최근 유행하는 웰빙 바람으로 인하여 판매가 늘고 있는 공기청정기에 있어서도 에어컨에 적용되는 송풍기 및 전동모터의 기술을 접목시켜서 20 dB(A) 미만의 소음을 기록한 제품이 나오고 있다.

근래에는 음식업소뿐만 아니라 가정에서도 식품건조기의 사용이 늘어나고 있는 추세이다. 제품의 특성상 팬 모터에 의한 소음이 크게 발생하는데, 국내 제품들은 대략 35~45 dB(A) 수준이며, 팬소음 외에도 건조기 내부 기체유동의 난류현상으로 인한 공력소음이 포함될 수 있다. 이럴 경우에는 흡입구와 토출구의 형상개선과 팬의 높이 수정 등을 통해서 공력소음을 개선시킬 수 있다.

최근 홈시어터(home theater)와 같이 일반 가정에서도 훌륭한 음향시설을 갖추는 경우가 늘고 있다. 이러한 음향기기의 선전문구에서 5.1채널과 같은 용어가 거침없이 사용되지만, 정확한 의미를 파악하는 경우는 드물 것이다. 우리가 흔히 알고 있는 스테레오는 좌우측 스피커가 분리되어 있으므로 2채널인 셈이다. 여기에 청음자의 후방에 스피커가 하나 더 추가되는 경우가 3채널, 후방 스피커가 스테레오 역할을 하는 2개로 나누어지면 4채널이라 한다. 더불어서 영화나 오페라의 말(대사)을 전담하는 스피커(센터 스피커)가 추가되면 5채널이 완성된다.

나머지 0.1채널은 서브 우퍼(sub woofer)를 의미한다. 원래 우퍼는 저음으로 '웅웅' 울리는 소리를 내는 장치이다. 서브 우퍼는 20 ~ 120 Hz 영역의 낮은 저음으로 특별한 방향성을 가지지 못한 채 '웅웅' 울리는 진동처럼 느껴지게 된다. 즉, 저음만을 보강하기 위한 장치이며, 일반 스피커의 1/10 정도에 해당하는 기능만을 담당한다는 의미에서 0.1채널로 불리게 되었다.

하지만 서브 우퍼의 스위치를 끄게 되면, 마치 주위를 채우고 있었던 공기압력이 사라진 것과 같은 허전함을 느낄 정도로 저음의 위력을 실감하게 될 것이다. 서브 우퍼는 낮은 주파수에 해당하므로 스피커 자체의 중량이 많이 나가는 경향이 있다. 서브 우퍼 자체에서 진동현상이 심하게 발생할 경우에는, 무거운 책이나 물건을 올려 놓으면 소리가 훨씬 좋아지게 된다.

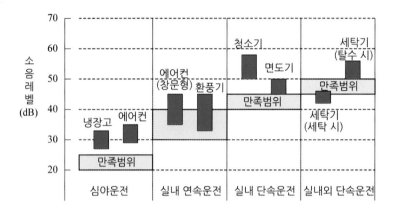

참고사항 가전제품의 소음레벨 수준

가전제품의 소음레벨 수준비교

상기 그림은 우리들의 일상생활 속에서 자주 사용하는 대표적인 가전제품의 소음레벨 현황 및 사용자들의 만족범위를 보여준다. 또한 아래 표는 일반적인 가전제품이나 전기기기의 소음레벨과 해당 제품의 특징을 나타낸 것으로, 시판하고자 계획하는 제품의 소음 특성이 이러한 기준을 충족시키지 못할 경우에는 별도의 소음진동 저감대책을 적극적으로 강구해야 한다. 특히, 가전제품의 주 사용자가 가정주부를 비롯한 여성이라는 사용자 특성에 비추어볼 때, 소음진동 특성은 더욱 중요해진다고 하겠다.

가전제품 및 전기기기의 기준 소음레벨

소음레벨	소음의 감지 수준	해당 제품의 특징
80 dB(A) 이하	영구적인 난청을 발생시키지 않는 수준	공작기계, 공장 내 설치기계
65 dB(A) 이하	시끄러움을 인내할 수 있는 수준	공장 사무실 설치기계, 믹서, 전자레인지
55 dB(A) 이하	전화통화가 가능한 수준	사무실에서 짧은 시간 동안만 작동하는 기계 업무용 에어컨, 프린터, 복사기, OA기기 등
50 dB(A) 이하	대화, TV, 라디오 청취가 가능한 수준	사무실에서 연속적으로 작동하는 기계 패키지 에어컨, 컴퓨터, 보일러 등
40 dB(A) 이하	편안한 느낌을 방해받지 않는 수준	거실에서 연속적으로 작동하는 기계 패키지 에어컨, 선풍기 등
30 dB(A) 이하	휴식이나 수면을 방해받지 않는 수준	심야에도 연속적으로 작동하는 기계 냉장고, 룸 에어컨, 가습기 등

12 정보저장기기의 소음진동

반도체와 인터넷 기술의 혁신적인 발달로 말미암아 다양한 멀티미디어의 정보를 취급하는 것이 일반화되면서 대용량의 정보저장지가 필요하게 되었다. 정보저장기기 중에서 가장 대표적인 제품인 하드디스크 드라이브(hard disk drive)와 광디스크 드라이브(optical disk drive)를 중심으로 정보저장기기에서 발생할 수 있는 소음진동현상과 그 대책방안을 알아본다.

12.1 하드디스크 드라이브

하드디스크 드라이브(이하 HDD)의 역사는 1956년 IBM에서 개발한 RAMAC으로 시작되었다고 볼 수 있다. 당시 5메가바이트에서 출발한 HDD의 저장용량이었지만, 근래 HDD의 트랙밀도는 120,000 TPI(track per inch)와 저장용량이 테라(tera, 1×10^{12})바이트를 상회하는 것만 보더라도 짧은 시간 동안에 대단히 빠른 발전속도로 성능향상이 이루어졌음을 알 수 있다. 이러한 HDD는 수년 전부터 플래시 메모리를 채용한 저장장치인 SSD(solid state disk)가 일반화되면서 HDD에서 문제되던 소음진동현상을 근원적으로 해결했다고 볼 수 있다. 여기서는 과거 HDD의 소음진동 특성과 저감대책을 간단히 설명한다.

12.1.1 하드디스크 드라이브의 진동 특성

그림 12.1은 HDD의 구조를 나타낸 것으로 헤드, 디스크, 디스크를 회전시켜주는 스핀들 모터, 헤드를 원하는 위치까지 이동시켜주는 음성 코일 모터(VCM, voice coil motor) 등으로 구성된다. 음성 코일 모터인 VCM은 음성 스피커 내부의 코일과 동일한 원리로 작동되며, 대부분의 HDD에서는 회전형(rotary) 방식의 VCM이 주로 사용된다.

스핀들 모터에 의해서 회전하는 디스크의 궤적을 정확한 진원(眞圓)으로 유지하는 것이

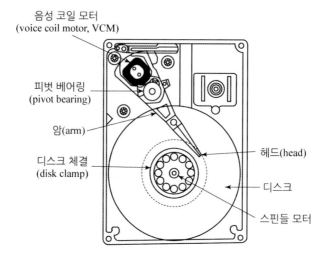

음성 코일 모터
(voice coil motor, VCM)

피벗 베어링
(pivot bearing)

암(arm)

디스크 체결
(disk clamp)

헤드(head)

디스크

스핀들 모터

그림 12.1 하드디스크 드라이브의 구조

헤드가 자료를 읽고 쓰는 작업에 있어서 가장 이상적이라 할 수 있다. 그러나 스핀들 모터의
진동, 베어링의 결함과 디스크의 회전과정에서 유발되는 여러 가지의 동특성(動特性)으로
인하여 디스크의 회전궤적이 진원을 구성하지 못하게 되는 경우가 발생한다. 실제 디스크의
회전궤적과 디스크의 구조적인 진원과의 간격을 런아웃(runout)이라 하며, 그림 12.2는 HDD
의 런아웃 개념을 개략적으로 보여준다.

HDD에서 발생되는 디스크의 런아웃은 회전주기에 비례해서 반복하는 특성을 가진 런아웃
(repeatable runout, 이하 RRO)과 디스크의 회전주기와는 무관한 특성의 런아웃(non-
repeatable runout, 이하 NRRO), 헤드가 다른 트랙으로 이동한 후에 안정적인 위치를 찾기까
지 발생되는 오버슈트(overshoot) 등으로 구분된다. 이 중에서 디스크의 회전주기와 무관한

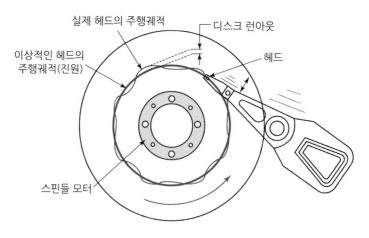

실제 헤드의 주행궤적

디스크 런아웃

이상적인 헤드의
주행궤적(진원)

헤드

스핀들 모터

그림 12.2 하드디스크 드라이브의 런아웃(runout)

NRRO는 볼 베어링의 결함에 의한 진동 가진력과 디스크의 고속 회전에 따른 공기유동에 의해서 주로 발생하기 때문에, HDD의 진동현상 중에서 가장 심각한 문제라고 할 수 있다. 대부분의 스핀들 모터는 8~12개의 볼 베어링이 적용되므로, 볼의 크기나 개수, 내·외륜의 형상, 완벽한 구형이 아닌 볼의 원천적인 결함과 예압 등에 따라 진동 특성이 민감하게 변화될 수 있다.

그림 12.3의 디스크와 스핀들의 구조를 살펴보면, HDD는 짧은 축에 비교적 유연한 회전체 (디스크)가 부착되어 있으므로, 디스크의 회전과정에서 자이로스코프 효과(gyroscopic effect) 가 커지게 된다. HDD의 고유 진동수는 디스크의 회전수 증가에 따라 두 개로 나누어지게 되는데, 그림 12.4와 같이 회전수 증가에 비례하는 전진(forward) 모드, 회전수 증가에 반비례 하는 후진(backward) 모드의 고유 진동수로 분리되므로 HDD의 고유 진동수는 더욱 많아지게 된다. 이는 공진현상이 발생할 수 있는 가능성이 그만큼 더 많아진다는 것을 의미한다. 따라서 스핀들 모터의 회전수, 베어링의 결함 진동수, 전자기적인 가진 진동수들이 HDD의 다양한 고유 진동수들과 서로 일치되지 않도록 스핀들 시스템을 설계하는 것이 매우 중요하다고 볼 수 있다.

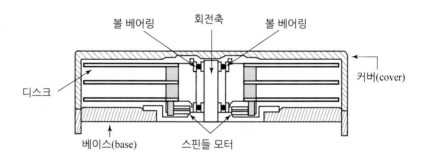

그림 12.3 하드디스크 드라이브의 스핀들 및 디스크의 개략도

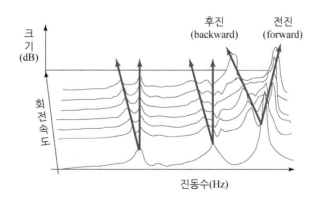

그림 12.4 하드디스크 드라이브의 고유 진동수 특성

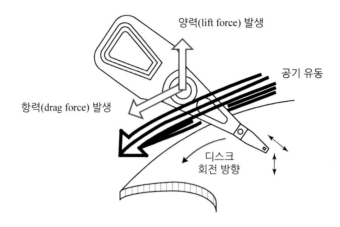

그림 12.5 디스크의 공기유동에 의한 헤드의 진동현상

한편, 그림 12.5와 같이 디스크의 고속 회전으로 말미암아 공기유동(air flow)의 영향이 증대되어 헤드지지 암과 디스크의 진동모드를 가진시키면서 헤드의 위치 오차를 증대시킬 수 있다. 이러한 공기유동으로 인하여 발생되는 디스크의 진동현상을 플러터(flutter) 현상이라고 하며, 이는 스핀들 모터가 10,000 rpm을 넘는 경우에는 심각한 진동현상을 유발시킬 수 있다.

12.1.2 하드디스크 드라이브의 소음 특성

일반 기계부품이나 가전제품들과 비교한다면 HDD의 소음은 매우 낮은 편이라고 볼 수 있다. 일반적으로 아이들 상태(대기상태)는 30 dB(A), 데이터 검색 시에는 35 dB(A) 내외 수준이다. 하지만 사용자가 매우 가까운 위치에서 컴퓨터를 사용하며, 발생되는 소음의 주파수 영역도 인간의 청각이 민감한 영역인 높은 주파수의 소음이기 때문에 철저한 소음제어가

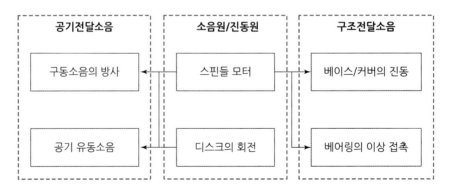

그림 12.6 하드디스크 드라이브의 소음전달과정

필요하다.

HDD 소음은 디스크와 체결된 스핀들 모터의 회전운동으로부터 시작되는데, 스핀들 모터로부터 발생되는 직접적인 방사소음과 함께 HDD의 구조물인 베이스 면과 커버의 진동현상으로 방사되는 구조전달소음, 디스크 회전으로 인한 공기유동소음이 베이스와 커버를 투과해서 방사되는 공기전달소음으로 구분할 수 있다. 이 중에서도 스핀들 모터의 직접적인 방사소음과 구조전달소음이 HDD 소음 중에서 가장 지배적인 소음이라 할 수 있다. 그림 12.6은 HDD 소음전달과정을 나타낸다.

12.1.3 하드디스크 드라이브의 소음진동 저감대책

HDD의 지배적인 진동현상을 유발하는 NRRO를 감소시키기 위해서는 스핀들 모터 자체의 진동저감이 우선되어야 한다. 스핀들 모터의 기계적인 가진원과 전자기적인 가진원을 저감시키려면 회전체의 질량편심, 제작오차, 축정렬 불량 등의 문제를 해결해야 한다. 이를 위해서 회전체의 밸런싱(balancing), 제작 정밀도의 향상 등과 같은 개선대책을 강구할 수 있다.

또한 볼 베어링의 근원적인 결함을 해결하기 위해서 유압(hydro dynamic fluid)이나 공기 베어링을 채택할 수 있다. 그림 12.7과 같이 유압 베어링은 윤활유체에 의해서 회전부품과 고정 지지부 간의 직접적인 접촉이 없으며, 윤활유 자체가 가지는 감쇠효과에 의해서 NRRO 현상을 현격하게 감소시키는 특성이 있다.

한편, HDD의 소음저감을 위해서는 커버 및 베이스 구조물에 대한 부분적인 흡 · 차음처리를 강구할 수 있다. 커버 및 베이스 구조물의 재질로는 알루미늄, 스테인리스 스틸, 황동

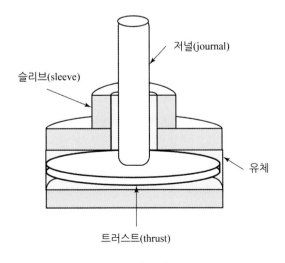

그림 12.7 유압 베어링의 구조

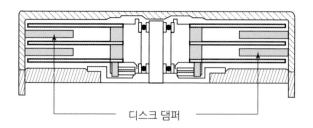

그림 12.8 하드디스크 드라이브의 댐퍼 적용사례

등을 선정할 수 있으나, 그 중에서도 황동을 사용하는 것이 차음 측면에서 유리하다. 또한 스핀들 모터의 볼 베어링을 유압 베어링으로 대체할 경우에는 약 2 dB(A)의 소음저감효과가 있는 것으로 파악되고 있다. 그림 12.8과 같이 HDD 내부 공간에 댐핑재료의 적용, 디스크의 고속 회전에 의한 유동소음제어 등을 통해 소음을 저감시킬 수 있다.

12.2 광디스크 드라이브

광디스크 드라이브는 1984년에 compact disk(이하 CD)가 개발된 이후로 CD-ROM (compact disk read only memory), CD-RW(compact disk rewritable) 및 DVD[digital video(versatile) disk]의 여러 형태로 발전되었다. CD-ROM과 같은 경우에는 대용량의 데이터 전송률을 높이기 위해서 급속한 디스크의 회전속도 경쟁이 이루어졌으며, DVD는 고밀도의 광디스크가 요구되어 작동 오차 없이 데이터를 읽기 위한 드라이브 구동계의 좀 더 정밀한 제어기술을 필요로 하게 되었다.

따라서 기존의 저배속·저밀도의 광디스크 드라이브에서는 전혀 문제되지 않았던 소음과 진동현상들이 고배속·고밀도화되면서 더욱 심각한 고려사항이 되었다. 그 이유는 광디스크의 작동과정에서 트래킹(tracking, 이송)과 초점(focusing)이 어긋나는 현상은 곧바로 데이터 처리의 작동 오류를 발생시키며, 이러한 작동 오류는 더 이상 서보제어기술만으로는 극복할 수 없는 수준이 되었기 때문이다. 즉, 정밀한 진동제어에 의한 광디스크 드라이브의 동적 안정성이 확보되지 않고는 더 이상 고효율의 제품개발이 불가능한 단계에 이르렀다고 볼 수 있다.

결국 광디스크 드라이브의 성능향상에 있어서 진동문제는 이제 피할 수 없는 병목기술 (bottle-neck technology)이라 할 수 있다. 여기서는 광디스크 드라이브의 소음진동 특성, 저감 대책 및 차량탑재용 CD 플레이어에 대해서 알아본다.

12.2.1 광디스크 드라이브의 소음진동 특성

컴퓨터 작업이나 영화감상을 위해 CD나 DVD를 광디스크 드라이브 장치에 삽입하여 구동시키면, 뚜렷한 작동소음을 듣게 된다. 가정용 콤보와 같이 TV나 오디오 장치 근처에 설치된 DVD 장치의 작동소음은 큰 문제가 되지 않겠지만, 컴퓨터에 장착된 광디스크 드라이브 장치는 사용자와 매우 가까운 위치에 있기 때문에 누구든지 작동소음을 쉽게 확인할 수 있을 정도이다. 제품의 경쟁력과 판매실적을 논하기 이전에, 생활환경의 저해요소로서 광디스크 드라이브의 소음현상은 최대한 억제시켜야 할 항목이다.

광디스크 드라이브의 제작 및 조립과정에서의 오차와 같은 기계적인 원인들로 생기는 진동현상은 결국 광픽업장치 내에 위치한 대물렌즈(object lens)의 진동현상을 유발하여 레이저 광선의 초점에 오차를 발생시키고, 이는 데이터 처리(읽기 및 쓰기)의 불안정한 결과를 가져오게 된다. 광디스크의 재료 특성은 HDD와 다르게 매우 유연(soft)하며, 착탈에 따른 다양한 종류의 디스크가 사용되고, 작동과정에서도 회전속도의 변화가 있기 마련이다. 따라서 광디스크 자체의 낮은 강성(stiffness)으로 인하여 디스크의 회전과정에서 유발되는 진동현상이 HDD보다 매우 크게 발생할 수 있다.

광디스크는 제조 상태에 따라 편향, 편심, 편중심을 가지기 마련이다. 여기서, 편향은 디스크의 안쪽 기록 면과 바깥쪽 기록 면이 평탄하지 않게 제조된 경우에 나타나는 현상으로, 디스크가 회전하면서 디스크의 기록 면이 상하방향으로 진동하게 된다. 편심은 디스크의 회전축과 트랙의 중심이 일치하지 않을 경우에 나타나는 현상으로, 디스크가 회전하면서 편심에 의해 레이저 광선의 초점이 트랙의 중심을 벗어나게 된다. 편중심은 디스크의 중심이 무게 중심과 일치하지 않는 경우에 나타나는 현상으로, 디스크의 회전이 고속화될수록 편향과 편심현상을 더욱 가속시킬 수 있다. 광디스크 드라이브의 최대 편향량은 $\pm 500~\mu\text{m}$, 최대 편심량은 ± 300 μm 수준이다.

또한 스핀들 모터의 작동에 의한 진동전달, 임계속도의 불안정(instability), 고속 회전에 의한 디스크 주위의 공기유동에 의한 진동(flutter vibration) 등이 광디스크 드라이브에서 발생되는 진동 특성이라 할 수 있다.

피딩(feeding)부에서는 광픽업의 정확한 이동(tracking)과 초점(focusing)이 매우 중요한 인자라고 할 수 있다. 그림 12.9는 광픽업의 개략도를 보여준다. 이러한 광디스크 드라이브의 이동은 리니어 이송모터(linear feeding motor)와 렌즈 액추에이터(lens actuator)의 두 단계로 구성되어 있다. 즉, 트래킹 서보는 픽업을 광디스크의 원하는(읽고자 하는) 위치로 이송시킨 다음에 VCM에 의해서 픽업의 대물렌즈(object lens)가 미세한 운동(대략 $100~\mu\text{m}$ 의 범위)을 하게 된다. CD-ROM인 경우, 렌즈는 이송 방향으로 $0.1~\mu\text{m}$ 이내, 초점 방향으로는 $1~\mu\text{m}$

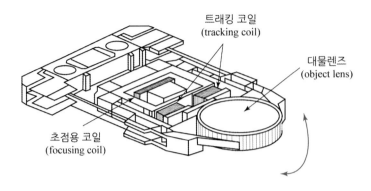

초점용 코일
(focusing coil)

트래킹 코일
(tracking coil)

대물렌즈
(object lens)

그림 12.9 광픽업의 개략도

이내에서 이동되어야만 별다른 오차 없이 기록된 정보를 읽을 수 있다. DVD는 CD-ROM보다 2배 이상의 이동 및 초점 정밀도를 필요로 한다. 하지만 이동 및 초점과정에서 발생된 진동현상으로 말미암아 이러한 허용한계를 넘어설 경우에는 데이터 처리의 오류가 발생하게 된다.

결국 고밀도의 광디스크로부터 정보를 오차 없이 재생하기 위해서는 사용하는 레이저의 파장이 짧아지고 대물렌즈의 개구수(NA, numerical aperture)를 증가시킬 수밖에 없게 된다. 이는 더욱 엄격한 드라이브의 조립도를 요구하게 되므로, 결국은 진동문제가 광디스크 드라이브의 개발과정에서 가장 극복하기 어려운 과제로 떠오르고 있는 셈이다.

또한 작동과정 중에 외부에서 발생된 진동이나 충격에 의해서 광디스크 드라이브에서는 스키핑(skipping) 현상이 발생하게 된다. 이는 마치 LP 레코드판의 재생과정에서 튀는 듯한 소리를 내는 것과 마찬가지로 데이터를 읽는 과정에서 부분적으로 에러가 발생하기 때문이다. 특히, 노트북과 같이 이동이 잦은 저장매체에 사용되는 광디스크 드라이브에서는 공간적인 제약으로 인하여 일반적인 데스크탑에 사용되는 수준의 방진설계가 원천적으로 불가능한 경우가 대부분이라서 소음과 진동현상은 더욱 심각해질 수밖에 없는 실정이다.

12.2.2 광디스크 드라이브의 소음진동 저감대책

광디스크 드라이브에 사용되는 스핀들 모터는 브러시 DC 모터와 브러시가 없는(brushless) BLDC 모터로 구분되며, 브러시 DC 모터는 가격이 저렴하고 별도의 구동제어회로가 필요 없으나, 토크가 작고 작동과정에서 소음과 진동현상이 크게 발생하는 단점이 있다. 반면에 BLDC 모터는 가격이 비싸고 전용 구동제어회로가 필요하지만, 토크가 크고 작동과정에서 소음과 진동현상이 적은 장점이 있다. 따라서 대부분의 드라이브는 BLDC 모터를 채택하고 있다.

한편, 광픽업의 이송 방식 중에서 랙 – 피니언(rack-pinion) 방식은 전달효율이 좋으나, 부품

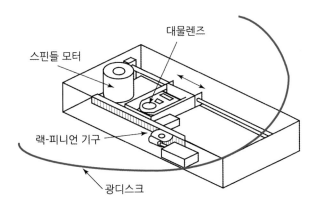

스핀들 모터

대물렌즈

랙-피니언 기구

광디스크

그림 12.10 광픽업 장치의 이송개념

수가 많고 고속주행 시 소음이 크게 발생한다. 반면에, 이송 스크루 방식은 구조가 간단하고 소음이 적으나 전달효율이 떨어지는 단점이 있으며, 리니어 모터방식은 정밀이송 및 소음이 적고 신뢰성·내구성이 좋은 장점이 있으나, 포터블(portable) 방식의 드라이브에서는 중력에 의한 이송오차가 발생한다. 현재 대부분의 드라이브는 그림 12.10과 같은 랙 - 피니언 방식이 사용되고 있다.

광디스크에 존재하는 편향, 편심, 편중심과 같은 불평형 질량에 의한 진동현상을 억제하기 위해서 디스크 센터링 장치(disk centering mechanism)와 자동 밸런싱 장치(ABS, automatic ball balancing system)를 적용하게 된다. 디스크 회전축의 기울어짐이 $0.2°$를 벗어날 경우에는 진동발생으로 인한 데이터 처리가 불가능하게 된다. 이를 방지하기 위한 디스크 센터링 장치는 디스크가 스핀들 턴테이블에 장착되면서 발생할 수 있는 회전축의 기울어짐을 최소화하기 위해서 턴테이블이나 스핀들 허브의 형상을 변화시키는 장치이다.

또한 자동 밸런싱 장치는 그림 12.11과 같이 클램프 내부에 환형 모양의 내륜을 설치하고,

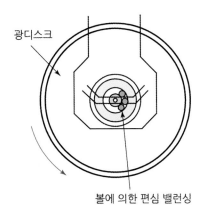

광디스크

볼에 의한 편심 밸런싱

그림 12.11 광디스크 드라이브의 자동 밸런싱 장치

그 안에 조그마한 볼을 넣어서 편심(불평형 질량)과 반대위상으로 볼이 이동되면서 평형을 유지하여 진동현상을 저감시키게 된다. 이때에는 회전속도가 디스크를 포함한 회전체의 고유 진동수보다 큰 경우에만 효과를 볼 수 있다는 점을 유의해야 한다. 회전속도가 낮을 경우에는 평형 볼의 작용이 불평형 질량에 추가되어 진동현상을 더욱 악화시킬 경우도 있다.

한편으로는 광디스크 드라이브 내부에서 진동 흡수장치(동흡진기, dynamic vibration absorber)를 장착시키는 경우도 있다. 이는 사용자의 부주의로 인하여 디스크 자체가 심하게 변형된 경우가 자주 발생할 수 있기 때문이다. 더불어서 이동과정의 충격이나 사용자의 잘못으로 디스크 내부에 균열이 발생한 경우에는, 광디스크 드라이브의 고속 회전으로 인하여 디스크 내부의 균열이 진전되어 파열현상까지 유발할 수 있다. 대부분의 광디스크는 취성재료인 폴리카보네이트로 제작되므로, 균열로 인한 파손 우려 가능성이 높다고 볼 수 있다. 디스크 파손을 방지하기 위한 대책으로는 디스크 내부의 철심보강, 디스크 표면의 섬유질 소재보강이나 고무 코팅 등을 고려할 수 있다.

12.2.3 차량장착용 CD 체인저

일반 자동차에도 오디오용 CD 플레이어뿐만 아니라, 차량 항법장치(GPS, global positioning system 또는 Navigation system) 등과 같은 첨단장치들이 거의 기본적으로 장착되는 추세이다. 일반 데스크탑(desk-top)방식의 컴퓨터나 노트북에 사용되던 CD-ROM과는 달리, 흔들림이 항상 존재하는 차량에서는 근본적인 방진설계가 필수적이라 할 수 있다. 자동차는 승객의 안락함과 정숙성을 위해서 진동이나 충격현상이 최소화되도록 설계·제작되는 것이 사실이지만, 엔진의 가동 및 불규칙한 도로 위를 끊임없이 주행하는 자동차에서 발생하는 진동이나 충격현상은 CD 플레이어에 있어서는 악조건이 아닐 수 없다.

CD 플레이어의 재생과정에서 발생하는 스키핑(skipping, 음이 끊어지거나 튀는 듯한 音飛 현상)은 바로 차량의 주행과정에서 발생하는 충격이나 심한 흔들림(진동현상)으로 유발되기 마련이다. 여기서는 여러 장의 디스크를 보관하는 일체형 CD 체인저(changer)의 방진 설계단계를 간략하게 알아본다.

(1) 진동절연 목표

우선적으로 CD 체인저가 장착되는 차량 내부의 진동 특성과 진동레벨을 파악해야 한다. 자동차의 주행 특성에 따라 공회전 구간을 포함한 저속부터 고속까지의 속도영역, 시동 및 엔진 OFF시의 진동, 아스팔트부터 비포장도로나 요철로와 같은 과속방지 구간에 이르는 도로상태에 따른 차량 특성, 도어와 트렁크 및 엔진 후드(hood) 등의 여닫는 과정에서 발생되는 충격적인 진동현상 등을 정확히 평가해서 CD 체인저에 요구되는 진동수준과 절연목표를 설정해야 한다.

그 다음으로 CD 체인저 자체가 허용할 수 있는 진동범위를 파악하여 스키핑현상이 발생하지 않는 최소한의 진동 허용레벨을 결정한다. 차량의 주요 진동 특성을 기준하면, 관심 주파수는 대략 150 Hz 이하의 진동수 영역이면 충분하다고 판단된다.

(2) 진동 전달률

CD 체인저의 진동절연목표를 만족하는 스프링이나 지지고무 등이 채택되어야 한다. 일반적으로 CD 체인저의 지지방법으로는 그림 12.12와 같이 스프링과 고무부품을 병행하여 사용하고 있다.

스프링과 고무의 강성(stiffness) 및 감쇠(damping) 특성을 이용하여 CD 체인저에서 요구되는 진동 전달률을 만족시키는 지지조건을 얻어야 한다. 특히, 진동 전달률은 공진영역의 과도한 진폭을 저감시키는 것에만 주목해서는 안 되며, 문제가 되는 진동수 영역 전체에서 목표하는 전달률을 만족하도록 지지부품들의 강성값과 감쇠값을 세밀하게 조정해야 한다.

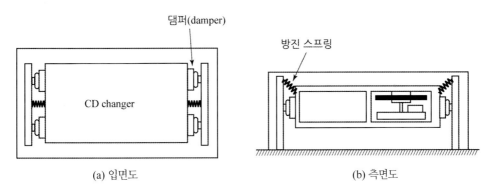

(a) 입면도   (b) 측면도

그림 12.12 **차량용 CD 체인저의 방진사례**

(3) 진동 저감대책

CD 체인저의 진동절연요소로 사용되는 고무제품의 복소강성(complex stiffness)을 그대로 이용하기보다는 고무 내부에 미세한 구멍을 형성하여 내부 공기가 고무를 통과하면서 감쇠 특성을 향상시킬 수 있도록 고려할 수 있다. 또한 고무 내부에 액체(주로 실리콘 오일)를 주입하여 유체의 점성(粘性)을 이용하여 감쇠 특성을 조절할 수 있다. 차량용 CD 체인저는 주로 공기구멍을 허용한 고무 및 액체봉입 고무를 절연요소로 채택하고 있다. 특히, 액체 내에 별도로 첨가물(주로 실리카 분말)을 추가하여 공진영역에서의 진폭저감에 큰 효과를

얻을 수 있다. 이러한 경우에는 첨가물과 사용하는 액체의 상호관계 및 화학적인 안정성도 면밀히 검토해서 전체 진동수 영역에서 진동절연효과를 만족시키고 내구성능에 대한 검증작업도 필수적으로 수반되어야 한다.

참고사항 **10의 배수 및 약수와 관련된 기호**

컴퓨터의 성능 향상과 더불어서 급속한 기술정보의 발달로 우리들의 생활 속에서 10의 배수(multiples) 및 약수(submultiples)와 관련된 기호가 어느새 공식용어처럼 쓰이고 있다. 소음이나 진동단위를 나타내는 데시벨(dB), 기상정보에서 흔히 듣게 되는 헥토파스칼(hPa), 기가(giga), 나노(nano)에 이르기까지 마치 고유명사처럼 사용되고 있다. 하지만 이러한 10의 배수나 약수와 관련된 기호나 명칭에 대한 의미를 정확하게 이해하고 있는 사람들이 의외로 적다는 사실을 경험하게 된다. 정확한 내용을 이미 알고 있는 사람에게는 새삼스러울 수도 있겠지만, 우리들의 생활 속에서 흔하게 접할 수 있는 10의 배수 및 약수와 관련된 기호와 적용사례를 알아본다.

10의 약수(submulitples)				10의 배수(multiples)			
구분	기호	명칭	적용사례	구분	기호	명칭	적용사례
10^{-1}	d	deci	dB(소음진동 단위)	10^1	da	deca	daN(힘 단위)
10^{-2}	c	centi	cm(길이 단위)	10^2	h	hecto	hPa(압력 단위)
10^{-3}	m	milli	mm(길이), mL(부피), mg(무게 단위)	10^3	k	kilo	kg(무게), km(길이)
10^{-6}	μ	micro	μm(길이), μs(시간)	10^6	M	mega	M byte, MHz
10^{-9}	n	nano	nm(길이), nano tube	10^9	G	giga	G byte, GHz
10^{-12}	p	pico	−	10^{12}	T	tera	T byte
10^{-15}	f	femto	−	10^{15}	P	pemto	−
10^{-18}	a	atto	−	10^{18}	E	exa	−

PART V

건축 구조물의 소음진동

13장 지진

14장 건축 구조물의 소음

15장 건축 구조물의 진동

16장 건설소음 및 진동

17장 교량의 진동

18장 발파에 의한 소음진동

19장 풍력발전기

Living in the Noise and Vibration

단원설명

우리가 생활하고 있는 집이나 아파트와 같은 공동주택에서도 상당히 많은 소음과 진동현상이 발생하고 있는 것이 사실이다. 또한 바람이나 이동하중으로 인하여 교량에서 발생하는 진동현상을 비롯하여 건설현장에서 발생한 소음과 진동현상에 대해서도 많은 사람들이 매우 민감하게 반응하는 경우가 많다고 생각된다. 건축 구조물의 다양한 소음진동현상에 영향을 줄 수 있는 지진, 건축 구조물과 내부 기계장치, 건설현장, 교량, 발파, 풍력발전기에 대한 내용을 알아본다.

CHAPTER
13 지진

　지진(地震, earthquake)이란 지구를 구성하고 있는 지표면이나 암석 등이 지구 내부의 여러 가지 원인들에 의해서 급격하게 파괴를 일으키면서 순간적으로 엄청난 운동에너지가 여러 방향으로 전달되는 자연적인 현상이다. 지진은 지구가 생성된 이후로 끊임없이 발생했으며, 달이나 화성에서도 지진의 흔적을 확인할 수 있는 것처럼 지진은 지구만의 현상이 아닌, 행성 자체의 살아 있는 생명활동이라고도 할 수 있다.

　지진은 지각판(plate)이 서로 겹치고 충돌하는 지역에서 주로 발생하는 특징이 있다. 판 구조론에 의하면, 지진은 그림 13.1과 같이 유라시아판, 태평양판, 필리핀판 등의 지구를 구성하고 있는 12개의 지각판이 서로 밀거나 충돌하면서 발생하는 현상을 의미한다. 지진의 약 90%가 판과 판 사이의 경계 부위에서 주로 발생하고 있다.

　진동 측면의 관점에서 지진현상을 표현한다면, 지진은 매우 큰 진폭을 가진 낮은 주파수(0.1 ~ 30 Hz)의 지반진동이라고 할 수 있다. 1995년 1월 일본 고베에서 발생한 지진과 2004년 12월

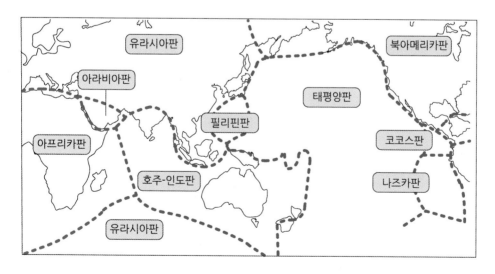

그림 13.1 세계 지각판의 구조

인도네시아 및 2011년 동일본 대지진에서 발생한 지진해일인 쓰나미(tsunami, 津波의 일본식 발음)의 사례만을 보더라도 이제는 국내에서도 1987년에 제정된 내진설계에 대한 기준을 더욱 강화시켜야 한다는 의견이 제시되고 있는 실정이다. 일반 파도는 바람에 의해 수면 윗부분만 움직이므로 전달되는 에너지가 적지만, 지진에 의한 쓰나미는 수면 아래 깊은 곳부터 한꺼번에 움직이기 때문에 에너지가 크고 먼 지역까지 거침없이 도달하게 된다. 특히 2016년 9월에 발생한 경주지역의 지진(규모 5.8)으로 인하여 우리나라도 이제는 지진에서 안전하다고 말할 수 없게 되었다.

역사적인 기록만 보더라도 '(경주지역의) 땅이 흔들리고 민가가 무너져서 깔려 죽은 자가 1백인이나 되었다(신라 혜공왕 15년, 서기 779년)', '소리가 성난 우레 소리처럼 크고 담장과 성벽이 무너졌으며, 도성 안 사람들이 밤새 노숙하며 집에 들어가지 못했다(조선 중종 13년, 1518년)'와 같이 우리나라에서 지진이 발생했던 사실이 역사서에 기록된 횟수만도 10여 차례에 이른다.

우리나라의 지진역사는 1912년 일본인 와다(和田雄治)가 처음으로 정리했다고 한다. 그는 삼국사기, 고려사, 조선왕조실록 등의 역사자료를 근거로 서기 2년부터 1855년까지의 지진사례를 모았다. 역사적인 지진기록은 대부분 사람이 많이 살던 곳과 도읍지에서 많은 피해가 발생했음을 알 수 있는데, 이는 당시 인간의 감각에만 의해서 감지될 뿐이었기 때문이다. 조선시대에는 지진이나 흙비(지금의 '황사'를 의미)가 발생하면 임금님에 대한 하늘의 노여움으로 인식하고는 지진을 막고자 하는 제사(解怪祭)를 드리곤 하였다.

그림 13.2는 우리나라에서 지진관측이 시작된 1978년 이후로 규모 5.0 이상의 지진이 발생한 지역을 보여준다. 지진의 발생추이만 살펴보더라도 1978년부터 1998년까지의 기간에는 연평균 19.2회의 지진발생횟수가 1999년부터 2015년까지의 기간에는 47.8회로 2배 이상 증가되었다. 우리나라 인구의 약 1/3이 거주하고 있는 경기도와 서울지역은 과거 2천 년간 많은 지진이 발생하였으나, 최근 200여 년간은 비교적 조용한 상태로 유지되고 있었다. 이를 역설적으로 생각해본다면 이 지역에서 큰 지진이 발생할 수 있는 에너지가 장기간에 걸쳐서 축적되고 있다는 가능성을 배제할 수 없다고 판단된다.

또한 최근의 일본과 중국에서 잇따라 대형 지진이 발생하고 있는 상황을 고려해볼 때, 국내의 지정학적 위치 측면에서 한반도에 큰 지진이 발생하지 않는다고 장담할 수 없는 상황이다. 경주지역의 지진과 수많은 여진활동이 이를 증명하고 있다고 볼 수 있다. 특히 서울과 수도권이 지진에 매우 취약한 것으로 알려져 있는데, 퇴적층으로 이루어진 연약지반의 서울 강남에 비해서, 강북도심은 암반지역이라 상대적으로 안전하다고 볼 수 있다.

지진 전문가들은 경주지역뿐만 아니라 경기, 부산, 충청, 호남지역 등 전국에 활성단층이 20여 개 이상 존재하는 것으로 추정하고 있다. 외부의 힘을 받은 지각의 이동으로 지층이

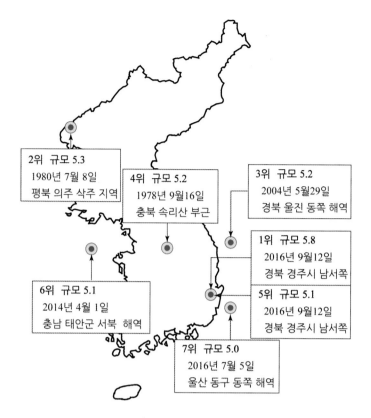

그림 13.2 한반도의 역대 지진 발생지역 (2016년 9월)

끊어진 것을 단층이라 하는데, 과거에 움직임이 있었거나 앞으로 움직일 가능성이 높은 단층을 활성단층이라 한다. 세계적으로 발생하는 전체 지진의 약 90% 이상이 활성단층에서 발생하고 있다.

최근 도시집중화 및 구조공학의 발달로 인하여 건축 구조물이 점차 대형화, 고층화되고 있는 추세여서, 예측할 수 없는 지진으로부터 건축 구조물이나 그 내부에 거주하는 사람과 설치된 기기의 보호를 위한 좀 더 구체적인 고려와 대책방안이 필요한 실정이다.

13.1 지진의 기본 성질

지진에 의해 유발되는 진동현상을 지진동(地震動) 또는 지진하중이라 하며, 지진의 파괴현상이 처음으로 시작된 지점을 진원(震源, focus 또는 hypocenter)이라 한다. 진원과 지표면과의 깊이를 진원깊이(focal depth)라고 하며, 진원에서 지표면에 대하여 수직으로 만나는 점을

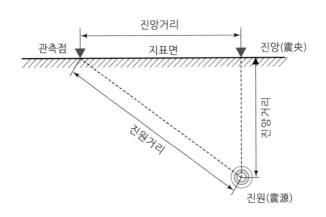

그림 13.3 지진의 진원과 진앙

진앙(震央, epicenter)이라 한다. 그림 13.3과 같이 관측지점에서 진원 및 진앙과의 거리를 각각 진원거리, 진앙거리라 부른다.

진원에서 발생된 지진파는 여러 방향의 경로를 통해서 지표면에 도달하게 되는데, 전파속도 및 전달형태에 따라 다음과 같이 구분된다.

(1) P파

P파(primary wave)는 지구 내부에서 지진이 발생하면서 지표면에 가장 먼저 도달되는 지진파이며, 종파(縱波, longitudinal wave) 또는 소밀파라고 한다. P파는 지진의 전달 방향에 평행하게 진동이 전달되는 압축파의 특성을 갖는다.

(2) S파

S파(secondary wave)는 P파에 이어서 지표면에 도달되는 지진파로, 전단파 또는 비틀림파 모양을 가진다. 지진의 전달 방향에 수직한 방향으로 진동에너지를 전달하는 특성을 갖기 때문에 횡파(橫波, transverse wave) 또는 전단파라고도 한다. 일반적으로 S파의 전달속도는 P파에 비해서 40~60% 정도 느리다. S파는 수평성분만을 갖는 SH파와 연직성분과 수평성분을 갖는 SV파로 분류된다.

(3) 러브파

SH파가 지표와 지중의 지층경계면 사이에서 완전반사를 반복하면서 지표면에 전달되는 파를 뜻한다. 러브파(Love wave)는 전달 방향에 수직한 수평변위성분만을 가진다.

(4) 레일리파

P파와 SV파가 러브파와 같이 완전반사를 일으켜 발생하는 표면파를 뜻한다. 레일리파 (Rayleigh wave)는 지표면의 움직임이 크고, 지표면 아래의 깊은 방향으로 들어갈수록 운동현상이 적어지는 특성이 있다. 또한 레일리파에 의한 입자의 움직임은 파의 진행 방향에 대하여 역방향의 타원운동을 하는 특징이 있다. 레일리파는 전달 방향에 평행한 수평변위성분과 연직변위성분을 갖는다. 그림 13.4는 이러한 지진파를 세부적으로 분류한 것을 나타내며, 그림 13.5는 지진파의 전달 방향을 개략적으로 보여준다.

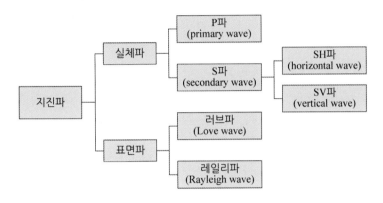

그림 13.4 지진파의 세부분류

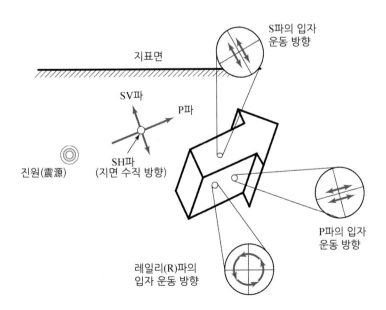

그림 13.5 지진파형의 특성 개략도

상기 지진파 중에서 P파와 S파는 실체파(body wave), 러브파와 레일리파는 지표면의 표면파(surface wave)라고 한다. P파는 S파보다 약 2배 정도의 빠른 전파속도를 갖기 때문에, 우리들이 지표면에서 실제로 지진현상을 경험할 때에는 상하방향의 흔들림을 먼저 느끼게 되고, 그 이후에 좌우방향의 흔들림을 느끼게 된다. 그림 13.6은 지진파의 전달형태를 도식적으로 보여준다.

아직까지 지진예보는 과학기술의 발전에도 불구하고 몇십 년 전의 일기예보 수준에도 못 미치고 있다는 사실이 지진에 대한 불안감을 더욱 확대시킨다고 볼 수 있다. 지진이 발생하게 되면 60초 이내의 짧은 시간에 지각변동을 멈추는 것이 일반적이지만, 순간적으로 상하, 좌우, 회전운동이 포함된 3차원 운동이 동시에 발생하므로 지표면에는 심각한 피해를 끼치게 된다.

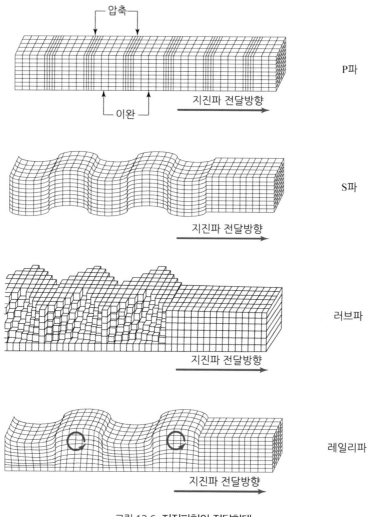

그림 13.6 지진파형의 전달형태

물론, 여진에 따른 추가 피해도 무시할 수 없는 수준이다. 현재까지도 지진을 사전에 예측하거나 막을 수 없기 때문에 지진을 최대한 빨리 감지하고 이를 신속하게 전달하여 피해를 최소화시키는 방법밖에 없다. 21세기의 기술 발전을 토대로 지진 예보능력을 향상시키고 재해에 대비하는 능력을 키우는 것이 매우 중요하다. 선진국이란 인프라가 잘 갖추어져서 지진이나 태풍, 해일과 같은 재난에 대한 대비를 충실하게 하는 나라라고 할 수 있기 때문이다.

13.2 지진의 규모와 진도

지진으로 인한 피해나 건축 구조물 등의 파괴현상을 좀 더 객관적으로 평가하기 위해서는 지진의 규모(規模, magnitude)라는 단위를 사용한다. 여기서, 동일한 규모의 지진이라 하더라도 측정 장소에 따라 지진하중의 강약은 달라지게 된다. 그리하여 지진현상의 영향을 받는 장소에 따라 지진하중의 강약을 나타내는 척도로 진도(震度, intensity)를 사용하고 있다.

지진의 규모는 지진의 절대적인 강도를 나타내므로, 지역과 관계없이 똑같은 값을 갖는다. 즉, 지진의 규모는 지진이 발생했을 때 나오는 에너지 크기를 수치화한 것으로, 거리에 따라 에너지가 어떻게 감소하는지를 감안한다면 어디서나 동일한 규모를 알아낼 수 있다. 반면에, 지진의 진도는 지진으로 인하여 사람들이 느끼게 되는 진동현상을 포함하여 건물이나 교량들이 피해를 받게 되는 정도를 수치화한 것이다. 따라서 진도는 지진 발생지점으로부터의 거리나 관측지점의 지질 특성에 따라 달라지게 된다.

예를 들어서 규모 6에 해당하는 지진이 지표면 아래 10 km 지점에서 발생했다면, 저층 건물은 붕괴되고, 땅이 갈라질 정도의 심각한 피해가 발생한다. 이를 진도로 표현하면 진도 8에 해당한다. 그러나 동일한 규모의 지진이 지표면 아래 100 km의 더욱 깊은 지점에서 발생했다면, 지상에서는 건물이 흔들릴 정도의 느낌과 가벼운 진동현상을 느낄 뿐, 별다른 피해는 없게 된다. 이를 진도로 표현하면 진도 3 ~ 4 정도에 해당한다.

이처럼 같은 규모의 지진이 발생하더라도 진앙으로부터 얼마나 떨어져 있는가에 따라 지진의 진도는 달라지게 된다. 즉, 지진의 규모는 절댓값이고, 진도는 거리나 관측지점의 지질 특성 등에 따라 달라지는 상댓값이다.

유럽과 미국에서는 12단계의 수정 머칼리 진도(MMI, Modified Mercalli Intensity)가 사용되며, 일본에서는 10단계의 JMA(Japan Meteorological Agency) 등이 사용된다. 신문기사나 뉴스에서 전하는 지진소식에서는 미국의 지진학자 리히터(Richter)에 의해서 제안된 리히터 규모를 주로 사용하고 있다. 지진의 규모에서는 6.5, 8.6과 같이 소수점 아랫자리까지 표현하지만, 진도를 나타낼 때에는 진도 5, 7과 같이 정숫값으로만 표현한다. 참고로 지진의 규모가

표 13.1 일본 JMA의 지진분류

진도		지진의 명칭	평균 최대 가속도 (m/s²)	현상	참고사항
0		무감각 (no feeling)	0.008 이하	인간이 잘 느끼지는 못하나 계기에는 기록됨	천장에 매단 물건이 약간 흔들릴 정도
1		미진(微震) (slight)	0.008~0.025	민감한 사람들만이 느낄 수 있음	조용히 있는 경우에는 느껴지나, 서 있는 사람에게는 잘 느껴지지 않을 정도
2		경진(輕震) (weak)	0.025~0.080	모든 사람들이 크게 느낄 수 있음	매달린 물건의 흔들림이 심하고, 잠을 깨는 경우도 있음
3		약진(弱震) (rather strong)	0.080~0.25	창문/문이 흔들림, 그릇의 물이 출렁거림	깜짝 놀랄 만큼 느껴지지만, 걷고 있는 경우에는 모를 수도 있음
4		중진(中震) (strong)	0.25~0.80	기물이 넘어지고 그릇 안의 물이 넘침	잠자던 모든 사람들이 깨어나며 전신주나 가로수가 흔들거리고, 어지러움을 느낌
5	5 약 / 5 강	강진(强震) (very strong)	0.80~2.5	벽이 갈라지고 굴뚝, 담, 비석들이 넘어짐	서 있기가 힘들며, 안정되지 않은 가구들이 넘어짐
6	6 약 / 6 강	열진(烈震) (disastrous)	2.5~4.0	사람이 서 있지 못함. 가옥 파괴 30% 이하	보행이 불가능할 정도로 움직이기가 곤란함
7		격진(激震) (very disastrous)	4.0 이상	가옥 파괴 30% 이상, 산사태, 단층이 발생	인간의 활동이 전혀 불가능

0.2 단위로 증가할 때마다 지진의 에너지 규모는 약 2배씩 증가하며, 규모가 1단위로 커지면 에너지(지진의 위력)는 약 32배로 증대된다. 표 13.1은 일본의 JMA의 분류를, 표 13.2는 수정 머칼리 진도에 따른 명칭과 발생하는 피해사항들을 나타낸다.

지진에 의해 방출된 에너지를 이용하여 지진의 강도를 숫자로 분류하는데, 식 (13.1)과 같이 정의된다.

$$\log_{10} E = 11.8 + 1.5\,M \tag{13.1}$$

여기서, E는 지진에너지를 뜻하며, 지진의 규모는 M으로 표현된다.

지진의 규모가 1씩 증가할 경우에는,

$$E = 10^{1.5} = 31.6$$

인 관계가 있어서 31.6배씩 증가함을 알 수 있다.

지진에 의한 가속도 및 진동현상을 표현할 때, gal 단위를 종종 사용하기도 한다. 여기서,

표 13.2 수정 머칼리 진도(MMI)

진도	지진의 명칭	평균 최대 가속도 (m/s^2)	발생현상
1	기계만 감지 (instrumental)	0.01 이하	극소수의 민감한 사람들만 감지할 수 있다.
2	미약 (feeble)	0.01~0.02	건물의 상층부에 있는 소수의 사람들만 느낄 수 있다.
3	약함 (slight)	0.02~0.05	실내에서 느낄 수 있으나, 지진으로 인식하지 못할 수도 있다.
4	보통 (moderate)	0.05~0.1	실내에서 대부분 느낄 수 있으며, 창문, 그릇과 문 등이 흔들린다.
5	약간 강함 (rather strong)	0.1~0.3	거의 모든 사람이 느끼고, 잠자던 사람이 깨어난다. 벽에 금이 가고 추시계가 멈춘다.
6	강함 (strong)	0.3~0.8	사람들이 놀라서 집 밖으로 나온다. 벽의 흙이나 석회 등이 떨어진다. 굴뚝이 파손되기도 한다.
7	매우 강함 (very strong)	0.8~1.4	일반 구조물의 일부 피해를 본다. 운전 중인 사람들도 느낄 수 있다.
8	파괴적임 (distructive)	1.4~2.6	무거운 가구가 넘어진다. 굴뚝, 벽, 비석 등이 무너진다. 부실한 건물은 큰 피해를 입는다.
9	대단히 파괴적임 (ruinous)	2.6~4.0	구조물이 기울어지고, 주택들이 일부 붕괴된다. 땅에 금이 가고 지하 파이프가 파손된다.
10	재해발생 (disastrous)	4.0~5.6	대부분의 목조건물과 일부 석조건물이 무너진다. 철로가 휘어지고 산사태가 일어난다.
11	재해가 심함 (very disastrous)	5.6~7.4	각종 교량의 붕괴, 땅에 넓은 균열이 발생한다. 지하 파이프가 완전히 파손되며, 철로가 심하게 휘어진다.
12	큰 재앙발생 (catastrophic)	7.4 이상	전면적인 피해가 발생하며, 지표면이 파도모양으로 흔들리고, 물체가 땅 위로 튀어오를 정도이다.

1 gal은 1 cm/s^2 (= 0.01 m/s^2)의 가속도를 나타내는 단위이다. 한편, 공학분야에서는 지진하중의 강약을 나타내는 척도로는 지진하중의 가속도(a)와 중력가속도(g) 간의 비(a/g)가 사용된다.

지진에 의한 피해로는 지각의 변화(산사태, 지반의 융기, 함몰, 침강 등)에 의한 피해, 해일에 의한 피해, 지진의 진동에 의한 피해, 지진으로 인한 도심지의 피해 등이 복합되어 발생하기 마련이다. 특히 지진은 특정 지역이나 국가에만 피해를 주는 것이 아니므로, 지진에 대비한 국제협력을 원활하게 하기 위해서 세계의 모든 지진관측소는 지진발생 시 세계 표준시인 '그리니치 표준시(Greenwicch Mean Tune)'로 표기한다. 이는 지진발생으로 인한 심각한 피해와 쓰나미 등의 도달여부를 각 국가의 자기나라 시간으로 환산하면서 발생될 수 있는 혼란을 없애기 위함이다. 여기서는 지진에 의한 진동피해를 최소화시키는 내진 및 제진설계에 대해서 알아본다.

13.3 건축 구조물의 지진대책

건축 구조물에 작용하는 하중(외부 작용력)으로는 풍하중과 지진하중이 있다. 바람에 의한 풍하중은 건물의 외관에 많은 영향을 받는 반면에, 지진하중은 건물의 중량(관성력)에 의해서 좌우되므로 건물의 동특성에 많은 영향을 받게 된다. 건물과 같은 구조물에 작용하는 관성력은 각 부분의 질량과 진동가속도의 곱으로 표현되며, 특히 수평 방향의 관성력이 건물이나 지상 구조물의 피해와 파괴현상에 큰 영향을 미치게 된다.

일반 기계와 마찬가지로 건축물 역시 고유 진동수를 가지고 있으며, 이에 따른 진동주기는 오차가 많이 있기는 하지만 대략 건물층수÷10으로 계산할 수 있다. 예를 들어, 5층 건물의 진동주기는 약 0.5초이며, 이에 대한 건물의 고유 진동수는 2 Hz가 된다. 지진의 진동주기는 발생할 때마다 조금씩 달라지지만, 한반도에 발생했던 지진 사례를 감안하면 지진의 진동주기는 대략 0.2~0.4초(2.5~5 Hz 내외)에 해당하는 것으로 파악되고 있다. 이를 근거한다면, 5층 이하의 낮은 건물과 일반 주택까지도 지진으로 인해 큰 피해를 입을 수 있다는 점을 시사한다.

그림 13.7은 지진의 영향으로 인한 고층 건물의 거동형태를 개략적으로 보여준다. 건축 구조물의 내진설계 시 고려해야 할 세 가지 원칙을 제시하면 다음과 같다.

① 자주 발생하는 지진(최소 규모를 의미)에 대해서는 아무런 피해가 발생하지 않도록 설계한다.
② 가끔씩 발생하는 지진(중간 규모)에 대해서는 구조적인 피해가 발생하지 않도록 설계한다. 건축 구조물의 계속적인 사용에 있어서 안전에 영향을 받지 않는 범위에서, 최소한의 보수만으로도 회복될 수 있어야 한다.
③ 아주 드물게 발생하는 지진(심각한 규모)에 대해서는 구조적인 피해가 발생하더라도 붕괴

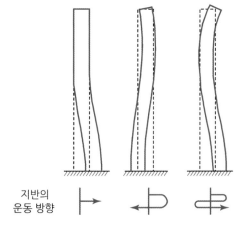

지반의
운동 방향

그림 13.7 지진에 의한 고층건물의 거동형태

되지 않도록 설계한다. 즉, 어떠한 규모의 지진이 발생하더라도 구조물의 붕괴만큼은 일어나지 않도록 설계하는 것이 가장 중요한 목표이다.

지진에 대한 건축 구조물의 안정성을 확보하기 위한 방법은 내진(耐震), 면진(免震), 제진(制震)개념으로 구분할 수 있다.

① 내진(耐震)개념은 건물의 기둥이나 철근 같은 구조물의 강도를 최대한 증가시켜서 지진으로 인한 건물의 파괴나 붕괴가 발생하지 않도록 설계하는 것을 의미한다. 건축 구조물의 내진설계는 사용 한계상태(service limit state), 손상 한계상태(damage limit state), 붕괴 한계상태(collapse limit state)별로 구분하여 진행되어야 한다.

② 면진(免震)개념은 지진의 진동에 버티는 것뿐만 아니라 진동을 피한다는 개념에서 설계가 이루어지는 것을 뜻한다. 즉, 건축 구조물과 지반을 별도의 장치로 분리시켜서 지진의 에너지가 직접적으로 전달되는 양을 최대한 줄이는 개념이다. 건축 구조물의 횡방향 진동 특성을 길게 하면(고유 진동수를 낮추어서) 지진에 의한 반응(응답이나 거동형태)을 최소화시킬 수 있게 된다. 구체적인 설계방식으로는 건축 구조물의 기초에 적층 고무받침(LRB, laminated rubber bearing)과 같은 진동절연장치(vibration isolator)를 적용하여 건물을 지반으로부터 분리시키는 개념이다.

그림 13.8은 이러한 면진개념을 개략적으로 보여준다. 적층 고무받침을 이용하여 건물의 진동주기를 길게 함으로써 건물에 가해지는 지진력을 저감시키는 방법은 최근 건축 분야에서 활발하게 적용되고 있는 실정이다. 주요 적용분야로는 원자력 발전시설, 가스 공급시설 등과 같이 고도의 안정성이 요구되는 건축 구조물과 함께 교량 등이 포함될

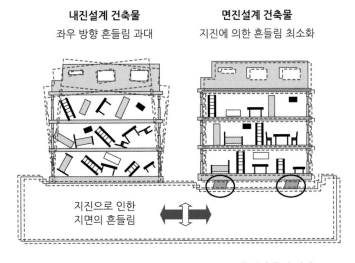

그림 13.8 내진과 면진설계에 의한 건축 구조물의 흔들림 사례

수 있다. 또한 지진현상뿐만 아니라 철도진동이나 차량의 교통진동으로부터도 일정 수준 이하의 진동환경을 유지해야 하는 반도체공장과 같은 정밀공장에도 면진개념이 적용된다.

구체적인 사례로는 부산의 광안대교와 서울 지하철 2호선의 당산철교에 납-고무받침 (lead rubber bearing)이 적용되었고, 인천 국제공항의 관제탑과 부산 센텀시티 등에도 면진기술이 적용된 바 있다. 건축 구조물에 적용되는 고무받침에 대한 세부내용은 17.2절을 참고하기 바란다.

③ 제진(制震)개념은 내진 및 면진개념을 포함하여 좀 더 적극적으로 건축 구조물의 진동현상을 억제시키는 방법을 뜻한다. 지진이나 바람에 의한 풍하중으로 인한 건축 구조물의 진동제어에 있어서도 외부 에너지를 필요로 하는 능동적인 제어개념과 외부 에너지를 필요로 하지 않는 수동적인 제어개념으로 구분된다. 구체적인 장치로는 동흡진기(dynamic absorber)를 장착하는 동조 질량 감쇠기(TMD, tuned mass damper), 능동 질량 감쇠기 (AMD, active mass damper) 등이 있다. 주요 적용분야로는 지진에 의한 진동현상뿐만 아니라, 풍하중에 의한 진동으로부터 건축 구조물의 안정성과 거주자의 쾌적성을 향상시킬 목적으로 활용될 수 있다. 그림 13.9는 건축 구조물에 적용되는 지진대책을 개념별로 분류한 것이다. 면진개념의 적층 고무받침과 제진개념으로 고려되는 동조 질량 감쇠기 (TMD)와 능동 질량 감쇠기(AMD)에 대한 세부사항은 15.2절을 참고하기 바란다.

현재 우리가 살고 있는 집의 내진설계 여부는 아쉽게도 서울시민들만 확인할 수 있다. 서울시의 '건축물 내진성능 자기점검' 홈페이지(goodhousing.eseoul.go.kr/SeoulEqk)에 접속하여 건축물 대장의 몇 가지 정보를 입력하면 확인이 가능하다. 건축물 대장은 정부 건축행정

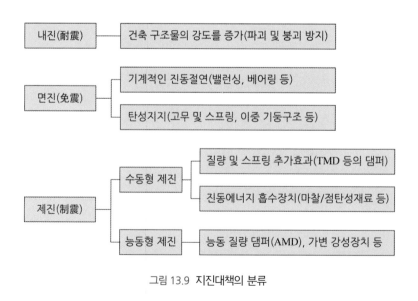

그림 13.9 지진대책의 분류

포털인 '세움터(eais.go.kr)'에서 확인하면 된다.

서울을 제외한 지역에 거주하는 경우에는 건축물 대장의 건축 허가일자를 기준으로 내진설계 여부를 확인해야만 한다. 건축 허가일자를 기준으로 1988년 9월 이후에는 6층 이상 또는 연면적 100,000 m² 이상의 건물은 내진설계가 의무화되었다. 이후 2005년 7월 이후부터는 3층 이상 또는 1,000 m² 이상의 건물이, 2014년 11월 이후에는 3층 이상 또는 연면적 500 m² 이상으로 내진설계의 의무사항이 강화되었다.

13.4 비구조요소의 지진대책

앞에서 설명한 건축 구조물의 지진대책뿐만 아니라, 비구조요소(nonstructural elements, 비구조물이라고도 함)에 대한 고려가 필수적이다. 여기서 비구조요소란 건축 구조물의 일부로써 건물에 설치되는 기계, 전기 등의 각종 시설물을 뜻한다. 지진으로 인한 피해의 상당부분이 비구조요소의 파괴로 말미암아 발생한다고 볼 수 있다. 특히 지진으로 인한 사상자의 70 ~ 80%는 비구조요소가 떨어지거나 파손되면서 발생한다.

비구조요소는 건축적인 측면에서는 유리, 외벽, 칸막이 벽, 천장, 차양, 굴뚝 등이며, 기계적인 측면에서는 기계장비, 보일러, 냉각기, 펌프, 물탱크, 덕트, 파이프 등이다. 전기적인 측면에서는 변압기, 전기장비, 통신장비, 조명기구, 엘리베이터 등이다.

건축 구조물의 내진 및 면진설계에 의해서 지진에 의한 손상이 적었다 하더라도, 위에서 언급한 비구조요소의 파손은 파편의 낙하, 화재, 폭발과 유해물질의 누출 등으로 인명손실, 건물의 사용불가나 경제적인 손실을 유발하게 된다. 특히 지진 이후의 응급조치나 피해복구에 주력해야 할 병원이나 소방서, 학교 및 관공서 건물의 비구조요소 파손은 또 다른 2차 재앙이라 할 수 있다.

결국 비구조요소의 적절한 내진설계는 매우 적은 비용으로도 실현할 수 있으므로, 그 효과는 소중한 인명보호와 함께 경제적인 손실회피에도 큰 도움을 주게 된다. 일차적으로도 비구조요소는 건물 각 부분에 견고하게 부착되거나 연결되어, 지진발생 시 건축물과 하나의 몸체처럼 움직일 수 있게 조치하는 것이 필요하다.

CHAPTER

14 건축 구조물의 소음

활발한 업무가 이루어지는 사무실의 웅성거림과 함께 전화벨이나 프린터 작동음을 포함하여 공장 내부의 기계소음뿐만 아니라, 우리들이 생활하는 일반 주택에서도 다양한 가전제품과 주변에서 발생하는 여러 가지 소음에 노출되기 마련이다. 그림 14.1과 같이 과거 초가집이나 기와집과 같이 독립적인 가옥이 주를 이루던 시절에는 전혀 상상할 수도 없었던 소음이 오늘날 우리들의 주거환경에서는 끊이지 않고 발생하고 있다.

우리나라도 전체 국민의 70% 내외가 아파트와 같은 공동주택에서 거주할 만큼 크게 변화되었다고 볼 수 있다. 2006년부터는 아파트 분양과정에서 소음, 구조, 환경, 생활환경, 화재 및 소방과 같은 5가지 분야에 대한 주택성능등급이 의무적으로 표시되는 시대가 되었다. 이 중에서 소음과 관련되는 항목은 바닥 충격음, 세대 간 경계벽의 차음성능, 화장실 소음과 외부소음 등이다.

대표적인 공동주택인 아파트의 건강한 생활을 좌우하는 핵심적인 항목은 실내공기, 소음,

그림 14.1 소음 걱정이 없었던 한옥

수질이라고 말할 수 있다. 여기서, 실내공기와 수질은 각 가정이나 아파트 관리주체의 개선노력에 따라 어느 정도까지는 향상시킬 수 있겠으나, 소음문제만큼은 각 가정에서 특별하게 조심하더라도 크게 개선시키기가 힘들다고 볼 수 있다.

일반 건축 구조물(이하 건축물이라 한다)에서 소음문제가 발생되었을 경우에는 소음현상과 관련된 물리적인 개념을 이해하여 이를 실제 적용과정에서 해결할 수 있는 능력이 필요하며, 방음처리에 소요되는 경비를 포함한 경제적인 문제를 포함하여 공간활용이나 시각적인 분야까지 망라하는 종합적인 안목이 필요하다.

건축물의 방음처리로써 가장 확실하고 효과적인 방법은 소음을 발생시키는 장비나 구동(운전)조건을 개선시키는 것처럼 소음원 자체의 저감방법이라 할 수 있다. 하지만 대부분 소음원 자체를 근본적으로 해결하거나, 또는 피해를 받는 사람이 요구하는 수준까지 소음레벨을 저감시키는 것은 현실적으로 거의 불가능한 경우가 대부분이다. 따라서 기존 장비나 시설물 등에 있어서 적절한 방음처리(흡·차음처리, 방음벽 등)를 하여 얼마만큼의 개선효과를 볼 수 있는가의 문제로 귀착된다고 볼 수 있다. 결국 다양한 방음대책을 적용시켜서 소음현상의 전달과정에서 소음감소량을 최대로 얻을 수 있는 방법을 어떻게 효과적으로 파악할 수 있는가에 성공의 열쇠가 있다고 판단된다.

한편, 공동주택에 거주하는 주민 역시 소음이 최소한으로 발생하도록 각자 노력하는 자세가 필요하다고 생각된다. 선진국에서는 오후 10시부터 다음 날 오전 7시까지 화장실의 급배수 소음이나 샤워소리로 인하여 이웃의 숙면을 방해해서는 안 되며, 악기연주도 금지될 정도이다. 또한 집안 청소나 내부 수리, 못 박기 등도 월~토요일 오전 8시~12시, 오후 3시~6시 사이에만 허용될 뿐이다. 그동안 우리는 무심코 한밤중에 샤워를 하고, 진공청소기와 세탁기를 스스럼없이 가동하지 않았나 반성해야 하겠다. 건축물이 아무리 튼튼하게 지어졌더라도 사용자가 시도 때도 없이 큰 소음을 발생시킬 정도로 성숙되지 않는 한, 끊임없는 소음이 발생할 것이며 이에 따른 이웃과의 분쟁은 영원히 끝나지 않으리라 생각된다.

건축물에서 발생되는 소음현상을 해결하기 위한 대책방안으로는 소음원 대책, 전달경로 대책, 수음자 대책으로 구분할 수 있으며, 이에 대한 세부적인 내용은 표 14.1과 같이 정리할 수 있다.

표 14.1에 제시된 대책방안은 건축물의 소음현상뿐만 아니라, 앞에서 설명한 수송기계나 가전제품을 포함한 전 분야의 소음진동현상에 대한 공통적인 해결방안이라 할 수 있다. 여기서는 건축물 내부에서 발생하는 소음의 전달경로에 따른 대책을 공기전달소음과 구조전달소음으로 구분하여 설명한다.

표 14.1 건축 구조물의 소음 저감대책

소음 저감대책	소음원 대책	•저소음 장비사용: 저소음 에어컨(공조장치), 저소음 세탁기의 사용 •기계장비의 진동 전달력 저감: 장비의 평형(balancing) •진동전달력에 대한 민감도 저감: 고유 진동수의 변경, 탄성지지 •음향방사의 저감: 작동기계 표면(외부 패널)의 강성 증대 •소음장비의 운전조건 변경: 주야간 운전시간의 조절
	전달경로 대책	•방음재료의 적용: 흡음재, 차음재, 제진재 등의 적용 •방음벽·방진벽의 채택: 교통소음이나 외부소음의 전달 저감 •탄성지지: 고무나 스프링에 의한 진동전달력의 감소
	수음자 대책	•청력보호장비 착용: 귀마개 등 •작업자의 교대근무: 소음 노출시간의 감소 •작업공간의 방음시설

14.1 공기전달소음

공기전달소음(air borne noise)은 소음원으로부터 공기를 통해서 수음자에게 전달되는 소음을 뜻한다. 가장 대표적인 사례로, 도로 주변의 주택에서 창문을 열었을 때의 소음(주로 자동차와 철도차량의 주행, 항공기 이착륙으로 인한 교통소음과 건설소음 등이다)보다 창문을 닫았을 때 집안의 실내소음이 줄어든다는 것은 누구나 경험적으로 알고 있는 사실이다. 이는 창문 자체가 외부에서 공기를 통하여 실내공간으로 전달되는 소음을 차단시킨다는 것을 의미한다. 창문의 기밀성이 우수할수록, 또는 이중창인 경우와 커튼이 설치되어 있는 경우에는 더욱 효과적인 소음저감효과를 얻게 된다. 창문뿐만 아니라, 일반도로에서 흔히 볼 수 있는 방음벽도 이러한 공기전달소음의 차단효과를 얻기 위한 것임을 쉽게 이해할 수 있다. 구체적인 공기전달소음의 저감방안에는 여러 가지가 있지만, 여기서는 가장 대표적인 흡음과 차음대책을 간단히 설명한다.

14.1.1 흡음대책

흡음대책은 건축물 내부로 투과되거나 전달된 소음을 자체적으로 흡수하여 실내소음을 저감시키는 목적으로 채택되며, 건물 내부에 흡음재료(absorption material)가 설치되는 경우가 대부분이다. 즉, 재료 내부에 많은 공기층을 가지는 다공성(多孔性) 재료를 건축물 내부에 적용하여 소음에너지를 열에너지로 변화시켜 소모시킴으로써 실내소음을 감소시키게 된다. 흡음재료의 성능은 흡음률(absorption coefficient)로 표시되며, 음파(소음)가 전달되어 물체

(흡음재료)에 부딪혀서 일부는 반사되지만 나머지는 흡수되어 소음이 저감되는 특성을 흡음성능이라 한다. 즉, 흡음률은 흡음재료의 특성을 대표하며, 다음과 같이 정의된다.

$$흡음률 = \frac{흡음재료에서 \ 흡수되는 \ 소음(흡수음)의 \ 세기}{흡음재료에 \ 입력되는 \ 소음(입력음)의 \ 세기}$$

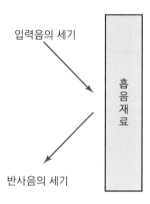

그림 14.2 **흡음재료와 흡음률**

여기서, 흡수음은 입력음에서 반사음의 세기를 뺀 값을 의미한다. 소음을 100% 흡수하는 흡음재료의 흡음률은 1의 값을 가지며, 100% 반사하는 경우(전혀 소음감소가 없다)의 흡음률은 0의 값을 갖는다. 밤새 눈이 많이 내린 겨울철 아침에는 주변이 평소보다 조용하다는 것을 느낄 수 있는데, 이는 지표면에 쌓인 눈으로 인하여 지표면이나 거리(도로) 등의 흡음률이 커져서 소리의 반사음이 현저하게 줄어들었기 때문이다. 눈은 격자(格子)모양의 결정구조로 이루어져 있으며, 격자의 공간 중에서 90 ~ 95%가 공기로 채워져 있는 다공성의 특징이 있다. 따라서 약 500 Hz 이상의 주파수를 가지는 소음에 대한 흡음효과가 우수하므로, 눈이 내린 밤이나 새벽녘에는 매우 고요하다는 느낌을 갖게 되는 것이다. 흡음재료도 눈의 격자모양과 같이 재료 내부에 많은 공기층을 갖게 된다.

건축물의 사무실이나 거실과 같은 실내공간에서의 흡음력은 재료 자체의 흡음률을 기초로 산정할 수 있다. 흡음력은 평균 흡음률($\overline{\alpha}$)과 실내 내부를 구성하는 전체 면적과의 곱으로 식 (14.1)과 같이 정의된다.

$$A = S \, \overline{\alpha} \tag{14.1}$$

여기서, A: 흡음력 [m^2]

　　　S: 실내 내부의 전체 면적 [m^2]

　　　$\overline{\alpha}$: 실내의 평균 흡음률

실내공간의 흡음력이 커질수록 실내에서의 반사음은 줄어들게 되는데, 이러한 특성을 이용하여 실내의 잔향시간(殘響時間, reverberation time)을 계산하기 위해서는 식 (14.2)를 이용할 수 있다.

$$A = S\,\overline{\alpha} = \frac{0.16\ V}{T} \tag{14.2}$$

여기서, V: 실내의 체적 [m³]

T: 잔향시간, 음압레벨이 60 dB만큼 줄어들 때까지의 소요시간 [sec]

잔향시간이란 직접적인 소리(소음)가 발생하다가, 이 소리를 중지시킬 경우 소리가 사람에게 들리지 않을 정도(60 dB만큼의 음압레벨 감소)까지 소요되는 시간을 의미한다. 즉, 잔향은 실내에서 소리가 울린 후에 여운처럼 소리가 남아서 점점 약해지다가 사라지는 현상을 뜻한다. 이와 같은 건축물 내부의 음향효과에 대한 연구는 19세기 말 미국 하버드 대학의 세이빈 (Walace Clement Sabine) 교수가 잔향시간에 대한 명확한 개념을 정립하면서부터 시작되었다. 그는 잔향시간이 건축물 내부의 부피에 비례하고, 내부에 사용된 재료(벽, 바닥, 천장 등의 흡음재료)의 면적과 흡음률에 반비례한다는 사실을 확인하여 상기 식 (14.2)와 같이 정리하였다. 이 수식을 세이빈 수식이라고도 한다.

실내 내부의 흡음처리가 우수하여 소리의 반사가 잘 이루어지지 않을 경우에는 잔향시간이 짧아지고, 내부 벽면이나 바닥에서 소리의 반사가 잘 이루어질 경우에는 잔향시간이 길어지게 된다. 실내 내부의 잔향시간으로는 회의실이나 강의실은 0.4 ~ 0.5초, 극장은 1초, 성당은 2초 내외의 값을 갖는다.

국내 유명 사찰의 대웅전과 같은 곳은 소리흡수가 양호한 목재재료가 대부분이며, 천장도 높지 않고 실내 부피도 그리 크지 않은 편이라서 잔향시간이 일반 주택보다 짧다고 볼 수 있다. 따라서 스님의 독경소리나 목탁소리가 또렷하면서도 매우 청아하게 들리는 이유도 짧은 잔향시간과 관련된다. 반면에, 중세시대에 지어진 성당의 경우에는 천장이 높고 실내 부피도 크며, 벽이나 바닥이 돌로 구성된 경우가 대부분이어서 소리의 반사가 쉽게 일어나므로 잔향 시간이 길어지게 된다. 이 경우에는 파이프 오르간이나 성가대의 성가소리는 긴 잔향시간으로

표 14.2 흡음재료의 종류 및 특성

구분	종류	효과영역
다공질 재료	유리섬유(glass wool), 석면(asbestos), 암면(rock wool), 펠트 (felt), 발포수지재료, 직물 · 직모제품	중 · 고주파수 영역
유공판 재료	유공석고보드, 유공합판, 유공철판, 유공알루미늄판	중주파수 영역
판상 재료	합판, 석고보드, 플라스틱판, 금속판	저주파수 영역

인하여 서로 섞이면서 멜로디가 형성되는 듯한 웅장하고 장엄한 소리로 들리게 된다. 하지만 정확한 가사전달이나 소리의 명료도는 크게 떨어지게 된다.

건축물의 실내 흡음대책에 사용되는 대표적인 흡음재료는 표 14.2와 같이 정리된다.

14.1.2 차음대책

차음대책은 외부에서 발생된 소음이 공기를 통해서 건축 구조물 내부로 침입하지 못하도록 소음을 반사하거나 흡수시키는 방법을 뜻한다. 즉, 외부 열의 전달을 막는 단열재와 마찬가지로 소음의 투과를 봉쇄시키는 목적으로 차음대책이 채택되며, 벽을 두껍게 시공하거나 벽과 벽 사이에 공기층을 고려하는 것도 훌륭한 차음대책이라 할 수 있다. 도로와 인접한 주택에서 창문을 열면 실내가 시끄러워지고, 창문을 닫으면 조용해지는 것도 창문이 차음역할을 하기 때문이다. 또한 우리들이 시끄러운 소리로 인하여 손으로 귀를 막는 것도 차음효과를 얻기 위한 무의식적인 행동이라 할 수 있다. 일반 도로에 설치된 방음벽 역시 차음대책의 대표적인 사례이다.

차음효과는 음파(소음)가 물체를 통과하면서 발생되는 음압의 손실 특성을 의미하며, 이를 평가하는 척도로는 투과율(transmission coefficient)이 사용된다. 투과율은 다음과 같이 계산된다.

$$투과율 = \frac{차음재료를\ 투과한\ 소음(투과음)의\ 세기}{차음재료에\ 입사되는\ 소음(입력음)의\ 세기}$$

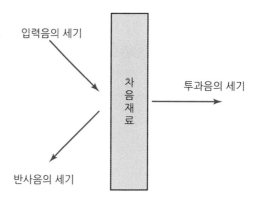

그림 14.3 차음재료 및 투과율

외부에서 발생한 소음을 100% 차단시키는 차음재료의 투과율은 0이 되며, 소음을 100% 통과시키는 경우의 투과율은 1의 값을 갖는다. 일반적으로 차음재료의 소음감소효과는 사용되는 재질의 종류보다는 단위면적당 중량이 커질수록 좋아지는 경향을 가진다. 또한 차음효과의 평가에는 투과손실(transmission loss)이 고려되며, 이는 입사음과 투과음 간의 음압레벨차이를 뜻한다. 단일벽에 비해서 이중벽의 투과손실이 증가하게 되는데, 이때에는 일치효과(coincidence effect)를 고려하여 차음효과가 저하되는 경우를 회피할 수 있어야 한다. 차음재료의 종류로는 폼(foam), 펠트(felt)류, Heavy Layer(EVA sheet, PVC sheet) 등이 사용되며, 재료의 밀도가 차음성능에 매우 중요한 변수가 된다.

주택에 있어서 창문은 대부분 이중창으로 시공되고 있다. 외부소음의 실내 침입을 억제하기 위해서는 유리창의 차음성능이 중요하며, 유리의 두께가 증가할수록 차음성능이 좋아지는 경향이 있다. 하지만 이러한 효과는 1,000 Hz 이하의 주파수 특성을 가진 소음에 국한되며, 1,000 Hz 이상의 높은 주파수 영역의 소음은 유리창의 두께와는 큰 관련이 없다. 오히려 창문의 기밀성능(밀폐성능)이 차음 특성에 더욱 민감하게 작용한다.

누구나 휴대하고 다니는 휴대전화에서도 통화자가 말하는 소리가 입력되는 구멍이 매우 작다는 것을 발견할 수 있을 것이다. 휴대전화의 매우 조그마한 구멍만으로도 우리가 말하는 소리뿐만 아니라, 주변의 소음까지도 통화자의 귀에 생생하게 전달되기 마련이다. 이와 같이 건축물의 조그마한 틈새나 구멍으로도 얼마든지 외부소음이 실내로 쉽게 유입될 수 있기 때문에 차음성능의 향상에는 기밀(밀폐)성능이 필수적으로 고려되어야 한다.

14.2 구조전달소음

구조전달소음(structure borne noise)은 건축 구조물의 내·외부에서 발생된 진동현상이 건물의 천장, 바닥, 벽 등을 통해 실내로 전달되면서 공기 중으로 직접 방사되는 소음을 뜻한다. 진동현상의 전달매체가 구조물과 같은 고체인 경우가 대부분이므로 고체음(solid borne noise)이라고도 한다.

건축물에서 발생되는 구조전달소음으로는 우선 건축물 내부에서 발생하는 바닥 충격음, 기계설비의 작동에 의한 소음, 급배수관에 의한 소음, 피아노 소음 등이 있다. 또한 건축물 외부에서 실내로 전파되는 자동차, 철도의 주행으로 인한 진동, 도로공사나 건설·토목공사에서 발생하는 진동현상이 지반을 타고 건축 구조물로 전파되어 실내 구조물이 떨게 되면서 발생하는 소음 등이 있다.

특히, 아파트와 같은 공동주택의 거주형태가 증가하고 있는 국내에서도 구조전달소음에 대한 불만이 더욱 고조되고, 날이 갈수록 민감해지고 있다고 볼 수 있다. 그 이유는 부족한 택지난과 도시의 집중화 현상으로 말미암아 고층·고밀도화에 따른 대형·고층 건축물이 우후죽순처럼 늘어나고 있으며 건축 구조계획의 합리화 및 원가절감의 노력으로 바닥 슬래브 (slab)의 두께가 얇아지고, 건축물 자체가 경량화되면서 내부 칸막이벽 등이 건식화되었기 때문이다. 따라서 건축물의 내·외부에서 발생하는 충격이나 진동현상이 주변 위아래나 옆에 맞닿아 있는 건축물의 실내, 천장, 벽, 바닥면 등을 통해 쉽게 전달되면서 소음을 방사하게 되었다. 여기서는 건축 구조물 내부에서 발생하는 대표적인 구조전달소음과 대책방안을 간단히 알아본다.

14.2.1 바닥 충격음

바닥 충격음은 무거운 물체의 이동이나 낙하, 보행 등으로 인하여 바닥에 가해지는 충격에 의해 건물의 바닥이 진동하면서 아래층이나 인접 공간으로 전파되어 발생되는 소음을 뜻하며, 층간소음이라고도 한다. 사회가 고도화되고 다양화될수록 개인적인 공간에 대한 소유욕구가 강해지고, 주거공간에 있어서도 사생활 보호와 더불어 정숙성을 요구하게 된다. 하지만 아파트와 같은 주거공간이 두께가 얇은 벽이나 바닥을 경계로 하여 다수의 세대가 생활할 정도로 매우 밀접한 경우에는 내부 공간이나 거리에 의한 소음의 감쇠효과는 기대할 수 없게 된다. 또한 최근에는 아파트의 고층화 추세 및 시공상의 편의성 증대로 인하여 단일구조의 시공이 많기 때문에 바닥 충격음에 대한 불만이 계속해서 고조되고 있는 추세이다. 따라서 앞에서 언급한 바와 같이 바닥 충격음에 대한 소음현상을 주택성능표시제도에 등급별로 구분되어 있을 정도이다.

바닥 충격음은 음원의 역할을 하는 충격 소음원의 크기, 진동에너지가 전달되는 바닥구조의 특성, 구조전달소음으로 전파되는 하부(아래층)의 공간구조(상태)에 의해서 크게 좌우된다. 그림 14.4는 이러한 바닥 충격음의 특성을 소음원, 전달경로, 수음부로 구분하여 나타내었다. 또한 바닥 충격음의 충격 소음원은 높은 주파수 영역의 충격음(경량 충격음)과 낮은 주파수 영역의 충격음(중량 충격음)으로 구분된다.

경량 충격음은 의자의 끌림소리, 구두의 굽소리, 단단한 물체의 낙하 등과 같은 경우에 발생하는 소음이며, 중량 충격음은 맨발로 걷거나 아이들이 뛰는 경우 및 무거운 물체를 바닥에 강하게 내려놓을 때 발생하는 충격음을 뜻한다. 경량 충격음은 유럽 및 북미지방과 같이 입식 생활방식인 거주공간에서 주로 발생하며, 중량 충격음은 신발을 벗고 거주하는 좌식 생활방식인 거주공간에서 주로 발생한다.

좌식 생활방식의 거주공간이 대부분인 국내에서는 중량 충격음에 의한 바닥 충격음이 주요 불만사항이 되고 있으며, 아파트와 같은 공동주택에서는 위층에서 어린아이들이 뛰어노는 발걸음에 의해서도 아래층 천장으로 소음이 전달되어 이웃사촌이라는 옛말을 무색케 하는

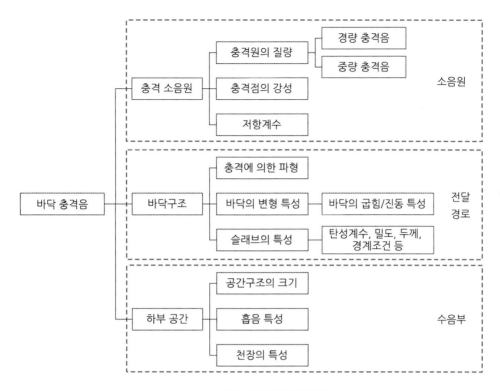

그림 14.4 **바닥 충격음의 특성 구분**

어색함이 자주 연출되기도 하고, 심지어 폭행, 방화에 이어 살인사건까지 발생하고 있다. 이에 따라 2012년부터 환경부에서는 '층간소음 이웃사이센터'를 개설하여 전화상담 및 현장 소음 측정을 통해서 분쟁해결을 유도하는 수준까지 되었다. 첫해의 민원건수가 8,700여 건에 비해서 2013년에는 1만 9,000여 건에 이를 정도로 급증하는 추세이다.

실제로 아파트 거주자들에게 가장 시끄럽게 들리는 소음은 그림 14.5와 같이 '아이들의

그림 14.5 **층간소음의 주요 원인**

뛰어노는 소리'라고 하며, 그 다음으로는 발걸음 소리와 급배수 소음 순으로 민원이 발생하고 있다. 소음을 가장 많이 느끼는 시간대는 오후 6시부터 10시 사이인 것으로 조사되고 있다. 여기에는 중·저층 아파트 주민보다 초고층 고급 아파트 주민들이 소음에 더욱 민감한 경향을 갖는다고 한다. 이는 지식층과 고소득층일수록 소음에 있어서도 상대적으로 민감한 반응을 보인다고 할 수 있다.

국내의 기존 아파트에 대한 차음성능을 조사한 자료에 의하면, 중량 충격음은 65 dB(일부 책자에서는 level을 뜻하는 L을 사용하여 이를 L-65로도 표현한다), 경량 충격음은 80 dB에 육박하는 것으로 파악되고 있다. 이는 일본의 바닥 충격음에 대한 최저등급(60 dB)을 상회하는 수준이므로, 경량 및 중량 충격음에 대한 근본적인 대책이 필요함을 시사한다.

현재 공동주택의 바닥 충격음에 대한 주택성능표시제도에서도 경량 충격음 58 dB과 중량 충격음 50 dB을 최하등급(4급)으로 규정하고 있다. 바닥 충격음에 대한 차단성능을 나타내는 등급표시기준은 표 14.3에 나타냈으며, 국토해양부에서 고시한 표준바닥구조의 세부내용은 표 14.4와 같다.

표 14.3 바닥 충격음의 등급표시기준

구분	경량 충격음	중량 충격음
1급	43 dB 이하	40 dB 이하
2급	43 ~ 48 dB	40 ~ 43 dB
3급	48 ~ 53 dB	43 ~ 47 dB
4급	53 ~ 58 dB	47 ~ 50 dB

표 14.4 표준바닥구조

구분	표준바닥구조 단면	바닥 마감재 종류
1	콘크리트 슬래브 두께(210, 180, 150 mm) 이상, 단열재 20 mm 이상, 경량기포 콘크리트 40 mm 이상, 마감 모르타르 40 mm 이상	바닥 충격음 감쇠량 13 dB 이상의 마감재
2	콘크리트 슬래브 두께(210, 180, 150 mm) 이상, 완충재 20 mm 이상, 경량기포 콘크리트 40 mm 이상, 마감 모르타르 40 mm 이상	바닥 마감재 사용제한 없음
3	콘크리트 슬래브 두께(210, 180, 150 mm) 이상, 경량기포 콘크리트 40 mm 이상, 단열재 20 mm 이상, 마감 모르타르 40 mm 이상	바닥 충격음 감쇠량 13 dB 이상의 마감재
4	콘크리트 슬래브 두께(210, 180, 150 mm) 이상, 경량기포 콘크리트 40 mm 이상, 완충재 20 mm 이상, 마감 모르타르 40 mm 이상	바닥 마감재 사용제한 없음
5	콘크리트 슬래브 두께(210, 180, 150 mm) 이상, 완충재 40 mm 이상, 마감 모르타르 40 mm 이상	바닥 마감재 사용제한 없음

일반적으로 경량 충격음은 바닥 표면에 마감재(카펫, 장판지 등)의 적용(탄력성을 증대시켜서 충격시간을 길게 해주며, 충격력을 저감시킨다)으로 크게 개선시킬 수 있지만, 중량 충격음은 마감재와는 거의 무관하고 바닥 슬래브(slab)의 크기, 경계조건, 완충공간의 적용여부 등에 의해서 민감하게 변화한다. 따라서 이미 건물이 완성된 이후에 발생하는 바닥 충격음에 대해서는 효과적인 개선대책을 강구하기가 사실상 매우 힘들다고 할 수 있다.

다행스럽게도 국내의 거주형태는 '온돌'이라는 난방방식을 주로 채택하고 있는데, 이는 철근 콘크리트 슬래브 위에 단열층과 축열층을 두게 되어 어느 정도의 완충역할을 수행한다고 볼 수 있다. 따라서 설계 및 시공과정에서는 온돌 상부구조의 중량을 증대시키는 방법을 채택하여 바닥구조의 고유 진동수를 45 Hz 이하로 낮출 경우에는 바닥 충격음을 크게 개선시킬 수 있다. 바닥 충격음을 저감시키는 구체적인 방안은 다음과 같다.

(1) 단열층의 차음성능 향상

일반적인 국내의 아파트 바닥구조는 그림 14.6에 나타난 바와 같이 구조체 역할을 하는 콘크리트 슬래브와 단열층, 배관누름을 위한 축열층(누름층), 비닐시트나 장판지 계통의 마감층 및 석고보드로 처리되는 천장 등으로 구성된다. 현재 국내 아파트의 슬래브 두께는 210 mm 이상으로 시공되고 있으며, 온수배관이 놓이는 축열층은 약 40 ~ 50 mm 정도이다. 천장 마감재 역시 10 mm 이내의 석고보드를 사용하는 것이 대부분이라 할 수 있다.

이러한 바닥구조의 특성으로 인하여 바닥 충격음을 개선시키기 위한 가장 효과적인 방법은 단열층의 차음성능을 향상시키는 방법이라 할 수 있다. 따라서 단열층은 현재 바닥 충격음의 저감대책으로 가장 많이 활용되는 부위이며, 단열층의 차음성능 향상을 위해서 타이어 분쇄칩, 발포고무, 고무재료의 팰릿(pallet) 등의 완충재를 10 ~ 20 mm 두께로 시공하고 있다. 이러한 바닥구조를 뜬 바닥(floating floor)구조라고 하며, 습식과 건식으로 분류하기도 한다.

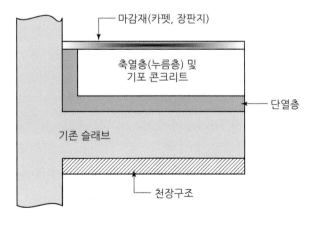

그림 14.6 국내 아파트의 바닥구조

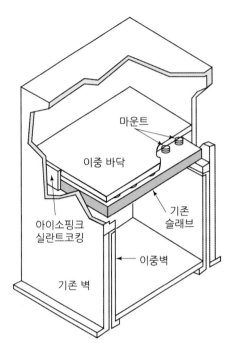

그림 14.7 이중벽과 이중 바닥의 시공사례

즉 뜬 바닥구조는 진동계와 같이 질량을 탄성재료로 지지하여 진동전달을 저감시키는 개념을 적용한 것이다. 이러한 개선방안은 경량 충격음에서는 효과적이지만, 중량 충격음에 있어서는 개선효과가 적은 것으로 파악되고 있다. 한편, 단열층의 두께 증가에 의한 바닥 충격음의 저감효과는 거의 없는 것으로 알려져 있다.

(2) 슬래브 두께의 증가

국내의 아파트 바닥구조는 대부분 균질 슬래브와 온돌 구성층으로 이루어져 있다. 바닥 충격음에 대해서 슬래브의 두께를 증가시키면 슬래브의 면밀도 증가뿐만 아니라, 강성 증대효과까지 갖게 되어 바닥면의 진동현상을 억제시켜주는 효과를 얻을 수 있다. 현재 건교부에서 마련한 표준바닥구조는 바닥두께가 180 mm에서 210 mm로 증가하고, 벽도 20 ~ 30 mm 더 두꺼워짐으로써 아랫집 소음은 물론 옆집과의 소음도 많이 줄어들 것으로 예상하고 있다. 즉, 벽식 구조의 아파트는 종전의 180 mm에서 210 mm로 두께가 늘어나고, 라멘조(철골구조)는 150 mm로, 무량판 구조(보가 없는 슬래브 구조)는 180 mm로 각각 규정되어 있다. 이러한 표준바닥구조로 시공하게 된다면 소음저감효과를 볼 수 있으나, 공사비의 상승이 불가피하여 아파트 분양가도 비례하여 인상될 것으로 예상된다.

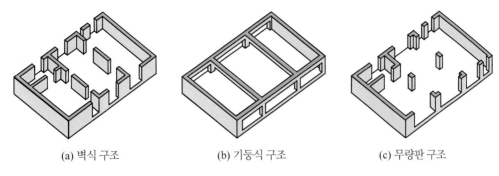

| (a) 벽식 구조 | (b) 기둥식 구조 | (c) 무량판 구조 |

그림 14.8 아파트 바닥구조의 종류

한편, 슬래브 바닥의 형태는 정방형보다는 장방형의 형태가 바닥 충격음에 있어서 더 효과적이며, 바닥면적이 넓을수록 바닥 충격음에 불리하기 때문에 바닥면적이 25 m² 이상인 경우에는 작은 보를 적용시키는 것이 효과적이다.

그림 14.8은 국내 아파트의 대표적인 바닥구조를 보여준다. 기존의 아파트는 대부분 벽식구조로 건축되어서 벽이 천장을 받치는 형태로 층간소음이 비교적 쉽게 전달된다. 반면에 기둥식 구조는 수평으로 설치된 보와 기둥이 천장을 받치는 구조로 층간소음이 보와 기둥으로 분산되는 효과를 얻을 수 있다. 그러나 스프링클러나 환기구 설치를 위한 추가 공간이 필요하며, 건축비가 상승하는 단점이 있다. 무량판 구조는 기둥식에 비해서 보가 생략되어 기둥만 있는 구조이므로, 층 사이가 높은 이점으로 인하여 최근 건설업계에서 선호하는 추세이다.

(3) 이중 천장의 설치

이중 천장은 위층에서 발생하는 바닥 충격음의 차음효과를 목적으로, 아래층 천장을 이중으로 설치하는 방안이다. 천장 슬래브와 공기층을 두고서 천장재의 면밀도를 크게 하여 방진시킬 경우에는 바닥 충격음을 효과적으로 줄일 수 있기 때문이다. 또한 중·고주파수 영역의 차음성능을 더욱 향상시키기 위해서는 글래스 울(glass wool)과 같은 다공성 흡음재료를 충전하는 것이 필요하다.

이중 천장은 경량 충격음에 대해서는 효과적이지만, 저주파수 영역의 중량 충격음에 대해서는 저감효과를 크게 기대할 수 없다. 이중 천장의 적용에도 이중벽과 마찬가지로 일치효과(coincidence effect)에 의해서 차음성능이 현격하게 낮아질 수 있기 때문에 공기층의 두께 및 천장재의 지지조건을 세밀히 검토해야 한다. 일반적으로 천장재의 두께를 30 mm 이상(석고보드인 경우), 공기층의 두께를 300 mm 이상으로 할 경우, 10 dB 이하의 소음저감효과를 기대할 수 있다.

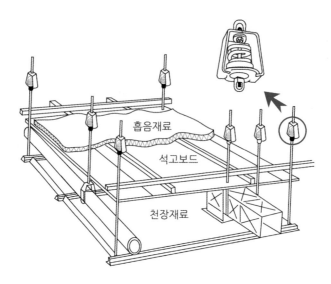

그림 14.9 건축물의 이중 천장 구조

14.2.2 급배수장치에 의한 소음

건축물에는 급배수시설, 냉난방 덕트장치, 엘리베이터 등과 같은 여러 가지 건축 부속물과 기계설비가 가동되기 마련이다. 이러한 장치들의 작동과정에서 발생되는 소음진동현상이 구조물을 통해서 실내로 전파되거나 공기를 통해서 소음을 유발시키게 된다. 여기서는 공동주택을 대상으로 급배수장치에 의해서 발생할 수 있는 소음을 알아본다.

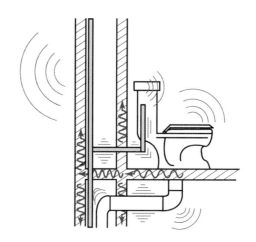

그림 14.10 공동주택의 변기급수 및 배수과정에서 발생하는 소음

(1) 급배수장치의 소음 특성

건물 내부에 장착된 배관을 통해서 유동하는 유체(주로 수돗물이나 하수)의 운동에 의해서 발생되는 소음을 급배수장치에 의한 소음이라 한다. 소음의 종류로는 급수 및 배수과정에서 발생하는 소음, 유동과정에서 난류와 같은 불안정한 흐름에 의해서 발생되는 소음, 수격작용 (water hammering)에 의한 소음 등이 있다. 따라서 급배수장치에서 발생하는 소음은 공기전달소음과 구조전달소음이 혼합된 경우라고 할 수 있다. 특히, 수격작용은 배관 내부를 흐르는 유체에서 갑자기 속도가 빨라지거나 수도관을 여닫는 것과 같은 밸브의 개폐과정에서 급격히 압력이 높아지면서 발생하는 충격적인 소음을 뜻한다. 이러한 수격작용을 방지하기 위한 배관의 직경과 허용할 수 있는 최대유속은 표 14.5와 같다.

표 14.5 수격작용을 방지하기 위한 배관의 직경 비교

배관의 직경	15 ~ 50 mm	65 ~ 125 mm	150 mm 이상
한계속도	1.8 m/sec 이하	1.9 m/sec 이하	2.0 m/sec 이하

또한 아파트와 같은 고층의 공동주택에서는 상부층과 하부층 간의 급수압력이 크게 차이나기 마련이다. 예를 들어 15층인 아파트에서 최상층의 급수압력은 보통 $0.7 \, kg/cm^2$이지만, 1층인 경우에는 $4.3 \, kg/cm^2$의 값을 갖게 되어서 무려 6배 이상이나 차이가 발생하기도 한다. 이러한 급수압력의 차이는 결국 급수과정에서 소음의 발생확률을 급격하게 높일 수 있다. 예를 들어 변기의 급수과정에서 발생하는 소음은 최상층과 1층 간에 있어서 무려 20 dB(A)의 차이를 갖는 경우도 쉽게 발생한다. 따라서 중간층 이하에는 감압밸브를 적용시키거나, 급수 공급을 구간별로 구분지어서 층수에 따른 급수의 압력 차이를 줄이는 방안을 강구할 수 있다.

한편, 배수과정에서 발생하는 소음은 인접한 다른 세대의 주택까지 확산되는 특성을 갖는다. 특히, 주변 소음이 줄어드는 심야에서는 샤워나 변기의 배수과정에서 유발되는 소음이 상대적으로 매우 크게 상하층 세대로 전파될 수 있다. 더불어서 아파트와 같은 공동주택의 화장실에는 악취를 배출시키기 위한 환기구(air duct)가 설치되어 있는데, 이러한 환기구는 상하층 간에 직접적으로 연결되어 있다. 따라서 화장실에서의 말소리나 위생기구 사용음, 소변 등의 소음이 그대로 위아래층으로 전달될 수 있다.

(2) 급배수장치의 소음 저감대책

급배수장치에 의한 소음을 저감시키기 위해서는 배관의 위치를 침실이나 거실로부터 충분한 거리를 두고 격리시키는 것이 효과적이라 할 수 있다. 더불어 급수압력과 배수량에 따라 적절한 배관을 선정하는 것이 급배수장치의 소음 저감대책에 있어서 최우선적으로 고려되어

야 할 사항이다. 급수압력이 커지고 배수량이 많아질수록 소음발생이 증가하기 때문에 공동주택과 같은 건축물에서 급수압력은 2.5 kgf/cm² 이하, 배수량은 30 L/min 이하로 조정하는 것이 바람직하다.

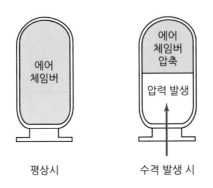

그림 14.11 수격작용 방지용 에어 체임버 원리

또한 수격작용을 방지하기 위해서는 급수관과 같은 직경의 관이나 그림 14.11과 같은 에어 체임버(air chamber)를 적용시켜서 급수압력의 순간적인 상승을 억제시키는 것이 효과적이다. 한편, 배관시공에 있어서도 최대한 매립배관을 피하고, 벽체나 바닥에 직접 연결되지 않도록 완충재를 적용시키는 것이 필요하다. 그림 14.12는 배관의 탄성지지에 따른 진동절연 시공사례를 보여주며, 그림 14.13은 고무 벨로즈(rubber bellows)를 적용시킨 사례를 보여준다.

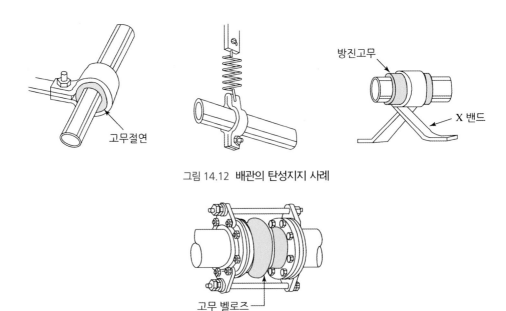

그림 14.12 배관의 탄성지지 사례

그림 14.13 배수관 연결부위의 고무 벨로즈 적용사례

배수관에서는 배관 자체의 표면에서 소음이 방사되는 경우가 많기 때문에 배수관을 벽이나 바닥과의 절연장치뿐만 아니라, 노출된 곳에도 차음장치를 시공하는 것이 유리하다. 변기나 욕조 등에 있어서도 급배수과정에서 유발된 소음이 벽이나 바닥을 통해서 주변으로 전달되지 않도록 고무시트나 방진매트 위에 설치하는 것이 소음방지에 효과적이다.

급배수장치 중에서 아래층이나 지하실 소음에 큰 영향을 끼치는 소음은 변기장치에서 발생한다고 볼 수 있다. 이는 변기장치의 세정과정에서 많은 배수물이 한꺼번에 배관을 통과할 때 유체마찰음을 발생시키면서 아래층 천장구조를 통해서 전달되기 때문이다. 또한 저수조의 물공급이 완료될 때까지 배수소음이 지속된다.

변기장치에서 발생되는 소음을 저감시키기 위해서는 절수형 변기(대소변 구분)를 채택하고, 그림 14.14와 같이 배수관의 연결을 천장방식이 아닌 해당층 배관방식으로 변경시키며, 변기와 바닥 사이를 고무재료 등과 같이 탄성지지시키는 방안이 소음저감에 효과적이다. 해당층 배관방식(이를 '층상배관'이라고도 한다)을 적용할 경우, 아랫집으로 전달되는 소음레벨이 10 dB(A) 정도 저감하는 것으로 파악되고 있다. 또한 배관이 차지하던 아래층의 공간만큼 천장이 높아지는 효과(20 ~ 25 cm)도 얻을 수 있다. 최근에는 해당층 배관방식을 적용할 때, 변기가 욕실바닥에 부착되는 대신에 욕실벽에 매달리는 wall-hung 방식이 채택되어 욕실바닥이 넓어지고, 주변도 청결하게 시공하는 사례가 늘고 있다.

더불어, 배수관 자체의 차음성능을 향상시키기 위해서는 단열재 위에 모르타르와 같은 재료로 피복시키거나, PVC관이 아닌 주철관이나 이중관 등을 사용한다면 배수로 인한 소음발생을 저감시킬 수 있다. 한편, 환기구에 의한 상하층 간의 소음전달을 개선시키기 위해서는 소음차단형 환기구나 독립적인 환기 배기관을 설치할 수 있으며, 다수의 환기구를 설치하여 인접한 상하층 간에는 직접적으로 환기구가 연결되지 않도록 배치시키는 방안이 효과적이다.

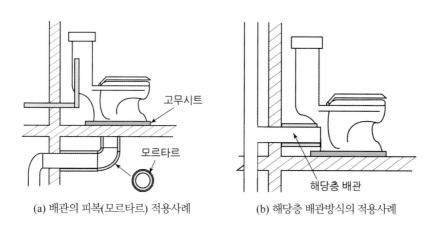

(a) 배관의 피복(모르타르) 적용사례   (b) 해당층 배관방식의 적용사례

그림 14.14 변기의 소음 저감대책 사례

14.2.3 피아노 소음

최근 중산층 이상의 가정에서도 피아노의 소유가 늘어나면서 피아노 연주에 의한 소리가 공동주택의 다른 세대에까지 전파되는 경우가 많아졌다. 물론, 음악을 연주하는 악기라는 관점에서 피아노 소리를 과연 소음이라 말할 수 있는지는 의문이지만, 조용한 휴식이나 학습에 몰두하고자 하는 사람들에게는 피아노 소리 역시 소음이라 할 수도 있다.

피아노 연주과정에서 발생하는 소리의 전달을 억제하기 위해서는 피아노 자체에서 소음대책을 강구한다는 것은 불가능하다고 판단되며, 피아노 받침대나 바퀴가 놓이는 부분에 강성이 높은 받침판을 깔고, 피아노 뒷면을 벽에 밀착시키지 않고 어느 정도의 공간을 확보하는 것이 효과적이다. 피아노 교습소와 같은 환경에서는 별도의 방음용 부스(booth) 및 바닥구조를 채택할 필요가 있다.

이러한 추세에 맞추어서 국내의 피아노 제작업체에서도 무음기능을 탑재한 디지털 피아노의 생산량을 확대하고 있다. 디지털 피아노는 아날로그의 음원을 저장하여 연주 시 음색을 재현하는 기능을 지원하며, 헤드셋을 통해 외부에 소음누출 없이 연주자만 들을 수 있다. 2013년 현재 국내 피아노 시장은 총 800억 규모에서 50%에 해당하는 매출을 디지털 피아노가 차지할 정도로 '소리 없는 전쟁'이 가속화되고 있다.

14.2.4 공조덕트에 의한 소음

일반 사무실 위주의 대형 건물이나 공공건물과 같은 건축물에서는 냉난방을 위한 공조덕트가 설치되는 경우가 대부분이다. 이러한 공조설비나 환기장치와 같이 덕트를 연결해서 공기를 유동시키는 공조덕트에서는 송풍기가 필수적으로 장착된다. 공조덕트에서 발생되는 주 소음원은 송풍기 자체이며, 덕트를 통해서 송풍기소음과 함께 공기가 유동되면서 덕트의 내면과

그림 14.15 공조덕트의 송풍기

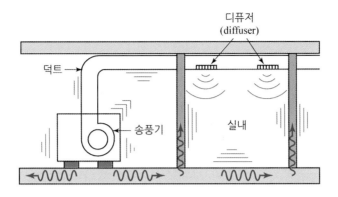

그림 14.16 공조 관련 소음발생 개념도

흡출구 등에서 유동소음이 발생하게 된다. 이러한 공조덕트에 의한 소음은 건축물 실내의 배경소음(background noise)을 높여서 업무능률저하 및 피로도를 높일 수 있다. 그림 14.15는 공조덕트의 송풍기를, 그림 14.16은 공조덕트에 의한 소음전달경로를 나타낸다.

공조덕트에 의한 소음은 공기유동을 통한 공기전달소음과 송풍기나 덕트의 진동현상이 벽이나 바닥을 통해서 인접한 실내로 전달되어 소음을 유발시키는 구조전달소음이 복합적으로 나타나게 된다. 여기서 덕트 내부에서 발생하는 와류에 의한 소음이 송풍기 소음에 비해서 10 dB 이상 적을 경우에는 무시해도 될 정도이다.

(1) 공조덕트의 소음 저감대책

공조덕트에 의한 소음 저감대책으로 송풍기와 덕트의 경우만 간단히 알아본다.

① 송풍기

송풍기는 덕트의 소음에 가장 큰 영향을 미치기 때문에, 적절한 송풍기 선정은 소음 저감대책에서 가장 중요한 문제라고 할 수 있다. 무엇보다도 송풍기의 정압을 줄이는 것이 중요하며, 적은 소음과 진동레벨 특성을 갖는 송풍기를 선정하여 시공하는 것이 중요하다. 또한 송풍기 입출구의 형상도 유동이 균일하게 이루어지고, 저항이 최소화되어야 하며 급격한 굴곡 부위가 없도록 설치되어야 한다. 그림 14.17은 송풍기의 진동전달을 억제시키기 위한 절연장치를 나타낸다.

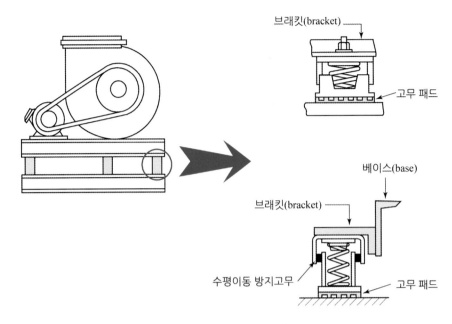

그림 14.17 송풍기 절연장치의 내부 구조

② 덕트

덕트의 연결 및 내부구조에 있어서도 유동저항이 크지 않도록 고려해야 한다. 송풍기의 흡입구와 덕트 내부에 흡음재료를 적용시키면 소음감소효과와 함께 단열효과도 얻을 수 있게 된다. 또한 덕트에도 자동차의 소음기(muffler)와 같은 개념의 소음저감장치를 적용시키기도 한다. 덕트의 진동현상을 억제시키기 위해서는 그림 14.18과 같이 진동절연 스프링을 적용시키는 경우도 있다.

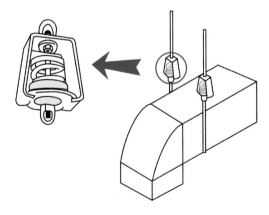

그림 14.18 덕트의 진동절연 스프링 적용사례

③ 그 외 흡·차음재료로도 소음감소효과를 얻기가 힘든 500 Hz 이하의 낮은 주파수 영역의 소음을 저감시키기 위해서 능동소음제어(active noise control)기술이 적용되기도 한다.

15 건축 구조물의 진동

인간의 생활 속에서 건축 구조물은 의식주 중의 하나로서 매우 중요한 위치를 차지하고 있다. 최근 고강도 재료의 개발과 설계 및 시공기술의 발달 등으로 인하여 건축 구조물은 초고층화 및 경량화의 특성을 갖게 되었다. 따라서 주상복합건물과 같이 사무공간과 주거공간이 동일한 건물 내에 존재하는 복합건물의 건축이 늘어나게 되었으며, 전기 및 용수와 냉난방과 같은 각종 유틸리티(utility)를 공급하기 위한 여러 종류의 기계장치들의 장착이 증가하면서 새로운 소음진동원으로 부각되고 있다.

각 나라마다 경쟁하듯이 초고층 건물(빌딩)을 건축하려는 동기는 다양하겠지만, 공통적인 이유는 한 국가나 도시의 상징물이라 할 수 있는 랜드마크(land mark)가 되고 토지의 이용효율도 극대화시킬 수 있기 때문일 것이다. 더불어서 관광객을 유치하는 효과와 함께, 주변 지역의 경제 활성화에 크게 기여할 수 있다는 기대감도 크게 작용하게 된다. 반면에 교통혼잡과 환경오염, 화재 등의 안전사고, 일조권 침해를 비롯한 주변 환경과의 부조화라는 반대 여론도 만만치 않은 실정이다. 일반적으로 초고층 건물이란 높이 200 m 이상 또는 50층 이상의 건물을 기준으로 한다.

이러한 건축 구조물의 초고층화에 따라 건물 자체의 강성(剛性, stiffness)은 더욱 낮아지게 되었고, 강구조물의 적용으로 낮은 내부 감쇠 특성을 갖게 되므로 건축 구조물에서 발생되는 진동현상이 더욱 첨예한 문제로 대두되고 있다. 여기서는 건축 구조물에 작용하는 각종 동하중(動荷重, dynamic load)의 특성과 진동제어장치, 건축 구조물의 내부 설비기계들에 대한 진동대책, 공장 건축물의 진동 및 저감대책 순으로 설명한다.

15.1 건축 구조물에 작용하는 동하중

건축 구조물(이하 건축물이라 한다)의 진동현상은 건축물에 작용하는 동하중에 의한 공진 현상으로 인하여 건축물 전체 또는 일부가 주기적으로 흔들리는 현상이라 할 수 있다. 건축물에 작용하는 동하중은 크게 건축물 내부와 외부의 동하중으로 구분할 수 있다.

15.1.1 건축물 내부의 동하중

건축물 내부에서 발생하는 동하중으로는 건축물의 전기, 용수, 냉난방 등과 같은 각종 유틸리티를 공급시키기 위한 기계(컴프레서, 냉각타워, 보일러 등)와 각종 편의시설장치(엘리베이터, 에스컬레이터, 주차시설) 등의 작동과정에서 발생하는 하중이라 할 수 있다. 건축물 내부에서 발생하는 이러한 동하중들은 비교적 일정한 변위, 속도 및 하중 특성을 갖기 때문에 적절한 진동대책을 적용시킬 경우에는 양호한 진동저감효과를 볼 수 있다. 2011년 7월 서울의 복합 쇼핑몰 고층건물에서 심한 진동이 발생한 사례가 있었는데, 이는 건축물 내부의 동하중으로 인한 특별한 경우라 볼 수 있다.

15.1.2 건축물 외부의 동하중

건축물 외부에 작용하는 동하중으로는 지진하중(seismic load), 바람에 의한 풍하중(wind load), 교통하중(traffic load) 등이 있다. 이들 하중의 진동수는 풍하중(0.01 ~ 1 Hz), 지진하중 (0.1 ~ 5 Hz), 교통하중(1 ~ 5 Hz) 순으로 비교적 낮은 진동수 특성을 갖는다.

이 중에서도 풍하중 및 지진하중은 건축물의 초고층 추세에서 건축물의 안전에 매우 심각한 영향을 끼칠 수 있으며, 언제 발생할지 예측하기도 곤란하다는 이유 등으로 인하여 적절한 건축물의 진동 저감대책에 많은 어려움을 준다. 특히, 초고층 건축물은 자체의 고유 진동수가 낮아지게 되고, 강구조의 재료시공으로 인하여 낮은 내부 감쇠 특성을 갖게 된다. 이는 지진이나 풍하중과 같은 낮은 진동수의 외부 동하중이 건축물에 작용하게 될 경우 심각한 진동현상 (공진)을 발생시킬 수 있음을 시사한다. 참고로 초고층 건축물의 기본 고유 진동수는 많은 오차가 있겠지만, 식 (15.1)로 간략히 추정할 수 있다.

$$f = \frac{46}{h} \tag{15.1}$$

여기서 h는 건축물의 높이[m]를 의미한다. 식 (15.1)에 의하면 건축물이 높아질수록 건축물의 고유 진동수가 낮아진다는 것을 쉽게 파악할 수 있다.

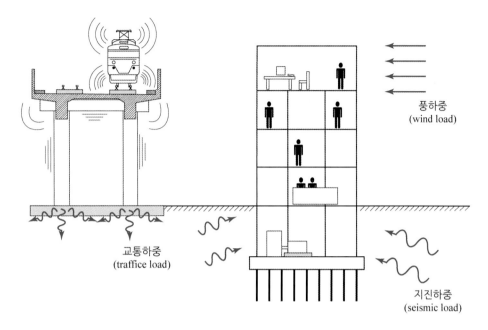

그림 15.1 건축물 외부에서 작용하는 동하중 사례

특히, 바람에 의한 건축물의 피해는 대부분 강풍에 의해 발생되며, 설계과정에서 풍하중을 고려하여 강풍에 의한 피해를 방지하거나 최소화시켜야 한다. 지금까지 건축물의 내풍(耐風) 설계는 대부분 과거의 최대급에 해당되는 폭풍의 순간 최대풍속을 기준으로 하였다. 즉, 풍하중은 순간 최대풍속의 속도압력에 풍력계수라고 하는 저항계수를 곱한 값으로 정의되며, 건축 구조물의 골조 응력이 허용 응력을 초과하지 않도록 설계과정에서 고려하는 것이 최선이었다. 하지만 근래의 초고층 건축물이나 관광타워 등에 있어서는 기존의 내풍설계만으로는 안심할 수 없는 실정에 이르렀다고 판단된다.

국내에서 발생되는 강풍은 태풍, 계절풍 및 전선풍 등으로 구분되며, 이 외에도 불명확한 원인으로 인하여 국지적으로 발생하는 국지적 강풍, 규모와 성질이 밝혀지지 않은 선풍 등이 있다. 이 중에서 여름철에 우리나라를 빈번히 침입하는 태풍은 막대한 재해와 경제적인 피해를 유발하는 경우가 많다. 태풍은 북태평양 서부에서 발생하는 열대성 저기압 중에서도 중심 부근의 최대 풍속이 17 m/sec 이상의 강한 폭풍우를 동반하고 있는 것으로 정의된다.

기상청의 통계에 따르면 국내에는 한 해 평균 3개 이상의 태풍이 상륙하는 것으로 조사되고 있으며, 지구 온난화의 영향으로 태풍의 빈도가 증가하는 추세이다. 참고로 2002년 여름 국내에 심각한 피해를 주었던 태풍 루사(Rusa)의 중심부 최고풍속은 약 56.7 m/sec이었으며, 이듬해(2003년)의 태풍 매미(Maemi) 때는 제주도 고산지역에 최대풍속 60 m/sec라는 가장 강한 바람이 관측되기도 하였다.

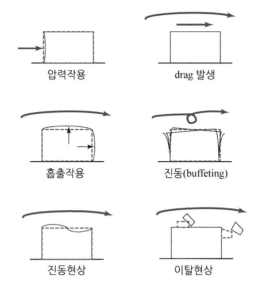

그림 15.2 **바람에 의한 건축물의 영향**

그림 15.3 **풍하중에 따른 설계분류**

풍하중은 설계과정에서 건축물의 골조, 외장재로 분류하여 고려되며, 골조설계에서는 구조골조와 지붕골조로 나누어진다. 그림 15.2는 풍하중에 의한 건축물의 영향을, 그림 15.3은 건축물 설계 시 풍하중의 고려사항을 각각 나타낸다.

풍하중에 의한 건축물의 영향은 바람의 직각 방향(across wind direction) 진동, 비틀림 진동, 와류진동, 공기 작용력의 불안정으로 인한 진동현상 등으로 나타나게 된다. 이 중에서도 그림 15.4와 같이 바람의 직각 방향 진동은 바람의 변화(속도, 방향)와 함께 후류(wake)의 와류발생(vortex shedding)이 주요 원인으로 작용하며, 건축물의 외부 형상에 크게 영향을 받는다. 고층 건축물에 작용하는 설계압력과 외벽의 풍하중을 간단히 표현하면 표 15.1과 같다.

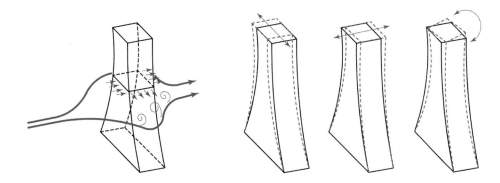

그림 15.4 풍하중의 작용과 건축물의 진동방향

표 15.1 고층 건축물에 작용하는 풍하중

층수	높이 (m)	설계압력 (kgf/m²)	외벽의 풍하중 (kgf/m²)
50	200	89.9	163.6
40	160	77.6	141.2
30	120	64.2	116.8
20	80	49.1	89.3
15	60	40.6	73.9
10	40	31.1	56.6
5	20	18.9	34.4

　여기서, 설계압력이란 건축물에 작용하는 풍압력을 산정하기 위한 기본적인 양을 뜻하며, 바람이 지니고 있는 단위체적당 운동에너지를 나타낸다(일반적으로 습도의 영향은 무시한다). 외벽의 풍하중은 건축물의 층별에 해당하는 단위면적당 작용하는 풍하중을 뜻한다. 그림 15.5에 의하면 고층으로 올라갈수록 설계압력과 외벽에 작용하는 풍하중이 매우 크게 상승하고 있음을 파악할 수 있다.

　다시 말해서 건축물의 바람에 의한 피해는 대부분 강풍에 의해서 발생하며, 건축물의 높이가 높아질수록 바람의 영향은 급속히 커지게 된다. 따라서 건축물의 구조를 비롯하여 외부 마감재를 설계·시공할 경우에는 바람에 의한 영향을 반드시 고려해야 한다. 결국 건축물의 내풍설계는 건축물이 완공되어 수명을 다할 때까지 한 번 정도나 아니면 아예 없을지도 모르는 강풍에 대해서도 건축물의 적절한 안정성과 거주성을 확보하도록 구조골재와 외장재를 안전하게 설계하는 것을 의미한다.

　국내에서도 100층을 넘는 초고층 건물을 비롯하여 50층 내외의 주상복합건물이나 아파트들이 서울, 부산과 신도시 등에 건축되었다. 이러한 초고층 건축물에 있어서는 내풍 안정성이 확보되었다 하더라도, 풍하중에 의한 건축물의 진동현상이 미세하게나마 발생하게 된다면

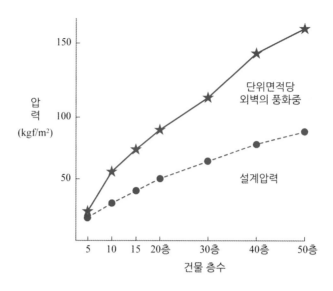

그림 15.5 건물 층수에 따른 풍하중 특성

거주자들이 어지러움이나 현기증을 느끼게 되면서 거주 성능이 현저하게 떨어질 우려가 있다. 외국의 사례(북미지역)에서는 초고층 건물의 최대 허용가속도는 주거용이 $1 \sim 1.5$ cm/sec^2, 사무용 건물은 $2 \sim 2.5$ cm/sec^{2}이다. 이러한 초고층 건물의 움직임은 실내에 거주하는 거주자가 비록 몸으로는 민감하게 느끼지 못했다 하더라도, 실내조명이 흔들리거나 찻잔 속의 물이나 욕조에 받아놓은 물의 수면이 흔들리는 것을 직접 목격할 수 있기 때문이다.

최근에는 건물 및 교량을 포함한 건축물에서도 풍동(wind tunnel)시험이 이루어지고 있다. 풍동시험은 풍력시험, 풍압시험, 풍환경시험, 진동시험, 사용성 평가 등 크게 5가지로 구분되어 내풍설계에 대한 신뢰성을 높이고, 구조골재 및 외장재의 경제적인 설계에 유효적절한 수단으로 활용되고 있다. 국내에서는 강남의 한국무역센터빌딩과 여의도의 LG트윈타워빌딩이 최초로 풍동시험을 거쳐서 시공된 건축물이다.

15.2 건축 구조물의 진동 저감대책

건축물에 작용하는 각종 동하중에 대한 진동 저감대책으로는 단순히 건축물 자체의 강성만을 증대시키는 것만으로는 해결되지 않으며, 지진이나 풍하중과 같이 예기치 못한 진동현상까지 발생할 수 있다는 사실을 고려해야 한다. 따라서 건축물의 진동 저감대책은 크게 수동 진동제어, 능동 진동제어, 반능동 진동제어, 복합 진동제어 시스템 등으로 분류해서 시행된다.

15.2.1 수동 진동제어대책

건축물의 수동 진동제어대책으로는 주로 기초격리시스템(base isolation system), 여러 종류의 동흡진기(dynamic vibration absorber, 또는 간단히 damper라고도 함) 채택 등으로 이루어진다. 수동 진동제어대책은 구조가 간단하고 외부에서 별도의 에너지 공급이 필요 없다는 장점이 있으나, 적용효과가 제한적이고 진동현상을 저감시킬 수 있는 진동수 이외의 영역에서는 별다른 효과가 없다는 단점이 있다.

(1) 기초격리시스템

기초격리시스템은 지진에 의한 건축물의 피해를 최소화시키기 위한 진동 저감대책으로 고층 건물, 교량, 원자력 발전소, 병원 등에 널리 적용되고 있다. 일반적으로 건축물의 기초에 방진고무를 적용시키는 개념으로 적층 고무받침(LRB, laminated rubber bearing), 납을 방진고무에 삽입시킨 납-면진받침(lead rubber bearing), 미끄럼 받침 등이 사용된다. 그림 15.6은 건축물의 기초에 적용된 적층 고무받침의 개략도이다.

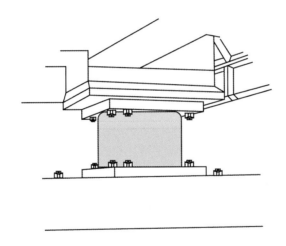

그림 15.6 지진 피해를 예방하기 위한 적층 고무받침의 개략도

(2) 각종 동흡진기(감쇠기)

고층 건축물뿐만 아니라 현수교, 사장교와 같은 교량 및 관광전망탑(tower), 발전소의 굴뚝, 공항 관제탑 등도 풍하중의 영향을 크게 받는 구조물이다. 풍하중에 의한 진동현상을 최소화시키기 위한 대책으로 건축물에 인위적인 감쇠기를 추가시키는 것이 바로 동흡진기의 적용개념이다.

동흡진기의 종류로는 동조질량 감쇠기(TMD, tuned mass damper), 동조액체 감쇠기(TLD, tuned liquid damper) 등이 적용된다. 이러한 감쇠기들은 건축물의 고유 진동수에 맞추어서 설계된 질량과 스프링 및 감쇠요소로 구성되어 있어서, 건축물의 공진이 예상되는 진동수에서 건축물의 진동에너지를 대신 흡수하여 건축물 자체의 진동현상을 완화시켜준다.

동조질량 감쇠기(TMD)는 스프링과 감쇠장치로 이루어진 부가질량을 구조물(진동이 심한 기계장치나 건축물을 의미)에 부착시켜서 진동현상을 억제하는 동흡진기라고 할 수 있으며, 다음과 같은 장점이 있다.

- 일체형으로 제작되기 때문에 건축물이나 기계장치 등에 부착이 용이하다.
- 건축물의 설계를 변형하지 않고서도 진동 특성에 따라 다양한 적용이 가능하다.
- 최소의 질량으로 요구되는 수준의 감쇠효과를 얻을 수 있다.
- 건축물의 정적 강도나 강성에 거의 영향을 끼치지 않는다.

10여 년 전에 대만의 타이페이에 완공된 101층 빌딩(타이페이 파이넨셜 센터, 508 m 높이)에도 그림 15.7과 같은 TMD 장치가 적용되어 있다. 무게 680톤, 직경 5.5 m에 이르는 구 모양의 보조질량이 92층에서 88층까지 유압장치에 연결된 8개의 와이어로 매달려 있다. 지진이나 강풍으로 인한 외부 동하중의 작용으로 말미암아 건물에 심한 진동현상이 발생할 경우, 그림 15.7에서 구 모양의 보조질량이 대신 진동하면서 건물 자체의 진동현상을 흡수해주는 감쇠기 역할을 하게 된다.

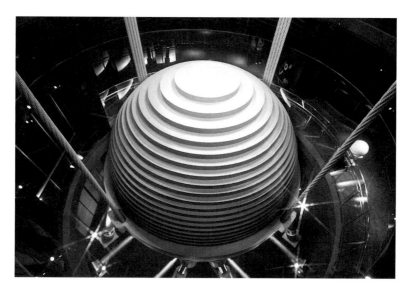

그림 15.7 초고층 빌딩에 적용된 동흡진기(TMD) 사례

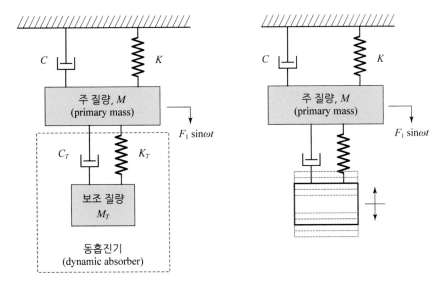

그림 15.8 동흡진기의 모델링

그림 15.8은 주 질량과 보조 질량인 동흡진기로 이루어진 2자유도의 진동모델을 나타내며, 운동방정식은 식 (15.2)와 같다.

$$M\ddot{x} + C\dot{x} - C_T(\dot{x}_T - \dot{x}) + Kx - K_T(x_T - x) = F_0 e^{i\omega t}$$

$$M_T\ddot{x}_T + C_T(\dot{x}_T - \dot{x}) + K_T(x_T - x) = 0 \qquad (15.2)$$

여기서 하첨자 T는 동흡진기의 경우를 나타내며, M은 주 질량(여기서는 건축물의 질량을 뜻한다), M_T는 동흡진기의 질량을 뜻한다. 또한 x는 진동변위, C는 감쇠계수, K는 강성을 뜻하며, F_0는 외력을 뜻한다. 식 (15.2)에서 동흡진기에 의한 최대의 진동억제효과는 건축물의 진동수와 동흡진기의 진동수가 서로 일치하는 경우이므로, 다음과 같은 식 (15.3)이 성립된다.

$$\frac{K_T M}{M_T K} = \frac{1}{1 + M_T/M} \qquad (15.3)$$

동흡진기의 질량이 크면 클수록 주 질량에서 발생하는 진동현상의 저감효과는 커지지만, 전체 중량이 증대되고 장착면적을 많이 차지하므로, 동흡진기의 질량은 대략 주 질량(여기서는 건축물 질량)의 5% 내외가 주로 사용된다.

또한 그림 15.9는 동조액체 감쇠기(TLD)를 나타내는데, 탱크 내의 유체가 수평방향으로 흔들리면서 건축물의 진동현상을 억제시키게 된다. 국내 유명 건설회사에서도 부산에 시공한 주상복합건물의 옥상에 TLD를 적용시킨 바 있다. 전체 건축물 중량의 약 300분의 1에 해당하는 유체를 저장탱크에 주입하여 강풍이나 지진으로 인하여 건물의 진동현상이 발생할 경우,

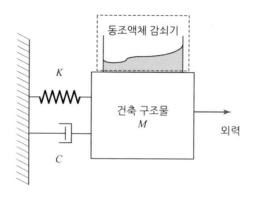

그림 15.9 동조액체 감쇠기의 개념

유체의 출렁거리는 작용력으로 건축물의 진동 에너지를 흡수하게 된다.

이 외에도 점탄성 감쇠기(visco-elastic damper), 점성유체 감쇠기(viscous fluid damper), 마찰 감쇠기(friction damper) 등이 건축물의 다양한 진동형태 및 진동수 영역에 따라 적절하게 사용되고 있다.

15.2.2 능동 진동제어대책

능동 진동제어는 외부에서 별도로 에너지를 공급받는 액추에이터(actuator)의 작용으로 건축물의 진동모드에 상반되는 에너지를 더해주거나 소멸시켜서 건축물의 진동현상을 저감시키는 장치이다. 유압, 공압 또는 전자기식 구동형태의 능동 질량 감쇠기(AMD, active mass damper), 능동 강성변환 감쇠기(active variable stiffness damper) 등이 적용될 수 있다. 진동제어개념은 가변 및 다중 피드백(variable or multi feedback)에 의한 측정/제어값을 이용하여 건축물의 진동에너지를 소멸시켜 준다.

15.2.3 반능동 진동제어대책

반능동(semi-active) 진동제어는 수동 진동제어대책에 제어개념이 추가된 경우로 취급될 수 있지만, 수동과 능동제어의 장점을 혼합한 제어개념이라 할 수 있다. 능동제어와는 달리 외부 에너지가 크게 필요하지 않으며, 적은 동력으로 밸브를 조정하거나 유체의 점성을 변화시켜주는 장점을 이용하게 된다. 이는 지진과 같은 극단적인 진동환경에서도 외부의 동력원이 없어도 자체적인 배터리나 충전기에 의해 작동될 수 있도록 설계되기도 한다. 이 외에도 가변 오리피스 감쇠기(variable orifice damper), 자기점성유체 감쇠기(magnetic-rheological fluid damper, MR 유체 감쇠기), 가변 마찰 감쇠기 등이 사용된다.

15.2.4 복합 진동제어대책

복합(hybrid) 진동제어는 수동 진동제어대책의 성능을 향상시키기 위해서 능동제어를 부분적으로 추가시킨 제어대책이라 할 수 있다. 지진이나 기타 원인으로 인하여 전원이나 외부 에너지가 차단되었을 경우에도 기본적인 수동제어가 가능하도록 설계하여 건축물의 진동을 억제할 수 있도록 한다. 복합 질량 감쇠기(HMD, hybrid mass damper)가 가장 많이 사용되고 있는데, 이는 동조질량 감쇠기(TMD)에 액추에이터를 추가시킨 감쇠기라 할 수 있다. 따라서 능동질량 감쇠기(AMD)보다 적은 질량비와 낮은 부가동력을 사용하는 장점이 있다.

15.3 공장 건축물의 진동 및 저감대책

공장 건축물은 주거나 사무 목적으로 건축된 경우와는 달리 각종 생산기계 및 이에 수반되는 부속장치들로 인하여 일반 건축물과는 상이한 진동 특성을 갖게 된다. 공장 건축물의 진동현상에 영향을 줄 수 있는 동하중을 살펴보고, 이에 대한 진동 저감대책을 알아본다.

15.3.1 공장 건축물의 동하중

공장 건축물에 작용하는 동하중에는 회전운동, 왕복운동, 충격 등이 있다. 표 15.2는 공장 건축물에 작용하는 동하중 및 발생기계를 보여준다.

표 15.2 공장 건축물에 작용하는 동하중 및 발생기계

	구분	발생기계
공장 건축물에 작용하는 동하중	회전운동에 의한 동하중	송풍기, 환기장치, 원심분리기, 선반, 발전기, 펌프, 터빈, 세척기 등
	왕복운동에 의한 동하중	직조기, 컴프레서, 인쇄기, 파쇄기, 엔진 등
	충격에 의한 동하중	프레스, 전단기계, 단조해머, 파워해머

이러한 공장 건축물에 작용하는 동하중에 의한 진동현상으로 말미암아 다음과 같은 영향이 발생할 수 있다.

① 공장 건축물에 균열을 발생시키며, 구조부재들의 피로누적 및 반복하중의 지속적인 작용으로 인하여 심할 경우에는 건축물의 붕괴에까지 이르게 된다.

② 공장 건축물의 바닥, 벽, 천장 등의 진동이나 소음현상으로 인한 작업자들의 능률 감소, 작업량 저하, 근무의욕 감퇴 등을 유발시킬 수 있다.

③ 생산기계 자체의 변형과 이에 따른 고장 및 불량품의 양산과 같은 직접적인 생산피해를 유발시키게 된다.

따라서 공장 건축물의 부재에 과도한 응력이나 하중이 작용하지 않으며, 작업자들에게 생리적인 악영향을 끼치지 않고, 기계장비의 정상적인 가동에도 영향을 주지 않는 최소한의 진동기준이 필요하게 된다. 세계 각국에는 각각의 건축물에 대한 허용진동기준이 있는데, 대표적인 진동기준을 소개하면 표 15.3과 같다.

표 15.3 건축 구조물의 허용진동기준

건축물의 종류	허용진동기준
육교 및 복도(보행 구조물)	0.05 ~ 0.1 G 이하
사무실	0.02 G 이하
체육관	0.05 ~ 0.1 G 이하
공연장	0.05 ~ 0.1 G 이하
공장바닥	10 mm/s 이하

15.3.2 공장 건축물의 진동 저감대책

공장 건축물 역시 일반 건축물의 진동 저감대책과 마찬가지로 방진개념의 진동원 대책, 진동전달매체에 대한 진동절연개념, 진동을 받는 부위의 제진개념이 고려되어야 한다. 이 중에서도 생산기계 자체의 가진원(진동원)을 최소화시키는 것이 가장 효과적이며, 건축물의 고유 진동수와 생산기계의 진동수를 서로 분리시키는 방안도 매우 중요하다. 일반 생산기계 및 부속장치들을 가동 회전수에 따라 구분하면 표 15.4와 같다.

표 15.4 회전수에 따른 생산기계의 분류

가동 회전수	해당 생산기계
600 rpm 이하	직조기, 윤전기, 컴프레서, 왕복펌프 등
300 ~ 900 rpm	송풍기, 직조기, 대형 디젤엔진 등
1,000 rpm 이상	터빈, 진동기, 원심분리기, 소형 디젤엔진 등

생산기계들은 대부분 회전 및 왕복운동을 하게 되므로, 생산기계와 건축물 간에 탄성재료 (스프링, 고무, 공기 스프링 등)를 적용하여 건축물로 전달되는 진동현상을 최소화시켜야

한다. 이때 주의할 것은 건축물로 전달되는 진동에너지만을 감소시키다 보면 지지 부위의 변위가 커질 수 있기 때문에 진동수비(가진 진동수/고유 진동수) 또한 세밀하게 고려해야 한다.

15.4 엘리베이터

엘리베이터는 건축물이나 공사 시설물에 설치되어서 일정한 승강로를 따라 사람이나 화물을 상하방향으로 운반하는 자동 이동설비를 뜻한다. 초고층빌딩과 같은 경우에는 건물 내부에 설치되는 엘리베이터의 수량도 상당한 수준이다. 그만큼 건물 내부의 소음진동원이 많아진다는 것을 의미한다. 서울 여의도에 있는 63빌딩에는 초고속 엘리베이터 8대를 포함해서 총 33대의 엘리베이터가, 최근에 완공된 부산 국제금융센터(BIFC, 63층)에는 600 m/min의 초고속 엘리베이터 2대를 포함하여 총 32대가 설치되어 있다.

15.4.1 엘리베이터의 구조 및 작동원리

엘리베이터는 로프(rope)와 유압(hydraulic)을 이용하는 방식으로 구분할 수 있다. 국내에서는 로프식 엘리베이터(wire rope elevator)가 주종이므로 이 방식에 대해 설명한다. 로프식 엘리베이터는 권상기(traction machine)와 로프에 의해서 사람이 탑승하거나 화물이 적재되는 승강실(car)이 상하로 이동하게 된다. 그림 15.10은 로프식 엘리베이터의 개략적인 구조를 나타낸다.

권상기(traction machine)는 모터와 구동풀리로 구성되어 있으며, 조속기(overspeed governor)는 로프의 움직임을 통해서 엘리베이터의 상승이나 하강속도를 조절해준다. 제어반(control panel)은 엘리베이터의 운행과정을 제어하며, 이러한 장치들은 주로 건축물의 최상층에 위치한 기계실 내부에 설치된다.

승강로(hoistway)는 승강실이 이동하는 통로이며, 가이드 레일(guide rail)이 설치되어서 승강실의 좌우이동을 억제시켜 준다. 가이드 레일은 엘리베이터의 가동 중에 발생하는 진동현상에 큰 영향을 끼치는 부품이라 할 수 있다. 또한 승강실 반대편에 위치하여 전동기의 부하를 감소시켜주는 역할을 하는 균형추(counter weight)와 승강실의 추락 시 충격을 완화시켜주는 완충기(buffer)도 승강로에 위치한다.

승강실(car)에는 문의 개폐를 위한 모터가 장착되며, 목표하는 층에 도착할 때 속도를 감소시키기 위한 신호를 보내주는 리밋 스위치(limit switch) 등이 장착된다.

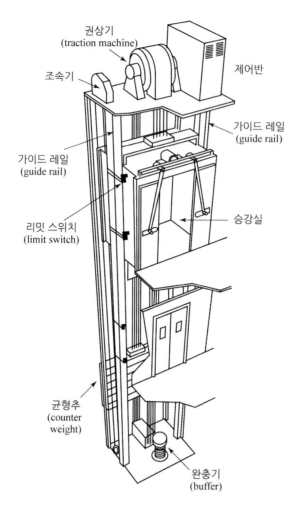

권상기
(traction machine)

제어반

조속기

가이드 레일
(guide rail)

가이드 레일
(guide rail)

승강실

리밋 스위치
(limit switch)

균형추
(counter
weight)

완충기
(buffer)

그림 15.10 로프식 엘리베이터의 개략도

15.4.2 엘리베이터의 소음 특성

엘리베이터는 모터와 구동풀리로 구성된 권상기의 작동으로 운행되기 때문에, 권상기에서 발생하는 소음과 기계적인 진동현상이 항상 발생하기 마련이다. 이러한 소음과 진동현상이 건축물 내부로 직접 전파되기도 하고, 구조물을 통한 진동전달에 의해서 소음(구조전달소음)이 유발되기도 한다. 따라서 권상기가 위치한 최상층의 세대나 사무실에 직접적인 피해를 줄 수 있으며, 엘리베이터 승강로에 인접한 사무실이나 방에서는 승강실이나 균형추가 지나갈 때마다 공기전달소음이나 구조전달소음이 발생할 수 있다. 그림 15.11은 엘리베이터의 운행 과정에서 발생되는 구조전달소음을 보여준다.

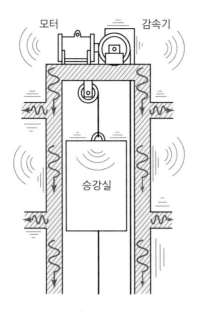

그림 15.11 엘리베이터에 의한 구조전달소음

또한 점점 고층화되는 최근의 건축 추세에 맞추어서 엘리베이터의 운행속도 역시 고속화될 수밖에 없다. 일반 고층빌딩의 고속 엘리베이터는 분당 상승높이가 240 m에 이르며, 타이페이의 101층 빌딩과 같은 경우에는 분당 상승높이가 1,080 m에 이르는 엘리베이터가 장착될 정도이다. 엘리베이터의 운행속도가 올라갈수록 로프 및 가이드 레일 등의 진동현상 또한 심각해지고 있으며, 급격한 고도상승에 따라 승강실 내부의 기압이 변화되면서 귀막힘(귀가 먹먹해지는) 현상이 발생하기 쉽다.

15.4.3 엘리베이터의 진동 특성

엘리베이터에서 발생하는 진동은 승강실 자체에서 탑승객이 느낄 수 있는 진동현상과 권상기와 같은 구동부품, 로프 및 가이드 레일 등에서 발생하는 진동현상으로 구분할 수 있다.

먼저 탑승객이 느낄 수 있는 진동현상은 승강실의 수직 이동과정에서 좌우 또는 전후방향의 흔들림으로 인하여 유발되는데, 이는 탑승객의 이동이나 가이드 레일의 조정불량과 같은 무게의 불균형으로 주로 발생된다. 또한 수직방향의 진동현상은 로프 및 구동/지지 부위의 공진현상에 의하여 유발되며, 조속기나 리밋 스위치가 노화되었거나 제어상태가 불량한 경우에는 큰 진폭의 진동현상까지 발생되어 탑승객을 불안하게 할 수 있다.

한편, 권상기가 위치한 기계실에는 동력 발생과정에서 유발되는 진동(모터, 감속기 및 풀리 등에서 발생)현상이 인접한 방이나 사무실로 전파되어 구조전달소음을 발생시키게 된다.

15.4.4 엘리베이터의 소음방지대책

엘리베이터의 운행과정에서 발생되는 소음을 방지하기 위해서는 건축설계과정에서 소음이 발생되지 않도록 예방하는 것이 가장 중요하다고 말할 수 있다. 더불어 구동장치인 권상기와 가이드 레일 및 균형추의 이동과정에서 유발될 수 있는 진동현상을 최대한 억제시켜야 한다.

(1) 건축설계과정에서의 고려사항

엘리베이터의 기계실은 침실, 거실이나 사무실 등과 가능한 멀리 격리시켜서 배치되어야 하는데, 기계실 바닥은 슬래브 두께가 가능한 180 mm 이상, 벽면의 두께는 120 mm 이상으로 하고, 차음성능이 높은 뜬 바닥(floating floor) 구조로 설계되는 것이 소음방지 측면에서 효과적이다. 엘리베이터의 균형추(counter weight) 역시 주거세대와 인접한 벽면을 피해서 계단이나 외벽 쪽으로 설치하는 것이 소음저감효과에서 유리하다.

완충기(buffer)도 엘리베이터의 정격속도가 60 m/min 이하인 경우에는 스프링 완충기 (spring buffer)를, 60 m/min 이상인 경우에는 유압 완충기(oil buffer)를 채택하는 것이 효과적이다.

(2) 구동장치의 고려사항

권상기 및 가이드 레일 등에서 발생되는 진동현상을 건축물과 절연시키는 것이 우선적이므로 방진고무나 스프링을 이용한 권상기의 진동절연이 필요하며, 제어장치 역시 20 Hz 이하의 고유 진동수를 갖도록 방진처리하는 것이 유리하다. 또한 가이드 레일의 단차를 최소화시키는 것이 중요하다. 그림 15.12는 방진고무와 스프링을 이용한 권상기의 진동절연 사례를 보여준다.

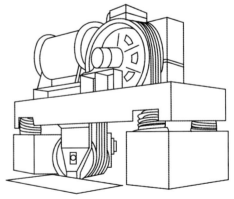

그림 15.12 방진고무(좌측)와 스프링을 이용한 엘리베이터 권상기의 진동절연 사례

(3) 승강실의 흡음대책

승강실의 내부벽과 바닥에 흡·차음재료를 적용시켜서 승강실 내·외부에서 발생하는 소음전달을 최소화시키는 것이 바람직하다. 일반적으로 엘리베이터 운행 중 승강실의 소음레벨이 50 dB(A) 이하이면 만족스러운 수준이라 할 수 있다. 한편, 엘리베이터의 도착을 알려주는 벨소리도 60 dB(A) 이하로 규제하는 것이 필요하다.

15.4.5 엘리베이터의 진동방지대책

엘리베이터의 주요 진동원인 기계실에 대한 방지대책과 전달경로 및 진동이 전파되는 방이나 사무실에 대해 수진(受振)대책별로 알아본다.

(1) 주요 진동원에 대한 방지대책

엘리베이터 전동모터의 방식을 VVVF(variable voltage variable frequency) 방식으로 전환시킬 경우, 승강실에서 발생할 수 있는 충격적인 진동원을 개선시킬 수 있다. 이 방식은 에너지의 절감과 유지보수가 간편한 특성까지 함께 얻을 수 있다는 이점이 있다. 권상기에 있어서도 무기어(gearless) 방식을 채택할 수 있으며, 로프의 강성을 조절하여 엘리베이터 운행 시 발생되는 진동수와 충분히 격리시켜야 한다. 그 외에도 균형추의 최적설계, 전자제어 유압 브레이크 등의 방지대책을 강구할 수 있다.

(2) 전달경로에 대한 방지대책

기계실의 방진설계를 최적화시키고, 가이드 레일에서 발생되는 진동의 절연 및 승강기 자체의 강성을 높이면 양호한 진동저감효과를 얻을 수 있다. 특히, 승강실의 이동과정에서도 수직 방향의 가속도가 $0.9 \sim 1.3 \ \text{m/s}^2$ 범위를 벗어나지 않도록 하며, 인체의 수직 방향 진동은 5 Hz 내외가 매우 예민하기 때문에, 이를 고려하여 승차감을 향상시켜야 한다. 일반적으로 5 Hz 내외의 주파수 범위에서 0.05 m/sec의 진동속도 이내인 경우라면 만족스러운 수준이라 볼 수 있다.

(3) 방, 사무실에 대한 방지대책

뜬 바닥구조의 설계·시공이 필요하며, 벽체의 진동절연, 제진재와 같은 진동 감쇠재료(damping sheet) 등의 적용으로 진동전달을 최소화시켜야 한다.

15.5 에스컬레이터

에스컬레이터는 약 100여 년 전에 개발되어 백화점, 지하철역 등과 같이 대량 인원을 연속적으로 수송하는 전형적인 건물 내부의 기계요소라 할 수 있다. 특히, 기계에 대한 지식이나 이용방법의 숙지가 불필요한 수송장치이므로, 무엇보다 안전성이 가장 중요한 요소라고 할 수 있다. 따라서 수십 년간의 기술개발에 의해서 에스컬레이터의 안전성이 확보된 현재에는 탑승자의 승차감과 관련된 진동현상에 관심이 모아지고 있다. 여기서는 에스컬레이터의 진동 문제를 간단히 설명한다.

그림 15.13 국내 지하철역의 에스컬레이터

15.5.1 에스컬레이터의 구조

에스컬레이터는 탑승객의 발이 놓이는 계단모양의 발판[이를 스텝(step)이라 한다]이 상승 및 하강하면서 많은 인원을 연속적으로 수송하게 된다. 주요 구동력은 모터에 의해서 얻게 되며, 구동체인을 통해서 동력이 전달되는 구조이다. 그림 15.14는 에스컬레이터의 대략적인 구조를 보여준다.

구동모터와 감속기를 거친 동력이 구동체인에 의해서 상부 터미널 기어(terminal gear)를 구동시키게 된다. 그러면 터미널 기어에 붙어 있는 스프로킷(sprocket)이 스텝체인을 구동하

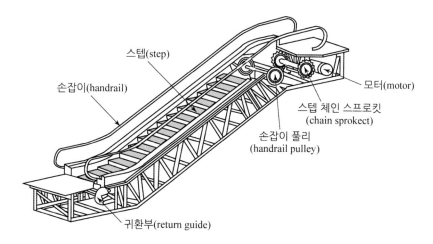

그림 15.14 에스컬레이터의 구조 개략도

여 스텝이 이끌려지면서 상승 또는 하강운동을 하게 된다. 에스컬레이터의 하부에는 귀환부 (return guide)가 있어서 스텝의 귀환을 유도하게 된다. 또한 탑승객의 안전을 위해서 스텝과 함께 손잡이[이를 핸드레일(handrail)이라 한다]가 동시에 이동하게 되는데, 손잡이 풀리 (handrail pulley)에 의해서 작동하게 된다.

15.5.2 에스컬레이터의 진동 특성

에스컬레이터는 상승뿐만 아니라 하강의 두 방향 운전이 가능하며, 운전 방향에 따라 진동 특성이 달라지는 특징이 있다. 에스컬레이터의 진동 특성은 그림 15.15와 같이 탑승자가 밟게 되는 발판(step)의 진동현상으로 대표된다고 볼 수 있는데, 에스컬레이터가 상승하는

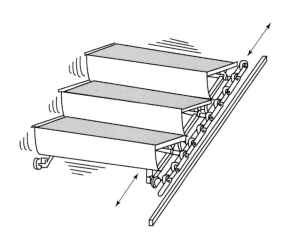

그림 15.15 에스컬레이터 스텝의 진동현상

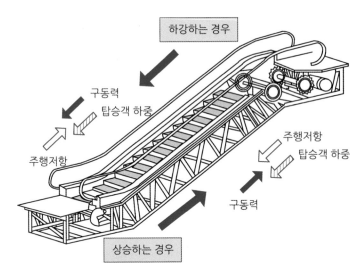

그림 15.16 에스컬레이터 운행 특성에 따른 특성 비교

경우보다는 오히려 하강하는 경우에 진동현상이 악화되는 독특한 특성을 나타낸다. 특히, 하강 시 탑승 인원수에 따라 진동현상의 과다현상과 공진현상의 발생 여부가 변화되며, 탑승자가 일반 계단처럼 발판을 타고 내려가게 될 경우에는 더욱 심한 진동현상이 발생할 수 있다.

이는 에스컬레이터가 상승하는 경우에는 그림 15.16과 같이 에스컬레이터의 스텝 및 손잡이 등에서 발생하는 주행저항과 탑승객의 하중이 같은 방향으로 연속적으로 작용하지만, 하강하는 경우에는 주행저항과 탑승객의 하중이 서로 반대 방향으로 작용하기 때문이다. 따라서 하강하면서 구동체인에서는 순간적으로 무부하 조건이 발생하게 되면서 구동체인과 스프로킷 간의 접촉이 없게 되는 순간이 발생할 경우, 에스컬레이터에서는 급격한 진동현상이 나타난다. 그 이유는 하강 시에 주행저항과 탑승객의 하중이 거의 같아지는 순간에는 구동계에 아무런 하중이 걸리지 않기 때문이다. 이때에는 구동체인에 걸리는 장력(tension force)이 급격히 낮아지게 된다.

15.5.3 에스컬레이터의 진동 저감대책

에스컬레이터의 구조 특성으로 인하여 구동체인과 스프로킷 간의 기어물림에 의한 가진력은 피할 수 없는 항목이라 할 수 있다. 따라서 스프로킷의 기어 잇수를 증가시키게 되면 인체가 민감하게 느낄 수 있는 진동수 영역을 벗어날 수 있기 때문에 진동저감 측면에서 매우 효율적이라 할 수 있지만, 기존에 이미 설치된 에스컬레이터에서는 적용이 곤란하기

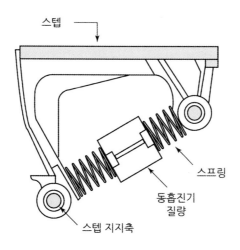

스텝

스프링

동흡진기
질량

스텝 지지축

그림 15.17 스텝 밑에 장착된 동흡진기 개념도

때문에 좋은 해결책이라 할 수 없다. 또한 에스컬레이터 하부에 위치한 귀환부의 스프링이나 감쇠 특성을 변경시키는 동특성 변화는 에스컬레이터의 진동개선에 있어서는 거의 영향을 끼치지 못하는 것으로 파악되고 있다.

결국 새로운 에스컬레이터를 설계하는 경우에는 스프로킷의 기어 잇수 증가가 가장 좋은 해결책이라 할 수 있으며, 기존의 제품에서 발생되는 진동현상의 저감대책으로는 그림 15.17 과 같은 동흡진기를 발판 내부에 등간격으로 설치하는 경우가 있다. 이러한 동흡진기는 질량 이 늘어나고, 설치 개수가 많아질수록 진동저감효과가 향상되는 경향을 갖는다.

15.6 방진설계 시의 유의사항

기계를 방진시키는 것은 기계 자체의 출력이나 작동(운전)영역에서는 아무런 영향이나 지 장을 주지 않으면서도 기초나 연결부품들에 전달되는 진동현상을 최소화시키는 개념이다. 건축물에 장착되는 펌프나 냉각타워 등은 무거운 중량물임과 동시에 유체의 흐름으로 인한 동하중이 발생할 수 있으므로, 세밀한 진동절연(vibration isolation)이 이루어져야 한다. 방진 설계과정에서 검토해야 하는 주요 항목들을 간단히 설명하면 다음과 같다.

(1) 강제 진동수

설비기계의 작동 회전수, 감속장치 및 전달장치 등에 의한 가진 진동수(exciting frequency) 를 계산한다.

(2) 기계의 중량 및 기초 베이스의 규격

설비기계의 중량이 건물 바닥에 미치는 영향을 파악하고, 적절한 기초 베이스를 기계의 중량에 비해서 수 배 ~ 10배까지 고려한다.

(3) 토출유량 및 운전중량

펌프나 냉각타워 및 보일러 등에 있어서는 작동유체의 흐름에 의한 반력하중이 작용하므로, 적절한 안전계수를 고려하여 계산한다. 엘리베이터와 에스컬레이터가 설치되는 장소에서는 이동하중에 따른 영향을 고려한다.

(4) 방진재료의 선정

건축물의 고유 진동수와 충분히 격리될 수 있도록 설비기계의 진동전달 특성을 개선시킬 수 있는 방진재료 및 적용 위치를 선정한다.

(5) 방진효율의 검증

지금까지 고려된 방진설계의 유효성을 측정·평가하여 미비된 사항을 수정·보완한다.

15.7 방진시공 시의 유의사항

설비기계와 건축물 바닥 사이의 배관이나 금속 지지물 등을 통한 직접적인 연결이 없도록 해야 하며, 바닥 슬래브(slab)와 방진재료가 서로 느슨하게 연결되는 일이 없도록 해야 한다. 각각의 설비기계 특성에 따라 다음과 같이 시공할 수 있다.

(1) 고층 건축물의 냉각타워

일반적으로 건축물 옥상에 설치되는 냉각타워는 작동과정에서 발생되는 가진력으로 인하여 건축물의 고유 굽힘진동을 발생시키기에 매우 용이한 위치에 자리잡고 있는 셈이다.

국내에서도 1990년대 중반에 붕괴된 한 백화점의 경우를 살펴보면, 건물 자체의 취약성과 더불어 냉각타워의 진동현상이 붕괴의 원인에 지대한 영향을 주었던 것으로 파악된 바 있다. 따라서 냉각타워 자체의 방진뿐만 아니라 배관 파이프의 진동절연, 구동모터의 평형(balance) 을 우선적으로 검토해야 하며, 건축물의 진동발생이 최소화되는 설치 위치를 세밀하게 선정해야 한다.

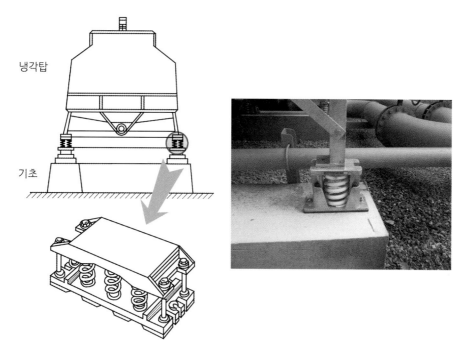

그림 15.18 고층 건축물의 냉각타워 및 진동절연장치

(2) 펌프 및 컴프레서 등의 설비기계

펌프나 컴프레서와 같은 설비기계는 베드(bed)가 분리되어 있고, 비교적 상대변위가 발생하기 쉬운 장치들이다. 따라서 이러한 설비기계들을 공통의 기초 위에 위치시켜서 구동원과 상대변위가 발생되지 않도록 고려하며, 기초와 건축물 사이에 방진재료를 적용시키는 것이 필요하다.

CHAPTER

16 건설소음 및 진동

생활 주변에서 자주 발생하는 소음진동현상에 의한 주민들의 진정 및 민원사항 중에서 건설소음이 차지하는 비율이 압도적이라 할 수 있다. 특히, 밀집된 주택지역 내에서의 건물신축이나 도심지의 재개발과 같은 건설현장에서는 심각한 수준의 소음과 진동현상으로 인하여 인근 주민들의 불만이 고조되기 마련이다. 서울시의 소음민원 중에서 건설공사로 인한 공사장 소음이 75% 이상이며, 2013년에만 21,000건을 넘었을 정도이다. 이러한 원인은 도심지역의 아파트 재건축과 다가구주택의 재건축이 근래에 이르러 활발하게 추진된 결과라고 할 수 있다. 더불어서 건설공사로 인한 소음과 진동뿐만 아니라 통행방해, 안전문제, 도시미관의 훼손문제 등으로 인근 지역주민이 큰 불편을 겪는 것으로 알려져 있다.

국내에서도 건설기계 및 장비의 등록현황만 보더라도 1990년대 초에 이미 15만 대를 넘는 수준이므로, 개발이 진행될수록 건설소음에 의한 피해는 지속적으로 증가될 것이다. 건설기계들은 대부분 100 dB 이상의 높은 소음을 방출하며, 소음의 주파수 영역도 500 Hz 이하의 저주파수 영역에 해당되므로 많은 사람들에게 심한 불쾌감을 줄 수 있다. 또한 일단 건설현장에서 발생된 소음과 진동현상은 별다른 감쇠 없이 먼 지역까지 쉽게 전달되기 때문에, 시공사의 입장에서도 현실적인 차음이나 방진대책을 세우기가 곤란한 경우가 많다. 환경부에서는

그림 16.1 건설현장의 중장비 적용사례

건설소음과 진동현상으로 인한 국민생활의 불편 해소차원에서 불도저, 로더, 그레이더 등과 같이 소음을 많이 발생시키는 건설기계나 중장비에 대한 소음도 표시의 의무화를 실시하고 있다.

16.1 건설소음

건설소음은 건설공사가 진행되는 동안에만 발생하고 높은 소음레벨뿐만 아니라 충격적인 특성을 가지고 있으며, 진동현상을 포함하여 분진, 오수 등과 동시에 발생할 수 있다. 건설소음은 지속적인 소음과는 달리 건설공사기간에만 집중적으로 발생하며, 작업공정에 따라 다양한 소음이 서로 복합되고 소음원의 위치도 수시로 변화되는 독특한 특성을 갖는다. 소음진동관리법에서는 건설공사장에서 발생하는 소음을 생활소음으로 규정하여 표 16.1과 같이 규제하고 있다.

건설소음은 주로 심야시간에 진행되는 도로 보수공사를 제외하고 대부분 주간에만 소음이 집중적으로 발생하게 된다. 건설현장에서 발생되는 소음의 종류 및 특성은 표 16.2와 같이 구분할 수 있다.

표 16.1 생활소음 규제기준 [단위: dB(A)]

구분	아침(05~07시)	주간(07~18시)	야간(22~05시)
주거 및 녹지지역 외	60 이하	65 이하	50 이하
그밖의 지역	65 이하	70 이하	50 이하
보정사례	- 작업시간 1일 3시간 이하일 때 +10 dB을, 3시간 초과 6시간 이하일 때는 +5 dB을 보정한다. - 공휴일인 경우에는 주거지역, 종합병원, 학교 등은 -5 dB을 보정한다.		

표 16.2 건설현장에서 발생하는 소음의 종류 및 특성

소음의 종류	소음의 특성	해당 건설기계의 종류
정상소음	소음레벨의 변동이 작은 일정한 소음	콘크리트 절단기, 공기 압축기, 발동 전동기, 아스팔트 피니셔
변동소음	소음레벨의 변동이 불규칙하며, 연속적으로 변화됨	굴삭기, 불도저, 트랙터 셔블, 유압 셔블, 로더 롤러, 그레이더, 압쇄기
충격소음	큰 소음이 매우 짧은 시간 동안에 발생함	진동 항타기, 착암기, 브레이커, 드릴 마스터(공압식), 람마
간헐소음	간헐적으로 소음이 발생하며 지속시간이 반복됨	콘크리트 브레이커, 항타기

건설기계는 크게 지반정지공사용, 기초공사용, 콘크리트공사용, 포장공사용, 파괴 및 해체
공사용, 기타 공사용 기계 등으로 구분할 수 있다. 일반적으로 건설현장에서 소음이 많이
발생하는 공정은 지반정지공사, 기초공사, 파괴 및 해체공사 등이라 할 수 있으며, 건설기계의
종류별 소음진동발생 특성은 표 16.3과 같다. 이 중에서도 항타기, 브레이커 및 착암기 등이
높은 소음을 배출하는 대표적인 건설기계라 할 수 있다.

표 16.3 건설기계의 종류별 소음 및 진동발생 순위

	공정별 분류	소음발생 순위	진동발생 순위
건설기계 종류	지반정지공사용	다짐기	롤러
		로더	불도저(bulldozer)
		그레이더	굴삭기
		불도저	해머 콤팩터
		굴삭기	다짐기
		롤러	그레이더
		해머 콤팩터	로더
	기초공사용	드릴 마스터	항타기
		항타기	드릴 마스터
		착암기	항타항발기
		드릴	드릴
		항타 항발기	착암기
		어스 오거(earth-auger)	어스 오거
	콘크리트공사용	콘크리트 믹서	콘크리트 펌프카
		콘크리트 펌프카	콘크리트 믹서
		콘크리트 플랜트	콘크리트 플랜트
	포장공사용	아스팔트 플랜트	진동전달 무시 가능
		아스팔트 피니셔	
	파괴 및 해체공사용	브레이커	브레이커
		압쇄기	압쇄기
	기타 공사용	지게차	발전기
		쇄석기	진동전달 무시 가능
		발전기	
		공기압축기	

표 16.4 건설장비의 작업과정에서 발생되는 소음레벨 [dB(A)]

건설기계	1 m 이내	10 m 이내	30 m 이내
디젤 파일해머	105 ~ 130	92 ~ 112	88 ~ 98
스팀, 에어해머	100 ~ 130	97 ~ 108	85 ~ 97
어스 드릴(earth-drill)	83 ~ 97	77 ~ 84	67 ~ 77
어스 오거	68 ~ 82	68 ~ 82	57 ~ 70
콘크리트 브레이커	94 ~ 119	80 ~ 90	74 ~ 80
파워 쇼벨(power shovel)	80 ~ 85	72 ~ 76	63 ~ 65
크람셸	83	78 ~ 85	65 ~ 75
공기압축기	100 ~ 110	74 ~ 92	67 ~ 87
콘크리트 플랜트	100 ~ 105	83 ~ 90	74 ~ 88
레미콘 트럭	83	77 ~ 86	68 ~ 78

건설기계에서 발생되는 소음은 듣는 위치(거리)에 따라 변화되는 특성을 가지며, 대표적인 소음레벨은 표 16.4와 같다. 이와 같은 소음의 거리감쇠효과를 고려해서 큰 소음이 발생되는 건설장비들을 공사현장에 위치시킬 때에는 주택이나 소음피해가 우려되는 곳으로부터 최대한 이격시키는 것이 필요함을 확인할 수 있다.

소음진동관리법에서는 굴삭기, 천공기, 항타기와 브레이커 등을 포함한 9종의 건설기계에 대한 소음도 표시의무제도를 실시하고 있으며, 각종 건설기계 종류별로 권고소음도를 지정하여 관리하고 있다.

16.2 건설진동

건설진동은 본래 일반 공장의 기계에서 발생되는 진동현상과 본질적으로는 동일하지만, 진동발생원 자체의 이동이 잦으며, 비교적 짧은 시간에 진동현상이 종료된다는 차이점이 있다. 건설현장에서 발생되는 진동현상은 지면의 흔들림과 이에 따른 지반진동의 전파가 가장 큰 문제로 대두되며, 주로 지반 정지공사와 같은 항타기계류의 작동과정에서 발생되는 진동현상이 큰 영향을 끼치게 된다. 이러한 건설장비에서 발생된 진동현상이 지면을 통해 주변 건축 구조물로 전달되면서 인근 건축물의 흔들림이나 균열, 심할 경우에는 부분적인 파손까지도 유발시킬 수 있다. 표 16.5는 건설진동의 종류 및 해당 건설기계를 분류한 것이다.

항타기와 같은 건설장비에서 발생되는 충격력은 지표면에 진동을 발생시켜서 지진과 마찬가지로 종파(P파)가 인근 주택이나 건물 등에 먼저 전달되며, 그 다음으로 횡파(S파), 레일리

표 16.5 건설진동의 종류 및 해당 건설기계

진동의 종류	해당 건설기계의 종류
연속적인 규칙진동	공기압축기(이동식, 고정식)
연속적인 불규칙진동	콘크리트 브레이커, 파워 쇼벨, 진동파일 드라이버
간헐진동	디젤 파일해머, 해머드릴, 강구 파괴기

(Rayleigh)파가 전달된다. 일반적으로 건설장비에 의해서 전달되는 지표면의 진동은 이러한 여러 지진파들이 합성된 진동이라 할 수 있다. 이 중에서 표면파(surface wave)인 레일리파가 대략 70% 내외, 횡파가 약 25% 내외의 영향을 미치므로 주요 고려대상이 된다.

특히, 말뚝 기초공사에 의한 지반진동은 충격적인 진동현상을 유발시켜서 건설공사로 인한 주변 주민들의 주요 불만사항 및 민원요소가 된다. 말뚝박기 공정을 어스 오거, 어스 드릴 등에 의한 공법으로 대체한다면 건설현장 주변으로 전달되는 지반진동을 크게 개선시킬 수 있다. 그림 16.2는 말뚝박기 공정에 사용되는 디젤 파일해머의 구조 및 작동원리를 보여준다.

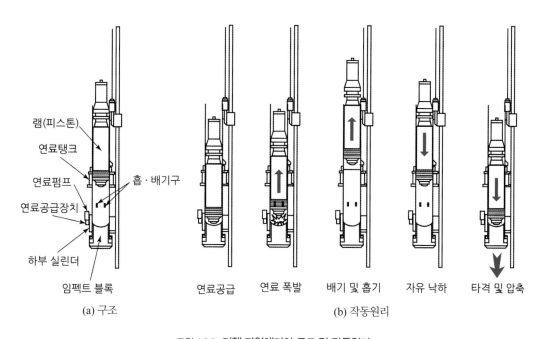

그림 16.2 **디젤 파일해머의 구조 및 작동원리**

건설진동을 지진현상으로 비교하여 표현한다면 리히터 지진계 기준으로 진도 1인 미진(微震)부터 진도 3인 약진(弱震)의 범위에 속한다고 볼 수 있지만, 지진과 같이 광범위한 영향력에 비해서는 매우 미약한 수준이라 할 수 있다. 즉, 건설진동으로 인한 지반의 진동전파로 문제되는 구역은 진동 발생원으로부터 대략 반경 100 m 이내라고 할 수 있다. 또한 진동수 특성은 대략 1 ~ 90 Hz 이내의 범위이며, 수직진동이 수평진동에 비해서 더욱 문제된다고 볼 수 있다. 표 16.6은 건설진동의 특성들을 여타의 다른 진동현상(지진, 기계진동)들과 비교한 것이다.

표 16.6 건설진동과 지진 및 기계진동과의 비교

	지진	기계진동	건설진동	
			항타작업	발파작업
진동원	불확실 (지구 내부에서 자연적으로 발생)	확실 (기계구동 시 발생)	확실 (작업 시 발생)	확실 (작업 시 발생)
진동에너지	매우 큼	비교적 적음	비교적 적음	중간 범위
진동수 특성(Hz)	$10^{-3} \sim 5$	$1 \sim 90$	$1 \sim 90$	$1 \sim 90$

그림 16.3 기초공사용 건설기계

16.3 건설소음 및 진동의 측정과 평가

16.3.1 측정

건설소음 및 진동현상으로 인한 문제점을 파악하고, 이를 개선시키기 위한 측정방법은 소음진동규제법에 의해 표 16.7 및 16.8과 같이 규정되어 있다.

표 16.7 국내 건설소음 측정방법

구분	측정지점	측정위치	측정조건
건설소음 규제기준	피해자 쪽의 부지 경계선 중에서 가장 소음도가 높을 것으로 예상되는 지점	- 부지 경계선에서 1.2 m 높이 - 장애물이 있는 경우에는 장애물로부터 1 m 떨어진 지점의 1.2 m 높이 (피해 대상건물이 2 ~ 5층일 경우에는 2층에서 측정하며, 6층 이상인 경우에는 2층과 5층에서 창문을 열어놓고 소음도를 측정하여 산술 평균한다)	- 마이크로폰을 측정 위치에 지지장치로 설치하여 측정하는 것을 원칙으로 한다. - 손으로 소음계를 잡고서 측정할 경우에는 측정자의 몸으로부터 50 cm 이상 떨어져야 한다. - 소음계의 마이크로폰은 주 소음원 방향으로 향한다. - 풍속 2 m/sec 이상인 경우에는 방풍망을 부착시키고, 5 m/sec 초과할 경우에는 측정을 금지한다.
생활소음 규제기준	건설소음 측정과 동일함 - 옥외에 설치된 확성기에 의한 소음도는 소음원의 직하 지점에서 소음전파 방향으로 50 m 떨어진 지점	건설소음 규제기준과 동일	- 건설소음 규제기준과 동일 - 소음도의 측정은 대상 소음원을 정상적으로 가동시킨 상태에서 측정한다. - 배경 소음도는 대상 소음원의 가동을 중지한 상태에서 측정한다.

표 16.8 국내 건설진동 측정방법

구분	측정지점	측정사항	측정시각 및 측정점 개수	감각보정회로 및 동특성
건설진동	피해자 쪽의 부지 경계선 중에서 피해가 우려되는 곳에서 진동레벨이 높을 것으로 예상되는 지점	- 측정 시 대상 진동원을 가능한 한 최대 출력으로 가동시킨 정상상태에서 측정한다. - 암진동레벨은 대상 진동원의 가동을 중지한 상태에서 측정한다.	적절한 측정시각에 2개 이상의 측정 지점 수를 선정하여 측정하며, 측정값 중에서 가장 높은 진동레벨 값으로 취한다.	진동레벨계의 감각보정회로는 별도의 규정이 없는 한 수직 특성을, 동특성은 slow를 사용하여 측정한다.

건설과정의 소음진동현상으로 유발된 건축 구조물의 피해를 판단할 수 있는 항목으로는 진동변위, 진동속도 및 진동가속도 등이며, 피해 정도는 그 크기에 비례한다.

16.3.2 평가

(1) 건설소음의 평가

건설소음의 평가에는 등가소음레벨(Leq, equivalent noise level)이 주로 사용된다. 등가소음레벨은 소음에너지의 평균개념이므로, 이론적으로도 취급이 간단하고 단일 지표로 쉽게 나타낼 수 있다. 이외에도 소음평가곡선(noise rating curve)이 부분적으로 사용된다.

(2) 건설진동의 평가

건설진동의 평가는 인체의 전신진동과 건축물에 미치는 영향 등을 고려한다. 전반적인 건설진동은 1 ~ 90 Hz 영역의 진동수 특성을 가지며, 주기적이거나 불규칙적인 진동현상이 복합적으로 작용하여 인체 및 건축 구조물에 영향을 주게 된다. 따라서 주거지역에서는 진동레벨이 주간 65 dB, 야간 60 dB 이하로 규제되며, 상업지역에서는 주간 70 dB, 야간 65 dB 이하가 되도록 규제되고 있다.

16.4 건설소음 및 진동의 영향

16.4.1 건설소음의 영향

건설현장 주변의 사람들이 느끼는 건설소음은 시간대별로 다양하게 시끄러움을 인식하는 경향이 있다. 건설기계소음으로 인해서 가장 시끄럽다고 느끼는 때가 오전 7시부터 10시까지라고 조사되고 있다. 그 이유는 대부분의 건설기계들이 그림 16.4와 같이 하루의 작업을 시작하기 위해서 공회전이나 예열(warm-up)시키는 과정과 함께 건설장비들의 현장진입 등으로 인하여 건설소음이 크게 발생할 수 있기 때문이다. 또한 점심시간 이후인 오후 1시부터 3시까지의 기간에도 소음이 크게 발생한다고 느끼게 된다.

건설기계의 소음으로 인한 영향은 집중력의 저하, 휴식방해, 수면방해, 대화 및 업무방해 순이다. 특히 집중력 저하는 작업자들의 업무능력을 크게 저하시켜서 안전사고를 비롯한 산업재해 발생률을 높일 우려가 있다. 건설기계의 소음 중에서 가장 시끄럽다고 파악되는 기계는 항타기, 착암기, 브레이커 순이다.

그림 16.4 건설현장의 대형 트럭 및 건설장비의 이동 사례

한편, 가축은 사람보다 소음이나 진동현상에 더욱 민감한 것으로 파악되고 있다. 국내에서는 레미콘 공장 근처의 축사에서 덤프트럭과 페이로더 등의 작업소음으로 인한 양돈피해가 발생한 바 있다. 특히, 덤프트럭이 모래와 자갈을 하차하고 난 직후에 적재함의 뒷문이 부딪히는 소리와 경적음 등이 100 dB(A)를 초과하는 경우가 대부분이라 할 수 있다. 여러 종류의 가축에 대해 뚜렷하게 기준으로 정해져 있지는 않으나, 외국(미국)의 사례에서는 가축 농가의 소음수준은 대략 65 ~ 75 dB(A) 이하로 권장하고 있는 실정이다.

16.4.2 건설진동의 영향

건설진동은 크게 인체와 건축물에 미치는 영향으로 구분할 수 있다. 먼저 건설진동이 인체에 미치는 영향은 주로 전신진동에 해당되며, 건설현장이나 기계로부터 약 100 m 이내의 구역에 거주 또는 상근하는 사람들이 감지하게 된다. 주요 진동문제로는 수직 상하방향의 진동현상이 가장 큰 문제를 발생시킨다. 표 16.9는 건설진동의 진동수 특성에 따른 인체의 증세를 나타낸 것이며, 일반 주택가처럼 평상시 전혀 진동현상을 경험하지 못하던 사람들은

표 16.9 건설진동에 의한 전신진동의 인체영향

진동수	인체의 영향
1 Hz 이하	멀미(motion sickness)현상이 발생할 수 있다.
6 Hz 내외	허리, 가슴, 등(척추)의 고통을 느끼게 된다.
13 Hz 내외	머리의 진동이 가장 크게 느껴지며, 안면의 볼, 눈꺼풀이 진동함을 느낀다.
4 ~ 14 Hz 영역	복통을 일으킨다.
9 ~ 20 Hz 영역	관절(무릎이나 팔꿈치 등)에 땀이 나거나 열이 나는 듯한 느낌을 주며, 대소변을 참기 힘들게 된다.

약간의 진동현상에 대해서도 매우 민감하게 반응하는 경향을 갖는다.

한편, 건설진동이 건축물에 미치는 영향으로는 건물의 파손, 정밀기계나 자동제어기계들의 작동 이상, 고장현상 등이다. 특히, 건설진동이 과도할 경우 건축물에서는 기둥이나 벽의 균열, 페인트 도장 부위의 떨어짐, 전등이나 간판 등의 부착물 이탈, 건물의 침하 등과 같은 다양한 현상이 발생할 수도 있다.

16.4.3 가축에 미치는 영향

건설소음 및 진동현상으로 인한 가축의 영향은 주로 소, 돼지, 닭을 중심으로 조사가 이루어지고 있다. 일반적으로 가축은 인간보다 소음에 더 민감하다고 파악되며, 여기에 진동에 의한 영향이 더해져서 가축의 유산 및 사산, 생식·산란율의 저하, 성장지연, 폐사율 증가 등의 결과를 유발하는 것으로 파악되고 있다. 특히, 지속적인 소음보다는 항타기소음이나 발파소음과 같은 충격적인 소음에 더욱 심한 피해를 입는 것으로 조사되고 있다. 소나 돼지는 항공기소음과 같은 지속적인 소음보다는 매우 충격적이고 짧은 시간에 순간적으로 발생하는 소음에 더욱 민감한 것으로 파악되고 있다. 닭과 같은 조류는 진동보다는 소음에 더욱 민감한 것으로 알려져 있지만, 지속적인 소음에는 다른 가축보다 비교적 적응을 잘하는 것으로 파악되고 있다. 한편, 월동기의 꿀벌과 양식장의 관상어, 쏘가리, 메기 등은 진동현상에 매우 민감한 것으로 파악되고 있는바, 도로공사를 위한 지반공사과정에서 많은 피해 사례와 진정이 증가되고 있는 실정이다.

16.5   건설소음 및 진동의 저감대책

건설현장에서 발생하는 소음 및 진동현상을 개선시키기 위해서는 시공방법, 건설기계의 소음진동원 크기, 발생실태 등을 충분히 숙지하여 이에 대한 저감대책을 강구하는 것이 필요하다. 특히, 건설현장에서 발생되는 소음과 진동현상은 건설기계에서 멀리 떨어질수록 감소되는 특성이 있으므로, 이러한 원리를 유효 적절하게 활용하여 건설기계의 재배치, 진출입로의 변경 등으로도 상당한 개선효과를 얻을 수 있다. 또한 건설공사의 시작 전후에도 가급적이면 미리 지역 주민들에게 건설공사의 목적과 소음발생시기를 정확하게 설명하고, 주민들의 협조와 양해를 구하는 등의 적극적인 사전노력이 기술적인 저감대책보다 오히려 더 큰 효과를 거두기도 한다.

16.5.1 건설소음의 저감대책

건설소음의 피해를 줄이기 위해서는 우선적으로 저소음 건설기계의 제작 및 사용, 건설공정
에서의 소음발생저감, 거리감쇠의 효과활용, 소음기의 적용, 차음막을 비롯한 방음커버나 차
음박스의 사용, 방음벽 등을 채택할 수 있다.

건설공정에 있어서도 저소음·저진동 공법 위주로 공사가 진행되는 것이 우선적으로 필요
하다. 예를 들어 그림 16.5와 같은 항타작업에서는 디젤 파일해머의 방음커버를 적용하거나,
타격식 공법을 중굴공법이나 프리 보링(pre-boring)공법으로 전환시키고 해체작업에서는 브
레이커 사용 대신 압쇄기를 사용하는 것이 소음과 진동억제 측면에서 유리하다.

또한 작업공정에 따른 소음발생량을 고려하여 큰 소음이 유발되는 작업은 건설현장 주변의
환경소음이 큰 시간(주로 낮시간)에 이루어지도록 조치하며, 건설기계를 주택가에서 멀리
위치시키거나, 현장 사무실이나 기타 설비 뒤에 배치시켜서 최대한의 차음효과를 얻을 수
있도록 노력하는 것이 중요하다. 일반적으로 건설공사장 인근의 주민들은 아침과 저녁시간에
는 실제 소음레벨보다 5 dB 더 높게 인식하며, 야간시간에는 10 dB 정도 높게 인식하는 경향

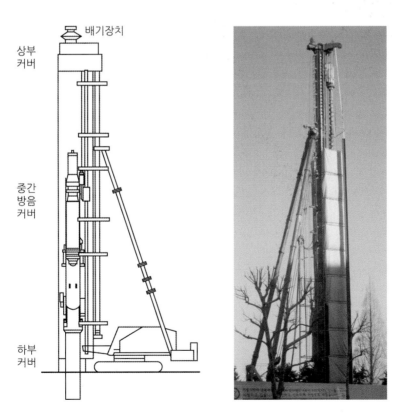

그림 16.5 디젤 파일해머와 프리 보링공법의 방음커버 장착사례

이 있다.

건설현장에서 손쉽게 설치할 수 있는 차음막은 소음차단효과가 미미하지만, 건설현장 인근의 주민들에게는 적지 않은 위로감을 주는 심리적인 효과가 크다. 그림 16.6은 소음저감을 위해서 차단막을 이용한 사례를 보여준다.

방음벽은 건설소음의 저감효과를 높여주는 전달경로대책으로 매우 유용하게 사용되며, 소음진동관리법에 따르면 방음벽 설치 전후의 소음저감은 최소 7 dB 이상, 높이는 3 m 이상으로 설치해야 한다. 국내 현장에서는 방음벽을 대체하여 주로 부직포를 사용하고 있는 실정이다. 부직포는 설치비용이 저렴하고 풍하중에 대한 고려가 필요없다는 이점이 있지만, 차음성능, 미관 및 내화성능에서는 큰 효과를 보지 못한다고 볼 수 있다.

특히, 부직포는 담뱃불이나 작은 용접 불똥에 의해서도 쉽게 불이 붙을 정도로 화재에 취약하기 때문에 사람의 왕래가 잦은 곳이나 용접작업이 있는 곳에서는 차음효과가 다소 떨어지더라도 불이 잘 붙지 않는 색동 방음천을 사용하는 것이 유리하다. 결국 설치비용이

그림 16.6 건설현장의 차단막 설치사례

그림 16.7 건설현장의 방음벽 설치사례

다소 올라가겠지만, 좀 더 효과적인 소음억제대책을 얻기 위해서는 알루미늄 방음벽이나 폴리우레탄 방음벽 사용이 건설소음 방지효과 측면에서 탁월하다고 볼 수 있다.

또한 천공기, 대·소형 브레이커 등과 같이 높은 소음레벨을 발생시키는 건설장비 주변에는 부직포로 감싼 상자모양의 차음틀(cage)을 설치하는 것이 효과적이다. 그림 16.8은 건설장비의 배기소음과 유압펌프 작동소음을 억제시키기 위해서 별도의 차음틀을 적용한 사례이다. 건설장비의 주요 소음원에 대한 방사소음을 억제시키기 위해서 부직포를 이용한 적용사례는 그림 16.9와 같다.

그림 16.10은 공사현장에서 굴착기에 이동식 방음장치를 장착한 사례를 보여준다. 앞에서 설명한 방음벽이나 차음틀은 공사부지 경계선에 인접한 10층 이상의 고층 아파트나 건물에 대해서는 소음저감효과가 현저하게 떨어지므로, 국소 방음커버를 사용해야 한다. 폴리우레탄과 같은 흡음재료가 부착된 방음장치의 적용으로 10 dB(A) 이상의 소음저감효과를 얻을 수 있다.

그림 16.8 건설장비의 차음틀 적용사례

그림 16.9 부직포를 이용한 소음억제 사례

그림 16.10 이동식 방음장치의 적용사례

또한 건설기계가 노후화되면 주요 부품들의 이격이나 마찰증대로 인해서 소음진동현상이 증폭될 수 있으므로, 유효적절한 정비관리가 필수적이다. 궤도추진방식의 불도저 경우에도 궤도바퀴의 주기적인 정비로 주행소음을 2 ~ 5 dB 내외로 감소시킬 수 있다. 참고로 2013년 기준으로 서울시에 등록된 건설기계는 총 44,000여 대에 이르며, 이 중에서 생산된 지 20년이 넘은 경우가 25%, 10년 이상된 건설기계까지 포함하면 55%에 해당한다.

16.5.2 건설진동의 저감대책

건설진동에 의한 영향을 최소화시키기 위해서는 진동현상의 거리감쇠효과를 이용하는 작업장 정리 및 건설장비의 진출입로 재배치 등을 고려할 수 있다. 즉, 시공방법과 작업형태에 따른 건설기계별 진동 특성을 사전에 파악하여 적절한 입지선정과 작업시간의 배분 및 세부공정을 관리해야 한다. 건설진동에 대한 기본적인 저감대책을 정리하면 다음과 같다.

(1) 진동발생기계의 사용 억제

건설현장의 주변 사정과 경제적인 이유 등으로 인하여 진동발생기계의 사용이 불가피한 경우가 많을 수 있다. 하지만 저진동 건설기계의 채택 및 유압식 압입공정이나 굴삭 등과 같은 대체공정의 기계를 적극적으로 활용하는 자세가 필요하다.

(2) 지반과 기계 본체의 연결관계 개선

진동 파일 드라이버, 말뚝치기 등과 같은 공정에서는 지반과의 공진을 회피하고, 기계 자체의 진폭을 저감시켜서 지반으로 전달되는 진동현상을 최소화시킨다.

(3) 거리감쇠효과의 이용

지반을 통해서 전파되는 진동에너지는 진동원으로부터 거리가 증가할수록 급격하게 줄어들기 마련이다. 따라서 진동원이 큰 기계나 공장은 인근 주거지나 민감한 건축물로부터 최대한 이격시키는 것이 효과적이다.

(4) 방진구 설치

건설진동이 지반을 통해 전파될 경우에는 다른 지층이나 구조물의 경계면에서 반사, 굴절 및 간섭 등의 영향을 받게 된다. 이러한 특성을 이용하여 방진벽과 방진구를 설치할 수 있다. 여기서 방진구(防振溝, trench)는 대표적인 방진구조물이며, 건설진동의 수평적인 전파를 억제한다. 방진구에 의한 지반진동의 차단효과는 깊이가 깊을수록 커지게 되므로, 전달되는 진동수의 1/4 파장 이상으로 채택되어야 한다. 예를 들어 10 Hz 진동수 특성을 갖는 건설장비의 진동전파(표면파로 가정)를 감소시키기 위해서는 3 ~ 5 m 의 깊이를 가져야만 6 dB 이상의 저감효과를 얻을 수 있다. 방진구에 대한 세부적인 내용은 21장을 참고하기 바란다.

(5) 그 외 탄성지주방법, 방진공이나 방진벽의 설치, 진동규제치 등을 세밀히 검토하여 건설현장에 적합한 저감대책을 강구해야 한다.

17 교량의 진동

인간의 주거환경을 위한 건축물의 건설을 포함하여 인간의 외부 활동영역을 넓혀주는 도로와 교량을 만드는 행동은 인류문명의 발상과 함께 태동되었다고 말할 수 있다. 그 중에서도 징검다리부터 시작되었을 교량은 산업혁명의 시기를 거쳐서 교통량의 증가와 함께 많은 발전이 이루어졌으며, 최근에 이르기까지 다양한 형태로 계속 건설되고 있다. 즉, 교량은 인류의 역사와 함께 발전된 구조물의 설계, 시공 및 안전에 관한 제반 공학기술을 집약시킨 대표적인 토목 구조물이라고 말할 수 있다. 최근에는 복잡한 시가지 위로 건설되는 고가차도부터 입지조건이 열악한 산악지대나 섬과 육지를 연결하는 바다 해협에 이르기까지 교량의 건설이 더욱 확대되고 있는 추세이다.

17.1 교량의 작용하중

공학기술의 발전으로 인한 건축재료의 개발과 구조물의 해석기술, 설계기법의 발달 등으로 종래의 기초적인 교량형태에서 벗어나 근래에는 교각 간의 길이(스팬, span)가 긴 장대교량과 같은 새로운 형태의 교량이 속속 건설되고 있다. 하지만 기존의 교량에 비해서 장대교량은 구조적인 유연성과 낮은 감쇠 특성을 가질 수밖에 없기 때문에 여러 가지의 동하중과 같은 외부 작용력(교란)에 의해서 큰 진폭의 진동현상이 발생할 가능성이 더욱 커지게 되었다.

미국 워싱턴주 시애틀 근교의 타코마 해협에 건설된 현수교(suspension bridge)인 타코마 교량(Tacoma Narrow Bridge)이 1940년 11월 바람에 의한 풍하중으로 발생된 교량의 비틀림 진동현상에 의해서 완공된 지 불과 4개월 만에 파괴된 사례가 있고, 국내에서도 1994년 10월 성수대교가 누적된 하중에 의한 피로현상으로 파괴된 것을 기억할 수 있다.

(a) 미국의 타코마 교량

(b) 우리나라의 성수대교

그림 17.1 대표적인 교량의 파괴모습

이와 같이 교량에서 진동현상을 발생시키는 주요 원인으로는 지진, 바람하중(풍하중), 차량/사람하중 등이 있다. 지진이나 바람에 의한 하중은 예측하기가 힘든 돌발적인 진동현상을 발생시키는 반면에, 차량의 운행이나 사람들에 의해서 발생하는 하중은 반복적인 특성을 갖는다. 이러한 동하중은 교량의 각 부재들에 전달되어 피로문제를 발생시켜 교량의 내구성을 저하시키는 특징이 있다. 표 17.1은 교량에 작용하는 동하중의 종류 및 특성을 나타낸 것이다.

표 17.1 교량에 작용하는 동하중의 종류 및 특성

	바람하중(풍하중)	지진하중	차량/사람하중
주요 진동수	0.5 ~ 2 Hz	0.5 ~ 2 Hz	차량 5 Hz, 사람 1 Hz 내외
하중형태 및 특징	제한 진동, 공기역학적 불안정(instability)	관성력, 질량에 비례	차량 및 사람의 이동에 의한 반복하중, 공진효과

17.2 교량의 작용하중별 진동 저감대책

교량에 작용하는 여러 동하중에서 대표적이라 할 수 있는 지진하중, 바람하중(풍하중), 차량/사람하중에 대한 각각의 진동 저감대책을 고려해본다.

17.2.1 지진하중에 대한 저감대책

13장 지진에서 설명한 바와 같이 지진은 낮은 진동수를 가지고서 짧은 시간(대략 60초 이내) 동안 작용하지만, 매우 큰 에너지를 전달하는 특성이 있다. 교량의 내진설계개념은

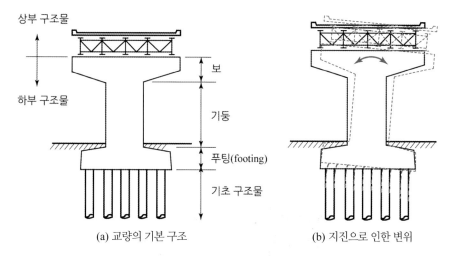

| (a) 교량의 기본 구조 | (b) 지진으로 인한 변위 |

그림 17.2 **교량의 기본 구조 및 지진으로 인한 변위 발생**

지진이 발생했을 때 교량에 적절한 변형과 부재력을 유발시켜서 지진으로 인한 피해를 최소화시키는 것이라 할 수 있다.

일반적인 교량의 고유 진동수에 해당하는 주기는 약 0.3 ~ 1초 내외의 값을 가지는데, 이를 진동수로 환산하면 1 ~ 3 Hz에 해당된다. 지진의 주요 진동수가 0.5 ~ 2 Hz에 분포하므로 지진이 발생했을 때, 교량에서 공진현상이 발생할 확률이 높다고 볼 수 있다. 지진으로 인한 교량의 피해는 대부분 거더(girder)의 탈락, 교각(pier)의 파괴, 기초의 침하 등이다.

교량에서 상부와 하부구조를 연결시켜주는 부품을 교량받침(bearing)이라 하며, 교량의 진동 특성에 있어서 매우 중요한 역할을 수행하게 된다. 즉, 교량받침은 상부 구조물에 작용하는 하중을 전달하고 교량의 수평이동에 따른 추종과 회전기능까지 수용할 수 있어야 한다. 그림 17.3은 이러한 교량받침의 역할을 보여준다. 교량받침에는 교량에 작용하는 하중 자체뿐만 아니라, 외부 하중으로 인하여 발생하는 교량의 변형(처짐)과 함께 계절에 따른 온도 변화, 건조수축 등의 다양한 변위가 발생하기 쉽기 때문에 세밀한 설계 · 제작이 필요하다. 그림 17.4는 교량에 적용되는 여러 가지 받침종류를 보여준다.

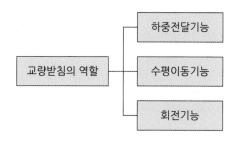

그림 17.3 **교량받침의 역할분류**

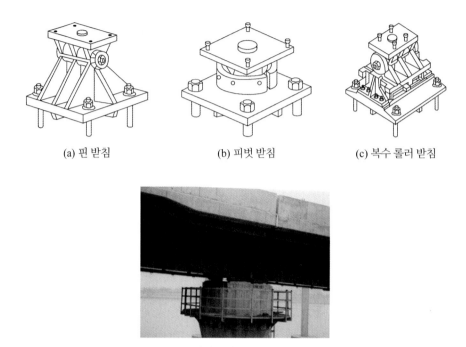

(a) 핀 받침　　　　　　　　(b) 피벗 받침　　　　　　　(c) 복수 롤러 받침

(d) 실제 교량의 받침 사진

그림 17.4 **교량받침의 종류**

지진이 발생할 경우, 교량 상·하부구조의 연결부품인 받침부에서 피해가 발생한다면 결국 교량이 추락하는 낙교현상과 같은 대형 사고를 초래할 수 있다. 따라서 받침부의 내진설계는 지진으로 인한 에너지 전달을 상·하부구조 사이에서 확실하게 차단할 뿐만 아니라, 낙교를 방지하는 것을 전제로 이루어져야 한다. 특히, 지진으로 인한 교량의 피해는 상부보다는 하부구조와 교량받침 및 그 주변 부위에서 집중적으로 발생하는 것으로 파악되고 있다. 2016년 현재 전국의 고속도로에는 8,700여 개의 교량이 있으며, 이 중에서 4%에 해당하는 360개의 교량이 내진성능을 제대로 갖추지 못한 것으로 국회에 보고된 바 있다.

기존의 교량은 지진에 대해서 강건하게 저항하도록 설계되어 있기 때문에 하부구조가 매우 튼튼하게 시공되어 있다. 일반적인 교량은 규모 6 이하의 지진에도 견딜 수 있도록 설계되기 마련이다. 2016년 9월에 발생한 경주지역의 지진에서도 교량의 피해는 거의 없었던 것으로 밝혀졌다. 일반 교량에서는 교량 상부가 수평 방향으로 유연하게 반응할 수 있는 유효 적절한 지진 절연장치를 적용시킨다면, 교량의 주기를 2초 이상(0.5 Hz 이하)으로 길어지게 할 수 있다. 이는 지진으로 인한 교량의 공진현상을 적극적으로 피할 수 있다는 것을 의미한다. 또한 교량의 주기가 길어질수록 기초 하부구조에 작용하는 지진하중을 저감시키는 결과를 가져와서 하부구조의 공사비를 저감시키는 이점이 있다.

그러나 지진 절연장치를 적용한 교량의 상부가 과도하게 움직일 경우에는 낙교현상이 발생될 수 있으므로 적절한 감쇠가 필수적으로 고려되어야 한다. 지진으로 인한 교량의 피해를 최소화시키기 위해서는 상부구조의 관성력을 분산시키는 것이 중요한 사항이라 할 수 있다.

또한 교량의 내진설계는 기능수행 및 붕괴방지 목적으로도 구분할 수 있다. 기능수행의 내진설계는 비교적 발생빈도가 높은 지진이 발생하더라도 교량의 기능(사용목적)을 유지시키는 설계개념이며, 붕괴방지의 내진설계는 발생빈도가 낮은 지진(매우 심한 강진이 이에 속한다)이 발생할 경우 교량 본래의 기능은 상실되지만, 붕괴 등으로 인한 대규모 피해가 발생하지 않도록 설계하는 개념을 의미한다.

서울의 한강교량 중에서 내진설계가 고려된 교량은 잠실, 청담, 성수, 한남, 마포, 서강, 가양, 행주대교와 광진교 등이다. 국내 교량에 내진설계가 적용된 시점은 도로교 표준시방서가 개정된 1996년 이후이므로, 향후 지속적인 교량점검 및 보수공사가 필요하다고 볼 수 있다.

교량의 내진 보강으로는 교각의 보강, 면진받침, 감쇠기의 적용, 교량받침의 격리장치 등이 있다. 그림 17.5와 17.6은 지진으로 인한 대표적인 교각 파괴현상을 나타내며, 그림 17.7과 17.8은 교량받침용으로 사용되는 적층 고무받침(laminated rubber bearing), 납-고무받침 (LRB, lead rubber bearing) 및 진동절연체의 적용사례를 나타낸다.

여기서 적층 고무받침은 강판과 고무층을 수평으로 결합시켜서 수직방향의 강성(剛性)향상과 수평하중에 대한 안정성을 개선시킨 받침이다. 우수한 절연성능에 비해서 감쇠능력이 낮고 정적하중에 대한 변형이 큰 단점이 있다. 한편 납-고무받침은 납 면진받침이라고도 하며, 기본적으로 적층 고무받침의 중앙에 납을 장착하여 정적하중에 대한 강성보강과 함께 과도한 움직임에 대해서는 큰 감쇠능력을 향상시킨 받침이다. 즉 받침 중앙에 위치한 납이 지진으로 전달되는 에너지를 감쇠시키면서, 항복강도까지 버텨주는 역할을 수행한다. 지진활동의 위험성이 높은 지역의 교량에는 납-고무받침을 주로 사용한다. 또한 교각의 내진성능을 향상시키

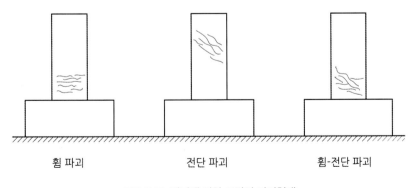

휨 파괴   전단 파괴   휨-전단 파괴

그림 17.5 지진에 의한 교각의 파괴형태

그림 17.6 1995년 일본 고베지진으로 인한 고가도로의 교각 파괴현상

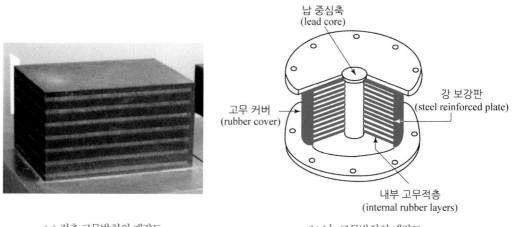

(a) 적층 고무받침의 개략도   (b) 납-고무받침의 개략도

그림 17.7 적층 고무받침과 납-고무받침

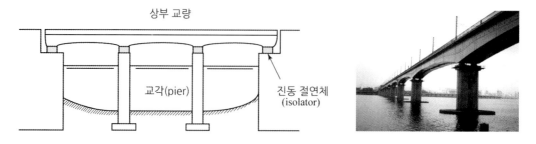

그림 17.8 내진설계가 고려된 교량의 진동절연체 적용개념

기 위해서 강판이나 콘크리트, 복합재료 등으로 교각을 보강하는 라이닝 공법이 적용될 수 있다.

17.2.2 풍하중에 대한 저감대책

수심이 깊고 유속이 빠른 지역이나 교량 밑으로 대형 선박이 지나다녀야 하는 지역에 교량이 건설되는 경우에는 교각 사이를 길게 설계할 수밖에 없다. 또한 선박이 점차 대형화되면서 안전하게 교량 밑을 통과하기 위해서는 교각 간의 거리가 최소 1,000 m는 초과되어야 한다. 이러한 조건을 만족시키기 위해서는 현수교나 사장교와 같은 장대교량 방식이 주로 채택되기 마련이다. 교각 간의 거리가 긴 현수교나 사장교와 같은 장대교량인 경우에는 바람에 의한 풍하중이 매우 중요한 설계변수가 된다. 그 이유는 일반 교량에 비해서 장대교량은 상대적으로 유연하고 낮은 감쇠 특성을 갖기 때문이다.

현수교는 스팬이 매우 긴 장대한 교량에 가장 적합한 교량 구조물로서, 인장력이 강한 케이블(cable, 강선)을 주요 구조요소로 사용한다. 이 케이블의 양쪽 끝단을 견고한 앵커리지(anchorage)로 고정시키고, 중간에 휘어짐(sag) 현상을 적절하게 조절하기 위한 주탑을 설치하게 된다. 이러한 주케이블로부터 행어(hanger)를 설치하고, 행어 하단에 보강형을 연결하여 차량하중 등을 지지하는 교량구조이다. 현재의 교량방식 중에서 현수교는 경간(교각과 교각 사이의 거리)을 최대한 확보할 수 있는 이점이 있다. 케이블의 결합방식에 따라 타정식(earth-anchored) 및 자정식(self-anchored) 현수교로 분류된다. 국내 최초의 현수교인 남해대교와 이순신대교가 타정식 현수교이며, 영종대교가 자정식 현수교이다.

한편, 사장교(cable stayed bridge)는 현수교와 비슷하지만, 주탑과 상판을 케이블로 직접 연결한 방식으로, 경사 케이블의 인장력을 조절하여 교량 각 구조부재의 단면력을 최대한 균등하게 분포시킨 교량이다. 따라서 일반적인 거더 교량에 비해서 교량 단면을 줄일 수 있으며, 장대한 교량으로 시공할 수 있다. 국내에서는 인천대교, 서해대교, 올림픽대교와 진도대교 등이 대표적인 사장교라 할 수 있다.

이와 같은 현수교와 사장교는 상판이 교각 위에 고정된 것이 아니라, 두 개의 기둥이나 주탑 등에 연결된 케이블에 의해서 공중에 매달린 구조이므로 바람의 영향을 쉽게 받을 수 있다. 특히 이순신대교나 영종대교는 내륙에 위치한 일반 교량과는 달리, 바람이 거센 바다 위에 높게 건설되어 있기 때문에 바람의 영향이 커질 수밖에 없다. 일반적으로 바다는 육지에 비해서 풍속이 20% 정도 빠른 편이며, 해수면에서 대략 20층 높이에 건설된 교량에서는 해수면의 풍속보다 약 50% 이상 빠른 바람이 불 수 있기 때문이다.

풍하중에 의해 교량에서 발생되는 진동현상은 플러터(flutter), 난류에 의한 버피팅

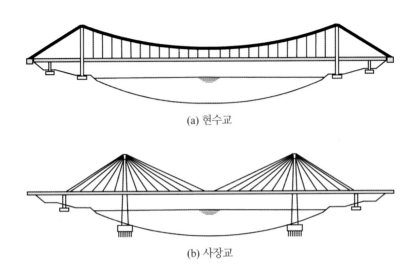

(a) 현수교

(b) 사장교

그림 17.9 현수교와 사장교 개념도

(buffeting), 와류진동(vortex shedding) 등이 있다. 1940년 7월 1일에 미국 시애틀 근교의 타코마 해협에 완공된 타코마 교량은 미국의 금문교(Golden Gate Bridge)와 조지 워싱턴교 다음으로 그 당시 세계 세 번째 규모의 현수교였다. 하지만 개통 4개월 만인 11월 7일 풍속 19 m/sec에 불과한 바람에 의해서 한 시간 가량 심하게 비틀림 진동을 하다가 파괴되었다. 교량파괴의 주 원인은 교량 구조체의 강성이 현저히 낮았고, 더불어 교량의 단면형상도 공기 역학적으로 매우 불안정하였기 때문이었다. 따라서 풍속 증가에 따라 비틀림 현상이 점점 심화되었고, 후류의 와류 발생으로 인한 자려진동(self-excited vibration)이 심각하게 발생하였던 것이다.

여기서 자려진동이란 물체에 작용하는 외력 자체는 특별한 가진 진동수를 갖고 있지 않더라도 진동체(여기서는 교량이라 할 수 있다)에서 스스로 진동현상이 유발되는 현상을 의미한다. 우리들의 생활 속에서 현수막이 바람에 의해서 상하방향으로 크게 흔들리는 경우를 자주 목격하게 된다. 이때 바람에는 특별한 진동성분이 포함되어 있지 않으나, 현수막의 공기유동 현상에 의해 스스로 상하방향의 진동현상이 발생하게 되는 것이다. 이와 같은 현수막의 진동 현상이 자려진동의 개념을 쉽게 이해할 수 있는 대표적인 사례라 할 수 있다.

그림 17.10은 국내의 기본 풍속분포를 나타낸 것이다. 60여 년 전에 미국의 타코마 교량을 파괴시킨 19 m/sec의 속도에 해당하는 풍속은 국내 전 지역에서 얼마든지 발생할 수 있다는 사실을 쉽게 파악할 수 있다. 실제로 국내 최초의 현수교로 건설된 남해대교(길이 660 m)도 1995년 태풍 페이로 인하여 주케이블이 일부 손상을 입었던 점도 많은 것을 시사한다.

풍하중에 의해서 발생할 수 있는 교량의 제반 진동현상에 대처하기 위해서는 설계단계부터 풍동(wind tunnel)시험 및 제진장치를 고려하는 절차를 거쳐야 한다. 풍하중에 의해 발생할

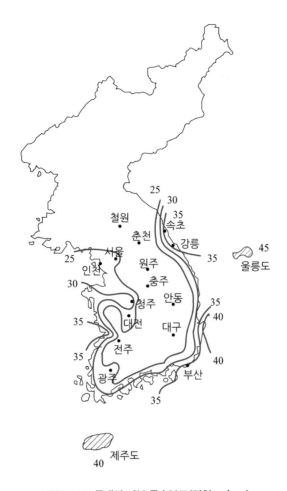

그림 17.10 **국내의 기본 풍속분포**(단위 m/sec)

수 있는 교량의 제반 진동현상을 간략히 설명하고, 이를 억제시키는 방법을 크게 공기역학적인 저감대책과 기계적인 저감대책으로 구분하여 알아본다.

(1) 풍하중에 의한 교량의 제반 진동현상

- 비틀림 진동의 발산(torsional divergence) 현상: 바람의 속도(풍속)가 증가할수록 교량의 단면에서 비틀림 현상이 계속적으로 증가되어 결국은 파괴에 이를 수 있다.
- 플러터(flutter) 현상: 공기역학적인 불안정으로 인하여 풍속이 특정한 속도에 이르게 되면 구조물(교량이나 비행기 날개 등)이 심하게 진동하는 현상을 뜻한다.
- 와류진동(vortex shedding) 현상: 바람이 이동하는 과정에서 구조물이나 돌출물 등에 부딪쳐서 구조물의 후면에 난류현상을 일으키면서 구조물의 진동현상을 유발시키게 된다. 초고층 건축물에 작용하는 풍하중도 이에 속한다.

- 버피팅(buffeting) 현상: 자연풍의 난류와 건축 구조물에서 발생하는 난류로 인하여 건축물에서 발생되는 진동현상을 총칭한다. 버피팅은 바람 방향과 같은 병진운동, 바람에 직각 방향인 병진진동, 비틀림 진동으로 구분된다. 여기서, 편심이 큰 건축 구조물인 경우에는 서로 연성(coupled)된 진동 양상을 보이게 된다.
- 갤러핑(galloping) 현상: 바람의 방향과 직각인 방향으로 구조물이 진동하는 현상을 뜻한다. 일종의 공력 불안정에 의한 진동현상을 말하며, 원래는 빙설(氷雪)이 부착된 송전선이 강한 바람에 의해서 상하로 크게 흔들려서 발생하는 진동현상을 뜻한다. 소위 도약(jump)현상을 의미하지만, 건축 구조물에서는 굽힘 진동형의 자려진동도 갤러핑이라 한다.

(2) 공기역학적인 저감대책

교량의 공기역학적인 진동 저감대책이란 교량의 단면 주위로 흐르는 기류의 형태를 인위적으로 변화시켜서 풍하중에 의한 교량의 진동현상을 완화시키는 개념을 의미한다. 일반적으로 교량의 형상은 사각모양의 단면을 갖기 마련인데, 이러한 단면은 기류의 흐름과정에서 박리현상이 발생하여 공기유동에 의한 진동현상을 쉽게 유발시킬 수 있다. 따라서 그림 17.11과 같이 교량의 단면 형상을 개선시켜서 기류의 박리현상을 억제시키고, 표면압력의 차이를 완화시켜서 진동 발생을 저감시키는 것이 필요하다.

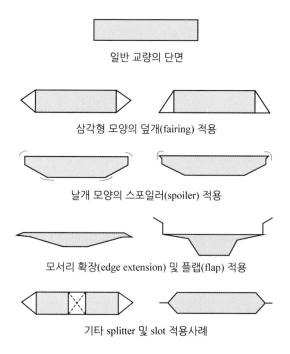

일반 교량의 단면

삼각형 모양의 덮개(fairing) 적용

날개 모양의 스포일러(spoiler) 적용

모서리 확장(edge extension) 및 플랩(flap) 적용

기타 splitter 및 slot 적용사례

그림 17.11 교량의 바람하중 저감을 위한 단면 형상 사례

이러한 공기역학적인 저감대책은 비교적 저렴한 비용으로도 양호한 진동저감효과를 볼 수 있으며, 유지관리비도 거의 소요되지 않는 장점이 있다. 국내에 시공된 교량 중에서도 진도대교에 베인(vane)을 주형 단부에 부착하여 와류에 의한 진동을 감소시키고, 영종대교에도 삼각형 형상의 덮개(fairing)를 추가하여 풍하중을 저감시킨 사례가 있다. 최근에는 교량의 길이 방향으로 비행기 날개 모양의 플랩(flap)을 적용시켜서 교량 주위의 기류 흐름을 제어하는 연구도 활발히 진행되고 있다. 이순신대교에서도 풍하중에 의한 진동현상을 감소시키기 위해서 그림 17.12와 같이 바람의 유동통로를 고려하여 시공되었다.

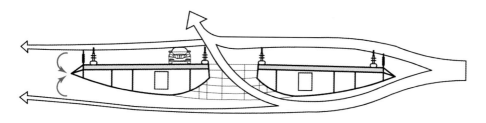

그림 17.12 이순신대교의 풍하중 저감을 위한 바람 통로 개념도

(3) 기계적인 저감대책

교량의 단면 형상을 개선시키기가 불가능하거나, 공기역학적인 저감대책이 교량의 진동제어에 있어서도 충분한 효과를 발휘하지 못할 경우에는 기계적인 감쇠장치를 추가로 적용시키기도 한다. 통상적으로 질량형 감쇠장치인 동조질량 감쇠기(TMD, tuned mass damper), 동조액체 감쇠기(TLD, tuned liquid damper) 및 혼합질량 감쇠기(hybrid mass damper), 슬라이딩 블록(sliding block) 등이 채택된다. 교량진동의 기계적인 저감대책으로 사용되는 각종 감쇠기는 진동저감효과가 비교적 확실한 반면에, 설치공간의 확보, 유지관리 등의 문제점이 단점이라 할 수 있다.

또한 사장교나 현수교와 같이 강선(cable)에 의해서 지지되는 교량에서는 강선 자체에서도 진동문제가 발생할 수 있으며, 이러한 진동현상은 강선 체결 부위의 피로하중이 누적되어 결국은 손상이나 파손을 유발시킬 수 있다. 이를 방지하기 위해서는 강선의 간격을 조절하거나, 그림 17.13과 같이 유체 감쇠기(oil damper) 등을 채택할 수 있으며, 최근에는 강선의 장력을 능동적으로 제어하는 방법도 고려되고 있다.

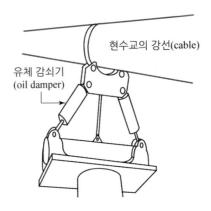

그림 17.13 현수교의 강선 진동제어용 유체 감쇠기 개념도

17.2.3 차량/사람하중에 대한 저감대책

교량의 사용과정에서 사람의 하중과 차량의 주행, 제동과정 및 노면의 굴곡 등에 의해서 교량에 하중이 전달되어 진동현상이 발생할 수 있다. 교통량에 의해서 교량에 전달되는 반복하중은 교량에 상당한 피로를 누적시키기 때문에, 교량의 안전과 사용연한에 심각한 문제를 발생시킬 수 있다. 1994년 국내 성수대교의 붕괴현상은 지진이나 바람하중에 의한 것이 아닌, 과도한 교통량에 의한 반복하중에 의한 것임을 쉽게 상기할 수 있을 것이다. 기존 교량에 가해지는 피로하중을 저감시키기 위해서는 교량의 수직하중에 대한 진동현상을 억제시키는 것이 필요하다. 주로 점성유체 감쇠기(viscous fluid damper), 그림 17.14와 같은 점탄성 감쇠

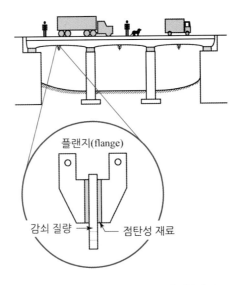

그림 17.14 교량의 점탄성 감쇠기 적용개념

기(visco-elastic damper) 등이 대책방안으로 채택되며, 최적의 감쇠기 선정 및 위치선택이 중요한 인자가 된다. 최근에는 반능동형 감쇠기(semi-active damper)가 시험 장착되고 있다.

17.3 교량의 진동제어기술

교량에서 발생하는 진동현상을 억제하기 위해서는 지진이나 바람, 차량의 운행과정에서 발생하는 각종 하중에 대한 고려가 우선적이다. 따라서 교량이 건설될 지역의 특성을 파악하여 교량 자체의 고유 진동수를 조절하여 외부 작용하중(동하중)에 의해서 공진현상이 일어나지 않도록 설계하는 것이 무엇보다도 중요하다. 교량에서 발생되는 진동현상을 해결하기 위해 교량의 강성을 증대시키는 방법은 많은 비용과 전면적인 수정 및 시공을 필요로 하기 때문에, 효율적인 진동제어효과를 얻기 어렵다고 알려져 있다. 이에 따라 경제성을 유지하면서 동시에 교량의 안정성과 사용능력을 증대시키기 위해서 채택되는 다양한 제어기술을 소개한다.

17.3.1 수동제어

교량의 진동제어를 수행함에 있어서 외부로부터 별도의 에너지 공급이 필요 없는 제어시스템으로, 낮은 진동수의 진동제어 및 안정성 확보를 위해서 많이 사용된다. 유지보수가 거의 필요 없으며, 외관의 변화가 없고 비교적 저렴하다는 측면에서 유리하나, 제어할 수 있는 진동수 영역이 매우 제한적이라는 단점이 있다. 그림 17.15의 동조질량 감쇠기(TMD) 및 동조액체 감쇠기(TLD) 등이 대표적인 수동제어 시스템이다.

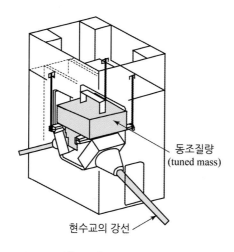

동조질량
(tuned mass)

현수교의 강선

그림 17.15 현수교의 동조질량 감쇠기의 적용개념

17.3.2 능동제어

외부에서 별도의 에너지를 공급받아서 교량의 진동제어를 수행하는 시스템으로, 구조물(교량)의 상태를 감지하는 센서, 제어력을 산출하는 제어기(controller), 제어력을 발휘하는 작동기(actuator) 등으로 구성된다. 구조물의 움직임(진동현상)을 감지하여 이를 제어기에서 연산하여 적절한 신호를 작동기로 보내서 능동적인 진동제어를 수행하며, 저감효과를 센서로 확인하는 피드백 구조를 갖고 있다.

수동제어에서는 감쇠장치의 특성이 고정되어 있으므로, 예측할 수 없는 여러 하중에 대한 진동저감 효과와 안정성 확보에 뚜렷한 한계가 존재한다. 능동제어는 이러한 수동제어의 단점을 극복하여 안정성 및 진동저감효과를 동시에 확보할 수 있는 장점이 있다. 그림 17.16은 교량의 능동제어개념을 보여준다.

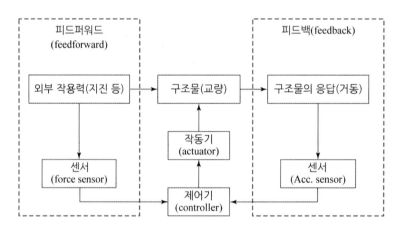

그림 17.16 **교량의 능동제어개념**

17.3.3 반능동제어

반능동제어는 감쇠장치의 강성이나 감쇠 특성을 구조물의 진동 특성에 따라 변화시키는 개념으로, 외부에서 공급되는 에너지는 감쇠장치의 특성 변화에만 제한적으로 사용되기 마련이다. 소규모 축전지 정도의 작은 동력으로도 작동할 수 있기 때문에, 지진과 같은 극단적인 경우(전원공급이 차단된 상태)에도 사용이 가능하다는 장점이 있다. 현재 연구되고 있는 시스템으로는 가변 오리피스 감쇠기(variable orifice damper), 가변 마찰 감쇠기(variable friction damper) 등이 있다.

17.3.4 복합제어

수동제어와 능동제어를 혼합한 제어시스템으로, 외부에서 작용하는 하중의 특성에 따라 제어하는 영역을 분담시키는 구조를 가진다. 예를 들어 강한 지진이 발생하였을 경우에는 능동제어장치에서 부족한 제어력을 수동제어장치가 분담하는 개념이다. 대표적인 사례로는 혼합질량 감쇠기(hybrid mass damper)가 있다.

18 발파에 의한 소음진동

근래에는 공동주택의 재개발과 지하철 공사를 비롯한 각종 건설작업이 도심지의 주거 밀집지역에서 행해지는 경우가 많아지고 있다. 또한 고속철도나 신설도로의 건설과정에서 터널공사가 큰 비중을 차지하고 있다. 특히, 도심지에 새로운 일반도로를 신설하는 것보다는 산을 뚫어서 터널과 연결되는 도로를 건설하는 방법이 훨씬 더 경제적이라 볼 수 있다. 이러한 공사과정에서는 발파에 의한 작업이 수시로 진행될 수밖에 없다.

발파는 폭약이 암반 내에 천공한 장약공에 밀폐된 상태에서 폭발하면서 행해진다. 기폭장치의 작동에 의해서 수 마이크로초의 짧은 시간 안에 수십만 기압의 강력한 폭발압력이 발생하여 암반을 파쇄시키고, 연소된 화약에 의한 가스압력이 뒤따라 발생하면서 암석을 이동시키는 역할을 하게 된다. 국내에서도 노후한 건물의 해체작업에서 기존 철거방법이 아닌 발파(폭파)공법을 채택하는 사례가 늘어나고 있다. 그림 18.1은 새로운 건물을 짓기 위해서 기존 구조물을 폭파공법으로 해체하는 모습이다. 이와 같은 발파에 의한 공사 및 해체작업은 인근지역의 주민들에게 심리적 · 경제적으로 많은 재해를 줄 우려가 있다. 여기서는 발파에 따른 소음과 진동현상을 중심으로 설명한다.

그림 18.1 발파(폭파)공법에 의한 건물해체 사례(좌측 사진부터)

18.1 발파소음

발파소음은 발파에 의한 소음뿐만 아니라, 발파작업 전후에 실시되는 천공작업, 파쇄작업 및 운반작업에서 발생하는 소음까지 포함한다. 여기서는 직접적인 발파에 의한 소음만을 설명한다. 발파소음은 건설현장의 암반 발파과정에서 발생하는 소음으로, 발파풍 또는 발파풍압에 의해서 유발된다. 여기서 발파풍(發破風, air blast)은 발파에 의해서 생성되는 공기의 압력파 [단위는 psi(pound square inch) 또는 dB을 사용]를 뜻하며, 발파풍의 전달은 풍향과 기온 등의 날씨 영향에 민감하게 작용하는 특성이 있다. 발파소음은 다음과 같이 기압파, 반압파 및 누출 가스파 등에 의해서 발생한다.

(1) 기압파(APP, air pressure pulse)

화약 발파 시 발생하는 고압가스가 암반 전체를 순간적으로 밀어 올리면서 발생하는 소음으로, 각각의 발파공에서 생성된다. 지반충격음 또는 발파면음이라고도 한다.

(2) 반압파(RPP, rock pressure pulse)

발파 지점으로부터 전달된 지반진동에 의해 발생되는 소음으로, 지반의 수직방향 진동현상에 의해서 생성된다.

(3) 누출 가스파(GRP, gas release pressure)

파쇄된 암반의 균열을 통해서 폭발가스가 대기로 누출되면서 발생되는 소음이며, 발파가스음이라고도 한다.

이러한 발파소음을 수음자에게까지 전달하는 매개체를 기준으로 분류하면 그림 18.2와 같다.

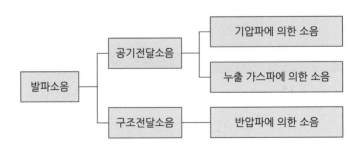

그림 18.2 **발파소음의 전달과정**

일반적인 발파과정에서 주로 문제되는 발파풍은 저주파수 성분이 많은 기압파라 할 수 있다. 발파소음의 주파수 범위는 0.1 ~ 200 Hz 영역이며, 가청 주파수 영역이 아닌 20 Hz 이하의 저주파수 영역은 사람이 들을 수는 없지만 발파 장소로부터 먼 곳까지 에너지 손실 없이 전파되어 가옥과 건축 구조물을 진동시켜서 2차 소음을 발생시킬 수도 있다.

발파소음의 대표적인 피해는 유리창의 파손이라 할 수 있으나, 이때에는 140 ~ 160 dB(A)의 소음레벨과 0.01 ~ 0.02 kg/cm^{2}의 음압에 해당되므로, 인체의 고막에도 심각한 손상을 주는 정도라고 할 수 있다. 그림 18.3은 음압레벨에 따른 인체 및 구조물의 영향을 보여준다.

그림 18.3 음압레벨에 따른 인체 및 구조물의 영향

발파소음은 우리들이 생각하는 것과는 달리, 건축 구조물에는 거의 피해를 미치지 않는다. 그 이유는 주택이나 건축 구조물에 영향을 주는 인자는 우리 귀에 들리지 않는 20 Hz 이하의 저주파수 영역의 진동현상이기 때문이다. 따라서 발파소음에 따른 가장 큰 불만사항은 발파현장 인근에 거주하는 수음자의 심리 상태와 직접적으로 연관된다고 볼 수 있다. 특히 터널공사에서 발생하는 발파소음은 터널 구조의 형태로 인하여 내부에서 거의 에너지 손실 없이 터널 입구로 분출되는 특성과 지향성을 갖는다.

18.2 발파진동

발파진동(blast vibration)은 암반 발파 시 지반을 통해서 전달되는 진동현상을 뜻하며, 지진의 경우와 마찬가지로 P파, S파, 레일리파의 형태로 전달된다. 발파진동은 발파원이 지표면이라 할 수 있으므로, 각각의 파가 거의 동시에 도달되며 지진의 경우보다는 비교적 높은 진동수 특성을 갖기 때문에 감쇠가 지진보다는 쉽게 일어날 수 있다. 하지만 발파에 의한 진동전달현상으로 말미암아 구조물의 피해, 인체의 전신진동 및 가축의 피해를 유발할 수 있다. 발파진동의 기준으로는 주로 진동현상의 전달속도(진동속도)에 기초하여 구분하고 있다. 표 18.1은 국내 지하철 건설현장에 적용되었던 허용진동속도를 보여준다.

표 18.1 발파진동의 허용진동속도

건축물의 구분	허용진동속도
유적 및 문화재가 위치한 지역	0.2 cm/sec
결함이 있는 건물이나 주택이 위치한 지역	0.5 cm/sec
결함이 없는 건물이나 주택이 위치한 지역	1.0 cm/sec

18.2.1 발파진동에 의한 구조물의 영향

발파진동에 의한 구조물의 영향(피해)은 다음 네 가지로 구분할 수 있다.

1) 가스압력으로 인한 지반의 영구변형
2) 지반진동으로 인한 구조물 기초의 침하
3) 발파로 인해 비산된 암석들에 의한 충격
4) 지반진동 및 발파풍으로 인한 구조물의 균열

여기서 1), 2)항은 발파지점에서 매우 근접한 경우에만 발생하며, 3)항은 발파용 매트를 사용하여 예방할 수 있다. 가장 민감한 문제는 4)항인 구조물의 균열에 대한 항목이므로,

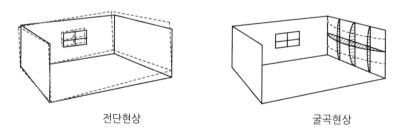

전단현상   굴곡현상

그림 18.4 발파로 인한 건축물의 거동 사례

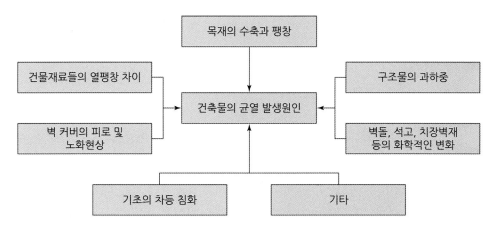

그림 18.5 건축물의 균열 발생원인

이에 대해서 간단히 알아본다.

일반 주택을 포함한 건축물에는 원래부터 자연적인 균열을 가지고 있으며, 이는 그림 18.5와 같이 여러 가지의 원인들에 의해서 발생한다고 볼 수 있다. 즉, 일반 주택이나 건축물들에는 발파 유무와 무관하게 건축물이 완공된 이후 시간이 많이 경과될수록 다양한 원인들로 인하여 자연스럽게 벽에 균열이 발생할 수 있다. 다만, 그곳에 살고 있는 사람들이 이러한 사실을 제대로 인식하지 못하고 있을 따름이다. 또한 이러한 균열은 계절적인 요인으로 인한 팽창과 수축을 반복하면서 진행되며, 즉각적인 건물의 붕괴 등과 같은 위험성을 내포하지는 않는다고 볼 수 있다. 외국의 문헌에서는 아파트와 같은 공동주택에서도 매년 10여 개의 균열이 새롭게 발생하는 것으로 보고되고 있다.

발파로 인한 균열의 영향을 정확히 파악하기 위해서는 반드시 발파 이전에 해당 주택이나 구조물의 균열 상태를 사전조사하고, 발파 후의 조사내용과 비교하여 발파진동의 연관성을 검증해야 한다. 발파로 인하여 발생할 수 있는 일반적인 주택의 피해는 다음과 같은 세 가지 수준으로 구분할 수 있다.

1) 한계피해: 기존의 균열이 진전되거나 새로운 균열이 발생하고, 발파로 인하여 주택 내부 물건의 움직임이 발생할 수 있는 수준을 뜻한다.
2) 경미피해: 발파로 인하여 유리창이 파손되고 석고벽의 이완이나 이탈이 있었지만, 전체적인 구조물의 안전에는 영향을 미치지 않는 수준을 뜻한다.
3) 중요피해: 큰 균열이 새롭게 발생하고 기초나 지지벽의 이동이 감지되며, 주택 상부구조의 뒤틀림이나 붕괴의 위험성이 있는 수준을 뜻한다.

이러한 피해수준 중에서 발파진동의 저감목적은 대부분 한계피해를 방지하기 위함이다.

이러한 수준은 결국 주택의 자연스러운 노화의 결과로 균열이 발생되는 수준 이하를 목표로
한다.

18.2.2 발파진동에 의한 인체의 영향

발파에 따른 진동전달은 건축 구조물의 피해보다는 사람이 훨씬 더 심각하게 반응하기
마련이다. 즉, 인체의 반응은 건축 구조물보다 매우 민감하게 작용하게 되어 진동 전파속도가
0.05 cm/sec 이상일 경우, 거의 대부분의 사람이 진동현상을 인식하게 된다. 진동 전파속도가
0.5 cm/sec에 이르게 될 경우에는 건물이 금방이라도 파괴될 것이라는 공포감에 휩싸이게
되지만, 실제로는 건축 구조물에 미치는 영향은 극히 적은 경우가 대부분이다. 그림 18.6은
발파 진동의 전파속도에 따른 인체 및 건축물의 반응을 보여준다.

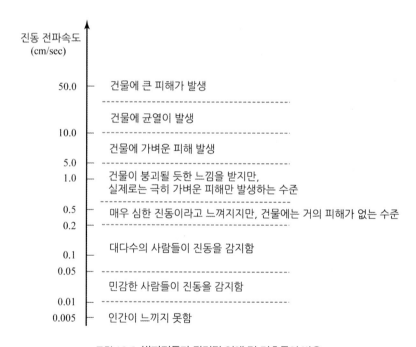

그림 18.6 발파진동과 관련된 인체 및 건축물의 반응

18.3 발파소음 및 진동의 저감

(1) 발파소음의 저감

발파소음은 발파시 사용되는 화약의 양, 기폭방식 및 암면의 절리(節理, joint) 발달상태 등에 따라 큰 영향을 받기 때문에, 발파 관련 수칙을 준수하여 예상치 않은 발파소음의 발생을 최소화시켜야 한다. 물론, 발파폭원과 수음점 간의 거리는 소음저감에 있어서 절대적인 요소이지만, 주택가나 도심지의 재개발 현장에서는 현실적인 대안이 되지 못하는 경우가 대부분이다. 또한 저기압 상태에서는 대기역전이 발생할 수 있어서 발파소음이 지표면에 집중될 수 있으므로 발파를 피해야 하며, 풍향의 영향도 심각하게 고려해야 한다. 여기서, 대기역전이란 공기 상층부에 더욱 따뜻한 공기층이 존재하여 고도에 따른 정상적인 온도 강하가 이루어지지 않는 현상을 의미한다.

발파과정에서 각각의 발파공으로부터 발생되는 발파풍압이 중첩되는 것을 방지하기 위해서 발파의 시간간격을 두는 방안도 강구할 수 있다. 하지만 발파시간은 극히 짧은 시간에 불과하기 때문에, 현실적인 제어방법으로는 차단벽이나 토사 등을 이용한 방음언덕을 설치하는 것 외에는 뾰족한 대안이 없다. 일반적으로 차단벽으로 인하여 대략 15 dB 정도의 소음감소효과가 있으나, 저주파수 성분인 발파소음에서는 큰 효과를 얻기가 힘들다.

(2) 발파진동의 저감

발파진동의 저감방안으로는 발파원 자체를 저감시키는 방법과 전달되는 진동을 감소시키는 방법으로 구분할 수 있다. 먼저, 발파원 자체의 저감방안으로는 장약량의 제한, 점화방법의 분할, 낮은 폭파속도를 갖는 폭약의 사용, 뇌관의 개선 등이 있다.

또한 발파로 인한 진동의 전달경로를 개선시키는 방법으로는 발파 깊이보다 더 깊게 암반을 천공하여 발파암반과 분리시키는 방법을 비롯하여, 비발파 진동제어공법을 채택하여 미진동 파쇄기나 비폭성 파쇄제를 사용해 주변 구조물에 전달되는 진동을 저감시키는 방법 등이 있다. 일반적으로 암석의 압축강도에 비해서 인장강도는 압축강도의 10%에 불과한 특성을 활용하여, 인장방향에 수직한 단면으로는 적은 외부 힘으로도 비교적 쉽게 암석을 파쇄시킬 수가 있다. 따라서 규산염 무기화합물을 주성분으로 하는 팽창성 파쇄제에 의한 공법은 소음과 진동현상을 유발하지 않기 때문에 효과적이라 사료된다.

최근에는 화약에 의한 발파소음 및 진동현상을 회피하기 위해서 핵융합에 사용되는 플라스마(plasma)를 이용해서 건설 공사장의 암반을 깨뜨리는 기술이 사용되고 있다. 플라스마는 음(-)의 전하를 가진 전자와 양(+)의 전하를 가진 이온으로 분리된 기체상태를 뜻한다. 즉, 플라스마는 고체, 액체, 기체에 이어서 제4의 물질형태라고 말할 수 있는 '전기를 지닌 기체'이다. 형광등에 불이 켜졌을 때에도 형광등 내부의 기체는 플라스마 상태가 된다. 암반 속에 삽입시킨 전극 주위에 전기에너지를 순간적으로 흘려보내서 전해액을 방전시킬 때 발생하는 높은 온도와 에너지의 플라스마 충격파로 암반을 깨뜨리게 된다. 플라스마를 이용한 발파작업에서는 소음진동현상이 기존 화약의 경우와 비교해서 약 1/3 수준에 불과(사이렌이 울리는 소음 정도)하며, 발파로 인한 암석 파편의 비산이 전혀 없다는 장점이 있다.

19 풍력발전기

풍력발전기는 무공해 에너지라 할 수 있는 바람의 동력을 이용하여 전력을 생성하는 장치이며, 화석연료나 원자력을 이용하는 발전기에 비해서 경제성이 가장 높다고 볼 수 있다. 국내에서도 2015년을 기준으로 420기 이상의 풍력발전기가 설치되어 800 MW(mega watt, 10^6 watt를 의미) 수준의 전력을 발전하고 있으며, 향후 1,500 MW 이상의 발전단지 조성이 예상된다.

풍력발전기는 그림 19.1과 같이 바람에 의해 회전하는 축의 설치상태에 따라 수평축과 수직축 형태로 구분된다. 수직축 형태는 소형 풍력발전기에 적용되고 있지만, 우리가 흔히 보게 되는 풍력발전기는 대부분 3개의 날개를 가진 수평축 형태이며, 고효율과 낮은 설치비용의 이점이 있는 반면에 풍향변화에 의한 민감한 특성을 갖는다. 이러한 풍력발전기는 무공해 에너지 생산이라는 명성과 긍정적인 인식에도 불구하고 예기치 않은 환경문제를 발생할 수 있는데, 그 중에서 가장 지배적인 영향은 바로 소음문제라 할 수 있다. 풍력발전기의 소음진동 현상과 저감대책을 알아본다.

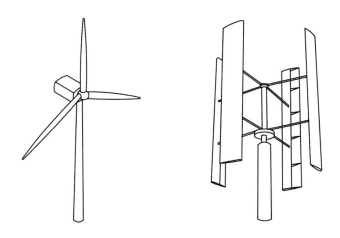

그림 19.1 풍력발전기의 종류 및 설치사례

19.1 풍력발전기의 소음진동

풍력발전기는 도심지에 설치되는 소형발전기를 제외하면 대부분 조용한 산이나 해상과 같은 지역이라 할 수 있다. 풍력발전단지의 선정과정부터 시작하여 부지조성과 공사단계를 포함해서 실제 발전이 이루어지면서 발생하는 적은 소음이라도 큰 불만을 일으킬 수 있다. 더불어서 24시간 연속적으로 가동되므로, 주변 암소음이 낮은 시간에는 상당한 불쾌감과 성가심을 주게 된다. 그리고 한번 설치가 이루어진 이후에는 전기 발전과정에서 예상하지 못한 소음피해가 발생하더라도 위치이동이 불가능하기 때문에 시설입지 선정과정에서부터 소음의 영향을 반드시 고려해야만 한다.

현재 MW급의 풍력발전기는 최대 높이 140 m, 날개길이 170 m까지 개발되고 있는 추세이며, 날개는 직경을 기준으로 표현한다. 그림 19.2는 날개길이를 최대 민간여객기인 A380과 비교한 것이다. 이러한 크기의 풍력발전기는 설치 이후에 주변의 경관을 해치는 문제도 발생하며, 소음뿐만 아니라 그림 19.3과 같이 날개를 비롯한 발전시설물의 그림자(회전날개의 그림자 깜박임) 피해에 대한 민원이 인근 거주민들로부터 야기될 수도 있다.

풍력발전기에서 발생하는 소음과 진동현상은 발전기의 날개(blade)와 바람 간의 접촉에서 발생하는 소음(공력소음)과 전기발전부품에서 유발되는 기계적인 진동현상 및 높은 주파수 영역의 소음을 의미한다. 이 중에서 날개의 회전과정에서 발생하는 공력소음이 가장 지배적이며, 날개가 회전하면서 지상에 접근할 때마다 공력소음은 반복적으로 크게 발생한다. 일반적으로 풍력발전기의 회전수는 날개의 직경에 따라 차이가 나는데, 회전수가 높을수록 소음 또한 크게 발생한다. 따라서 날개 선단속도를 70 ~ 80 m/sec 이내로 설계하는 추세이므로, 날개가 대형화될수록 회전수는 낮아지기 마련이다.

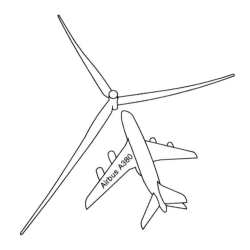

그림 19.2 풍력발전기의 날개 비교

그림 19.3 풍력발전기의 소음발생 및 그림자 피해

풍력발전기의 발전과정에서 유발되는 소음은 그림 19.4와 같이 100 m 떨어진 곳에서는 60 dB(A) 이하의 수준이며, 발전기로부터 500 m 이상 떨어진 거리에서는 40 dB(A) 이하로 감소하기 때문에 일상적인 생활에서는 큰 지장을 주지 않는 것으로 볼 수 있다. 하지만 소음레벨보다는 저주파수 영역의 소음이 특히 문제될 수 있다. 그 이유는 풍력발전기 날개의 회전수가 30 RPM 이하로 낮아질 경우에는 날개가 회전하면서 발생하는 주파수(BPF, blade passing

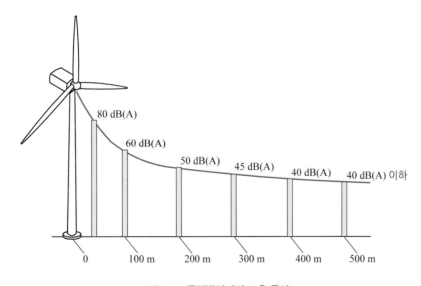

그림 19.4 풍력발전기의 소음 특성

frequency) 또한 매우 낮게 형성된다. 이러한 저주파수 소음은 인간의 가청 주파수 영역을 벗어나므로 직접적으로 들리지는 않지만 지속적으로 노출될 경우에는 인체에 피해를 끼치게 되며, 특히 심야시간의 수면에 큰 피해를 줄 수 있다. 더불어서 풍력발전기가 설치된 국내의 산간지역에는 낮은 고유 진동수를 갖는 목조주택이 많기 때문에, 저주파수 소음이 건물이나 창문, 가구 등의 공진을 발생시키는 경우도 있다.

19.2 풍력발전기의 소음진동 저감대책

풍력발전기에서 유발되는 소음은 날개의 회전속도에 직접적으로 연관되므로, 설정된 소음 수준을 초과할 경우에는 발전을 일시 정지하거나, 날개의 회전속도를 제한하는 방안을 강구할 수 있다. 풍력발전기의 설계 및 제작과정에서도 저소음 날개의 연구개발이 우선되는 이유도 소음과 연관된 발전효율을 높이기 위함이다. 즉, 풍력발전기의 회전수를 높일수록 발전효율이 증대되며, 이는 발전기 전체의 중량을 감소시키는 이점이 있기 때문이다. 하지만 날개의 회전수에 비례해서 증대되는 소음문제가 가장 큰 장벽이라 할 수 있다. 결국 날개의 회전속도를 낮추는 방법이 가장 손쉬운 소음 저감방안이라 할 수 있지만, 이는 발전기의 기계적인 부담을 증가시켜서 풍력발전기 전체의 중량 증가와 함께 제작비용의 상승과 유지보수에 어려움을 준다.

풍력발전기의 소음은 날개의 회전축 방향으로 대부분 전파되는 지향성을 갖기 때문에 발전기의 앞과 뒷방향에 거주하는 민가와의 거리를 최대한 이격시키는 것이 우선이라 할 수 있다. 이러한 문제점을 해결하고자 국내에서도 해상에 풍력발전기 설치가 검토되고 있으며, 현재 제주도의 북서부에 설치된 바 있다. 향후 GW(Giga Watt, 10^9 W를 의미)급 이상의 대단위 해상 풍력단지 조성이 추진되고 있지만, 풍력발전기에서 발생하는 저주파 소음이 해양동물에 영향을 끼치는 문제점이 새롭게 부각되기도 한다.

풍력발전기를 설치하는 지방자지단체의 입장에서는 친환경적인 정책의 가시적인 성과이자 번영의 상징으로 만족할 수 있으나, 인근 지역의 거주민들은 자신의 영역을 침범하는 무례한 침입자로 인식할 수도 있다.

소음진동의 응용사례

20장 초음파

21장 수중음향

PART VI

Living in the Noise and Vibration

우리의 생활 속에는 인체가 감지할 수 없거나 인식하지 못하는 여러 종류의 소음진동현상이 존재하기 마련이다. 실제로 우리들이 직접 듣거나 느낄 수 있는 항목은 아니지만, 이 분야의 응용사례는 다양하게 개발되었다. 여기서는 초음파와 수중음향을 알아본다.

20 초음파

초음파(ultrasound 또는 ultrasonic)는 인간의 가청 영역(20 ~ 20,000 Hz)을 넘는 주파수가 높은 음파를 말한다. 여기서 음파(sound wave)는 공기나 물 또는 고체 등의 내부를 통해서 전파되는 소리의 파동을 뜻한다. 초음파는 전기나 빛과 같이 파동에너지를 갖지만, 상대적으로 전파속도가 느리고 매질의 밀도(엄밀한 의미로는 음향 임피던스)가 차이 나는 곳에서는 쉽게 반사되거나 산란되는 특성이 있다. 특히, 초음파가 특정한 매질을 통과할 때에는 감쇠되거나 위상의 변화, 시간의 차이가 발생하는 특성을 나타내므로, 이러한 초음파의 제반 특성을 활용한 각종 계측장비와 산업장비들이 다양하게 이용되고 있다.

초음파의 대표적인 응용분야로는 초음파 진단기, 초음파를 이용한 수위계, 유량계, 농도계, 점도계 및 수중청음기(SONAR) 등이 있다. 여기서는 초음파의 기초적인 작동원리와 각종 응용장비들을 알아본다.

20.1 초음파의 기초적인 작동원리

초음파를 활용한 여러 가지 기술은 크게 초음파의 전파신호를 이용하는 방법과 초음파의 전달에너지를 이용하는 방법으로 분류된다.

먼저, 초음파의 전파신호를 이용하는 방법으로는 초음파의 전파속도가 매질의 밀도와 입자속도에 따라 일정한 값을 갖게 되며, 전파과정에서 매질이 틀린(상이한) 물체나 경계면에서는 반사되는 원리를 계측용 신호로 이용하게 된다. 대표적인 초음파 전파신호의 응용사례는 비파괴 검사장비, 의료용 진단기 및 초음파 센서를 이용한 각종 측정기들이다.

둘째로, 초음파의 전달에너지를 이용하는 방법으로는 초음파에 의한 높은 주파수의 음압을 이용하여 매질(주로 액체인 경우가 대부분이다) 내부에서 공동(cavitation)현상을 발생시키거나 진동 가속도를 유발시켜서 목적한 일을 수행하는 것을 뜻한다. 대표적인 초음파 전달에너

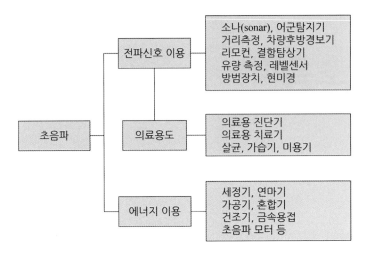

그림 20.1 초음파의 이용 사례

지의 응용사례로는 초음파 세정기, 초음파 용접기, 초음파 모터 등이 있다. 그림 20.1은 이러한 초음파의 이용 사례를 보여준다.

20.2 의료용 초음파

소리를 이용한 의료기술은 우리들이 막연하게 생각하고 있는 것보다 매우 광범위하게 사용되고 있다. 먼저, 의사가 혈압을 측정하거나 환자를 진찰할 때 필수적으로 사용하는 청진기는 신체의 심장이나 폐, 내장 등의 기능과정에서 발생되는 소리를 파악하여 환자의 건강상태를 진단하는 데 매우 유용하게 사용되고 있다. 또한 보청기 및 인공와우(전정기관의 달팽이관 내부에 전극을 넣어서 음성분석을 도와주는 장치) 등은 생체공학에서 응용된 제품이라 할 수 있으며, 정신질환의 치료를 위해서 음악이나 심리 음향학을 적용시키기도 한다.

그러나 소리의 의학적인 응용분야 중에서 가장 적극적으로 활용되는 분야는 바로 초음파 영역이라 할 수 있다. 임산부라면 거의 예외 없이 초음파 진단기에 의한 태아의 모습을 확인하게 되며, 전립선 비대증 치료나 결석 치료에 있어서도 초음파를 이용한 치료방법이 일반적이기 때문이다.

초음파가 의학분야에 이용되기 시작한 것은 1940년대로, 두부(頭部)에서의 뇌초음파(echo-encephalography)에 이용하였고 1950년대에는 심장 초음파(echocardiography)의 사용이 시작되었다. 그 후 접촉 스캔(contact scan)과 B-mode 스캔이 실용화되면서 급속한 발전을 이루었다.

의료용으로 초음파 사용이 늘어나고 있는 이유는, 먼저 초음파를 이용한 진단장비에서는 다른 방식보다도 인체에 무해하고, 수술이나 채취 등의 방법을 사용하지 않는 비침습(非侵襲, noninvasive)적이며, 실시간으로 인체 내부 장기의 질환 여부를 쉽게 확인할 수 있기 때문이다. 또한 초음파를 이용한 치료장비도 대부분 마취가 필요하지 않으며, 외과적인 수술보다 상처(절개, 切開) 부위가 적기 때문에 치료효과가 우수하고 회복기간이 짧다는 장점이 있다.

초음파를 이용한 진단 및 치료장비들은 특히 기력이 약해서 수술받기가 힘든 고령의 환자에게는 간편한 진단과 치료가 가능하다는 탁월한 성능을 갖기 때문에, 우리들의 생활에 큰 혜택을 준다고 볼 수 있다.

20.2.1 초음파를 이용한 진단장비

진단장비에서 초음파를 발생시키는 원리는 트랜스듀서(transducer) 내에 존재하는 압전 결정체(piezo-electric crystal)의 특성에 따른다. 압전 결정체는 전기적인 에너지를 기계적인 에너지로 변환시킬 수 있으며, 반대로 기계적인 에너지를 전기적인 에너지로 변환시킬 수도 있다. 초음파도 일종의 기계적인 에너지이기 때문에, 전기적인 에너지를 기계적으로 변환하여 발생시키게 된다. 일반적으로 진동 측정용 센서로 많이 사용되는 가속도계(accelerometer)는 기계적인 에너지를 전기적인 에너지로 변환시키는 원리를 사용한 것이다.

진단을 위해서 사용되는 초음파는 생체조직에 입사되면서 인체 내부로 전파되는 과정 중에 각각의 신체조직에서 산란되거나 조직의 경계면에서 반사되는 물리적인 현상을 이용하게 된다. 인체의 연조직 내부에서는 대략 1,540 m/sec의 음속을 가지게 되는데, 세부적인 인체 내부에서의 음속은 표 20.1과 같다.

초음파의 산란현상은 조직 내부의 국부적인 음향 임피던스 차이로 인하여 나타나며, 반사현상은 음향 임피던스가 서로 상이한 경계면에서 발생하게 된다. 이러한 초음파의 산란과 반사현상을 이용하여 초음파 영상을 얻게 되며, 가장 많이 사용되는 방식은 펄스 에코(pulse-echo) 방식의 B-mode이다.

표 20.1 인체 조직 내에서의 음속비교(m/sec)

조직	음속	조직	음속
공기	340	신장	1,561
지방	1,450	비장	1,566
물	1,495	피	1,570
연조직	1,540	근육	1,585
뇌	1,541	눈	1,620
간	1,549	뼈	4,080

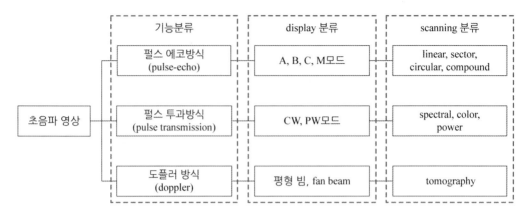

그림 20.2 진단용 초음파의 기능별 분류

　　일반적으로 복부진단용 초음파는 3.5 ~ 5 MHz의 주파수 영역을 사용하며, 표재성(表在性)
질환의 장기(갑상선, 유방, 고환 등)에서는 5 ~ 10 MHz의 주파수 특성을 갖는 초음파가 사용
된다. 초음파는 인체의 복부장기(abdominal organ)와 연부조직(soft tissue)에서는 잘 전달되
지만, 위장계통(gastrointestinal system)과 같이 공기로 가득 차 있는 기관이나 밀도가 높은
뼈(bone)에서는 잘 전달되지 않는 특성을 갖는다.

　　초음파 영상을 얻기 위한 방법으로 펄스 에코, 펄스 투과(pulse transmission), 도플러
(doppler) 방식 등이 있으며 각각의 방식에 따른 영상처리기법이 다양하게 존재하지만, 여기서
는 전문적인 내용이므로 설명을 생략한다. 그림 20.2는 진단용 초음파를 기능별로 분류한
것이다.

　　펄스 에코방식은 A, B, C, M모드로 분류되며, 주사(scanning)방식에 따라 선형(linear),
섹터형(sector), 원형(circular), 복합형(compound) 방식 등으로 나누어진다. 그림 20.3은 이러
한 초음파 주사방식의 예를 보여준다.

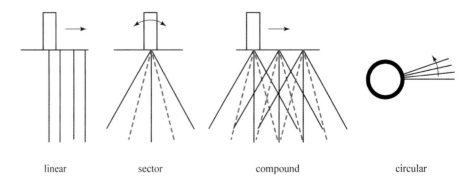

그림 20.3 진단용 초음파의 주사방식 사례

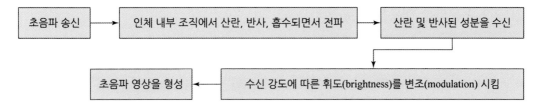

그림 20.4 초음파 진단장비의 신호 처리과정

초음파 진단장비의 신호처리는 그림 20.4와 같은 순서에 의하여 초음파 송신에 따른 인체 내부조직에서의 변화현상을 수신하여 영상으로 보여주게 된다.

그림 20.5와 같이 초음파를 이용하여 태아검사를 할 때 임산부의 복부에 젤리를 바르는 것을 많이 보았을 것이다. 젤리를 바르는 이유는 초음파가 공기와 인체조직이 인접한 부위에서는 반사되기가 쉽기 때문에, 진단 스캐너와 복부 사이에 젤리를 발라서 피부 표면에서의 반사를 최소화시키기 위함이다.

초음파를 이용한 진단장비의 장점은 어떠한 진단방법보다도 안전하고, 정보를 얻는 과정에서 혈액채취나 외과적인 수술방법 등을 통하지 않으며, 즉석에서 질환 여부를 확인할 수 있는 실시간 영상을 제공한다는 점이다. 최근에는 펄스 에코방식의 B-mode에서 더욱 발전하여 3차원 실시간 초음파 영상이 실용화되고 있으며, 신체 조직의 생리적인 정보까지 얻을 수 있는 다기능의 영상처리가 가능한 진단장비로 발전하고 있다.

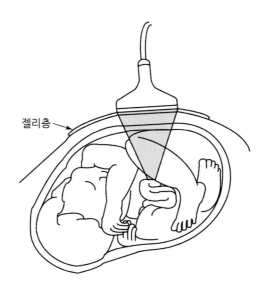

그림 20.5 초음파를 이용한 태아검사 사례

20.2.2 초음파를 이용한 치료장비

신체 내부의 영상을 통하여 환자 상태를 진단하는 차원을 넘어서서 초음파를 이용한 치료장비도 사용범위가 점차 늘어나는 추세이다. 치료장비에 사용되는 초음파는 전달되는 에너지를 이용해서 신체조직의 생리적인 또는 기능적인 상태를 변화시키거나, 악성조직을 파괴하는 데 사용된다.

즉, 초음파에 의한 열 효과 및 역학적인 기능을 이용하여 질병을 치료하는 방법으로, 고강도 집속형 초음파(HIFU, high intensity focused ultrasound)와 체외 충격파 쇄석술(ESWL, extra-corporeal shock wave lithotripsy) 등이 대표적인 사례라고 볼 수 있다.

고강도 집속형 초음파인 HIFU는 환자의 신체 내부에 위치한 종양조직에 높은 강도(약 1,000 W/cm²)의 초음파를 집중시켜서 종양조직을 순간적으로 70~80℃의 온도로 상승시켜서 열괴사시키는 방법이다. 이 방법에 의해 괴사된 조직은 주변의 세포 및 혈관의 대사작용에 의해 흡수되거나 제거되면서 외과적인 수술과 동일한 효과를 얻을 수 있다. 대부분의 경우에는 마취가 필요 없으며, 신체가 허약한 고령의 환자에게 매우 유용한 치료방법으로서 대표적인 노인성 질환인 전립선 비대증 치료에 주로 이용된다.

체외 충격파 쇄석술인 ESWL은 신장결석이나 담낭 내의 담석 제거에 주로 사용된다. 초음파에 의해 충격파를 발생시킨 후, 집속기(ellipsoidal reflector)를 통해서 신체 내부의 결석에 충격파를 집중시켜서 결석을 분쇄하게 된다. 이는 초음파의 역학적인 효과를 이용한 것으로, 충격파의 압력이 결석에 순간적으로 작용한 후, 공동(cavitation)현상에 의해서 결석이 분쇄되는 원리를 이용한 것이다. 그림 20.6은 초음파를 이용한 체외 충격파 쇄석술 개념을 나타낸다. 최근 결석환자의 95%는 이러한 체외 충격파 쇄석술인 ESWL의 치료를 받고 있는 것으로 파악되고 있다. 이러한 치료장비들은 과거 외과적인 수술방식에서 탈피하여 초음파를 이용한 간편하면서도 효과적인 치료방법으로 대체하고 있다는 것을 단적으로 보여주는 사례이다.

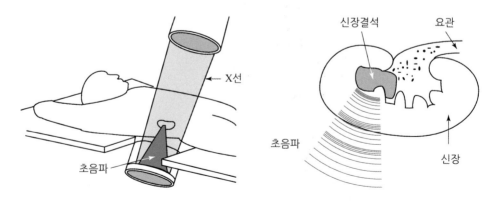

그림 20.6 초음파를 이용한 체외 충격파 쇄석술 개념

20.3 초음파를 이용한 측정장치

음향 임피던스가 상이한 영역이나 경계면에서 반사되거나 산란되는 초음파의 전파 특성을 이용하여 여러 종류의 측정장치들이 활용되고 있다. 여기서는 각종 측정장치의 종류 및 작동원리를 간략하게 소개한다.

20.3.1 초음파 수위계

유류 저장탱크나 생산현장에서 주로 사용되는 초음파 수위계(액면계, ultrasonic level meter)는 초음파가 측정 대상물의 표면에서 반사되어 되돌아오는 시간을 측정하여, 거리나 수위(액면 높이)를 환산하는 측정장비이다. 초음파의 반사 특성을 이용하기 때문에, 초음파 센서가 측정하고자 하는 물체와 직접적으로 접촉하지 않는 비접촉방식이므로 측정 대상물의 농도, 점도, 비중 등의 변화에도 무관하다는 장점이 있다. 또한 기계적인 작동부품이 없기 때문에 마모가 없으며 보수유지도 용이한 이점이 있다. 일반 매질의 음향 임피던스(Z)는 다음과 같이 표현된다.

$$\text{음향 임피던스} = \text{매질의 밀도} \times \text{매질 내의 소리 전파속도}$$
$$(Z, \text{kg/m}^2\text{sec}) \quad (\rho, \text{kg/m}^3) \qquad (C, \text{m/sec})$$

또한 매질의 차이에 의한 음파의 반사계수는 각 매질의 음향 임피던스에 의해 식 (20.1)과 같이 결정된다.

$$\text{반사계수}(\gamma) = \frac{\begin{matrix}\text{입사되는 매질의} \\ \text{음향 임피던스}\end{matrix} - \begin{matrix}\text{진행 중인 매질의} \\ \text{음향 임피던스}\end{matrix}}{\begin{matrix}\text{입사되는 매질의} \\ \text{음향 임피던스}\end{matrix} + \begin{matrix}\text{진행 중인 매질의} \\ \text{음향 임피던스}\end{matrix}} \tag{20.1}$$

공기의 음향 임피던스는 40.8 kg/m²sec, 물은 1.44×10^5 kg/m²sec의 값을 가지므로, 공기 중에서 음파가 물로 입사되는 경우의 반사계수는 식 (20.1)에 의해서 다음과 같이 계산된다.

$$\text{반사계수} = \frac{1.44 \times 10^5 - 40.8}{1.44 \times 10^5 + 40.8} = 0.9994$$

즉, 공기 중에서 물로 입사되는 음파의 99.94%가 반사된다는 것을 의미한다. 대부분의 유체들은 물보다 음향 임피던스가 큰 값을 갖기 때문에, 초음파를 이용한 수위계는 많은 활용분야를 갖는다고 볼 수 있다.

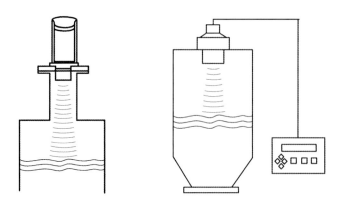

그림 20.7 초음파 수위계

20.3.2 초음파 유량계

초음파 유량계(ultrasonic flow meter)는 파이프나 덕트 내부를 흐르는 유체의 평균유속을 측정하여 유량을 계산하는 측정장치이다. 유체의 유동과정에서 유동 방향(upstream)과 유동에 거스른 방향(유동 반대 방향, downstream)에 의한 초음파의 전달시간 차이를 이용해서 관로 내의 평균 유동속도를 측정하게 된다. 일반적으로 배관 내의 유동은 층류(層流, lamina flow)라고 가정하여 측정이 이루어지나, 실제로는 난류(亂流, turbulent flow)인 경우가 대부분이며 유체의 점성력과 관성력 간의 비인 레이놀즈(Reynolds) 수에 의해서 지배적인 유속분포를 갖게 된다.

초음파 유량계는 배관 내부의 압력손실이 없으며, 유체 흐름에 방해가 되지 않는다는 장점이 있다. 그러나 밸브나 배관의 구부러진 부위나 배관의 단면적이 급격하게 변화하는 곳에서는 난류의 영향으로 인하여 정확한 유속 측정이 불가능하다는 단점이 있다. 또한 기체유량을 측정하는 경우에는 고온에 의한 측정센서의 영향과 가스누출 등에 대한 보완기술이 필요하다.

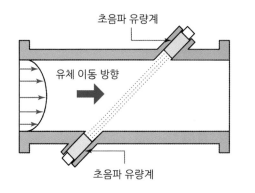

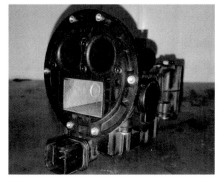

그림 20.8 초음파 유량계의 장착사례와 공기유량 센서

그림 20.8은 초음파 유량계의 장착사례와 자동차 엔진의 흡입공기량 측정에 사용된 공기유량 센서를 보여준다.

20.3.3 초음파 점도계

유체의 점성(viscosity)을 측정하는 방법에도 초음파를 활용할 수 있다. 높은 진동수로 비틀림 진동을 하는 원형 막대나 회전봉을 유체 내에 위치시키면, 유체 점성에 의한 감쇠효과로 인하여 비틀림 고유 진동수가 변화하게 된다. 즉, 유체에 잠겨 있지 않을 때에 비해서 비틀림 고유 진동수가 유체의 점성 역할로 말미암아 감소하게 되므로, 이러한 진동수의 변화 현상을 측정하여 유체의 점성을 계산하게 된다. 여기서 고속 회전에 따른 비틀림 진동의 주파수 범위는 초음파 영역이기 때문에 유체용기와 같은 주변 구조물의 진동 영향을 배제시킬 수 있다는 장점을 가진다. 이러한 초음파 점도계(ultrasonic viscosity meter)는 기계산업뿐만 아니라, 화학산업의 제조공정 및 전자산업에 이르기까지 널리 활용되고 있다.

20.3.4 수중 청음기

수중 청음기는 선박이나 잠수함에서 사용되는 소나(SONAR, sound navigation and ranging)를 뜻하며, 주로 수중에서의 해저구조, 어군탐지를 비롯한 물체탐지에 사용된다. 바닷물과 같은 수중에서는 가시광선과 같은 전자파나 레이더파는 전파효율이 급격히 악화되므로, 감쇠효과가 적은 초음파가 이용된다. 수중음향에 대한 세부내용은 21장을 참조하기 바란다.

20.3.5 초음파 주차 보조장치

초음파 주차 보조장치(ultrasonic parking guide system)는 초음파 수위계의 원리와 동일한 개념으로 공기 중에서 전파된 초음파가 물체에 반사되어 되돌아오는 시간을 측정한 후, 이를 거리로 환산하여 경보음을 달리해서 운전자에게 알려주는 장치이다.

이러한 초음파 주차 보조장치는 주차과정에서 차량 앞뒷면의 사람이나 다른 차량, 기둥이나 벽면 등을 쉽게 감지해내며, 감지거리는 대략 0.5 ~ 2 m 내외이다. 과거에는 고급 승용차에 적용되던 초음파 주차 보조장치가 근래에는 일반 대중적인 차량에까지 적용되었다. 하지만 주차과정에서 가느다란 철봉이나 헝겊[특히 솜이나 눈(雪)처럼] 등으로 둘러싸여 있는 물체가 있을 경우에는 초음파의 반사가 어렵기 때문에 장애물을 제대로 인식하지 못하는 경우가 있으므로 주의해야 한다.

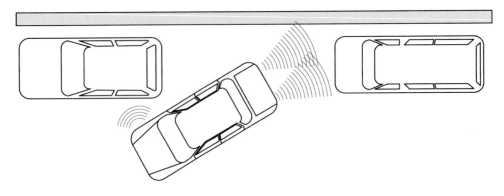

그림 20.9 초음파를 이용한 차량 주차 보조장치

20.4 초음파를 이용한 동력장치

초음파의 전달에너지를 이용하는 동력장치로는 초음파 세정기, 초음파 모터, 초음파 용접기, 초음파 가공 등이 있다. 여기서는 초음파 세정기와 모터를 중심으로 알아본다.

20.4.1 초음파 세정기

초음파 세정기(ultrasonic cleaner)는 초음파의 에너지 전달로 인하여 세정액체 내부에 큰 음압을 작용시키면 이에 따른 공동(cavitation)현상과 큰 진동 가속도가 발생되는 현상을 이용한 것이다. 주로 귀금속 매장 등에서 활용되며, 수십 kHz에서 수 MHz에 이르는 주파수 영역을 가지며 세정능력은 음압크기와 공동현상의 발생효율과 밀접한 관계를 갖는다.

초음파 세정기에서 사용되는 대표적인 주파수는 28,000 Hz 또는 40,000 Hz에 해당한다. 1초에 수만 번 반복하는 진동현상으로 인하여 세정액체 속에서 수많은 기포가 발생되어 공동현상으로 사람의 손이 미치지 못하는 부분까지 깨끗하게 세척해준다. 하지만 기포로 인하여 세척대상에 손상을 입힐 수 있는 경우에는 MHz 단위로 주파수를 높여야 한다. 최근 초음파를 이용한 미용기는 1 ~ 3 MHz의 주파수 영역을 가지며, 반도체 웨이퍼 세척기도 비슷한 주파수 영역의 초음파를 이용한다.

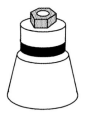

그림 20.10 초음파 세정기에 쓰이는 진동 변환기

20.4.2 초음파 모터

초음파 모터(ultrasonic motor)는 압전소자가 전기신호에 따라 팽창과 수축하는 특성을 동력원으로 이용하는 것으로, 높은 주파수의 진동현상을 이용한 액추에이터라고 할 수 있다. 초음파 모터는 소형ㆍ경량화가 가능하며 빠른 응답성과 정/역회전이 용이한 특성이 있다. 일반 모터에서는 관성의 영향으로 인하여 정밀제어에 한계점이 존재하지만, 초음파 모터는 미세구동 및 순간정지가 가능한 이점이 있다. 따라서 정밀한 위치제어 및 저속에서도 큰 토크를 낼 수 있다는 장점으로 인하여 카메라 셔터, 자동 초점조절, 프린터 헤드 등에 활용된다. 초음파 모터는 구동방식에 따라 회전형과 직선형으로 구분된다.

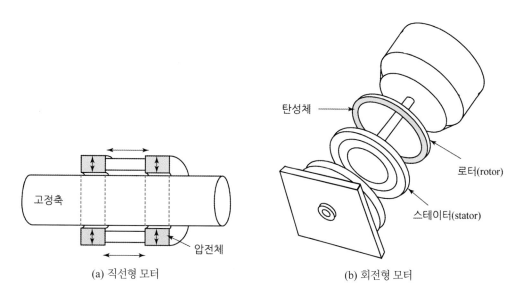

그림 20.11 초음파 모터의 개략도

21 수중음향

해양음향(ocean acoustics) 또는 소나공학(sonar engineering)이라고도 하는 수중음향 (underwater acoustics 또는 underwater sound)은 두 차례의 세계대전을 치르면서 잠수함의 작전능력 향상 및 해상권의 장악을 위한 군사적인 목적으로 빠르게 발전되었다. 1912년 타이타닉호가 처녀출항에서 북대서양의 빙산과 충돌하여 침몰한 이후, 타이타닉호를 탐사하기 위해서 처음으로 수중 초음파가 사용되었다. 그 후 1917년인 제1차 세계대전 말기에 프랑스의 랑즈뱅(Langevin)이 독일 잠수함의 탐지를 위해서 수중음향을 연구하면서 구체적인 발전이 시작되었다. 최근에는 어선들의 어획량 증대, 해양 생태계의 파악, 해양계측 및 지층탐사, 해양 구조물의 탐지 및 위치추적, 수중통신에 이르기까지 초음파를 활용하는 수중음향이 다양하게 응용되고 있다.

반면에 지상에서는 공중의 비행물체를 파악하기 위해 레이더(RADAR, RAdio Detecting And Ranging)가 사용되며, 다양한 무선통신에 전자기파가 활용되고 있다. 참고로 국제 전기통신조약에 의한 무선통신에서는 3×10^3 Hz에서 300×10^9 Hz에 이르는 주파수가 사용된다. 그림 21.1은 인간의 가청범위 및 초음파를 비롯한 전자기파(전파)의 주파수 특성을 보여준다.

일반적으로 전파의 주파수 범위는 국제 통신법에 의하면 3 THz(tera Hz, 1×10^{12} Hz) 이하

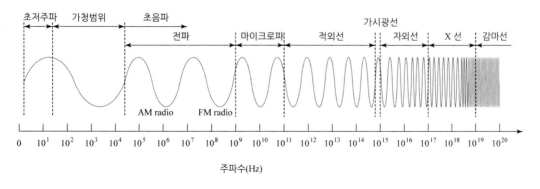

그림 21.1 인간의 가청범위 및 초음파를 비롯한 전자기파(전파)의 주파수 특성

의 전자기파를 의미하며, 그 이상의 주파수를 가진 전파를 빛(光)으로 분류한다. 빛은 주파수 특성에 따라 적외선, 가시광선, 자외선 등으로 분류된다. 휴대폰과 같은 이동통신장치에 사용되는 주파수 영역은 800 MHz 대역이며, LTE는 1.8 GHz와 2.6 GHz를, IMT-2000이나 블루투스(bluetooth), 무선 LAN 등은 2 GHz(giga Hz, 1×10^9 Hz) 대역을 사용한다.

공기 중에서는 이러한 전자기파가 광범위하게 사용되지만, 바다와 같은 수중에서는 전자기파의 감쇠가 크기 때문에 유용하게 활용하기가 힘들다. 반면에 음파는 해수에서도 낮은 감쇠특성을 가지게 되므로 음파가 수중에서의 탐지와 통신에 적극적으로 이용되기 시작한 것이다. 잠수함의 입장에서 본다면 수면 아래로 잠수하여 항해할 때에는 음파(수중음향)만이 잠수함이 가질 수 있는 유일한 감각기관이라 할 수 있다. 따라서 수중에서의 탐지 및 통신활동을 소나(SONAR, SOund NAvigation Ranging)라고 하며, 수중음향은 의료용 초음파 진단장비와 동일한 원리를 갖는다.

21.1 수중음향의 구성

수중음향을 이용한 소나체계는 음파의 사용방법에 따라 수동 소나와 능동 소나로 구분되며, 장착 위치에 따라 선체 부착 소나(hull mounted sonar)와 예인 소나(towed array sonar)로 분류할 수 있다.

이러한 소나장치는 어군탐지 및 해양계측 등에 많이 활용되고 있으나, 군사적인 목적으로도 적의 배나 잠수함을 탐지하고, 적의 어뢰공격 등을 즉각적으로 파악하는 데 이용되고 있다. 소나장치를 이용하여 적의 선박이나 잠수함을 파악하기 위해서는 고도의 기술과 숙련도를 요구한다. 특히, 동해바다의 경우에는 수심이 깊고 해안으로부터 급경사를 이루는 지형특성, 난류와 한류가 서로 교차하면서 발생하는 물덩어리라 부르는 수괴(水槐, water mass) 등으로 인하여 잠수함 탐지가 매우 어렵다고 한다.

또한 해상에서 운항 중인 어선, 화물선과 함께 수온, 해수(海水)의 밀도 차이 등에 따라 음파가 굴절·산란되기 쉽기 때문에 동해바다를 '잠수함의 천국'이라 부를 수준이다. 국내 보도자료에 따르면 '온갖 잡음 속에서 잠수함의 소리를 찾는다는 것은 시끄러운 나이트클럽에서 헤드폰을 끼고서 명곡을 감상하는 것과 같다'라고 해군 관계자가 말할 정도이다.

21.1.1 수동 소나

수동 소나(passive sonar)는 음파를 송출하지 않고 오로지 수신만 하는 방법으로, 해양환경이나 표적에 대한 정보를 얻는 소나시스템을 뜻한다. 잠수함이나 선박의 방사소음을 측정하여 탐지하는 경우가 대표적인 수동 소나의 사례이다.

21.1.2 능동 소나

능동 소나(active sonar)는 음파를 자체적으로 송출하여 해양환경이나 표적에서 산란되거나 반사되어 돌아오는 신호를 이용하여 정보를 분석하는 소나시스템을 뜻한다. 최근에는 헬리콥터에서 능동 소나를 바닷속에 입수시킨 상태로 탐지범위를 넓힌 디핑 소나(dipping sonar)나 원격조종이 가능한 부이(buoy)형 소나 등이 군사적인 목적으로 많이 활용되고 있다. 컴컴한 동굴 속을 자유롭게 비행하는 박쥐나 바닷속의 돌고래 등이 표적이나 장애물에 대한 정보를 얻기 위해서 음파를 송신하고 반사되는 현상을 수신하여 정보를 얻고 있는 것이 대표적인 능동 소나의 사례이다.

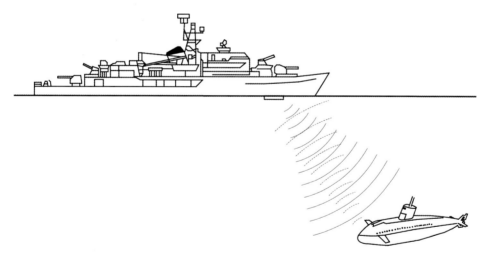

그림 21.2 능동 소나의 기본적인 탐지개념

21.1.3 예인 소나

예인 소나(towed sonar)는 선박이나 잠수함에서 선박 자체의 소음으로 인한 탐지성능의 저하를 억제하기 위해서 소나장치를 길게 늘어뜨려서 이를 예인하는 장치를 말한다. 탐지 주파수는 주로 저주파수 영역이며, 매우 작은 수중음향을 탐지하는 데 유용하게 사용된다. 그림 21.3은 예인 소나의 사용 예를 보여준다.

최근 지구촌 소식에서 고래가 방향을 잃고서 바하마 근처나 서구지역의 해안가에 상륙하여 헤매다가 떼죽음을 당했다는 기사를 심심치 않게 보게 된다. 해군의 군사작전이나 잠수함의 운항과정에서 사용된 소나장치로 말미암아 고래의 뇌와 귀뼈 부위에서 출혈이 발생하여 방향 감각을 잃고서 죽음에 이른다는 주장도 제기되고 있다.

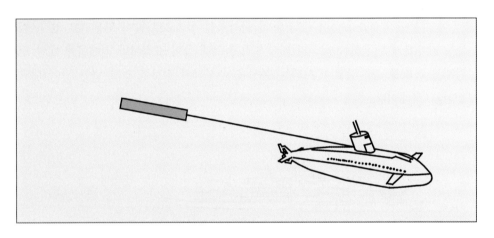

그림 21.3 예인 소나의 개념

21.2 선박의 수중방사소음

선박은 항해 중에 여러 가지 소음을 수중으로 방사하게 된다. 이를 수중방사소음(URN, underwater radiated noise)이라 하며, 잠수함이나 기뢰, 선박의 피아 여부를 확인하는 군사적인 목적에서 활발하게 연구되어 개발되었다. 그 이유는 전함과 잠수함의 전투승패는 누가 먼저 상대방을 탐지하느냐에 따라 크게 좌우되기 때문에, 수중방사소음의 억제는 국가의 안위와 직결된다고도 볼 수 있다. 더불어서 근래 해상 교통량이 크게 증대되면서 수중방사소음이 해양생물에 나쁜 영향을 미치는 사례가 늘어나고 있다. 선박의 수중방사소음은 그림 21.4와 같이 크게 기계소음, 프로펠러소음 및 기타 소음 등으로 나누어진다.

한편, 호버 크래프트(hovercraft)라고도 하는 공기부양선은 기관장치가 송풍기(fan)를 구동

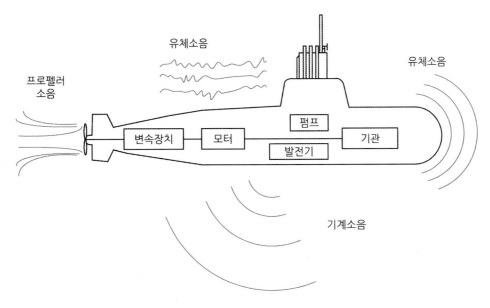

유체소음

프로펠러
소음

유체소음

변속장치　　모터　　펌프　　기관

발전기

기계소음

그림 21.4 선박의 수중방사소음(잠수함 사례)

하여 선체의 저면(底面)에 공기를 공급함으로써 생성된 공기압력으로 선체를 지지하게 된다.
공기부양선은 공력 프로펠러(air propeller)를 공기 중에서 회전시켜 추력을 얻게 되므로 선체
바깥으로 유발되는 소음은 매우 크지만, 수중방사소음은 일반 선박에 비해서 적은 특성을
갖는다. 더불어 수중구조물이 없으므로 수중충격에 강하고, 물과의 접촉에 의한 마찰저항이나
조파저항을 거의 받지 않아서 일반 선박에 비해 4～5배 이상의 고속운항이 가능하며, 수륙양
용의 기능을 발휘할 수 있어서 군사용도로 크게 활용된다. 그림 21.5는 공기부양선의 하부구
조를 보여준다.

공기부양선은 파도가 심한 경우에는 수면이 고르지 않기 때문에 공기가 빠져나가면서 부양

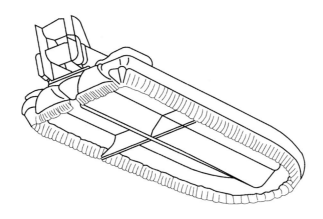

그림 21.5 공기부양선의 하부구조

실 내부의 압력감소로 인한 운항성능이 저하될 수 있으며, 대형화에도 1,500톤의 한계를 갖는다.

21.2.1 기계소음

기계소음은 선박이 저속으로 운행할 때에 지배적으로 발생되는 소음이다. 선박 내부에 설치된 기계류의 회전운동이나 왕복운동에 의해서 발생된 가진력이 선체를 통해서 수중으로 방사된다. 선박의 엔진으로 사용되는 디젤엔진, 터보엔진, 전기모터 등의 기관소음과 함께 발전기, 펌프 등의 보조기계소음도 주요 소음원이라 할 수 있다. 따라서 기계부품들의 진동현상이 선체로 전달되는 것을 최소화시키기 위한 방진 마운트(vibration isolation mount), 흡음재, 음향 차폐장치(acoustic enclosure) 및 수중 방음 코팅재(acoustic encoupling material) 등의 방법을 강구하여 선박에서 발생되는 기계소음을 최대한 저감시켜야 한다.

또한 선박용 고속 디젤엔진은 회전수 조절을 위한 감속기어를 사용하는데, 감속기어는 수중방사소음의 주요 원인이 될 수 있다. 만약 전기 추진장치를 이용할 수 있다면, 모터에 의한 직접구동을 통해 감속기어의 수중방사소음을 근원적으로 감소시킬 수 있다. 그림 21.6은 잠수함의 기계소음 방지대책을 나타낸다.

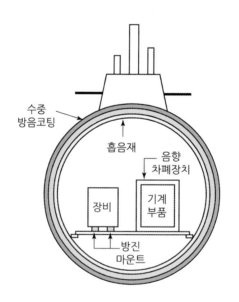

그림 21.6 선박의 기계소음 방지대책(잠수함 사례)

21.2.2 프로펠러 소음

프로펠러 소음은 선박이 고속으로 운항할 때에 지배적으로 발생되는 소음이다. 프로펠러 소음은 기계소음과는 달리 선박 뒷부분에 위치한 프로펠러가 소음원이 되는데, 수중에서 프로펠러가 회전하면서 날개면의 압력변동에 의해서 발생되는 추력에 의한 소음과 날개면의 압력이 증기압 이하로 떨어져서 발생되는 캐비테이션(cavitation)에 의한 소음이 주요 요소들이다. 캐비테이션(공동현상)은 프로펠러의 후면 부위의 낮은 압력에 의해 물이 기화하여 공기방울이 형성되었다가 붕괴되는 현상을 뜻한다. 특히 캐비테이션에 의해 발생되는 기포에 의한 소음이 가장 큰 영향을 미치게 되며, 선박의 속도가 증가할수록 진폭이 급격히 증가하는 특징을 갖는다. 또한 프로펠러의 날개 위치에 따른 압력으로 인한 날개소음(brade noise)과 날개의 공명소음도 함께 발생할 수 있다.

따라서 선박이나 잠수함 등의 프로펠러에는 짝수개의 날개 수를 홀수개로 변경하여 캐비테이션에 의한 기포발생을 최소화시키는 방안을 채택하고 있다. 특히, 잠수함에서는 프로펠러에 고감쇠 특성의 재질을 적용시키고, 날개 끝이 휘어진 프로펠러(back skewed propeller) 등을 사용하여 프로펠러 소음을 억제시키고 있다.

21.2.3 기타 소음

선박소음 중에서 나머지 기타 소음으로는 유체소음(flow noise)과 선박(특히 잠수함에서) 내부의 승무원에 의해서 발생되는 순간소음(transient noise)이 있다. 유체소음은 선박이 해수를 가르면서 항해할 때 주로 발생한다. 잠수함과 같이 은밀성이 요구되는 선박에서는 수중항해의 저소음을 위해 과거 일반 선박과 유사한 형태의 모양에서 탈피하여 눈물방울(tear drop) 형상의 선체구조를 가진다. 그림 21.7은 이러한 잠수함의 외관을 보여주고 있다.

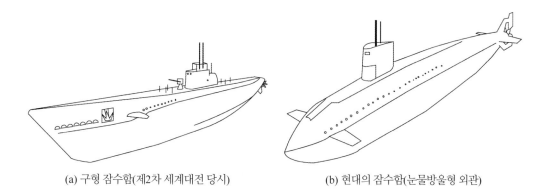

(a) 구형 잠수함(제2차 세계대전 당시)　　　　(b) 현대의 잠수함(눈물방울형 외관)

그림 21.7 **잠수함의 외관 변화**

21.2.4 해양환경에 미치는 영향

선박의 운항과정에서 수중으로 방사되는 소음은 해양생물의 생태계에 큰 영향을 주는 것으로 파악되고 있다. 해양생물 중에서도 특히 물개나 고래를 포함한 해양 포유류에 악영향을 줄 수 있는데, 그 이유는 해양 포유류 상호 간의 의사소통이나 먹이 및 번식활동에 사용되는 음향신호의 주파수 영역이 겹칠 수 있기 때문이다. 또한 과도한 수중방사소음으로 인하여 해양생물들이 기존의 서식지를 떠나서 다른 해역이나 지역으로 이동하거나 회유경로를 바꾸게 되면서 행동양식의 변화를 유발할 수도 있다.

PART VII

소음진동의
방지사례

22장 방음벽
23장 저소음도로

Living in the Noise and Vibration

단원설명

우리의 생활 주변에서 수시로 발생하는 소음진동현상으로 인한 악영향을 최소화시키기 위해서는 여러 가지의 다양한 방지대책이 강구될 수 있다. 이 중에서도 진동문제보다는 주로 소음현상의 저감이 비교적 용이하고 피해주민들에게도 효과적인 대책방안이기 때문에, 방음시설의 적용이 활발히 이루어지고 있다. 방음시설은 소음원으로부터 보호해야 할 지역이나 건축물 사이에 설치되는 적극적인 소음감소시설을 포함하여, 건축물 자체에 있어서도 창문이나 벽 등에 설치되는 제반 소음억제시설을 뜻한다. 대표적인 방음시설로는 방음벽, 방음덮개, 방음둑, 방음림 및 차음효과를 갖는 건축물들이 있다. 여기서는 방음벽을 중심으로 한 방음설계 및 대책을 알아본다.

22 | 방음벽

　급속한 산업성장에 따른 자동차의 증가와 더불어 고속철도와 같은 교통수단의 속도가 증대되면서 교통소음은 환경소음의 대부분을 차지할 정도가 되었다. 교통소음을 저감시키기 위해서는 일차적으로 교통수단 자체에서 발생되는 소음을 저감시키는 방안을 생각할 수 있다. 이에 대한 구체적인 내용은 제2편 '수송기계의 소음진동'에서 이미 설명한 바 있다. 교통소음 저감의 이차적인 방법은 교통수단에서 발생된 소음의 전달경로를 차단시키는 방안이다. 소음원에서 주변으로 전파되는 경로에 대한 구체적인 저감방안을 알아본다.

　균질한 매질을 통해서 전달되는 음파는 직진성을 갖는다. 파장이 $0.55~\mu m(1~\mu m = 1 \times 10^{-6}$ m)에 불과한 빛(光)도 진행과정에서 울타리와 같은 장애물을 만나면 투과되지 못하고 그림자(음영지역, shadow zone)가 생기는 것과 마찬가지로 음파(소리)도 장애물을 만나면 소리가 잘 전달되지 못하는 음영지역이 발생하기 마련이다. 음파가 전달과정에서 울타리(장애물)를 만나게 되면 울타리의 아랫부분에서는 반사(reflection)가 일어나고, 윗부분에서는 산란(scattering)현상이 발생한다. 여기서 산란현상이란 장애물의 존재로 인하여 그 주변으로 음파의 전파가 이루어지는 것을 뜻한다.

　도로에 인접한 주택이나 교육시설 사이에 장애물이 없을 경우에는 소음원으로부터 직접적으로 소음이 전달된다. 하지만 소음원과 수음원 사이에 방음벽과 같은 장애물을 인위적으로 두게 된다면, 직접적인 소음전달을 어느 정도 저감시킬 수 있다.

　그러나 인간이 들을 수 있는 가청 주파수 영역(20 ~ 20,000 Hz)에 해당하는 음파의 파장은 17 ~ 0.017 m 영역에 속하므로, 장애물 뒤에도 쉽게 소음이 전파될 수 있다. 이를 음파의 회절(diffraction)현상이라 한다. 우리들의 생활 속에서 소리를 발생시키는 물체는 보이지 않더라도 우리 귀에 들리는 이유가 바로 회절현상에 의한 것이다. 즉, 음파의 진행방향이 장애물로 인하여 굽어지는 현상을 의미한다.

　음파의 회절현상은 음의 파장이 길수록(주파수가 낮을수록) 크고, 파장이 짧을수록(주파수가 높을수록) 작은 효과를 갖는다. 따라서 음의 진행과정에 장애물을 인위적으로 설치하는

그림 22.1 방음벽의 적용사례(서울, 도시순환도로)

방법을 이용해서 음의 전파를 막으려는 시도는 높은 주파수의 소음은 쉽게 저감시킬 수 있겠지만, 낮은 주파수의 소음(대략 500 Hz 이하의 주파수 대역)은 큰 효과를 기대하기가 힘들기 마련이다. 결국 방음벽을 이용한 소음제어는 음영지역까지 전달되는 소음을 저감시키는 작업이라 할 수 있다.

교통소음과 같은 선음원(line source)에 대한 가장 보편적인 방음시설로는 방음벽(acoustic barrier)이 대표적이다. 국내에서는 1982년 고속도로에 처음으로 방음벽이 설치되었다. 그 후 교통량이 증가할수록 도로 주변 지역의 소음레벨은 크게 증가하기 마련이므로, 주거지, 학교, 병원 등과 같이 정숙을 요하는 지역에 방음벽이 우선적으로 설치되고 있다. 현재 방음벽이 설치되는 곳은 일반 주거지역인 경우에는 55 dB(밤에는 45 dB), 도로 주변은 70 dB(밤에는 60 dB)과 같은 소음환경기준을 넘는 지역이다.

일반적으로 방음벽이 높고 길이가 길수록 소음전달을 억제시키는 차음효과가 커지게 되므로, 방음벽으로 인한 차음효과를 높이기 위해서는 최소한 소음원과 수음점의 상하 및 좌우의 직선보다 큰 방음벽의 높이와 길이를 확보해야 한다. 또한 방음벽이 소음원에 가까울수록 효과적인 차음효과를 얻을 수 있으며, 소음의 보호영역도 넓어지게 된다. 방음벽의 차음효과는 방음벽으로 사용된 벽체의 투과손실, 벽체의 높이 및 길이, 음원 측 표면의 흡음 특성 등에 큰 영향을 받는다. 건설공사장에서는 공사기간에만 사용하기 위해서 비용이 저렴한 부직포를 이용한 가설 방음벽이나 국소 방음커버 등을 적용하기도 한다. 그림 22.2는 방음벽에 적용되는 재료 종류를 나타낸다.

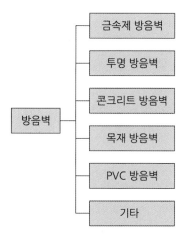

그림 22.2 방음벽의 재료 종류

22.1 방음벽의 효과 산정

방음벽에 의한 소음감소효과는 방음벽의 상단을 회절하여 전파되는 회절감쇠, 방음벽의 재료 자체를 투과하면서 발생하는 투과손실, 방음벽에 의한 반사손실 등으로 구분된다. 여기서는 방음벽에 의한 투과손실과 회절감쇠를 알아본다.

22.1.1 벽체의 투과손실

방음벽에서 가장 중요한 성능은 방음벽에 사용되는 재료의 투과손실(transmission loss)이다. 방음벽에 의한 투과손실은 1/3 옥타브 대역별로 분석하며, 방음벽의 설치로 인하여 예상되는 소음감소값보다 최소한 10 dB 이상은 커야 한다. 일반적으로 방음벽으로 인한 전체 소음의 감소값은 대략 10 ~ 15 dB 내외이므로, 방음벽 재료 자체의 투과손실은 25 ~ 30 dB 이상을 만족해야 한다. 따라서 방음벽은 벽 자체의 투과손실을 최대화시켜서 회절감쇠 이외의 영향이 발생되지 않도록 설계하는 것이 기본이다. 또한 방음벽 설치 전후의 음압레벨 차이를 삽입손실(insertion loss)이라 하는데, 이러한 삽입손실이 클수록 효과적인 방음벽이라 할 수 있다.

방음벽의 두께가 두꺼워질수록 삽입손실이 커지지만, 실제 방음벽에서는 두께 증가에 의한 효과는 매우 적은 것이 사실이다. 예를 들어 두께 40 cm의 방음벽이 두께 20 cm의 방음벽에 비해서 삽입손실효과는 0.1 dB 내외인 것으로 조사된 바 있다. 그러므로 교통소음의 저감 목적으로 도로변에 설치되는 방음벽의 두께를 증가시키는 방안은 비용 면에서 매우 불리하다.

22.1.2 회절감쇠

교통소음의 감소를 목적으로 설치되는 방음벽은 길이 방향으로는 무한한 길이를 가지며, 높이 방향으로는 한정된 값을 갖는 것으로 가정할 수 있다. 이러한 경우, 문제되는 소음은 회절현상으로 인하여 방음벽의 상단부를 거쳐서 수음점에 도달된다고 생각할 수 있다.

소음원과 수음점 간의 직선거리(그림 22.3의 C)와 방음벽 상단부를 경유한 거리의 차(그림 22.3의 $A + B$)를 전달경로차(δ)라 하면, 그림 22.3에서 보는 바와 같이 $\delta = A + B - C$ 의 값을 갖는다. 이러한 전달경로차(δ)와 소음의 파장(λ) 간의 비율을 프레넬(Fresnel) 수 N이라 하며, 식 (22.1)과 같이 정의된다.

$$N = 2\frac{\delta}{\lambda} \tag{22.1}$$

여기서, λ는 입사음의 파장을 뜻한다.

프레넬 수 N을 이용하여 방음벽 상단부에 의한 회절음의 효과를 고려한 초과감쇠(excess attenuation)를 계산하게 된다. 즉, 프레넬 수 N이 증가할수록 방음벽에 의한 투과손실은 증가하는데, 이는 방음벽으로 인한 소음 저감량이 크다는 것을 의미한다. 이러한 조건을 만족시키기 위해서는 방음벽의 높이 및 두께 증가, 상단부의 형상 변경과 같은 대책방안을 필요로 한다.

일반적으로 방음벽 자체의 투과손실은 충분히 크게 설계할 수 있으므로, 방음벽의 소음 감소효과는 결국 회절감쇠에 의해서 결정된다고 볼 수 있다. 즉, 방음벽의 높이가 결정적인 설계요소인 셈이다.

국내 환경부의 '방음벽 설치지침'에 의하면, 전달경로차 δ와 수음자의 관점에서 방음벽의 관측각도(그림 22.3의 N)와 도로의 관측각도(그림 22.3의 M) 간의 비율(N/M)을 기초로 하여 방음벽의 높이와 길이를 산출하고 있다. 일반적으로 방음벽의 높이는 최소 2 m에서 최대 6 m 이내이며, 방음벽 설치 장소의 반대편 언덕이나 기타 반사물이 존재하는 지역에서는 6 m 이상의 높이로 설치될 수도 있다. 하지만 아파트와 같은 공동주택지역에 설치되는 방음벽

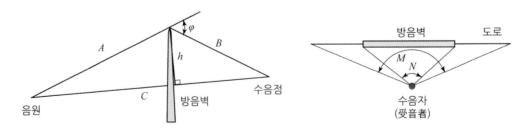

그림 22.3 방음벽에 관련된 음원 및 수음자의 위치관계

은 안전문제, 시야확보 등의 이유로 대부분 6 m 높이를 넘지 않도록 시행되고 있다.

도로소음에 의한 방음벽의 소음감소효과는 대략 아파트에서는 5층 이하, 기타 건물에서는 4층 이하의 영역에서만 유효할 뿐, 그 이상의 고층건물에서는 특별한 저감효과를 얻을 수 없다. 따라서 건물의 고층영역에서 문제가 될 수 있는 교통소음에 대해서는 방음벽이 아닌 별도의 저감대책을 강구해야 한다. 이런 경우에는 교통의 진출입을 제외한 양 측면과 상부면을 완전히 차폐시킨 방음터널이 가장 대표적인 사례라 할 수 있다. 방음터널은 소음감소효과 측면에서 가장 뛰어나지만, 설치비용이 많이 들고 터널 내부의 소음증가현상을 비롯하여 채광과 유해 배기가스 환기 등의 어려움이 있다.

22.1.3 방음벽 상단부의 형상

방음벽 상단부만의 형상을 개선시켜서 소음감쇄량을 늘릴 수 있다면, 이는 방음벽의 높이를 추가로 증가시키지 않고도 동일한 효과를 얻을 수 있는 대안으로 유효 적절하게 채택할 수 있을 것이다. 일반적인 방음벽인 경우에는 T형상이 가장 효과적인 것으로 파악되고 있다. 최근에는 T형상보다는 성능이 떨어지지만 미적 감각을 위해서 그림 22.4(a)와 같이 버섯 모양의 상단부가 실용화되었는데, 이는 수직형 단순 방음벽에 비해서 2 ~ 3 dB의 삽입손실을 추가로 얻고 있다. 이는 기존 방음벽의 높이를 2 m 이상으로 증가시켜야만 얻을 수 있는 감쇄량이므로, 상단부 형상에 따라 방음벽의 추가적인 높이 증대를 대체할 수 있음을 시사하고 있다. 국내에서도 이러한 버섯 모양을 포함하여 원형 모양의 상단부가 적용된 방음벽이

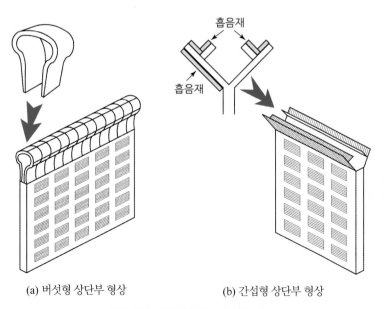

(a) 버섯형 상단부 형상   (b) 간섭형 상단부 형상

그림 22.4 방음벽 상단부 형상의 사례

늘어나고 있는 추세이다.

한편, 단순한 형태의 상단부 형상에서 벗어나서 좀 더 적극적으로 감음효과를 높이기 위한 방안이 시도되고 있다. 방음벽에 의한 회절경로의 증대뿐만 아니라, 간섭효과(interference effect)까지 최대로 활용하는 목적으로 그림 22.4(b)와 같이 Y형 모양의 간섭형 형상이 채택되고 있다. 또한 더 많은 간섭효과를 얻기 위해서 다중 모서리(multiple-edge)의 형상이 고려되고 있으며, 이러한 상단부의 형상 개선은 결국 방음벽의 높이를 증가시키지 않으면서도 소음감소효과를 증대시키면서 미관을 살리고 설치비용 대비 소음감쇠효과를 최대화시키기 위함이다.

22.2 방음벽 설치 시 고려사항

22.2.1 설치지역의 선정

교통소음이 과도한 지역 중에서 소음환경기준을 초과한 지역부터 우선적으로 방음벽을 설치하는 것이 일반적이다. 행정당국에서도 방음벽 설치장소의 선정 및 시공 사례는 인구밀도가 높고, 민원이 많은 곳부터 우선 처리하는 경향이 있다.

(a) 철도지역

(b) 학교지역

그림 22.5 방음벽의 설치사례

22.2.2 소음환경기준의 적용

소음환경기준의 적용에 있어서 일반 주거지나 병원과 같은 곳은 밤시간대를, 학교 및 관공서와 같은 지역은 낮시간대를 중심으로 방음벽의 설치 유무를 결정하게 된다.

22.2.3 방음벽의 종류별 기능

방음벽은 그림 22.6과 같이 반사형, 흡음형, 간섭형, 공명형 방음벽 등으로 구분된다.

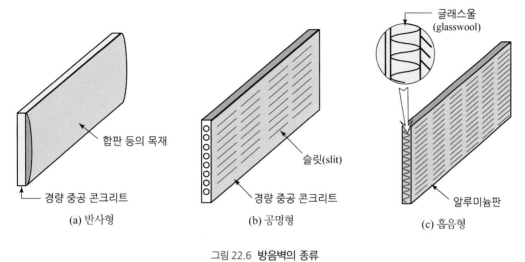

그림 22.6 **방음벽의 종류**

(1) 반사형 방음벽

콘크리트 패널이나 합판, 목재 등과 같이 비교적 단단한 재료를 한쪽에만 설치하여 반사현상으로 소음을 감소시키는 목적으로 사용되며, 차음벽이라고도 한다. 주로 방음벽의 반대쪽 소음에 대해서는 크게 문제되지 않는 도시외곽이나 고속도로가 지나는 농촌지역에 많이 적용되며, 비교적 낮은 가격으로도 시공이 가능하다.

(2) 공명형 방음벽

방음벽면에 구멍이나 내부 공간이 설치되어 있어서 특정한(문제 되는) 주파수에 해당하는 소음을 공명현상에 의하여 감쇠시키는 방음벽이다.

(3) 간섭형 방음벽

방음벽면이나 상단에서 입사음파와 반사음파가 서로 간섭하여 소음레벨을 감쇠시키는 원리를 이용한 방음벽이다.

(4) 흡음형 방음벽

흡음형 방음벽은 반사형 방음벽의 단점을 보완하기 위해서 채택되며, 시내 도심과 같이 도로 양쪽에 높은 건물이 존재하거나 반사음에 의한 차음효과가 저조할 경우에 적용된다. 즉, 도로 양쪽의 소음을 동시에 감소시킬 목적으로 주로 금속 흡음패널이 적용되며, 그림 22.6(c)와 같이 알루미늄 다공판 안에 흡음재를 처리하므로 비교적 높은 가격이 소요된다.

22.2.4 방음벽의 음향성능기준

방음벽의 음향성능기준은 환경부의 '방음벽의 성능 및 설치기준'에 의해서 투과손실 및 흡음률 등으로 평가된다.

(1) 투과손실

사용된 벽면 재료의 투과손실(잔향실법으로 측정)이 40 Hz 소음에 대해서는 25 dB 이상, 100 Hz에 대해서는 30 dB 이상인 것을 기준으로 한다.

(2) 흡음률

흡음형 방음벽에 사용된 벽면 재료의 흡음률(잔향실법으로 측정)은 400 Hz 소음에 대해서는 70% 이상, 1,000 Hz에 대해서는 80% 이상의 흡음률을 기준으로 한다.

그림 22.7 흡음형 방음벽의 설치사례

그림 22.8 투명 방음벽의 설치사례

22.2.5 투명 방음벽의 적용

일반적인 방음벽의 설치로 인하여 소음감소효과를 얻을 수 있다 하더라도 도시미관이나 일조권, 조망권에 대한 또다른 불만을 발생시킬 수 있다. 따라서 방음벽은 원래의 소음저감 목적뿐만 아니라, 도시미관의 확보, 동절기 빙판길의 감소, 일조권과 경관 확보, 곡선도로에서 운전자의 시야 확보 등과 같은 다양한 요구사항에 부응하여 그림 22.8과 같은 투명 방음벽의 적용사례가 늘어나고 있는 추세이다. 투명 방음벽에 사용되는 재질은 폴리카보네이트와 같은 열가소성 수지재료들이다. 플라스틱 재질의 투명 방음벽은 외부 충격에 약하고, 자외선과 오존으로 인하여 변색되기 쉬우며 차량통행으로 인한 먼지와 빗물 등으로 인하여 주기적인 청소가 필요하다.

22.2.6 기타 고려사항

(1) 재료 선정

방음벽에 사용되는 재료에는 발암물질, 방사능물질 등이 포함되지 않아야 하며, 연소 시 유독가스가 발생되지 않아야 한다. 또한 20년 이상의 기간 동안 내구성이 유지되어야 하고, 빗물이나 눈 등에 의한 수분으로 인하여 부패가 발생하지 않는 재료를 선정해야 한다.

(2) 설치 후 주변영향

방음벽 고려 시 소음이 문제되는 지역뿐만 아니라 방음벽 설치장소 반대편의 소음증감효과를 반드시 확인하여 적절한 조치가 이루어져야 한다. 방음벽이 높아질수록 방음벽이 설치되는 인근 주민들의 시야 차단과 일조권이 침해될 수 있으며, 운전자에게도 과도한 위압감을 줄 수 있다. 특히, 겨울철 한파나 폭설 시 방음벽으로 인한 음영지역(그림자)으로 도로가 결빙되어서 교통사고를 유발할 우려도 있다. 조망권이나 일조권이 요구될 경우에는 투명 방음벽을 고려할 수 있다.

(3) 주변 경관과의 조화

생활 및 문화수준의 향상으로 말미암아 시각적인 면에서도 방음벽이 주변 구조물들과 훌륭한 조화가 이루어지도록 색상, 문양, 식수대 등을 고려하는 것이 필요하다. 또한 우리나라 기후에 잘 견딜 수 있는 식물을 심어서 방음벽 주위를 감싸주는 것도 주변 경관과의 조화에 큰 효과를 얻을 수 있으리라 기대된다.

(4) 정비유지 및 안전성

방음벽 자체의 노후화를 비롯하여 일반적인 도로환경에 따른 파손이 쉽게 일어나지 않아야 하며, 청소·유지관리가 용이해야 한다. 특히 10 ~ 15년이 경과한 방음벽의 경우에는 측정지점의 소음수준이 65 dB 이상을 초과하게 되면 방음벽을 교체하거나 보수해야만 한다. 또한 교통사고와 같은 차량의 충돌, 강풍 등에 의해서도 방음판과 방음벽의 파손이나 이탈이 없어야 한다. 특히, 도심지역의 신규도로가 고가교량 형태로 많이 건설되는 최근의 추세를 고려할 때, 방음벽의 높이가 높아질수록 방음벽 자체의 무게에 따른 교량의 안전성에 심각한 영향을 미칠 수 있다. 더불어서 고가교량인 관계로 강풍이나 태풍에 의해서 방음벽에 작용하는 바람하중(풍하중)도 급격하게 늘어날 수 있으므로, 설치 및 관리에 특별히 유의해야 한다.

22.3 방음둑과 방음림

방음둑은 교통소음이나 공장소음 등의 전파를 억제시키기 위해서 설치되는 언덕을 말하며, 일정한 두께와 높이를 가지고 있어야 한다. 특히 방음둑은 방음벽에 비해서 상단의 폭이 매우 넓기 때문에 음원과 수음 쪽으로 두 번의 회절감쇠효과를 얻을 수 있는 장점이 있다.

방음림은 소음저감 및 흡음기능을 얻기 위해서 조성되는 수림대로, 도로에서 발생하는 각종 매연이나 먼지를 여과시키는 효과까지 기대할 수 있다. 방음림에 의한 소음감소효과는 수목의 종류, 면적, 밀도 및 심지어 나뭇잎의 종류에 따라서도 다양하게 변화될 수 있다. 그 이유는 방음림에 의한 소음감쇠는 잎이나 줄기에 의한 흡음이나 산란현상이 주요 원인이며, 이 밖에도 식물에 의한 지표면의 온도, 습도, 기류에 주는 영향까지도 고려되기 때문이다.

방음림은 가장 자연스러운 소음감소효과를 얻을 수 있는 뛰어난 장점이 있으나, 넓은 면적의 수목과 단시간 내에 조성할 수 없다는 근본적인 문제를 가지고 있다. 따라서 방음둑과 방음림은 상호 보완적인 작용으로 그림 22.9와 같이 방음둑 위에 방음림을 위한 수목을 식재하는 것이 가장 효과적이라 할 수 있다. 이러한 방음둑과 방음벽을 기존 도로에 적용시키는 것은 거의 불가능하다고 볼 수 있지만, 신설 고속도로나 강변도로와 같은 경우에는 방음둑과 방음림을 함께 고려하는 것이 도시환경 측면에서 매우 유리하다고 판단된다.

키가 작은 나무로 조성된 방음림에서는 수목 자체에 의한 소음감소는 거의 기대할 수 없고, 공간적인 거리와 지면흡수에 의한 감소값만을 고려하게 된다. 반면에, 밀집된 수목으로 이루어진 방음림에서는 대략 100 m 거리마다 10 ~ 20 dB 정도의 소음감소효과를 기대할 수 있다. 이때에는 방음림이 소음원이나 수음점으로부터 최소한 50 m 이상의 거리에 위치하고 있을

그림 22.9 방음둑과 방음림의 개념도

경우에만 해당된다. 또한 바람에 의해 나뭇가지와 잎이 흔들리면서 발생하는 소리가 교통소음이나 기타 소음들을 마스킹(masking)하는 효과도 기대할 수 있으며, 환경 친화적인 측면에서 느껴지게 되는 시각적·심리적인 효과는 매우 크다고 볼 수 있다. 방음림용 수목으로는 보통 사철나무를 원칙으로 하며, 활엽수와 사철나무를 혼합하여 식재하기도 한다. 서울의 올림픽대로변에 조성된 방음림은 올림픽대로와 노들길 사이의 길이 300 m, 폭 12 ~ 18 m의 녹지대에 잣나무, 메타세콰이어(metasequoia) 등의 나무로 이루어졌다.

22.4 방진구

방진구(trench)는 지반을 통해서 전달되는 진동현상의 저감대책 중에서 가장 단순한 구조이다. 이는 차단층의 형성으로 인한 진동절연 효과를 얻는 방식이며, 유효 적절한 효과를 얻기 위해서는 방진구의 깊이가 최소한 전달되는 진동파의 파장 이상 되어야만 한다. 즉, 지반을 일정한 깊이까지 파내어 굴착된 공간의 공기층 자체를 일종의 이질 매질층으로 하여 표면파의 전달에너지를 반사시켜서 방진효과를 극대화시키는 원리이다.

방진구를 이용해서 전달되는 진동현상의 진폭을 1/2로 줄이기 위해서는 적어도 파장의 30% 이상을 확보해야만 효과를 얻을 수 있는 것으로 알려져 있다. 하지만 실제적인 방진구의 깊이를 필요로 하는 만큼 확보하는 것이 불가능한 경우가 많다. 일례로 4 Hz의 진동수를 갖는 진동현상에 해당하는 파장은 30 m에 해당(지표면의 전파속도는 120 m/sec로 가정함)되므로, 이러한 진동현상의 진폭을 50% 정도 저감시키기 위해서 필요로 하는 방진구의 깊이는 9 m에 이른다. 현실적으로 이러한 깊이의 방진구를 설치하는 것은 매우 힘든 일이다.

또한 이러한 개방식 방진구(open trench)는 굴착된 벽의 함몰과 연약지반의 적용에 있어서 요구되는 깊이의 제약과 함께 굴착 부위에 어린이나 동물이 빠지지 않도록 보호조치를 강구해야 하는 문제점 등이 수반된다. 이러한 문제점을 해결하기 위해서 굴착된 공간에 스티로폼이나 벤토나이트(bentonite) 시멘트와 같은 충전재료를 적용시키기도 한다. 하지만 일반 공기층을 가진 방진구에 비해서 충전재료가 적용된 경우에는 방진구에 의한 지반진동의 차단효과는

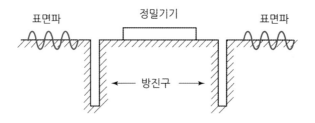

그림 22.10 방진구의 기본 개념

현저히 떨어지기 마련이다.

　방진구의 개념을 응용한 방진공을 적용시키는 경우도 있는데, 이는 일정한 직경을 가진 구멍을 특정한 길이만큼의 간격으로 배치시켜서 지반을 통해서 전달되는 진동을 저감시키는 원리이다. 대표적인 사례로는 PVC 파이프를 지면에 여러 열로 배치하여 내부의 공기층을 이용하여 방진효과를 꾀할 수 있지만, 깊이에 따른 파이프의 휘어짐 현상으로 만족할 만한 방진효과를 얻지 못하는 경우가 많다. 그림 22.11은 방진구의 깊이와 파장에 따른 진동저감효과를 도식적으로 나타낸 것이다.

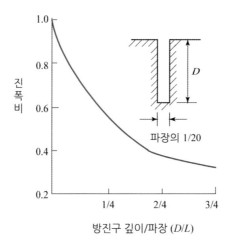

그림 22.11 방진구의 효과

CHAPTER

23 저소음도로

교통소음은 비행기를 비롯하여 철도 및 자동차에서 발생되는 제반 소음을 뜻한다. 여기서는 자동차에서 발생되는 교통소음을 저감시키기 위한 저소음도로를 간단히 설명한다. 자동차의 주행으로 발생되는 소음에는 자동차 자체에서 방사되는 소음(엔진소음 및 배기소음 등)뿐만 아니라, 타이어와 노면 간의 접촉에 의해서 발생되는 소음으로 구성된다. 특히 자동차의 주행 속도가 높아질수록 타이어와 노면 간의 접촉에 의한 소음(타이어 소음)이 지배적인 경향을 갖는다. 그림 23.1은 자동차에 의한 교통소음의 분류를 보여준다.

교통소음의 저감을 위해서는 자동차 내부구조의 진동소음 개선뿐만 아니라 주행도로 자체에서도 소음을 저감시킬 수 있는 방안을 강구할 수 있다. 이러한 소음대책이 적용된 도로를

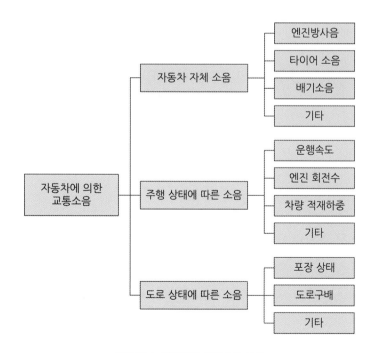

그림 23.1 자동차의 교통소음 분류

저소음도로라고 하며, 배수 아스팔트(drainage asphalt), 배수 표면(drainage surface), 다공성 표면(porous surface), 침투성 표면(pervious surface) 등으로 다양하게 불린다. 결국, 저소음도로란 기존 고밀도 아스팔트 콘크리트(dense asphalt concrete) 도로와 비교할 때 최소 3 dB(A) 이상의 소음감소효과를 갖는 도로를 총칭한다.

23.1 저소음도로의 특성

저소음도로의 표면은 기존 도로에 비해서 다양한 공극(孔隙, porosity)이 존재하여 음향학적인 관점에서 소음감소효과를 크게 얻을 수 있는 특징을 갖는다. 일반적인 아스팔트 콘크리트 도로의 표면은 공기 함유율(air void)이 3 ~ 5% 범위이지만, 저소음도로에서는 이를 크게 증대시켜서 20% 내외(부피비교시)의 공기 함유율을 갖는다. 따라서 자동차의 주행과정에서 발생하는 교통소음을 다음과 같은 원리에 의해서 저감시킬 수 있다.

① 타이어와 노면과의 접촉과정에서 타이어의 트레드 패턴(tread pattern)에 의한 공기압축과 팽창과정을 현격하게 줄여준다. 즉 자동차의 주행과정에서 발생하는 공기펌프(air pumping) 현상을 감소시켜서 타이어와 노면 간의 접촉과정에서 발생되는 소음현상을 억제시킨다. 여기서 공기펌프 현상이란 타이어가 지면과 접촉하는 접지면에서는 차량의 하중에 의해 타이어의 접촉면 자체가 순간적으로 변형하면서 발생하게 된다. 이때 그림 23.2와 같이 타이어 패턴 홈의 공간체적도 함께 변화하면서 이곳에 있던 공기가 순간적으로 밀폐되면서 압축되었다가 대기 중으로 팽창되는 과정을 빠르게 반복하면서 발생되는

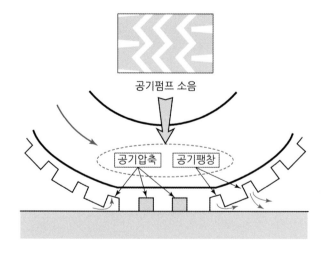

그림 23.2 타이어의 공기펌프 소음 현상

소음을 뜻한다. 공기펌프 소음은 타이어 패턴에 크게 좌우되므로 패턴소음(pattern noise)
이라고도 한다.

② 저소음도로 표면 내의 공극으로 인하여, 도로의 내부 공간들이 교통소음에 대한 공명기
(resonator) 역할을 하게 되어 양호한 흡음효과를 얻을 수 있다.

그림 23.3은 저소음도로의 단면을 개략적으로 보여주며, 다양한 공극으로 인하여 교통소음
을 저감시키게 된다. 저소음도로에 의한 소음저감효과는 기존 아스팔트 콘크리트 도로에 비해
서 약 3 ~ 5 dB(A)의 감소효과를 보는 것으로 알려져 있다. 이러한 저소음도로는 주택가나
학교 주변과 같이 정숙성이 요구되는 지역에 적극적으로 활용할 수 있다.

또한 우천 시의 경우(1 mm 이내의 수막)에도 도로의 빗물이 잘 빠져서 물보라뿐만 아니라
전조등이나 가로등에 의한 빛의 난반사가 적으며 노면 미끄럼 저항을 증대시키면서도 소음감
소효과는 그대로 유지되는 것으로 파악되고 있다. 따라서 저소음도로는 자동차들이 비교적
고속으로 주행하는 터널이나 도심 내부를 관통하는 고가도로 및 도시 외곽순환도로 등에
적용시켜서 교통소음에 의한 민원제기를 사전에 예방할 수 있다.

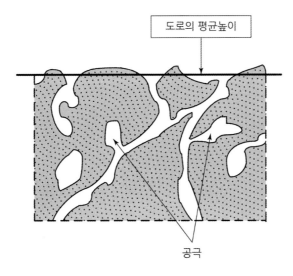

그림 23.3 저소음도로의 단면도

23.2 저소음도로의 문제점

공극을 갖는 저소음도로에 있어서 가장 큰 문제점은 대형차량의 하중, 제설용 모래나 먼지 및 기타 여러 가지의 이유 등으로 인하여 도로 표면의 공극이 막히는 막힘(clogging) 현상이다. 따라서 공극을 가진 저소음도로의 소음감소효과는 시간이 지남에 따라 서서히 줄어들기 마련이다. 고속 주행도로인 경우에는 통행하는 차량의 빠른 속도나 강한 기류에 의해서 도로 자체의 자정능력이 어느 정도는 있겠지만, 저속 주행도로 및 대형 건설차량이 빈번하게 주행하는 도로에서는 공극의 막힘 현상이 빠르게 진행되기 마련이다. 결국 저소음도로 내부의 공극이 막히게 되면 다공성 표면의 소음감소효과는 없어지게 되어 일반도로와 다름없게 된다. 일부 외국의 사례에서는 고압의 물을 분사하여 막힘 현상을 개선시키고자 하는 시도가 있었으나, 한시적인 결과만 얻을 따름이었다.

일반적으로 저소음도로 표면의 소음감소효과는 도로의 주행 특성에 따라 달라지겠지만, 대략 1~3년 정도 지속되는 것으로 파악되고 있어서 소음감소효과의 지속시간을 늘리기 위한 다양한 연구가 필요한 실정이다.

참고문헌

Ⅰ~Ⅱ편 소음진동의 기초 개념 및 생활 속의 소음진동

1. 자동차 진동소음의 이해, 사종성 · 김한길 · 양철호, 청문각
2. 기계진동 · 소음공학, 김광식 외, 교학사
3. 기계진동-이론과 응용, Thomson, 사이텍미디어
4. 기계진동론, J. P. Den Hartog, 대한교과서
5. 소음진동학, 정일록, 신광출판사
6. 소음진동학, 박상규 외, 동화기술
7. 소음 · 진동 편람, 한국 소음진동공학회
8. 소음진동의 기초이론, B&K
9. 음향학 I, II, 이병호, 민음사
10. 소음과 진동 I, II, 김광준 외, 반도출판사
11. 방송음향총론, 강성훈, 기전연구사
12. 진동제어(방진) 시스템 기초 및 실무, 고등기술연구원
13. 소음제어기술: 음향학의 기본 개념 및 응용사례, KAIST 소음 및 진동제어 연구센터
14. 음향학 강의, 김양한, 청문각
15. Noise and Vibration Data, Trade & Technical Press LTD
16. Industrial Noise and Vibration Control, J. D. Irwin, Prentice-Hall
17. The Science of Sound, Thomas D., Rossing, Addison Wesley
18. Noise and Vibration Control, Leo, L. Beranek, Institute of Noise Control Engineering

Ⅲ편 수송기계의 소음진동

1. 자동차 진동소음의 이해, 사종성 · 김한길 · 양철호, 청문각
2. 알기 쉬운 자동차 개발공학 이야기, 사종성 · 정남훈, 청문각
3. 철도차량과 설계기술, 스키야마 다께시 외, 기전연구사
4. 경부고속철도 건설사, 한국고속철도건설공단
5. 서울 제2기 지하철 건설공사 화보, 서울특별시 지하철건설본부
6. 소음 · 진동 편람, 한국 소음진동공학회

7. 한국 소음진동공학회지 제9권 3호, 1999년, 제12권 1호, 2002년

8. 2002 신기술 동향조사 보고서(자동차 소음진동 저감기술), 특허청

9. 자동차의 진동소음저감기술, 高波克治, 조창서점

10. 점보제트기 조종하기, 비일상연구회, 한승

11. 운전도 하고 자동차도 안다, 사종성, 청문각

11. 선박 진동소음 제어지침, 한국선급, 텍스트북스

12. 선박의 저항과 추진, 대한조선학회 선박유체역학연구회, 지성사

13. Noise Control in Internal Combustion Engines, Donald E. Baxa, John Wiley & Sons

14. Transportation Noise Reference Book, P. M. Nelson, Butterworths

IV편 가전제품 및 정보저장기기의 소음진동

1. 기계소음 핸드북, 일본기계학회 편, 산업도서

2. 새로운 소음 · 진동의 제어기술, 공업기술회

3. 소음 · 진동 편람, 한국 소음진동공학회

4. 생활 전자공학, 권기룡 외, PUFS

5. 첨단제품(원리를 알면 생활이 즐겁다) T. Wada, 서해문집

6. 한국 소음진동공학회지 제4권 2호, 1994년, 제1권 2호, 1991년, 제7권 6호, 1997년

V편 건축 구조물의 소음진동

1. 건설소음 · 진동, 김재수 외, 도서출판 서우

2. 耐震設計, 和田 克哉, 科學技術

3. 발파진동학, 양형식, 구미서관

4. 진동과 내진설계, 한국지반공학회, 구미서관

5. 내진공학, 고재만 외, 효성출판사

6. 지하 구조물의 내진설계, 건설도서 편집부, 건설도서

7. 도로교 받침편람, 김동수 편역, 도서출판 과학기술

8. 말뚝기초의 설계법과 해설, 김준석 역, 도서출판 과학기술

9. 풍하중 해설 및 설계, 사단법인 대한건축학회

10. 건축물의 지진재해 및 내진구조 설계, 사단법인 대한건축학회

11. 진동체 지지설계, 유통방진주식회사

12. 소음 · 진동 편람, 한국 소음진동공학회

13. 한국 소음진동공학회지 제12권 5호, 2002년

14. 풍력발전시설에 대한 소음환경영향평가 및 관리방안 연구, 한국환경정책평가연구원

15. 서울시 건설공사장 소음, 대기오염 개선, 최유진, 서울연구원

16. 조용한 서울을 위한 소음관리정책연구, 최유진, 서울연구원

17. 건축물의 풍하중 및 지진하중, 대한건축학회

18. Industrial Noise Control Handbook, Paul, N. Cheremisinoff, Ann Arbor Science

19. Noise and Vibration Control in Buildings, Robert. S. Jones, McGraw-Hill

20. Simplified Building Design for Wind and Earthquake Forces, James Abrose, John Wiley & Sons

21. Earthquake engineering Handbook, Chen, Scawthorn, CRC Press

22. Geo technical earthquake engineering Handbook, Robert W. Day, McGraw-Hill

VI편 소음진동의 응용사례

1. 수중의 비밀병기(잠수함 탐방), 김혁수 편저, 을유문화사

2. 초음파 진단의 이해, 송한덕, 군자출판사

3. 의료 초음파 공학, 최흥호, 인터비전

4. 한국 소음진동공학회지 제10권 5호, 2000년

5. Underwater Acoustic System Analysis, Burdic, Prentice-Hall

VII편 소음진동의 방지사례

1. 저소음화 기술, 中野有朋, 기술서원

2. 소음 · 진동 편람, 한국 소음진동공학회

3. 한국 소음진동공학회지 제5권 2호, 1995년, 제6권 2호, 1996년

4. 소음진동대책 핸드북, 일본 음향재료협회 편, 집문사

찾아보기

ㄱ

가속도계	46
가속주행소음	141
가진 진동수	120, 136
가진원	108
가청주파수	61
간섭효과	388
감각소음레벨	185
감쇠	32
감쇠비	33
감쇠탱크	200
강제진동	28
거주구	190
건설기계	317
건설소음	315
건설진동	318
경량 충격음	278
경적소음	141
고속철도	166
고유 원 진동수	24
고유 진동수	25
곤충소리	94
공기전달소음	130, 193, 273
공력소음	169, 356
공명계	117
공조덕트	288
공진계	117
공진현상	29, 30
과감쇠	34
교량받침	333

구조전달소음	130, 193, 277
국소진동	86
권상기	303
궤도	162
귀울림(이명)	91
급배수장치	284
기본 주파수	62
기주관	71
기체소음	181

ㄴ

난청	91
날개 주파수	191
납-고무받침	268, 335
납-면진받침	297
내진	267
내풍설계	295
네 바퀴 굴림방식	106

ㄷ

대물렌즈	249
대차	169, 174
도로소음	133
동력계	78
동력기관	103, 105
동조액체 감쇠기	299
동조질량 감쇠기	298, 343
동하중	291
동흡진기	145, 159, 191, 297

드럼 세탁기 231
등청감곡선 74
뜬 바닥구조 282

ㄹ

러브파 260
런아웃 244
레일 153
레일리파 261
롤링 43

ㅁ

마이크로폰 74
마찰소음 157
멀미현상 88
면진 267
무향실 77
밀폐 136

ㅂ

바닥 충격음 278
바람소리 140
반무향실 78
발파소음 348
발파진동 350
방음둑 392
방음림 392
방음벽 171, 384
방음차륜 159
방음처리 272
방음터널 387
방진 체결구 165

방진 침목 165
방진구 329, 393
방진궤도 164
배기소음 137
백지증세 87
밸런스샤프트 122
보청기 92
볼 밸런서 235
부밍소음 132
브레이크 소음 139
브레이크 진동 129
비구조요소 269
비선형 진동 38
비틀림 진동현상 197

ㅅ

사장교 337
삽입손실 385
서브 우퍼 241
선루익 205
선박 189
선체 거더 191
선형 진동 37
셰이크 진동 127
소나 369, 374
소닉 붐 183
소리 49
소음 50
소음감쇠기 172
소음계 74
소음원 117
소음진동관리법 97
소프트닝 스프링 40

송풍기소음 217, 219
수격작용 285
스키핑 250, 252
스프링 아래 질량 125
스프링 위 질량 125
스프링잉 190
스핀들 모터 243
승차감 124
시미 진동 127
시스템 에어컨 226
실체파 262

ㅇ

압축기소음 214, 216
압축파 163
액체 밸런서 231, 233
에스컬레이터 308
에어 체임버 286
엔진 투과음 136
엘리베이터 303
옥타브 63
요잉 43
원 진동수 21
원심팬 238
위클 185
유압 베어링 247
음속 65
음압 50
음압레벨 53
음질 113
음파 52
음향 인텐시티 59
음향파워 59

응답계 117
이중 천장 283
임계감쇠 34

ㅈ

자동 밸런싱 장치 251
자려진동 338
자유도 41
자유물체도 24
자유진동 28
잔향시간 275
잔향실 79
장대교량 331
저소음도로 396
적층 고무받침 267, 297, 335
전단파 163
전달계 117
전달률 36
전동소음 153, 155
전륜구동방식 106
전신진동 86
전자레인지 240
점성감쇠 32
정상감쇠 34
정지진동 123
제진 267
제트소음 180
조화운동 20
종파 52
주기 20
주기운동 17
주택성능등급 271
주행저항 167

주행진동 124
중량 충격음 278
지각판 257
지반진동 163
지속시간 84
지진 257
지진의 규모 263
지진하중 292
진공청소기 237
진도 263
진동 17
진동계 17
진동레벨 47
진동력 18
진동모드 42
진동수 83
진동원 117
진동절연 30, 35, 311
진동절연장치 267
진동축 84
진앙 260
진원 259
진폭 83

ㅊ

차수 121
차음막 326
차음상자 198
차음재료 277
차음틀 327
차체 103
철도차량 151
청각기관 70

청감보정곡선 74
초음파 64, 361
초저주파음 64
최소 가청압력 52
충격소음 156
층상배관 287

ㅋ

캐비테이션 379
캐비테이션 현상 200
크리프 속도 155
크리프 힘 155, 157

ㅌ

타이어 소음 139
탄성 커플링 197
탄성지지 192, 199
태교 93
터보 제트 179
터보 팬 180
투과손실 277, 385
투과율 276

ㅍ

파장 68
패턴소음 397
팬터그래프 170
펄세이터 세탁기 229
표면파 163, 262
표준바닥구조 280
풍력발전기 355
풍절음 140

풍하중 292
프로펠러 178
피칭 433

ㅎ

하드닝 스프링 39
하시니스 114
합성음 62
항공기 소음 177
항타기 318
헌팅 154
헬름홀츠 공명기 145
현수교 337
활성단층 259
회절현상 383
횡파 52
후륜구동방식 106
흡기소음 138

흡음률 273
흡음재료 273
흡출음 140

기타

dB(decibel) 52
ECS(electronic controlled suspension) 46
ECU(electronic control unit) 47
ESP(electronic stability program) 44
gal 단위 264
Hz(Hertz) 45
NVH 112
PNL 185
P파 260
rpm(revolution per minute) 110
S파 260
VDC(vehicle dynamic control) 44
WECPNL 185

개정판

생활 속의 소음진동

2017년 03월 06일 개정판 1쇄 인쇄 ┃ 2017년 03월 13일 개정판 1쇄 펴냄
지은이 사종성·강태원 ┃ 펴낸이 류원식 ┃ 펴낸곳 청문각출판

편집팀장 우종현 ┃ 책임진행 안영선 ┃ 본문편집 이혜숙 ┃ 표지디자인 유선영
제작 김선형 ┃ 홍보 김은주 ┃ 영업 함승형·박현수·이훈섭 ┃ 출력 교보피앤비 ┃ 인쇄 교보피앤비 ┃ 제본 한진제본
주소 (10881) 경기도 파주시 문발로 116(문발동 536-2) ┃ 전화 1644-0965(대표)
팩스 070-8650-0965 ┃ 등록 2015. 01. 08. 제406-2015-000005호
홈페이지 www.cmgpg.co.kr ┃ E-mail cmg@cmgpg.co.kr
ISBN 978-89-6364-316-8 (93550) ┃ 값 27,500원